英特尔 FPGA 中国创新中心系列丛书

Verilog HDL设计实例手册

王金明　曹阳　黄颖　倪雪 | 编著

電子工業出版社

Publishing House of Electronics Industry

北京 • BEIJING

内 容 简 介

本书以Intel的FPGA芯片为目标器件，以Quartus Prime、Platform Designer（PD）、Nios II-Eclipse为软件工具，以Verilog HDL为设计语言，选择C4_MB“口袋实验板”为目标板，通过精选设计案例，诠释用FPGA实现数字系统设计的思路与方法。本书的案例涵盖常用的FPGA数字电路与系统，从复杂的逻辑设计和控制电路，到Nios II嵌入式处理器开发；从状态机单步控制电路，到各种数学运算和并行处理系统；从通信和接口电路，到数字信号处理和复杂算法的实现，以及用FPGA驱动各种常用的I/O外设均有涉及。有的案例同时给出采用IP核和Verilog HDL编程两种实现方案，以便从不同的角度对两种方案进行比较；有的设计案例来自大学生电子设计竞赛的赛题，因此本书对参加电子设计竞赛的学生和指导老师也具有参考价值。

本书可作为电子、通信、微电子、信息、电路与系统、通信与信息系统及测控技术与仪器等专业本科生和研究生的教材、参考书和实践用书，也可作为全国大学生电子设计竞赛的参考书，还可供从事FPGA设计和开发的工程技术人员学习参考。

图书在版编目（CIP）数据

Verilog HDL设计实例手册 / 王金明等编著. —北京：电子工业出版社，2022.6

ISBN 978-7-121-43705-2

Ⅰ. ①V… Ⅱ. ①王… Ⅲ. ①VHDL语言—程序设计Ⅳ. ①TP312

中国版本图书馆CIP数据核字（2022）第096182号

责任编辑：王羽佳
印　　刷：北京七彩京通数码快印有限公司
装　　订：北京七彩京通数码快印有限公司
出版发行：电子工业出版社
　　　　　北京市海淀区万寿路173信箱　邮编　100036
开　　本：787×1 092　1/16　印张：21.25　字数：544千字
版　　次：2022年6月第1版
印　　次：2023年6月第2次印刷
定　　价：89.00元

凡所购买电子工业出版社图书有缺损问题，请向购买书店调换。若书店售缺，请与本社发行部联系，联系及邮购电话：（010）88254888，88258888。

质量投诉请发邮件至zlts@phei.com.cn，盗版侵权举报请发邮件至dbqq@phei.com.cn。

本书咨询联系方式：（010）88254535，wyj@phei.com.cn。

英特尔 FPGA 中国创新中心系列丛书
编委会

序

众所周知，我们正在进入一个全面科技创新的时代。科技创新驱动并引领着人类社会的发展，从人工智能、自动驾驶、5G，到精准医疗、机器人等，所有这些领域的突破都离不开科技的创新，也离不开计算的创新。

从CPU、GPU，到FPGA、ASIC，再到未来的神经拟态计算、量子计算等，英特尔正在全面布局未来的端到端计算创新，以充分释放数据的价值。中国拥有巨大的市场和引领全球创新的需求，其产业生态的全面性以及企业创新的实力、活力和速度都令人瞩目。英特尔始终放眼长远，以丰富的生态经验和广阔的全球视野，持续推动与中国产业生态的合作共赢。以此为前提，英特尔在2018年建立了英特尔FPGA中国创新中心，与戴尔、海云捷迅等合作伙伴携手共建AI和FPGA生态，并通过组织智能创新大赛、产学研合作及高新人才培训等，发掘优秀团队，培养专业人才，孵化应用创新，加速智能产业发展。

该系列丛书是英特尔FPGA中国创新中心专为AI和FPGA领域的人才培养而设计编撰的，非常高兴作为英特尔FPGA中国创新中心总经理为丛书写序。同时也希望该系列丛书能为中国AI和FPGA相关产业的生态建设和人才培养添砖加瓦!

张　瑞

英特尔® FPGA中国创新中心　总经理

2020年秋

FOREWORD

前言

本书以 Intel FPGA 芯片为目标器件，以 Quartus Prime、Platform Designer（PD）、Nios II-Eclipse 为工具软件，以 Verilog HDL（以下或简称 Verilog）作为设计语言，选择 C4_MB “口袋实验板” 作为目标板，通过精选设计案例，诠释用 FPGA 实现数字系统设计的思路与方法。

本书的案例涵盖常用的 FPGA 数字电路与数字系统，从复杂的逻辑电路和控制电路，到 Nios II 嵌入式处理器开发；从状态机单步控制电路，到各种数学运算和并行处理系统；从通信和接口电路，到数字信号处理和复杂算法的实现，以及用 FPGA 驱动各种常用的 IO 外设均有涉及。有的案例同时给出采用 IP 核和 Verilog HDL 编程两种实现方案和实现方法，以便从不同的角度对两种方案进行比较；有的案例运算复杂，耗用的 FPGA 资源多，为了能将设计适配进 EP4CE6 目标器件，专门对耗用 FPGA 资源多的模块进行重新设计以减少资源耗用；有的设计案例来自大学生电子设计竞赛的赛题，编者连续指导全国大学生电子设计竞赛十几年，指导的学生多次荣获全国一等奖，在此方面积累了一定的经验，因此本书对参加电子设计竞赛的学生和指导老师也具有参考价值。

部分案例借鉴了同行的设计，并在参考文献中列出，在此表示诚挚的感谢。

每个 FPGA 设计的爱好者、从业者和学习者都应该建立一个自己的设计库和模块库，并不断添加，不断更新和完善，在此过程中提高自己的设计技能，拓展自己的设计思路，丰富自己的设计领域，使 FPGA 变成自己实现各种功能的工具。FPGA 的开发涉及方法、语言、工具和器件，每个领域又有多种选择并不断更新换代，所以 FPGA 的开发需要不断地探索和不断地积累、完善。

FPGA “口袋实验板” 便携易用，可随时随地进行设计和验证，非常便于自主学习与创新实践。本书以 C4_MB “口袋实验板” 为目标板，由于目标板的 EP4CE6 芯片资源有限，因此本书的案例几乎可以移植到市面上绝大多数的开发板。

本书由王金明、曹阳、黄颖、倪雪编著，李超群参与了部分程序的调试，参加本书编写的还有朱莉莉、王婧菡、王兰岭等，在此一并表示诚挚的感谢。

由于编者水平、时间和精力所限，本书不免有诸多错误和疏漏，希望读者和同行给予批评指正。

编　者

2022 年 1 月

CONTENTS

目录

第 1 章 LED 流水灯

1.1 任务与要求

采用有限状态机设计彩灯控制器，控制 4 个 LED 灯实现如下的演示花型：

- 从右至左逐个亮，全灭；
- 从左至右逐个亮，全灭；
- 循环执行上述过程。

1.2 原理与实现

1.2.1 流水灯控制器

采用有限状态机设计流水灯控制器，其 Verilog HDL 描述如例 1.1 所示，采用两个 always 过程块描述，一个用于描述状态转移，另一个用于产生控制 4 个 LED 灯的输出逻辑。

【例 1.1】 用状态机控制 4 路 LED 灯实现演示花型。

```
`timescale 1 ns/1 ps
module led(
    input clk50m,                                    //时钟信号
    input clr,                                       //复位信号及引脚锁定
   output reg[3:0] led                               //4 个 led 灯
          );
reg[4:0] state;
wire clk10hz;
parameter S0='d0,S1='d1,S2='d2,S3='d3,S4='d4,
          S5='d5,S6='d6,S7='d7,S8='d8,S9='d9;

clk_div  #(10) u1(                                   //产生 10Hz 时钟信号
          .clk(clk50m),
          .clr(clr),
          .clk_out(clk10hz)
          );
always @(posedge clk10hz,negedge clr)                //此过程描述状态转移
```

```
begin if(!clr) state<=S0;
        else  case(state)
            S0: state<=S1;        S1: state<=S2;
            S2: state<=S3;        S3: state<=S4;
            S4: state<=S5;        S5: state<=S6;
            S6: state<=S7;        S7: state<=S8;
            S8: state<=S9;        S9: state<=S0;
            default: state<=S0;
        endcase
end
always @(state)                  //产生输出逻辑(OL)
begin  case(state)
     S0:led<=4'b0000;            //全灭
     S1:led<=4'b0001;
    S2:led<=4'b0011;
     S3:led<=4'b0111;
     S4:led<=4'b1111;            //全亮
     S5:led<=4'b0000;
     S6:led<=4'b1000;
     S7:led<=4'b1100;
     S8:led<=4'b1110;
     S9:led<=4'b1111;
     default:led<=4'b0000;
     endcase;
end
endmodule
```

上面代码中的 clk_div 分频子模块见例 1.2，此分频模块将需要产生的频率用参数 parameter 进行定义，并可在例化模块时修改此参数，而产生此频率所需要的分频比由参数 NUM（默认由 50MHz 系统时钟分频得到）得出，NUM 参数不需要跨模块传递，故用 localparam 语句进行定义。

【例 1.2】 clk_div 分频子模块。

```
module clk_div(
        input clk,
        input clr,
        output reg clk_out);
parameter FREQ=1000;                               //所需频率
localparam NUM='d50_000_000/(2*FREQ);              //得出分频比
reg[29:0] count;
always @(posedge clk,negedge clr)
begin
   if(~clr)  begin clk_out <= 0;count<=0; end
   else if(count==NUM-1)
        begin count <= 0;clk_out <= ~clk_out;end
   else begin count<=count+1;end
end
endmodule
```

1.2.2 引脚分配与锁定

在进行引脚分配与锁定前，必须先指定 FPGA 芯片，本例的目标板是 C4_MB 开发板，故指定 FPGA 芯片为 EP4CE6F17C8。

有多种方法可完成引脚的分配和锁定，此处专门进行说明，在平时的设计过程中，可选择其中一种或者混合使用进行引脚的分配和引脚电压的指定，以提高设计效率。

1. 用 Pin Planner 直接配置

引脚分配和锁定最直接的方法是使用 Pin Planner，在 Quartus 主界面下选择菜单 Assignments→Pin Planner，在如图 1.1 所示的 Pin Planner 界面中直接分配引脚（在 Location 栏）并指定引脚电压（在 I/O Standard 栏）。

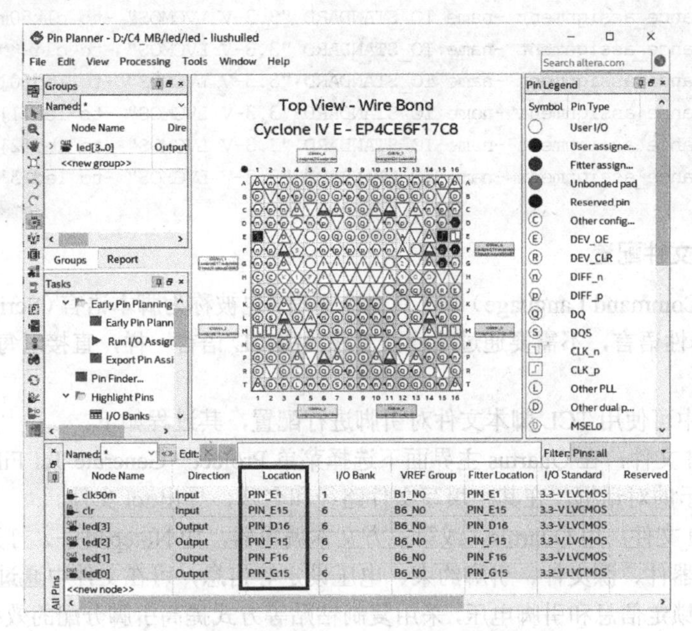

图 1.1 用 Pin Planner 分配引脚、指定电压

2. 用.qsf 文件配置

.qsf（Quartus Settings File）文件中包含了 Quartus 工程的所有约束，包括工程信息、器件信息、引脚约束、编译约束和用于 Classic Timing Analyzer 的时序约束等。

（1）.qsf 文件会通过编译产生，在当前工程目录下直接找到并进行编辑。

（2）也可以专门导出.qsf 文件：选择菜单 Assignments→Export Assignments…，出现如图 1.2 所示的对话框，填写文件路径和名称，导出.qsf 文件。

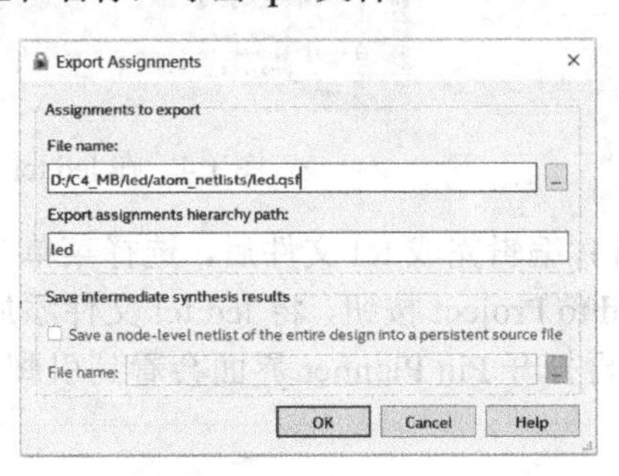

图 1.2 导出.qsf 文件

（3）用 Quartus 自带的编辑器或者第三方文本编辑器（如 Notepad++），打开.qsf 文件，编辑该文件完成引脚分配。打开本例的 led.qsf 文件，可看到文件中包含了器件信息、源文件、顶层实体、引脚约束等信息，在其中修改和添加引脚锁定信息和引脚电压，编辑完成的 led.qsf 文件中有关器件和引脚锁定的内容如下：

```
set_global_assignment -name FAMILY "Cyclone IV E"
set_global_assignment -name DEVICE EP4CE6F17C8
set_global_assignment -name TOP_LEVEL_ENTITY led
set_location_assignment PIN_E1 -to clk50m
```

```
set_location_assignment PIN_E15 -to clr
set_location_assignment PIN_G15 -to led[0]
set_location_assignment PIN_F16 -to led[1]
set_location_assignment PIN_F15 -to led[2]
set_location_assignment PIN_D16 -to led[3]
set_instance_assignment -name IO_STANDARD "3.3-V LVCMOS" -to clk50m
set_instance_assignment -name IO_STANDARD "3.3-V LVCMOS" -to clr
set_instance_assignment -name IO_STANDARD "3.3-V LVCMOS" -to led[0]
set_instance_assignment -name IO_STANDARD "3.3-V LVCMOS" -to led[1]
set_instance_assignment -name IO_STANDARD "3.3-V LVCMOS" -to led[2]
set_instance_assignment -name IO_STANDARD "3.3-V LVCMOS" -to led[3]
  ......
```

3. 用 TCL 文件配置

TCL（Tool Command Language）即工具命令语言，也被称为脚本语言（Scripting Language）。TCL 是一种解释性语言，不需要通过编译，它像 SHELL 语言一样，直接对每条语句顺序解释执行。

在 Quartus 中可使用 TCL 脚本文件对引脚进行配置，其过程如下。

（1）导出.tcl 文件：在 Quartus 主界面下选择菜单 Project→Generate Tcl File for Project…，出现如图 1.3 所示的对话框，在其中填写文件路径和名称，导出.tcl 文件。

（2）编辑.tcl 文件：用 Quartus（或第三方文本编辑器，如 Notepad++）打开.tcl 文件，可看到文件中包含了器件、源文件、引脚约束、电压设定等信息，可在文件中通过文本编辑的方式添加和修改引脚锁定信息和引脚电压，采用复制粘贴等方式提高引脚分配的效率。本例的 led.tcl 文件中有关引脚锁定的内容如图 1.4 所示。

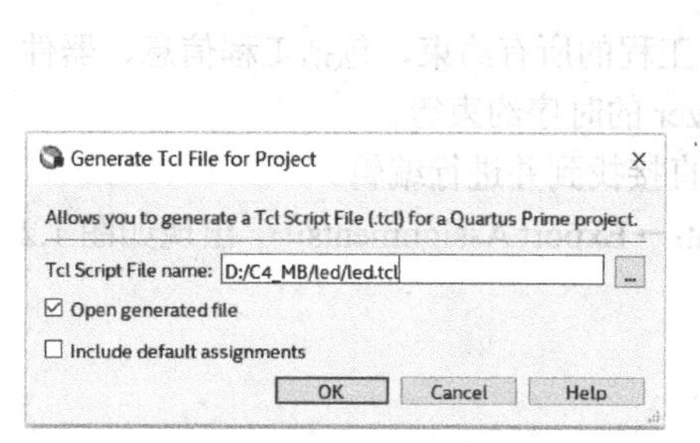

图 1.3 导出.tcl 文件

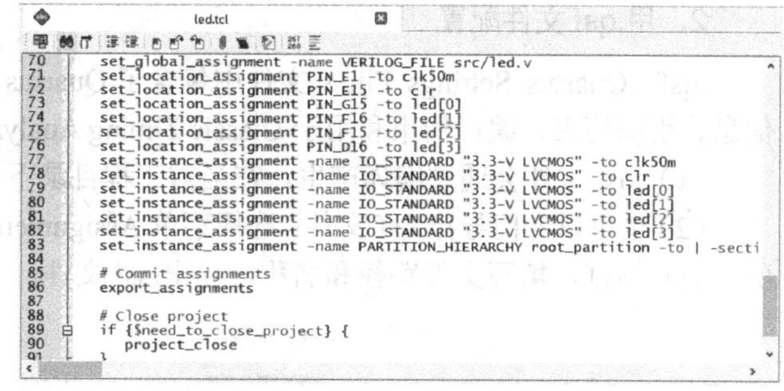

图 1.4 在 led.tcl 文件中的引脚锁定信息

（3）添加和运行.tcl 文件：编辑完成.tcl 文件后，选择菜单 Tools→Tcl Scripts…，出现如图 1.5 所示的界面，单击 Add to Project 按钮，将 led.tcl 文件添加到当前工程中，再单击 Run 按钮，运行该文件，运行后再打开 Pin Planner 界面会看到引脚分配已经生效。

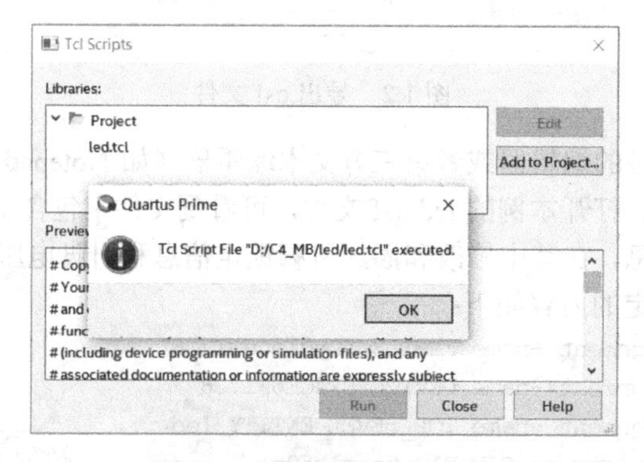

图 1.5 添加和运行.tcl 文件

4．用.csv文件进行引脚分配

（1）使用Notepad++或其他文本编辑器在当前工程目录下新建一个.csv文件，其格式和内容如下，完成后将其存盘为led.csv文件。

注：to和Location之间，引脚名和引脚号之间的半角逗号不能遗漏。

```
to,     location
clk50m, PIN_E1
clr,    PIN_E15
led[0], PIN_G15
led[1], PIN_F16
led[2], PIN_F15
led[3], PIN_D16
```

（2）在Quartus软件中，选择菜单Assignments→Import Assignments，在如图1.6所示的对话框中，找到刚生成的led.csv文件，单击OK按钮调入该文件。

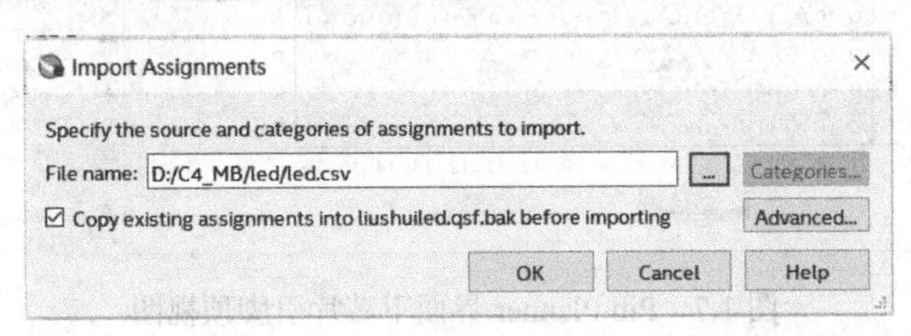

图1.6 在Import Assignments对话框中调入led.csv文件

（3）调入led.csv文件后，引脚分配已经生效，此时可选择菜单Assignments→Pin Planner，在Pin Planner界面中（参考图1.1）验证引脚分配是否已生效。

5．用属性语句进行引脚的锁定

可以采用属性语句进行引脚的分配，很多EDA软件可以使用属性（Attributes）来完成一些特定的功能，实现诸如引脚锁定、布局布线控制、指定约束条件等功能。采用属性语句进行引脚定义应注意两点：首先必须指定目标器件，其次只能在顶层设计文件中定义。

本例用属性语句进行引脚锁定可像例1.3这样定义，目标板基于C4_MB实验板，目标器件为EP4CE115F29C7。

注：本例的属性引脚锁定语句只适用于Quartus软件，不同的EDA软件其属性定义语句的格式有所不同，具体用法应查阅软件的使用说明。

【例1.3】 用属性定义语句进行引脚锁定。

```
/*  引脚锁定基于芯片EP4CE6F17C8  */
module led(clk50m,clr,led);
(* chip_pin="E1" *) input clk50m;          //时钟信号，用属性语句实现引脚锁定
(* chip_pin="E15" *) input clr;            //复位信号及引脚锁定
(* chip_pin="D16,F16,F15,G15" *) output reg[3:0] led;  //4个led灯引脚锁定
    ......
```

注：关于FPGA的引脚还应注意如下几点。

① FPGA的引脚可分为电源引脚、时钟引脚、配置引脚、普通I/O引脚4种。以图1.7所示的Pin Planner界面下的芯片引脚顶视图为例（芯片为EP4CE6F17C8），图中右侧为各种引脚的标注：图中不同颜色代表不同的Bank；三角形为电源引脚（正三角为VCC，倒三角为GND，三角中为O表示I/O电源引脚，为I则为内核电源）；圆形标记的引脚为普通I/O引脚；正方形且内部有时钟信号的为全局时钟引脚；五边形引脚为下载配置引脚。

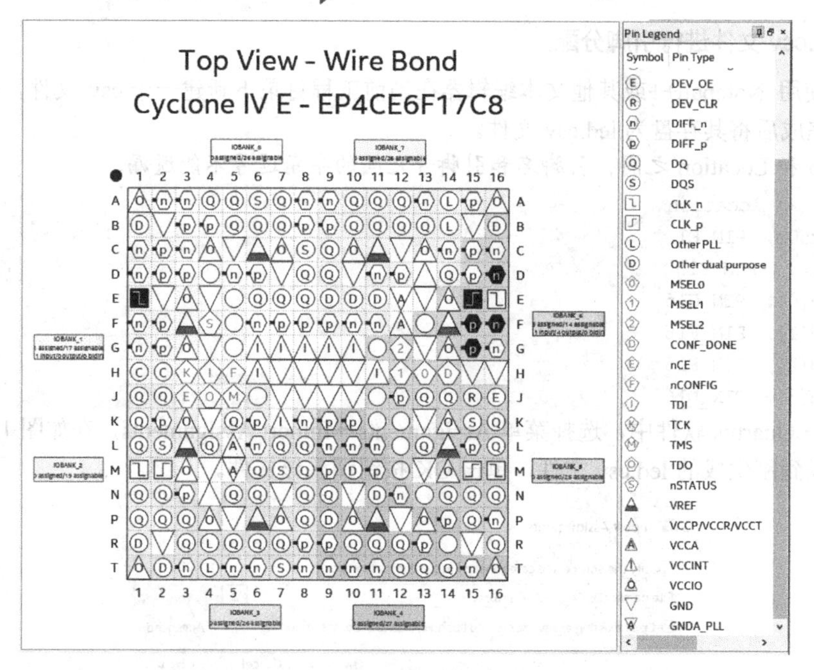

图 1.7　Pin Planner 界面下芯片引脚顶视图

② 默认 I/O 电压标准的设置：选择菜单 Assignments→Device，单击 Device and Pin Options 按钮，弹出如图 1.8 所示的对话框，单击左边的 Voltage 选项，在右侧将 Default I/O standard 设置为 3.3-V LVTTL，或者设置为 3.3-V LVCMOS。由于大部分开发板的 I/O 电压为 3.3V，因此将 FPGA 引脚的默认 I/O 电压设置为 3.3V。

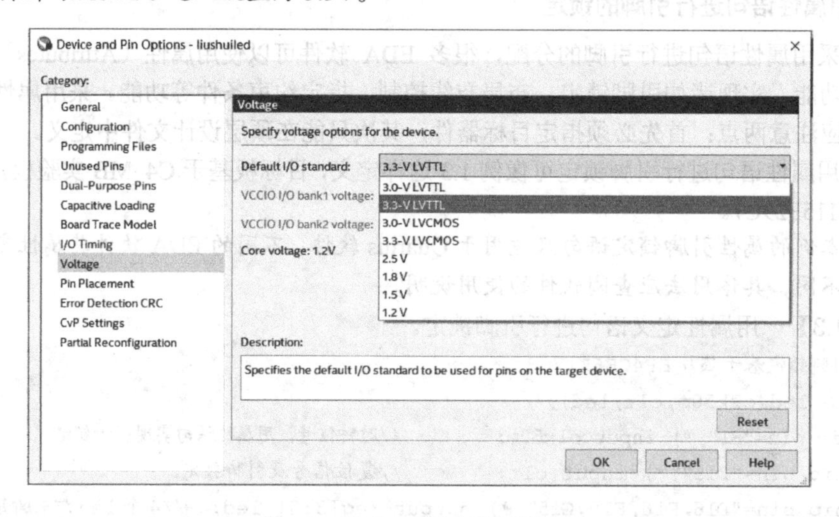

图 1.8　默认 I/O 电压标准设置

③ 双用途引脚（Dual-Purpose Pins）的设置：有的引脚（如 nCEO 引脚）属于双用途引脚，在 FPGA 配置阶段可作为下载引脚使用；配置完成后，可当作普通 I/O 引脚使用。此类引脚作普通 I/O 引脚用时需做必要的设置，否则在编译时会报错。

选择菜单 Assignments→Device，单击 Device and Pin Options 按钮，在左侧单击 Dual-Purpose Pins，弹出如图 1.9 所示的对话框，在右侧找到 nCEO 引脚，在下拉菜单中选择 Use as regular I/O 选项，单击 OK 按钮。

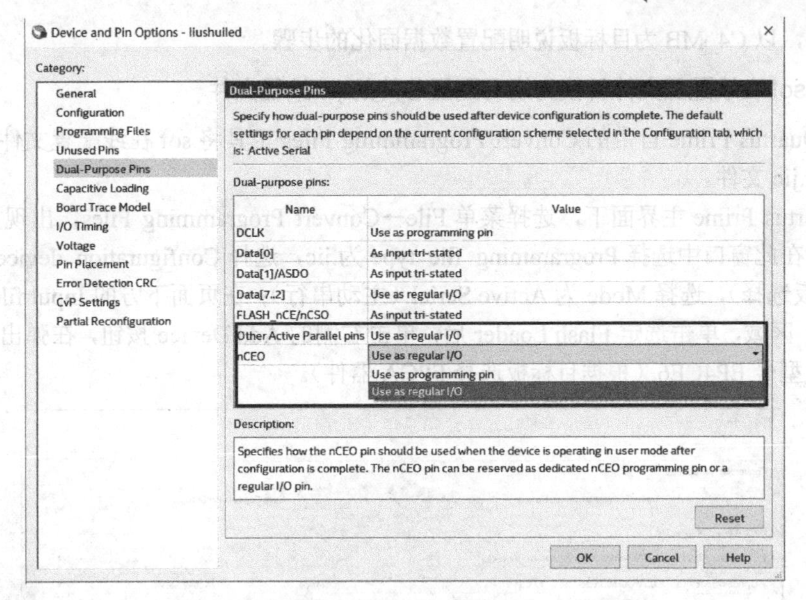

图 1.9　双用途引脚（Dual-Purpose Pins）的设置

1.3　下载与验证

1.3.1　JTAG 编程下载

本例已完成芯片和引脚的锁定，重新编译后，下载至实验板进行实际验证。

连接 USB Blaster 下载电缆和目标板，打开目标板电源，选择菜单 Tools→Programmer，或者单击按钮，出现如图 1.10 所示的 JTAG 编程下载窗口，在此窗口中设定编程接口为 USB-Blaster[USB-0]方式（单击 Hardware Setup 按钮进行设置），编程模式 Mode 选择 JTAG 方式，单击 Add File 按钮，找到 D:\C4_MB\led\output_files\led.sof 文件，加载，单击 Start 按钮，将.sof 文件下载至目标板的 FPGA 器件中。

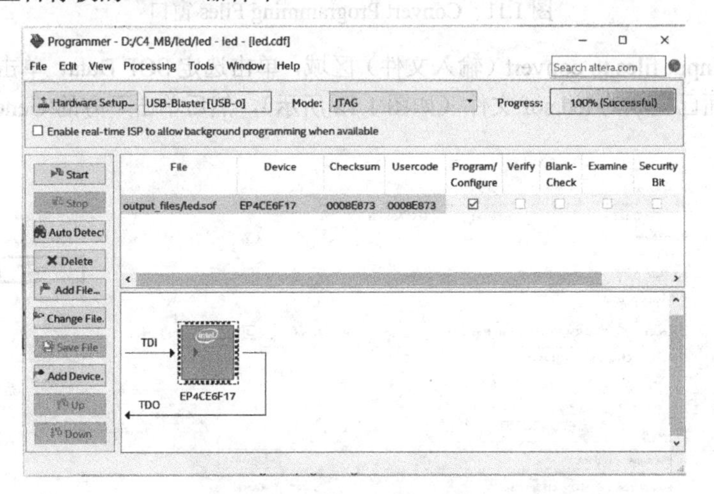

图 1.10　JTAG 编程下载窗口

下载完成后，观察 4 个 LED 灯的实际演示效果是否与预想的一致。

1.3.2　配置数据固化与脱机运行

如果需要将配置数据固化，可将配置数据烧写至目标板的 EPCS 芯片中，以达到脱机独立运行的目的，以 C4_MB 为目标板说明配置数据固化的步骤。

1．将.sof 在线配置文件转换为烧写配置芯片的.jic 编程文件

使用 Quartus Prime 自带的 Convert Programming Files 工具将.sof 在线配置文件转换为烧写配置芯片的.jic 文件。

在 Quartus Prime 主界面下，选择菜单 File→Convert Programming Files，出现如图 1.11 所示的窗口，在此窗口中选择 Programming file type 为.jic，选择 Configuration device 为 EPCS16（根据目标板选择），选择 Mode 为 Active Serial（主动串行）；在页面下方的 Input files to convert（输入文件）区域，单击选定 Flash Loader 后，单击右侧的 Add Device 按钮，在弹出的对话框中选择 FPGA 型号 EP4CE6（根据目标板选择 FPGA 器件）。

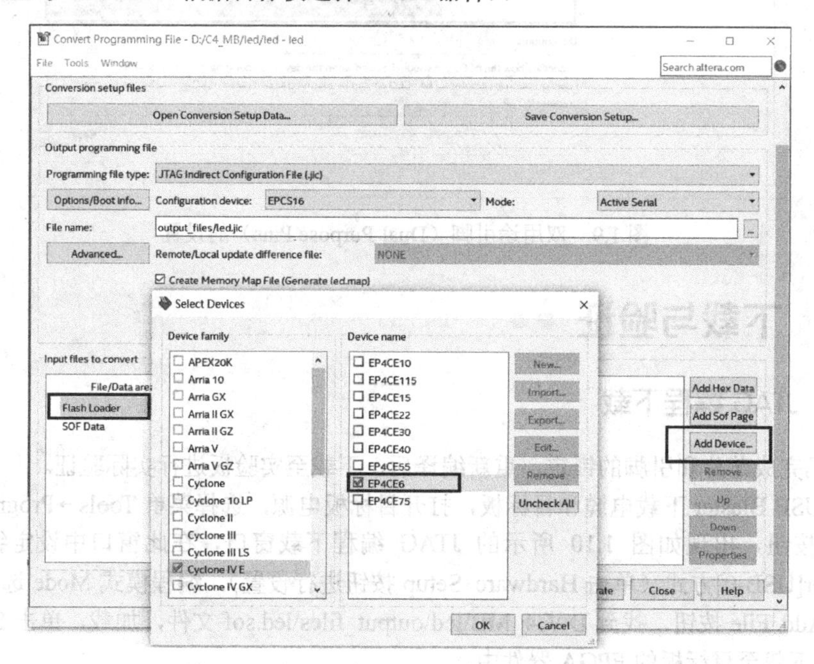

图 1.11　Convert Programming Files 窗口

同样，在 Input files to convert（输入文件）区域，单击选定 SOF Data，单击右侧的 Add File 按钮，选择前面已生成的 led.sof 文件（如图 1.12 所示），然后单击下方的 Generate 按钮生成相应的.jic 文件。

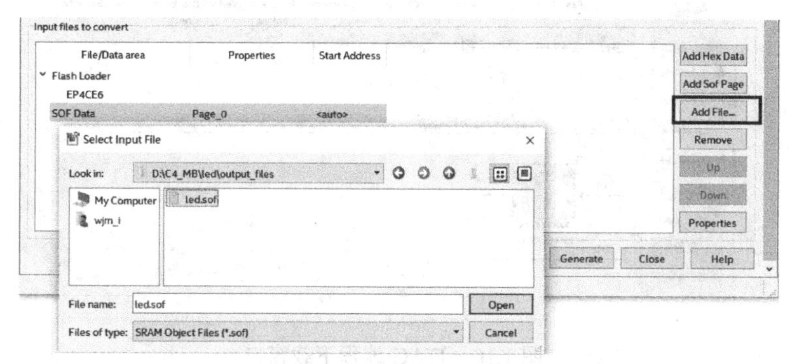

图 1.12　选定欲转换的.sof 文件

2．烧写.jic 文件

打开编程工具 Programmer，如果加载有.sof 下载文件，可将其删除。单击 Auto Detect 按钮，在弹出的对话框中选择器件 EP4CE6，自动检测并选定器件如图 1.13 所示。

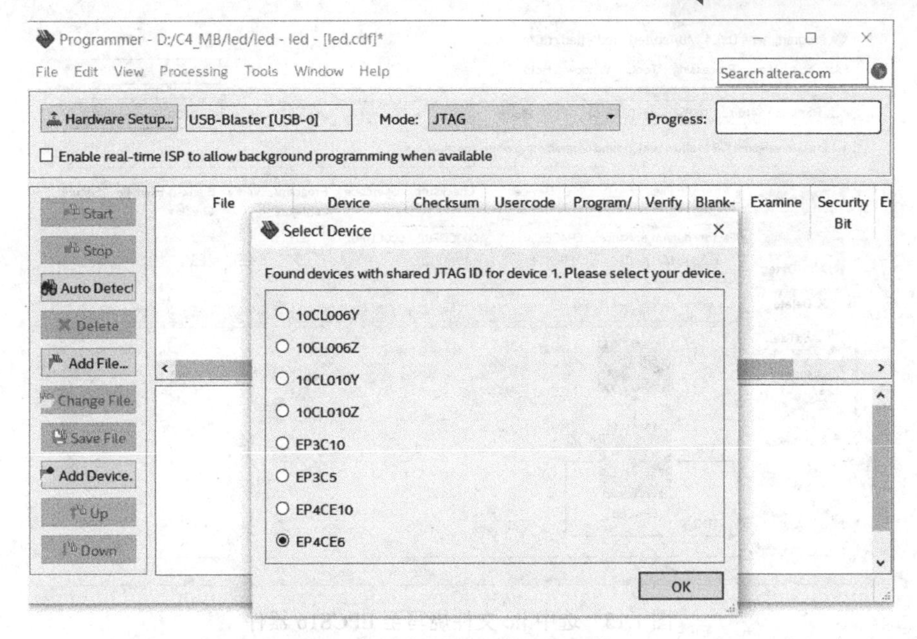

图 1.13　自动检测并选定器件

单击 Add File 按钮，选择上一步所生成的固化烧写文件*.jic，此时可能会出现 3 个 Device，如图 1.14 所示，右键选中 Usercode 为 none 的 EP4CE6 器件，单击 Delete 按钮将其删除。

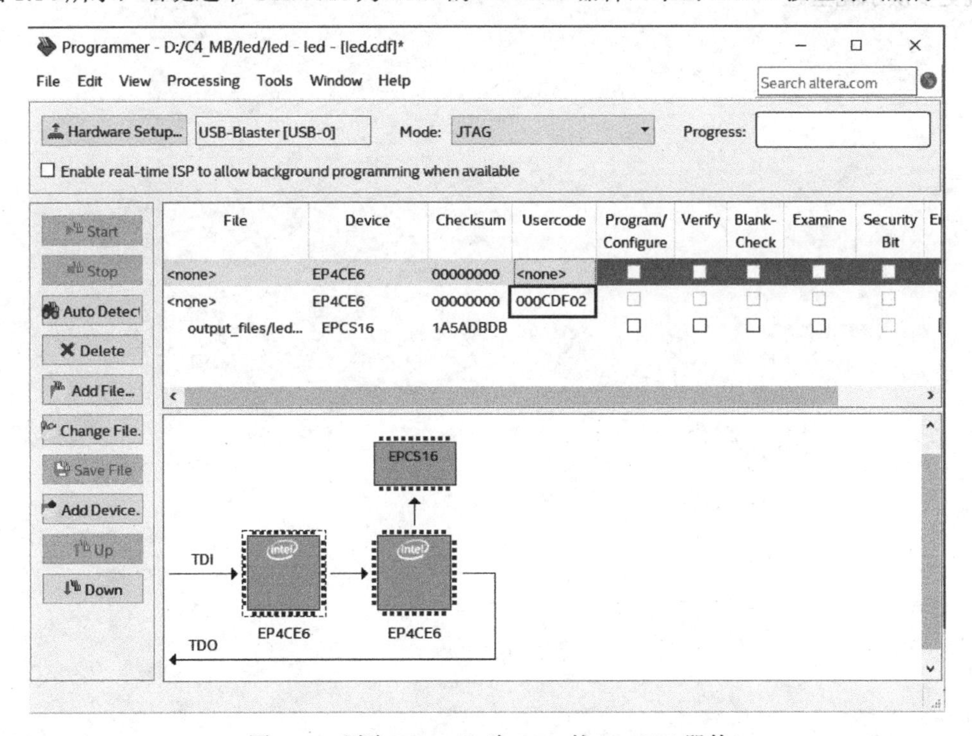

图 1.14　删除 Usercode 为 none 的 EP4CE6 器件

选中.jic 文件烧写至 EPCS16 器件如图 1.15 所示，单击选中.jic 文件，然后将 Program/Configure 选项方框勾选，最后单击 Start 按钮进行烧写，烧写时间约几十秒。

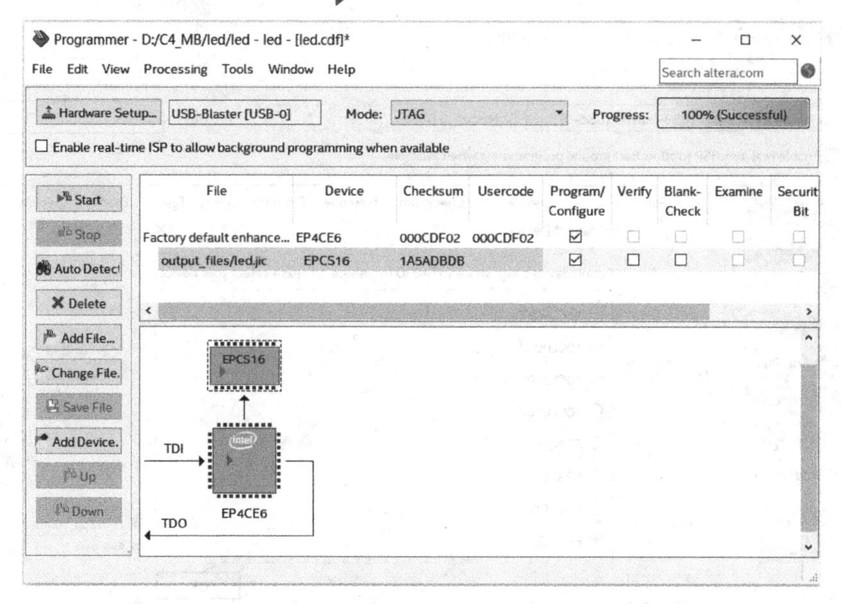

图 1.15 选中.jic 文件烧写至 EPCS16 器件

断电重启，验证固化程序是否烧写成功。至此，已完成本例整个设计流程。

采用有限状态机控制流水灯，结构清晰，修改方便，可在本设计的基础上修改程序代码，实现更多演示花型。

第 2 章

4×4 矩阵键盘

2.1 任务与要求

编写 4×4 矩阵键盘扫描检测程序，对按键进行消抖，并用数码管显示键值。

2.2 原理与实现

矩阵键盘又称为行列式键盘，是由 4 条行线、4 条列线组成的键盘，其原理如图 2.1 所示，在行线和列线的每个交叉点上设置一个按键，按键的个数是 4×4。

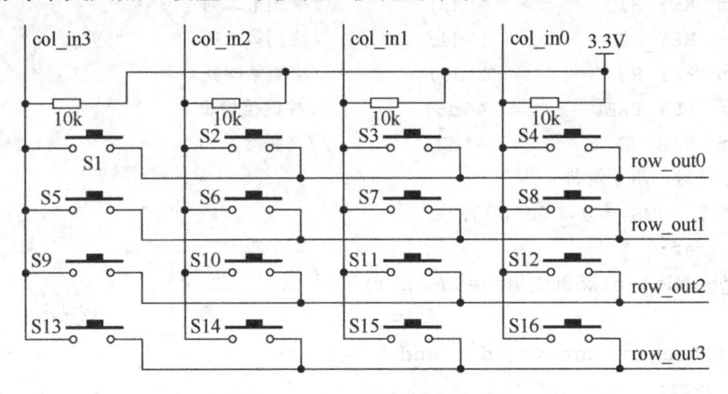

图 2.1 4×4 矩阵键盘电路

4 条列线（命名为 col_in3～col_in0）设置为输入，一般通过上拉电阻接至高电平；4 条行线（row_out3～row_out0）设置为输出。

矩阵键盘上的按键可通过逐行（或列）扫描查询的方式来确认哪个按键被按下，其步骤如下：

（1）判断键盘中有无键按下：将全部行线 row_out3～row_out0 置低，然后检测列线 col_in3～col_in0 的状态，若所有列线均为高电平，则键盘中无按键按下；只要有某一列的电平为低，则表示键盘中有按键被按下。

（2）判断键位：在确认有按键按下后，即进入确定键位的过程。其方法是：依次将 4 条行线置为低电平，比如，将 row_out3～row_out0 依次置为 1110、1101、1011、0111，同时检测各

图 2.2 按键排列

列线的电平状态，若某列为低，则该列线与置为低电平的行线交叉处的按键即为被按下的按键。

比如，在图 2.1 中，S1 按键的位置编码是 {row_out，col_in}＝8'b1110_0111。

本例中 16 个按键的键值的定义如图 2.2 所示，并将*键编码为 E，#键编码为 F。

例 2.1 是用 Verilog HDL 编写的 4×4 矩阵键盘键值扫描判断程序，采用状态机实现。

由于按键按下去的时间一般都会大于 20ms，示例中加入了 20ms 按键消抖功能。

【例 2.1】 4×4 矩阵键盘扫描检测程序。

```
//*****************************************************
//* 4x4 矩阵键盘扫描检测程序
//*****************************************************
`timescale 1 ns/1 ps
module key4x4(input  clk50m,           //50MHz 时钟信号
          input  clr,
          input[3:0]       col_in,    //列输入信号，一般上拉，为高电平
          output reg[3:0]  row_out,   //行输出信号，低有效
          output reg[3:0]  key_value, //按键值
          output reg       key_flag
          );
//----------------状态编码---------------------
localparam  NO_KEY_PRED  =  4'd0;        //初始化
localparam  DEBOUN_0      =  4'd1;       //消抖
localparam  KEY_H0        =  4'd2;       //检测第一列
localparam  KEY_H1        =  4'd3;       //检测第二列
localparam  KEY_H2        =  4'd4;       //检测第三列
localparam  KEY_H3        =  4'd5;       //检测第四列
localparam  KEY_PRED      =  4'd6;       //按键值输出
localparam  DEBOUN_1      =  4'd7;       //消抖后
//产生 20ms 延时，用于消抖
parameter  T_20MS = 1_000_000;
reg[19:0]  cnt;
always @(posedge clk50m, negedge clr)
begin
   if(!clr) begin  cnt <= 'd0; end
     else begin
        if(cnt == T_20MS)  cnt <= 'd0;
        else cnt <= cnt + 'd1;  end
end
wire  shake_over = (cnt == T_20MS);
reg[3:0]   curt_state,next_state;
always @(posedge clk50m, negedge clr)
begin
  if(!clr)  begin curt_state <= 0;  end
  else if(shake_over)  begin  curt_state <= next_state;  end
  else   curt_state <= curt_state;
end
```

```
//---------依次将4条行线置低---------------------
reg[3:0]   col_reg, row_reg;
always @(posedge clk50m, negedge clr)
begin
  if(!clr)  begin
             col_reg <= 4'd0;  row_reg<= 4'd0;
             row_out <= 4'd0;  key_flag <= 0;  end
  else if(shake_over)  begin
     case(next_state)
     NO_KEY_PRED:  begin
             col_reg <= 4'd0;  row_reg<= 4'd0;
             row_out <= 4'd0;  key_flag <= 0;  end
     KEY_H0:  begin  row_out <= 4'b1110;  end
     KEY_H1:  begin  row_out <= 4'b1101;  end
     KEY_H2:  begin  row_out <= 4'b1011;  end
     KEY_H3:  begin  row_out <= 4'b0111;  end
     KEY_PRED:  begin
             col_reg <= col_in; row_reg<= row_out;  end
     DEBOUN_1:  begin key_flag <= 1;  end
     default: ;
     endcase
  end
end

always @(*)
begin
   next_state  = NO_KEY_PRED;
   case(curt_state)
   NO_KEY_PRED:  begin
             if(col_in != 4'hf)  next_state = DEBOUN_0;
             else  next_state = NO_KEY_PRED;  end
   DEBOUN_0:  begin
             if(col_in != 4'hf)  next_state = KEY_H0;
             else  next_state = NO_KEY_PRED;  end
   KEY_H0:  begin
             if(col_in != 4'hf)  next_state = KEY_PRED;
             else  next_state = KEY_H1;  end
   KEY_H1:  begin
             if(col_in != 4'hf)  next_state = KEY_PRED;
             else  next_state = KEY_H2;  end
   KEY_H2:  begin
             if(col_in != 4'hf)  next_state = KEY_PRED;
             else  next_state = KEY_H3;  end
   KEY_H3:  begin
             if(col_in != 4'hf)  next_state = KEY_PRED;
             else  next_state = NO_KEY_PRED;  end
   KEY_PRED:  begin
             if(col_in != 4'hf)  next_state = DEBOUN_1;
             else  next_state = NO_KEY_PRED;  end
   DEBOUN_1:  begin
```

```
            if(col_in != 4'hf)  next_state = DEBOUN_1;
            else  next_state = NO_KEY_PRED;  end
    default:;
    endcase
end
always @(posedge clk50m, negedge clr)
begin
   if(!clr)  key_value <= 4'd0;     //判断键值
    else  begin
      if(key_flag)  begin
      case ({row_reg,col_reg})
            8'b1110_0111 :  key_value <= 4'h1;
            8'b1110_1011 :  key_value <= 4'h2;
            8'b1110_1101 :  key_value <= 4'h3;
            8'b1110_1110 :  key_value <= 4'ha;
            8'b1101_0111 :  key_value <= 4'h4;
            8'b1101_1011 :  key_value <= 4'h5;
            8'b1101_1101 :  key_value <= 4'h6;
            8'b1101_1110 :  key_value <= 4'hb;
            8'b1011_0111 :  key_value <= 4'h7;
            8'b1011_1011 :  key_value <= 4'h8;
            8'b1011_1101 :  key_value <= 4'h9;
            8'b1011_1110 :  key_value <= 4'hc;
            8'b0111_0111 :  key_value <= 4'h0;
            8'b0111_1011 :  key_value <= 4'he;
            8'b0111_1101 :  key_value <= 4'hf;
            8'b0111_1110 :  key_value <= 4'hd;
            default: key_value <= 4'h0;
       endcase
    end  end
end
endmodule
```

例 2.2 是矩阵键盘扫描检测及键值显示电路的顶层源码，其中除调用了例 2.1 的矩阵键盘扫描模块外，还增加了数码管键值显示模块。

【例 2.2】 矩阵键盘扫描检测及键值显示电路顶层源码。

```
//*****************************************************
//* 4x4 矩阵键盘扫描检测及键值显示顶层源码
//*****************************************************
module key_top(
          input  clk50m,
          input  clr,
          input[3:0]   col_in,         //列输入信号
          output[3:0]  row_out,  //行输出信号，低有效
          output       key_flag,
          output       seg_sel,
          output       wire[6:0] led7s);
wire[3:0] key_value;
key4x4  u1(                            //键盘扫描模块
        .clk50m(clk50m),
        .clr(clr),
```

```
        .col_in(col_in),
        .row_out(row_out),
        .key_value(key_value),
        .key_flag(key_flag));
assign  seg_sel=1'b0;

seg4_7  u2(                          //数码管译码模块
        .hex(key_value),
        .g_to_a(led7s));
endmodule
```

数码管译码子模块 seg4_7 源码如例 2.3 所示，显然，该数码管 7 个段属于共阳极连接，为 0 则该段点亮。

【例 2.3】 数码管显示译码子模块。

```
module seg4_7(
   input wire[3:0] hex,              //输入的 16 进制数
   output reg[6:0] g_to_a            //数码管 7 段
   );
always@(*)
begin
    case(hex)
    4'd0:g_to_a <= 7'b100_0000;      //0
    4'd1:g_to_a <= 7'b111_1001;      //1
    4'd2:g_to_a <= 7'b010_0100;      //2
    4'd3:g_to_a <= 7'b011_0000;
    4'd4:g_to_a <= 7'b001_1001;
    4'd5:g_to_a <= 7'b001_0010;
    4'd6:g_to_a <= 7'b000_0010;
    4'd7:g_to_a <= 7'b111_1000;
    4'd8:g_to_a <= 7'b000_0000;
    4'd9:g_to_a <= 7'b001_0000;
    4'ha:g_to_a <= 7'b000_1000;      //a
    4'hb:g_to_a <= 7'b000_0011;      //b
    4'hc:g_to_a <= 7'b100_0110;
    4'hd:g_to_a <= 7'b010_0001;
    4'he:g_to_a <= 7'b000_0110;
    4'hf:g_to_a <= 7'b000_1110;
    default:g_to_a=7'b111_1111;
    endcase
end
endmodule
```

2.3 下载与验证

将本例下载至实验板进行验证，目标板采用 C4_MB 开发板，FPGA 芯片为 EP4CE6F17C8，选择菜单 Assignments→Pin Planner，在弹出的 Pin Planner 对话框中进行引脚的锁定。

还需将端口 col_in 设置为弱上拉，选择菜单 Assignments→Assignment Editor，在弹出的如图 2.3 所示的对话框中，将 col_in[0]、col_in[1]、col_in[2]、col_in[3]引脚的 Assignment Name 设置为 Weak Pull-Up Resistor，将其 Value 设置为 On。

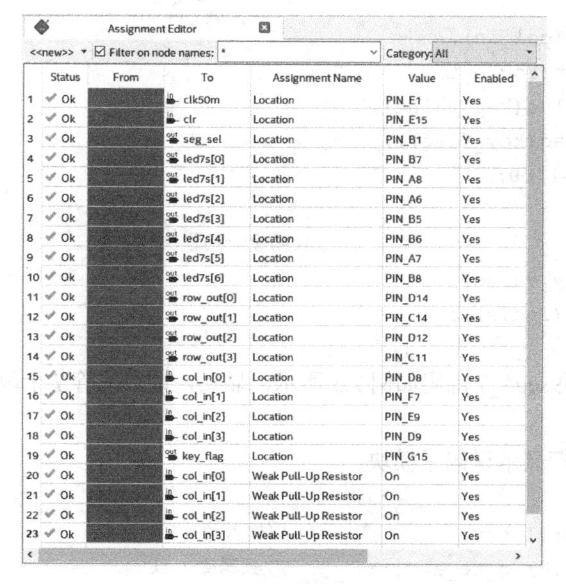

Assignment Editor

<<new>> ▾ ☑ Filter on node names: * Category: All

	Status	From	To	Assignment Name	Value	Enabled
1	Ok		clk50m	Location	PIN_E1	Yes
2	Ok		clr	Location	PIN_E15	Yes
3	Ok		seg_sel	Location	PIN_B1	Yes
4	Ok		led7s[0]	Location	PIN_B7	Yes
5	Ok		led7s[1]	Location	PIN_A8	Yes
6	Ok		led7s[2]	Location	PIN_A6	Yes
7	Ok		led7s[3]	Location	PIN_B5	Yes
8	Ok		led7s[4]	Location	PIN_B6	Yes
9	Ok		led7s[5]	Location	PIN_A7	Yes
10	Ok		led7s[6]	Location	PIN_B8	Yes
11	Ok		row_out[0]	Location	PIN_D14	Yes
12	Ok		row_out[1]	Location	PIN_C14	Yes
13	Ok		row_out[2]	Location	PIN_D12	Yes
14	Ok		row_out[3]	Location	PIN_C11	Yes
15	Ok		col_in[0]	Location	PIN_D8	Yes
16	Ok		col_in[1]	Location	PIN_F7	Yes
17	Ok		col_in[2]	Location	PIN_E9	Yes
18	Ok		col_in[3]	Location	PIN_D9	Yes
19	Ok		key_flag	Location	PIN_G15	Yes
20	Ok		col_in[0]	Weak Pull-Up Resistor	On	Yes
21	Ok		col_in[1]	Weak Pull-Up Resistor	On	Yes
22	Ok		col_in[2]	Weak Pull-Up Resistor	On	Yes
23	Ok		col_in[3]	Weak Pull-Up Resistor	On	Yes

图 2.3 在 Assignment Editor 对话框将端口 col_in 设置为弱上拉

也可以采用编辑.qsf 文件的方式完成引脚锁定，该文件内容如下：

```
set_location_assignment PIN_E1 -to clk50m
set_location_assignment PIN_E15 -to clr
set_location_assignment PIN_B1 -to seg_sel
set_location_assignment PIN_B7 -to led7s[0]
set_location_assignment PIN_A8 -to led7s[1]
set_location_assignment PIN_A6 -to led7s[2]
set_location_assignment PIN_B5 -to led7s[3]
set_location_assignment PIN_B6 -to led7s[4]
set_location_assignment PIN_A7 -to led7s[5]
set_location_assignment PIN_B8 -to led7s[6]
set_location_assignment PIN_D14 -to row_out[0]
set_location_assignment PIN_C14 -to row_out[1]
set_location_assignment PIN_D12 -to row_out[2]
set_location_assignment PIN_C11 -to row_out[3]
set_location_assignment PIN_D8 -to col_in[0]
set_location_assignment PIN_F7 -to col_in[1]
set_location_assignment PIN_E9 -to col_in[2]
set_location_assignment PIN_D9 -to col_in[3]
set_location_assignment PIN_G15 -to key_flag
set_instance_assignment -name WEAK_PULL_UP_RESISTOR ON -to col_in[0]
set_instance_assignment -name WEAK_PULL_UP_RESISTOR ON -to col_in[1]
set_instance_assignment -name WEAK_PULL_UP_RESISTOR ON -to col_in[2]
set_instance_assignment -name WEAK_PULL_UP_RESISTOR ON -to col_in[3]
```

编译完成后，将 4×4 键盘连接至目标板的扩展口，将生成的.sof 文件下载至目标板，观察按键通断的实际效果，本例的实际效果如图 2.4 所示，图中显示按下的是按键 2。

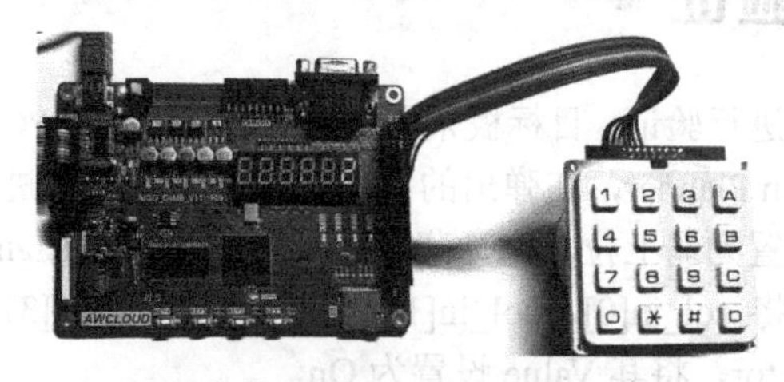

图 2.4 4×4 键盘连接至目标板

第 3 章

Hello World

3.1 任务与要求

基于 Quartus Prime、Platform Designer（PD）、Nios II-Eclipse 软件工具，搭建 Qsys 最小系统，实现 Hello World 简单程序，熟悉 Nios II 嵌入式处理器、片上 RAM 的配置和使用方法。

本例的实现步骤如下：

（1）基于 Quartus Prime 创建工程；

（2）基于 Platform Designer 搭建 Nios II 嵌入式系统（Qsys 最小系统）；

（3）基于 Quartus Prime 设计顶层原理图，编译生成硬件配置文件.sof；

（4）在 Nios II-Eclipse 中建立对应硬件系统的软件 C/C++工程，编写 Hello World 用户程序，编译并生成软件可执行文件.elf；

（5）将硬件配置文件.sof、软件可执行文件.elf 均下载至 FPGA 进行在线调试运行。

3.2 原理与实现

3.2.1 硬件设计

1. 创建工程

打开 Quartus Prime 软件，选择 File→New→New Project Wizard，单击 OK 按钮，出现如图 3.1 所示对话框，输入工程名称，单击 Next 按钮。

在如图 3.2 所示的 Device 对话框中选择目标芯片为 EP4CE6F17C8，在接下来的页面中均选择默认设置，持续单击 Next 按钮，在最后的页面中单击 Finish 按钮，完成工程创建。

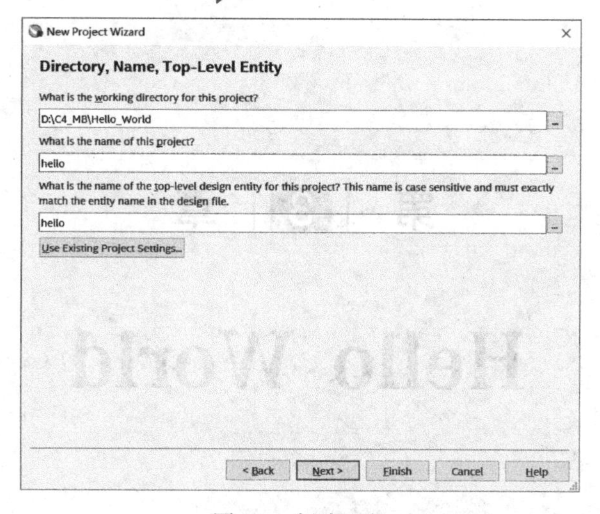

图 3.1 创建工程

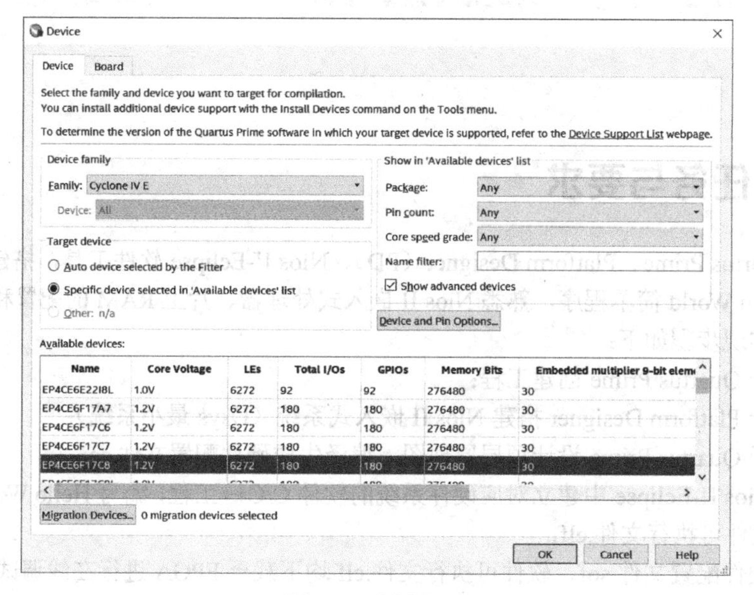

Name	Core Voltage	LEs	Total I/Os	GPIOs	Memory Bits	Embedded multiplier 9-bit elem
EP4CE6E22I8L	1.0V	6272	92	92	276480	30
EP4CE6F17A7	1.2V	6272	180	180	276480	30
EP4CE6F17C6	1.2V	6272	180	180	276480	30
EP4CE6F17C7	1.2V	6272	180	180	276480	30
EP4CE6F17C8	1.2V	6272	180	180	276480	30

图 3.2 选择芯片

2. 创建顶层原理图文件

单击 File→New，在如图 3.3 所示的对话框中选择 Block Diagram/Schematic File，单击 OK 按钮，进入原理图设计界面。

3. 启动 Platform Designer，进行 Qsys 系统设计

进入以 Nios II 处理器为核心的 Qsys 系统设计，本例较为简单，只需要 Qsys 最小系统即可，包含以下基本组件：

- Nios II/f 处理器内核；
- On-Chip Memory（片上存储器）核；
- JTAG UART 核；
- System ID Peripheral 核。

选择菜单 Tools→Platform Designer（见图 3.4），启动 Platform Designer（简称 PD）；启动后的 PD 界面如图 3.5 所示，将文件命名为 kernel.qsys 并保存，如图 3.6 所示。

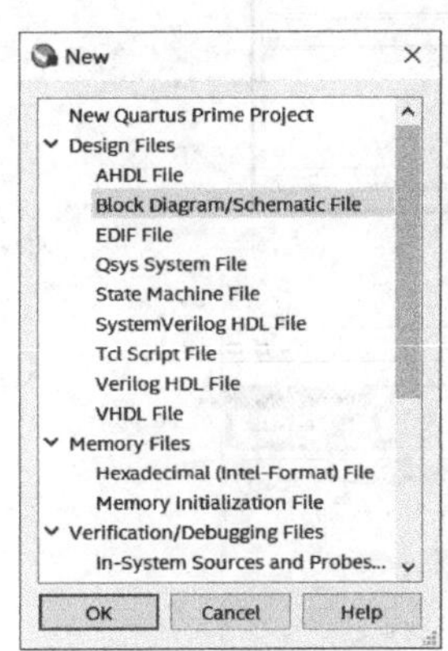

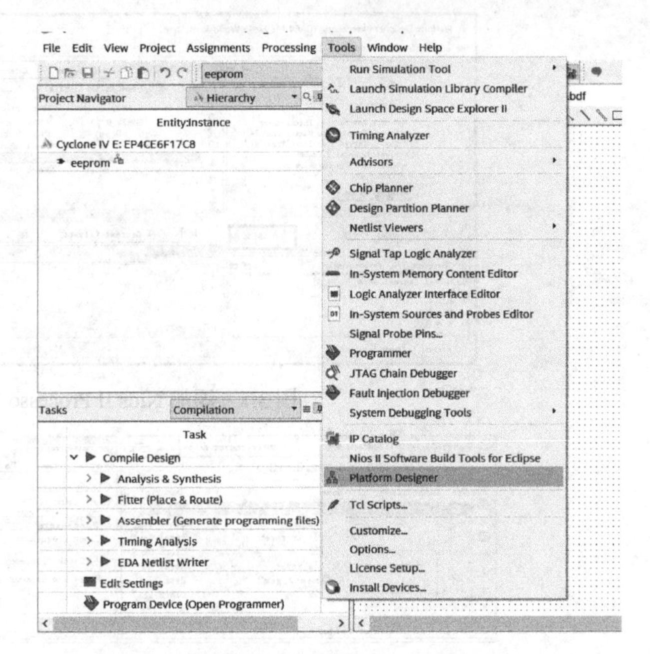

图 3.3 创建原理图

图 3.4 启动 Platform Designer

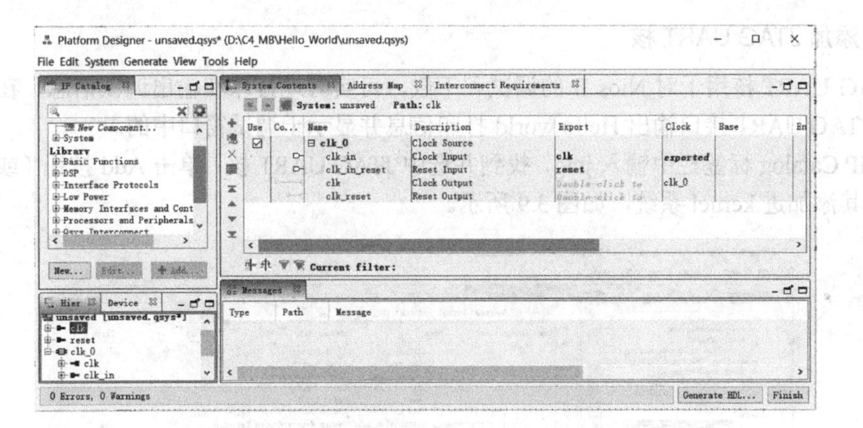

图 3.5 Platform Designer（PD）界面

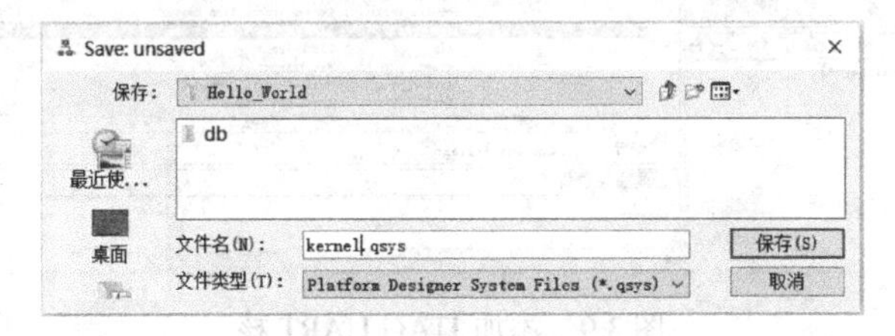

图 3.6 保存.qsys 文件

4．添加 Nios II 核

在 PD 界面的 IP Catalog 标签栏中的查找窗口输入 nios，搜索并找到 Nios II Processor 核，单击 Add 按钮（或者双击该核），将其添加进 kernel 系统，如图 3.7 所示，其参数设置暂时保持默认设置。

注：图 3.7 中的 clk_0 为 Qsys 系统的主时钟，也是 Nios II 的主时钟，本例中将其设置为 50MHz，如图 3.8 所示，如果想设置为更高的频率，可在原理图中添加 PLL 锁相环实现，但需注意所用的 FPGA 芯片支持的最高主频是多少（可查 FPGA 器件文档），不可超过此限制。

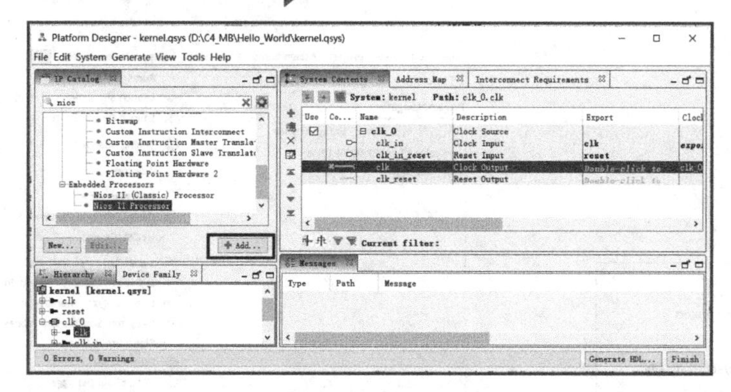

图 3.7　添加 Nios II Processor 核

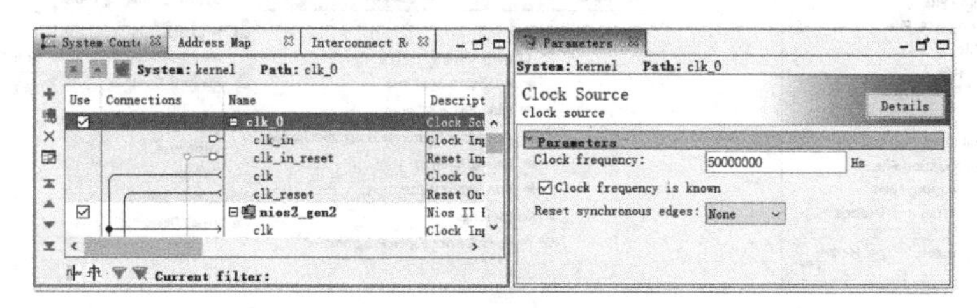

图 3.8　设置 clk_0 主时钟

5. 添加 JTAG UART 核

JTAG UART 核用于对 Nios II 的调试和下载，可实时地打印和输出调试信息，在本例中就是通过 JTAG UART 接口输出 Hello world 打印信息并显示于调试窗口中的。

在 IP Catalog 标签栏中输入 jtag，找到并选中 JTAG UART 核，单击 Add 按钮（或者双击该核），将其添加进 kernel 系统，如图 3.9 所示。

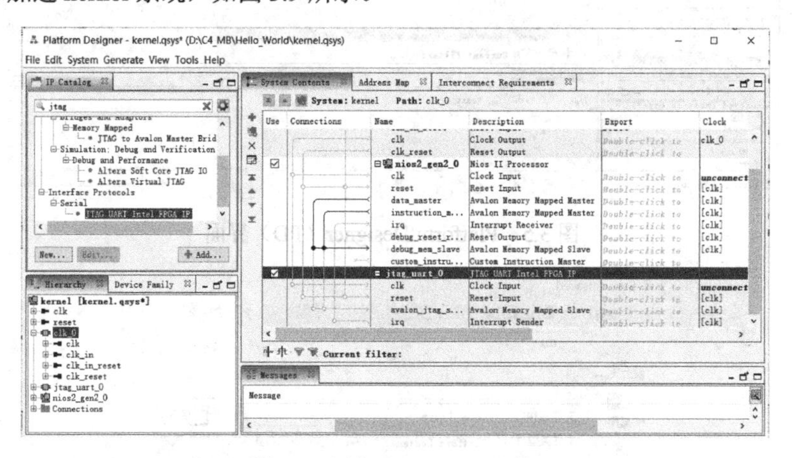

图 3.9　添加 JTAG UART 核

6. 添加 On-Chip Memory 核

处理器运行必须需要一个存储器用于暂存数据和指令，本例较为简单，所以只需一个 10KB 左右的存储器即可满足处理器运行需求。利用 FPGA 的片内存储器（On Chip RAM）可实现此存储器，用于存储程序代码以及提供程序运行空间，因此需要添加 On-Chip Memory 核。

如图 3.10 所示，在 IP Catalog 标签栏中输入 on chip，找到并选中 On-Chip Memory 核，单击 Add 按钮（或者双击该核），将其添加进 kernel 系统。

在添加 On-Chip Memory 核的过程中会出现如图 3.11 所示的页面，在此页面中设置 On-Chip Memory 核的参数，Memory 类型选为 RAM（Writable），总的大小设为 10240B（即片上内存的大小为 10KB），其他保持默认设置即可。

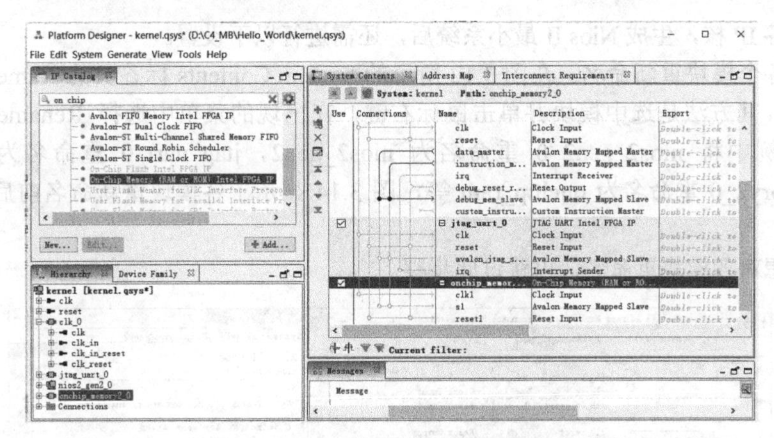

图 3.10 添加 On-Chip Memory 核

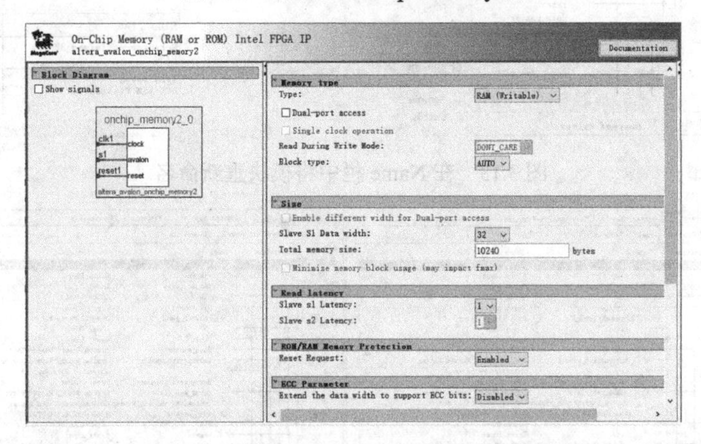

图 3.11 设置 On-Chip Memory 核的参数

7. 添加 System ID Peripheral 核

还需添加 System ID Peripheral 核，System ID 核的作用是进行校验，以防止 Quartus 和 Nios II 版本不一致的情况发生。

在 IP Catalog 标签栏的查找窗口输入 system，找到 System ID Peripheral 模块后，单击 Add 按钮，将其加入 kernel 系统，参数采用默认配置，如图 3.12 所示。

注： *之前在 SOPC Builder 中 System ID 是自动生成的，但是在 PD（Qsys）里已经不再自动生成。在 System ID 中可以输入一个 32 位的十进制整数值，保持 0 也可以。*

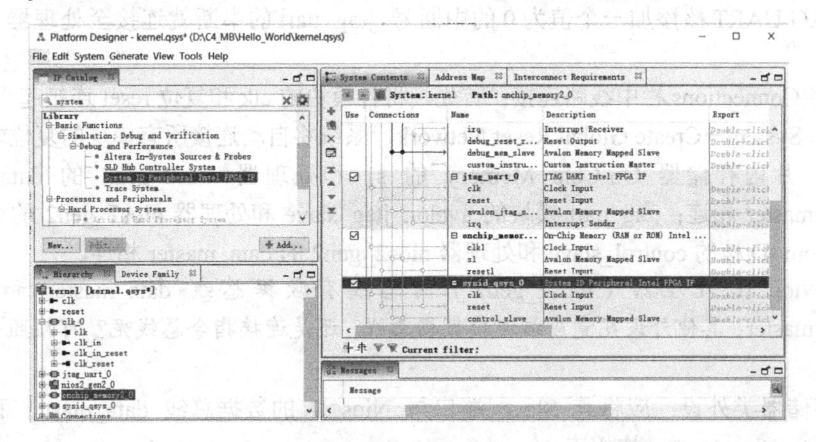

图 3.12 添加 System ID 核

8．完成 Qsys 系统设置及后续工作，生成 Nios II 最小系统

添加完各 IP 核，生成 Nios II 最小系统后，还需进行以下设置。

（1）对各个模块重新命名：在图 3.12 所示的 System Contents 标签页的 Name 栏中将各模块重新命名，其方法是选中模块并单击鼠标右键，在出现的菜单中选择 Rename，如图 3.13 所示。在本例中将 nios2_gen2_0 重命名为 nios2_gen2，jtag_uart_0 重命名为 jtag_uart，onchip_memory2_0 重命名为 onchip_ram 等，图 3.14 显示了各模块重新命名前后模块名称的变化。

如果不想对各模块重命名，可跳过此步骤。

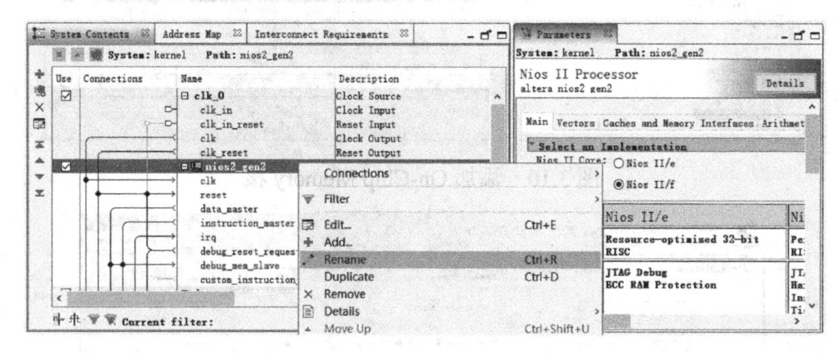

图 3.13　在 Name 栏中将模块重新命名

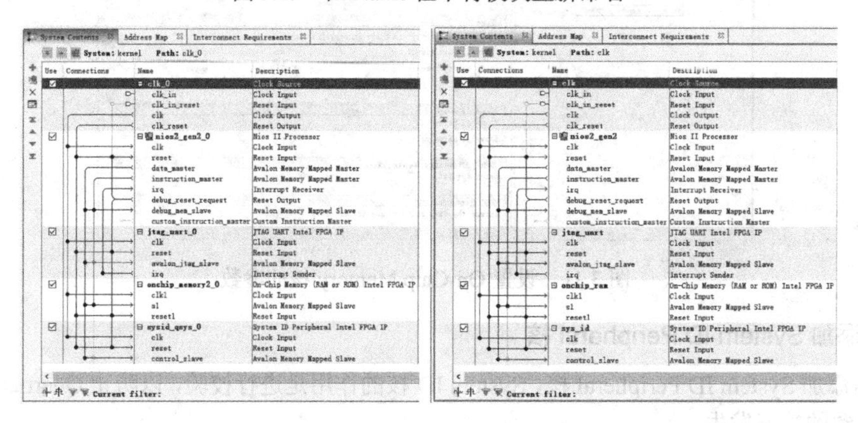

图 3.14　重新命名前后模块名称

（2）基地址分配：在 PD 主界面选择菜单 System→Assign Base Addresses，系统会自动给各模块分配基地址，完成后 Base 栏将出现不会重复的具体地址。

（3）中断号分配：在 IRQ 标签栏下选择 Avalon_jtag_slave 和 nios2 的 IRQ 的连接点，就会为 JTAG UART 核添加一个值为 0 的中断号，jtag_uart 的中断就连接至处理器 nios2_gen2 的中断。

（4）将 Connections 栏中线路连接：首先，将各模块的 clk 和复位 reset 连接起来，单击 PD 主界面菜单 System→Create Global Reset Network，系统将自动连接所有模块的复位端口。

然后，片内存储器 On-Chip Memory 的 s1 和处理器 nios2_gen2 的 data_master 与 instruction_master 相连；jtag_uart 模块的 avalon_jtag_slave 和处理器 nios2_gen2 的 data_master 相连；System ID 核的 control_slave 和处理器 nios2_gen2 的 data_master 相连。

注：Nios II 处理器（nios2_gen2）的总线有数据总线 data_master 和指令总线 instruction_master，其他外设究竟应该连接数据总线，还是连接指令总线呢？可按照如下的连线规则。

- 存储器类外设：应将其 Slave 端口与 Nios II 的数据总线 data_master 和指令总线 instruction_master 均相连。

● 非存储器外设：只需要连接 Nios II 的 data_master 即可。

完成对各模块重新命名以及基地址分配、中断号分配、时钟和复位信号连接后的 Qsys 系统如图 3.15 所示。

注：完成了上述设置和连接后，可以发现 Messages 窗口中的错误和警告均消失了（0 Errors，0 Warning）；如果仍有错误和警告，则应分析查找原因并消除之。

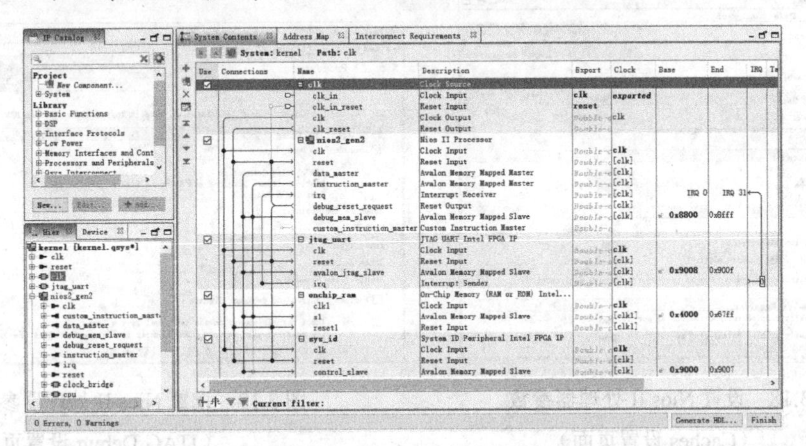

图 3.15 各模块重命名、基地址和中断号分配、时钟和复位信号连接后的 Qsys 系统

（5）进行 Nios II 处理器的相关设置，主要设置如下几个页面。

Main 页面：在 System Contents 标签栏中双击 nios2_gen2 模块，进入 Nios II Processor 的配置对话框，在如图 3.16 所示的 Main 页面中，选择 Nios II 处理器的实现模式为 Nios II/f 模式，即快速模式；如果想节省芯片资源，可选择 Nios II/e 模式，即经济模式。

Vectors 设置页面：在此页面指定 Nios II 的复位和异常地址，在如图 3.17 所示的 Vectors 设置页面中，将 Reset vector memory（复位地址）和 Exception vector memory（异常地址）均设置为 onchip_ram.s1。

注：Reset vector（复位向量）用于设置 CPU 复位后从何处启动，在调试系统时，为了方便，可设置 CPU 的复位向量为 SDRAM（或 SRAM）；而当系统开发完成后，一般将 CPU 的复位向量设置为 FLASH 器件，比如 EPCS 存储器，这样系统上电后可自动从 FLASH 器件中复制程序代码到内存中运行。

Exception Vector（异常向量）：异常向量指向存放 CPU 处理异常事件（例如中断处理）代码的存储器，一般指定为速度较快的存储器，比如 SDRAM、SRAM 或片上存储器（On Chip RAM）。

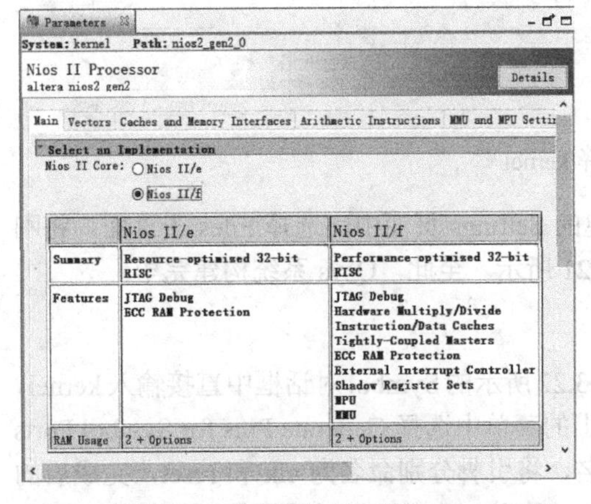

图 3.16 设置 Nios II 处理器参数（Main 页面）

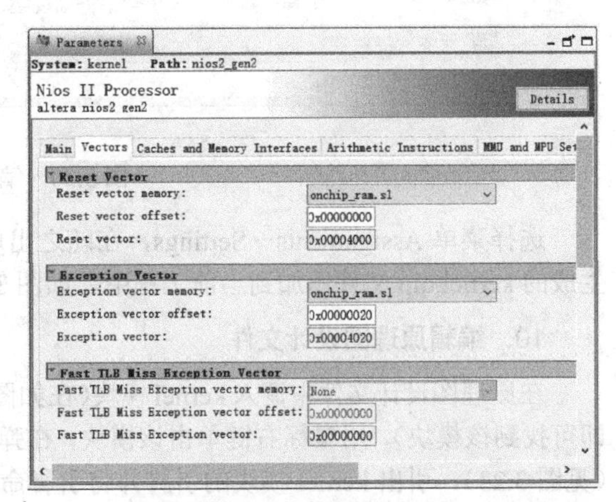

图 3.17 设置 Nios II 处理器参数（Vectors 设置页面）

Caches and Memory Interfaces 设置页面：在 Caches and Memory Interfaces 页面设置指令缓存 Instruction Cache 为 4Kbytes，设置数据缓存 Data Cache 为 2Kbytes，如图 3.18 所示。

JTAG Debug 设置页面：在 JTAG Debug 页面中注意勾选 Include JTAG Debug，如图 3.19 所示。其余 Nios II 处理器设置页面保持默认设置即可。

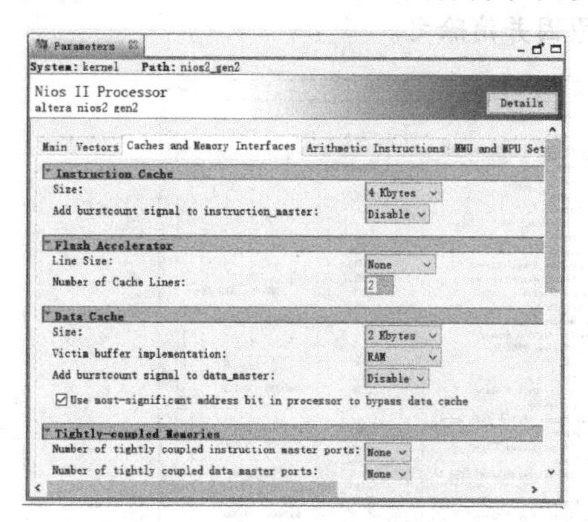

图 3.18　设置 Nios II 处理器参数

（Caches 设置页面）

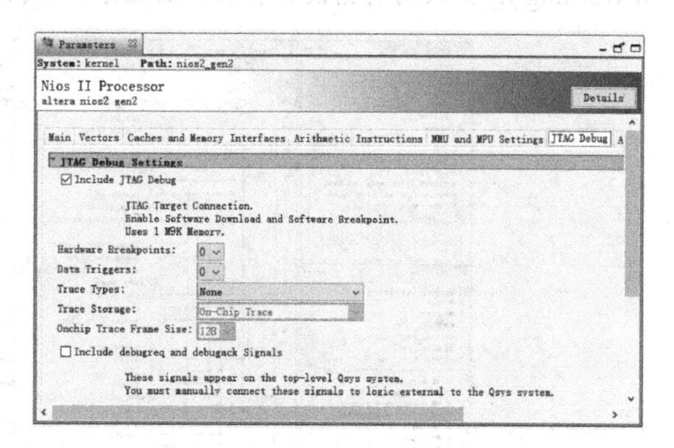

图 3.19　设置 Nios II 处理器参数

（JTAG Debug 设置页面）

9. 各模块设置完毕，编译 Qsys 系统

在图 3.20 中单击右下角的 Generate HDL…按钮，在弹出的 Generation 页面中单击 Generate 按钮，启动编译过程，对 Qsys 系统进行编译并生成相应的源代码，本例中生成的源文件为 kernel.qip 文件。

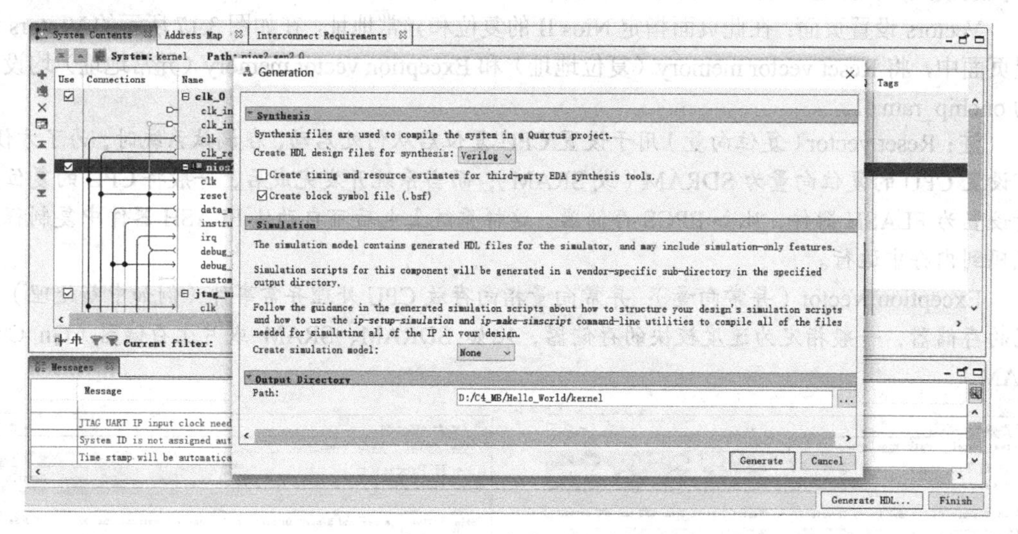

图 3.20　编译 kernel

选择菜单 Assignments→Settings，在随之出现的 Settings 页面中，选择 Files 子页面，将刚生成的 kernel.qip 文件添加到当前工程中，如图 3.21 所示。至此，Qsys 系统构建完毕。

10. 编辑原理图设计文件

在原理图设计文件中调入 kernel 模块（在如图 3.22 所示的 Symbol 对话框中直接输入 kernel，即可找到该模块），用鼠标右键单击该模块，在弹出的菜单中选择 Generate Pins for Symbol Ports（见图 3.23），引出 kernel 模块的引脚并将引脚命名，将引脚分别命名为 clk 和 reset，完成后的顶层原理图如图 3.24 所示，将此原理图文件存盘，命名为 hello.bdf，并设置为顶层模块。

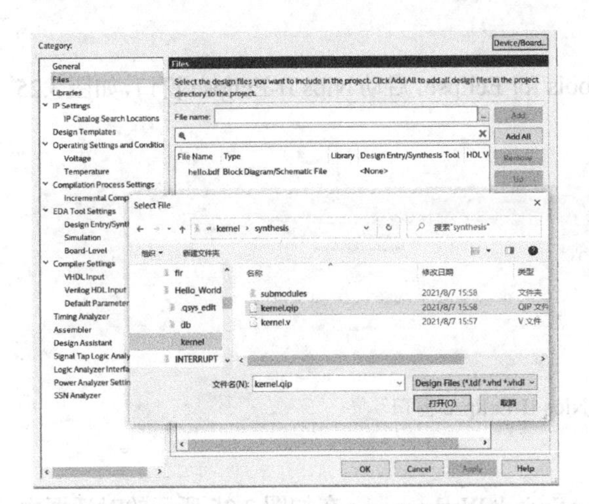

图 3.21　将 kernel.qip 文件添加到工程中

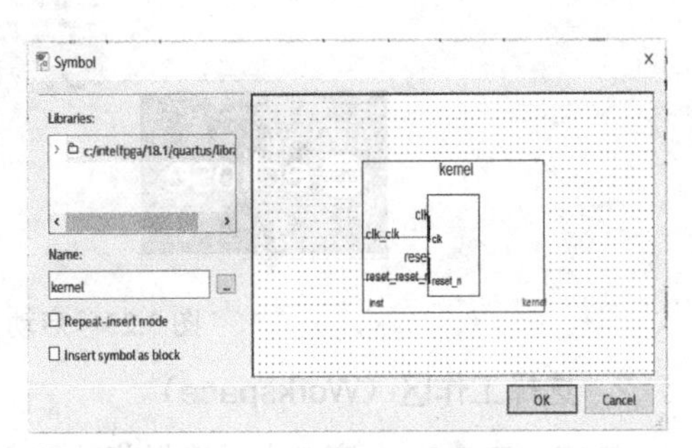

图 3.22　Symbol 对话框

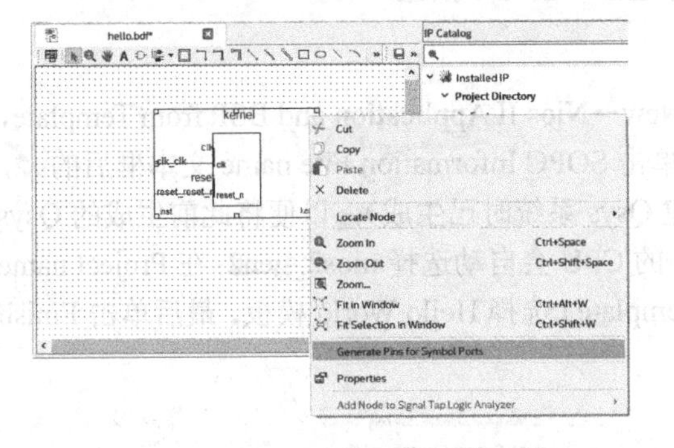

图 3.23　在原理图中加入 kernel 模块

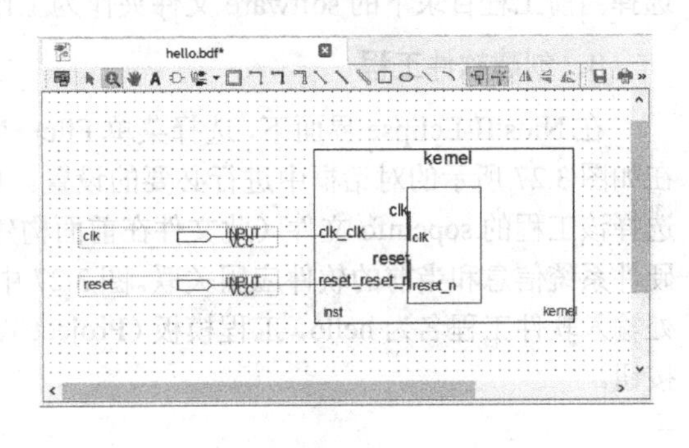

图 3.24　完成后的顶层原理图

注：*实例化 Qsys 模块（本例的 kernel）的方式取决于工程选择的设计输入方式，如果顶层采用 Verilog HDL 文本输入，可参考 kernel_inst.v 文件的内容在顶层模块中实例化 kernel 模块，本例的 kernel_inst.v 文件内容如下：*

```
kernel u0(
        .clk_clk      (<connected-to-clk_clk>),              //clk.clk
        .reset_reset_n(<connected-to-reset_reset_n>)     //reset.reset_n
    );
```

11．编译工程

回到 Quartus Prime 主界面，单击 ▶ 对工程进行编译。在编译过程中，有可能会出现问题，比如双用途引脚（Dual-Purpose Pins）的设置。nCEO 引脚属于双用途引脚，在配置阶段可作为下载引脚使用，配置完成后可作为普通 I/O 引脚使用。此类引脚作普通 I/O 脚用时须进行必要的设置，否则在编译时会报错（双用途引脚的设置可参考图 1.9）。

12．引脚锁定并重新编译

编译成功后，对引脚进行锁定。

```
set_location_assignment PIN_E1 -to clk
set_location_assignment PIN_E16 -to reset
```

引脚锁定后重新编译，生成.sof 可配置文件，至此完成硬件部分的设计任务。

3.2.2　软件设计

下面基于 Nios II Software Build Tools for Eclipse（简称 Nios II-Eclipse）来完成软件部分的设计任务。

1. 启动 Nios II-Eclipse

选择菜单 Tools→Nios II Software Build Tools for Eclipse，启动 Nios II-Eclipse 窗口，如图 3.25 所示。

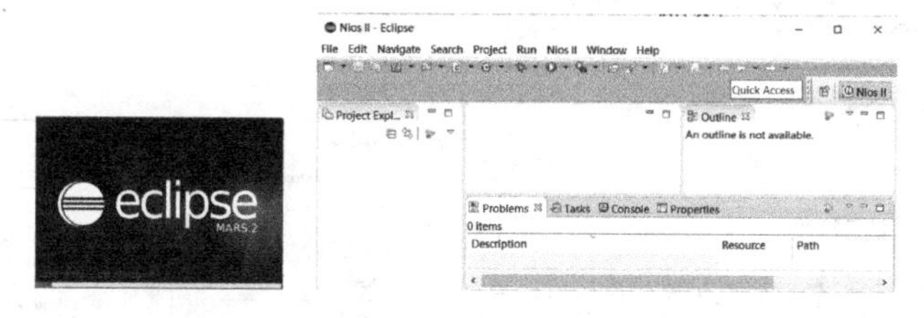

图 3.25　启动 Nios II-Eclipse 窗口

2. 选择工作区（Workspace）

在 Nios II-Eclipse 窗口中，选择菜单 File→Switch Workspace，在如图 3.26 所示的对话框中选择当前工程目录下的 software 文件夹作为工作区，单击 OK 按钮。

3. 创建软件工程

在 Nios II-Eclipse 界面下，选择菜单 File→New→Nios II Application and BSP from Template，在如图 3.27 所示的对话框中进行必要的设置。单击 SOPC Information File name 文本框后的 ...，选择该工程的.sopcinfo 文件（此文件在前面构建 Qsys 系统时已生成），以便将此前生成的 Qsys 硬件系统信息和当前的软件应用关联。图 3.27 中的 CPU 会自动选择 nios2_gen2；在 Project name 处输入软件工程名为 hello，工程模板（Project Template）选择 Hello World 模板，最后单击 Finish 按钮。

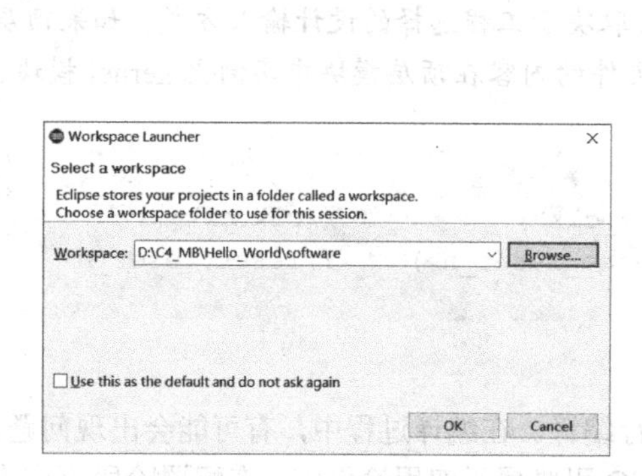

图 3.26　选择工作区

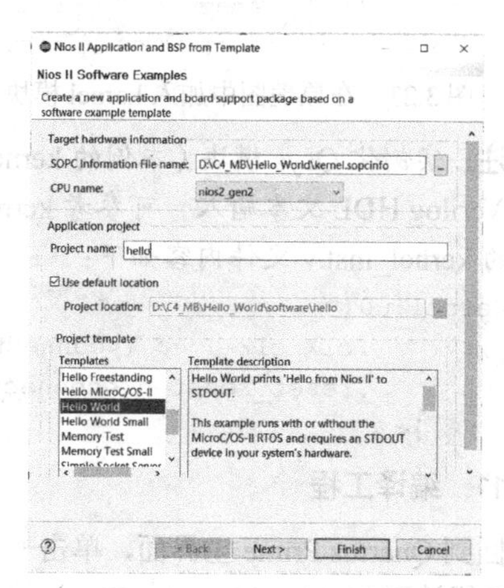

图 3.27　选择.sopcinfo 文件并输入软件工程名称

系统会自动生成一个打印 Hello World 的软件工程，在 hello_world.c 中可以看到相应代码，如图 3.28 所示。

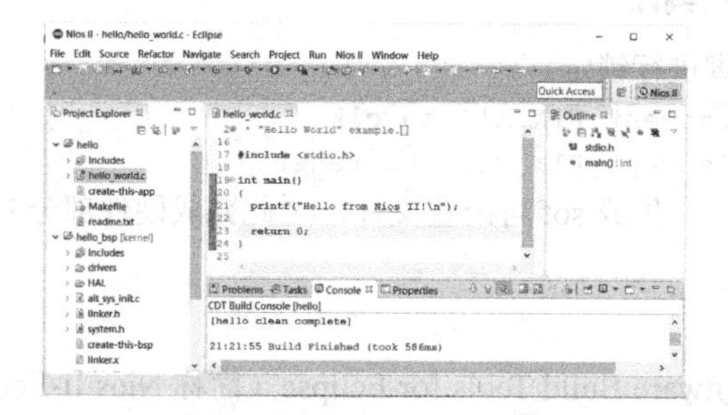

图 3.28　自动生成的 hello_world.c 代码

修改 hello_world.c 代码如下：

```
#include <stdio.h>
int main()
{
   printf("Hello World!\n");
   return 0;
}
```

4．编译软件工程

在 Nios II-Eclipse 主界面选择菜单 Project→Build Project（或在项目名称 Hello_bsp 处单击鼠标右键，在弹出的菜单中选择 Build Project），如图 3.29 所示，对软件工程启动编译。

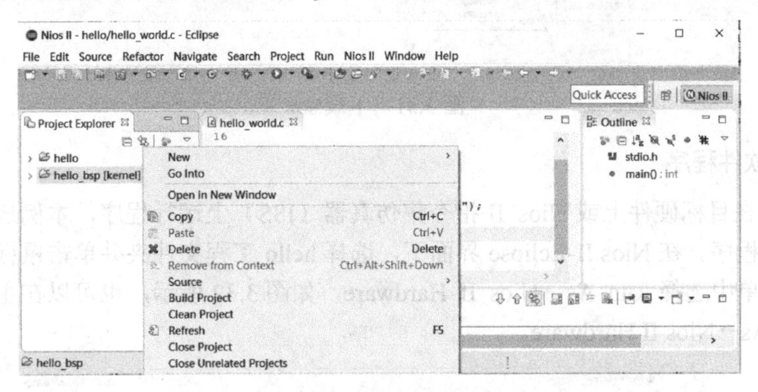

图 3.29　编译软件工程

在有些情况下，由于 On-Chip Memory 空间较小，需缩减软件工程的大小，否则会出现编译错误。在 Nios II-Eclipse 界面选择主菜单 Nios II→BSP Editor（或在项目名称 Hello_bsp 处单击鼠标右键，在弹出的菜单中选择 Nios II→BSP Editor），出现如图 3.30 所示的 BSP Editor 页面，在此页面中勾选 enable_small_c_library 和 enable_reduced_device_drivers 两个选项，然后单击 Generate，重新生成 BSP，重新编译软件工程。

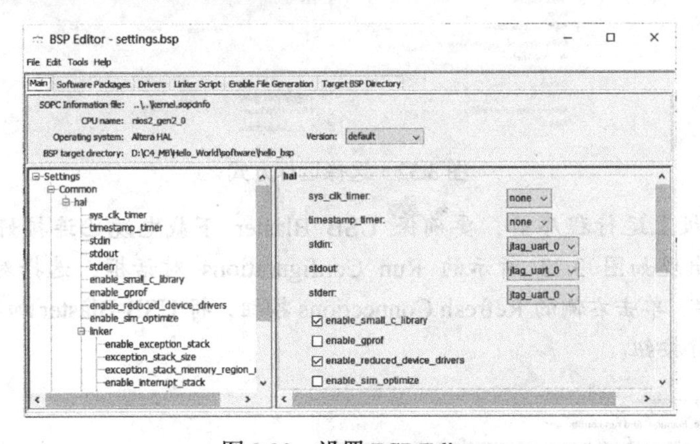

图 3.30　设置 BSP Editor

编译成功后，会在 Eclipse 界面的 Console 控制台中显示 Build Finished 字样，表示编译成功。

3.3　下载与验证

1．硬件配置 FPGA

连接 USB Blaster 下载电缆和目标板，启动 Quartus Prime Programmer，在如图 3.31 所示的

Programmer 窗口中单击 Start 按钮，将配置文件.sof 下载至目标板，然后关闭 Programmer 窗口，回到 Nios II-Eclipse 主界面。

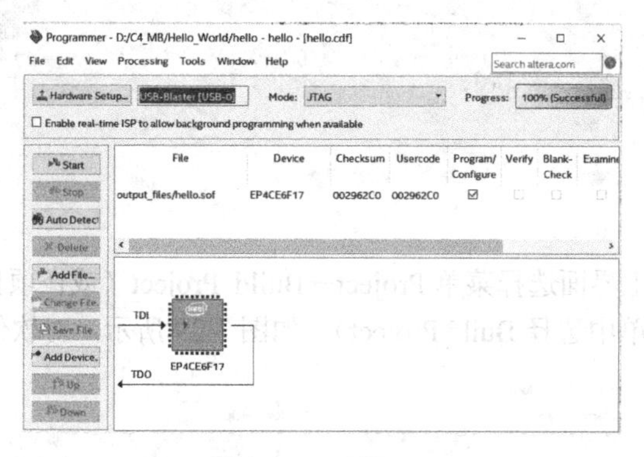

图 3.31　下载.sof

2. 运行软件程序

用户可以在目标硬件上或 Nios II 指令集仿真器（ISS）上运行程序，本例选择在目标硬件上调试和运行程序。在 Nios II-Eclipse 界面下，选择 hello 工程文件夹并单击鼠标右键，然后在弹出的快捷菜单中选择 Run As→Nios II Hardware，如图 3.32 所示，也可以在主菜单栏中选择 Project→Run As→Nios II Hardware。

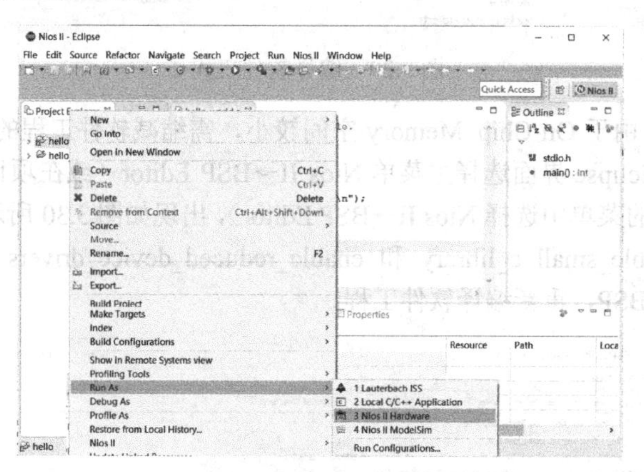

图 3.32　选择运行方式

注：在目标板上运行程序前，要确保 USB Blaster 下载电缆已连接好，可先运行 Run Configurations，出现如图 3.33 所示的 Run Configurations 对话框，选择对话框中的 Target Connection 标签栏，单击右侧的 Refresh Connections 按钮，将 USB-Blaster 加入，单击 Apply 按钮后，再单击 Run 按钮。

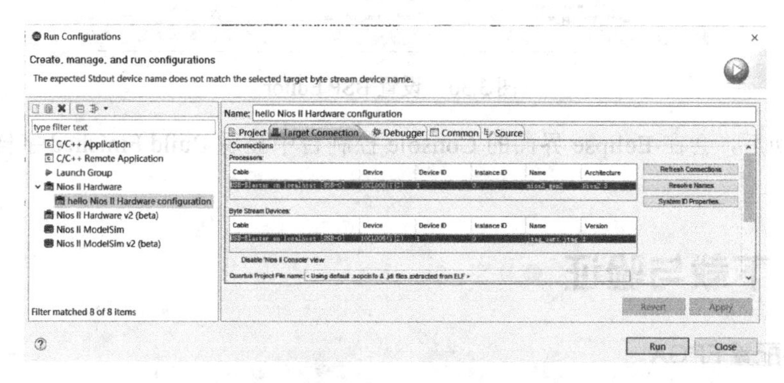

图 3.33　配置 Run Configurations 页面

3. 观察运行效果

最终可以看到 Nios II-Eclipse 界面中的 Nios II Console 控制台出现 Hello World！显示信息，如图 3.34 所示。

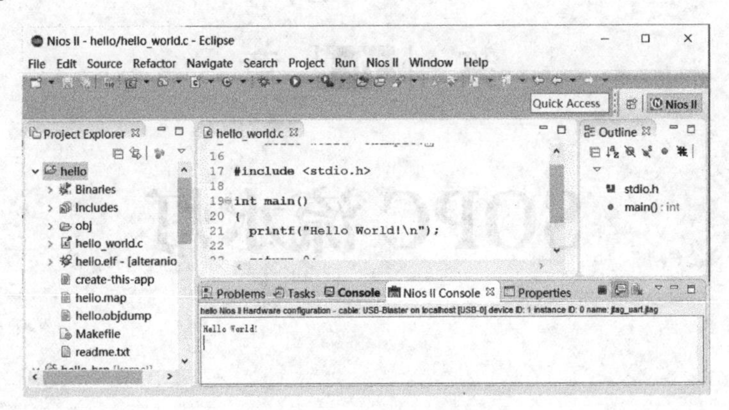

图 3.34 显示输出结果

本例介绍了如何在 Quartus 及 PD 环境中完成 Nios II 系统的创建，在 Nios II-Eclipse 环境下创建 hello world 的应用程序，以及硬件和软件系统的下载和调试。在下载 hello world 应用程序的.elf 文件到 FPGA 之前，需要先下载 FPGA 的配置文件.sof，.sof 文件相当于在 FPGA 内搭建了一个软核，hello world 应用程序编译后生成的可执行文件（.elf）就是在这个软核里运行的。

第 4 章 SOPC 流水灯

4.1 任务与要求

本例在前例显示 Hello World！的基础上增加了 PIO 模块，用于控制 4 个 LED 灯实现循环点亮，仍然基于 Quartus Prime、Platform Designer、Nios II-Eclipse 软件工具实现，本例的目的在于进一步熟悉 SOPC 开发流程，熟悉 Nios II 嵌入式处理器的配置和使用。

4.2 基于 Nios II 的 SOPC 设计流程

在上例中已使用了 Nios II 处理器，在此对 Nios II 处理器及基于 Nios II 的 SOPC 系统开发做进一步的分析。

Nios II 处理器目前已发展至第二代，即 Nios II Gen2 核。Nios II 处理器属于软核，和 Xilinx 的 MicroBlaze 处理器相当。Nios II 处理器可运行于 Intel 的所有 FPGA 器件中，包括 Cyclone 系列、MAX 10 系列、Arria 系列和 Stratix 系列。Nios II/f（快速）型内核耗用约 1800 个 LE 逻辑单元，相当于一款超过 200 DMIPS（Dhrystone Million Instructions executed Per Second，用于评测整数计算能力的单位）性能的处理器；Nios II/e（经济）型内核只耗用 600 个 LE 逻辑单元，从而能够给其他逻辑应用保留更多的片上资源。

基于 Nios II 的 SOPC 系统是一个软、硬件复合的系统。在开发时，可分为硬件和软件两个部分，但在实际设计过程中，有时所需要的功能既可以用软件也可以用硬件来实现。具体采用什么方式实现，要根据系统设计要求来权衡。一般来说，用软件实现时，在设计上容易修改或者增删，查错也较容易，又几乎不增加占用的逻辑资源，但执行速度要慢一些。所以，在规划设计时，在满足性能的前提下，优先考虑软件实现。

图 4.1 是基于 Nios II 的 SOPC 设计的流程，包括如下步骤：

（1）启动 Quartus II 软件和新建设计工程。Quartus II 是以工程的方式对设计过程进行管理的，在工程中建立顶层模块（可以是.bdf 原理图文件，也可以是.v 文本文件），其将各子模块（包括 Qsys 模块）包含在里面，编译时将这些模块整合在一起。

（2）启动 Qsys 系统设计，在 Qsys 中添加需要的功能模块，包括 Nios II 处理器内核、存储器和其他组件；也可以添加自己的定制硬件，以提升系统性能；还可以向 Nios II 内核添加定制指令逻辑，以提升 CPU 性能。

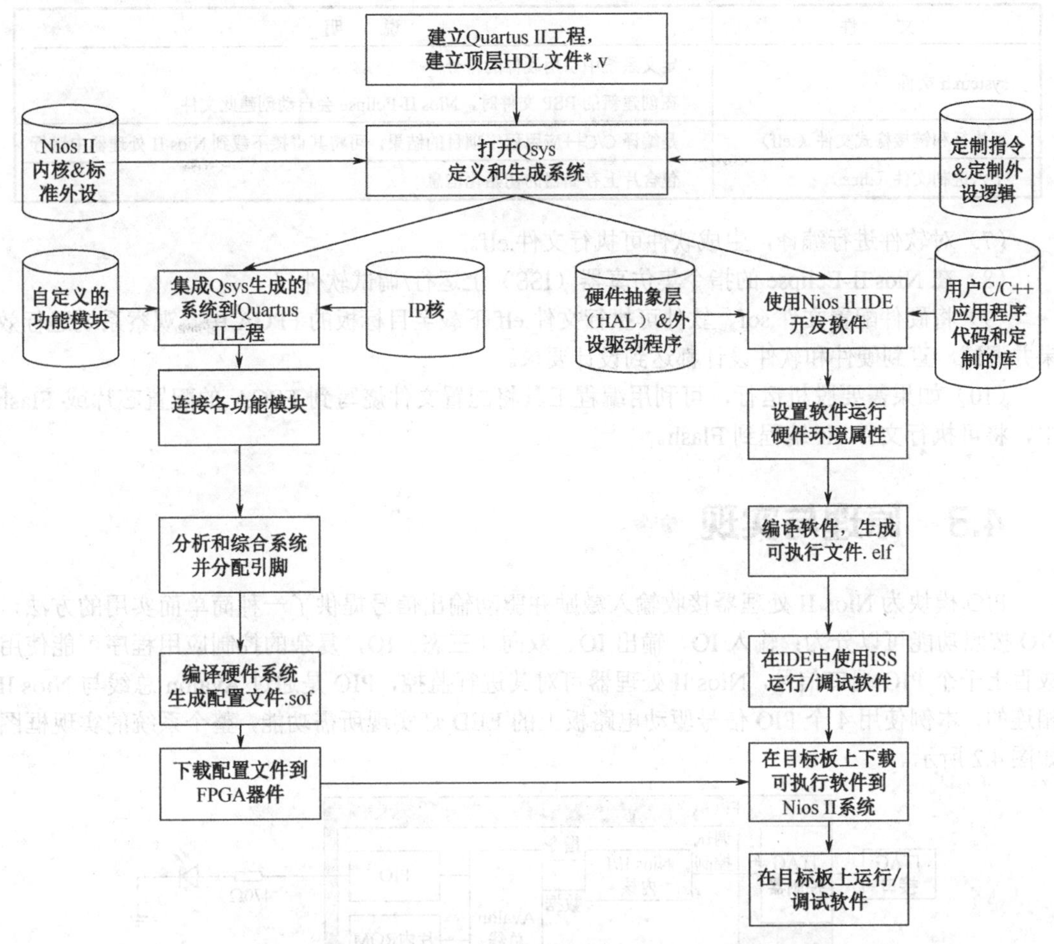

图 4.1 基于 Nios II 的 SOPC 设计的流程

Qsys 系统最终产生以下文件类型，如表 4.1 所示。

表 4.1 Qsys 系统产生文件类型

文件类型	说 明
Qsys 设计文件（.qsys）	包含 Qsys 系统的硬件内容
SOPC 信息文件(.sopcinfo)	包含对.qsys 文件内容的说明，采用的是可扩展标记语言文件（.xml）格式；Nios II-Eclipse 使用.sopcinfo 文件来为目标硬件创建软件

（3）将 Qsys 系统实例化到顶层设计中，并将用到的 IP 核、LPM 功能模块以及用户自定义模块添加进来，连线，连接输入/输出端口，完成顶层模块文件设计。Quartus II 包含了丰富的 IP 核（如 PLL 锁相环、乘法器、RAM/ROM、FFT 等），使用 IP 核有助于加快开发速度。

（4）为顶层设计文件指定目标芯片，编译并分配和锁定引脚。

（5）重新编译硬件系统，生成硬件配置文件.sof。编译是一个复杂的过程，包括设置编译选项、优化逻辑、逻辑综合、布局布线以及时序分析等步骤。

（6）使用 Nios II Software Build Tools for Eclipse（简称 Nios II-Eclipse）开发用户程序。为了建立 SOPC 硬件和软件之间的连接，Nios II-Eclipse 会用到.sopcinfo 文件的信息。Nios II-Eclipse 提供组件驱动程序和硬件抽象层（HAL），允许独立于底层硬件细节快速写入 C 或 C++程序，除应用程序代码外，用户还可以设计自定义库并在 Nios II-Eclipse 项目中调用。

表 4.2 是 Nios II-Eclipse 产生的输出文件，当然并非所有项目都需要所有这些输出文件。

表 4.2 Nios II-Eclipse 产生的输出文件

文 件	说 明
system.h 文件	定义系统中引用硬件的符号。 在创建新的 BSP 文件时，Nios II-Eclipse 会自动创建此文件
可执行和链接格式文件（.elf）	是编译 C/C++应用程序项目的结果，可将其直接下载到 Nios II 处理器中运行
十六进制文件（.hex）	包含片上存储器的初始化信息

（7）对软件进行编译，生成软件可执行文件.elf。

（8）在 Nios II-Eclipse 的指令集仿真器（ISS）上运行/调试软件。

（9）将硬件配置文件.sof、软件可执行文件.elf 下载至目标板的 FPGA 中，观察系统运行效果并调试，直到硬件和软件设计都达到设计要求。

（10）如果需要脱机运行，可利用编程工具将配置文件烧写到 FPGA 的配置芯片或 Flash 中，将可执行文件.elf 编程到 Flash。

4.3 原理与实现

PIO 模块为 Nios II 处理器接收输入激励并驱动输出信号提供了一种简单而实用的方法，PIO 按照功能可以分为：输入 IO、输出 IO、双向（三态）IO，复杂的控制应用程序可能使用成百上千个 PIO 端口信号，Nios II 处理器可对其进行监控，PIO 是通过 Avalon 总线与 Nios II 相连的，本例使用 4 个 PIO 信号驱动电路板上的 LED 灯实现所需功能，整个系统的实现框图如图 4.2 所示。

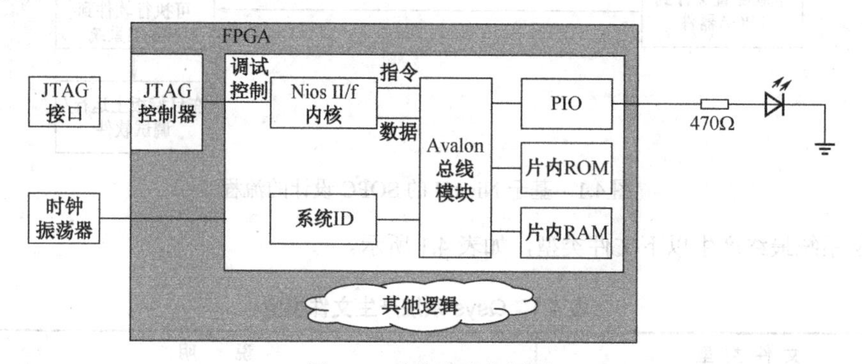

图 4.2 系统的现实框图

控制 LED 灯的用户程序代码较小，可将其存储在片内 ROM 中执行，变量、堆栈等空间使用片内 RAM 实现，不使用任何片外存储器。

4.3.1 硬件设计

本例在前例 Hello World！的基础上增加 PIO 模块实现。首先新建一个子目录 SOPC_LED，然后开始硬件和软件部分的设计。

硬件部分设计依次进行创建工程，创建顶层原理图文件，启动 Platform Designer，搭建 Qsys 系统，实现此过程的一种简单快速的方法是将上例 Hello_World 目录下的内容复制至当前目录下，删除 software 子目录下的内容，本例采用此方法完成设计。

（1）打开 Quartus Prime 软件，然后双击 kernel.qsys 文件，进入 Platform Designer。

上例的 kernel.qsys 中已添加了 Nios II 核、JTAG UART 核、On-Chip Memory 核、System ID 核，构建了 Qsys 最小系统，本例需在此基础上继续添加 PIO 核，更新 Qsys 系统，并引出 PIO 引脚。

如图4.3所示，在IP Catalog标签栏的查找窗口输入pio找到PIO模块后单击Add按钮，将其加入kernel系统，在随之出现的PIO模块参数设置对话框（如图4.4所示）中将PIO模块的宽度（Width）设为4，方向设置为输出（Output）。

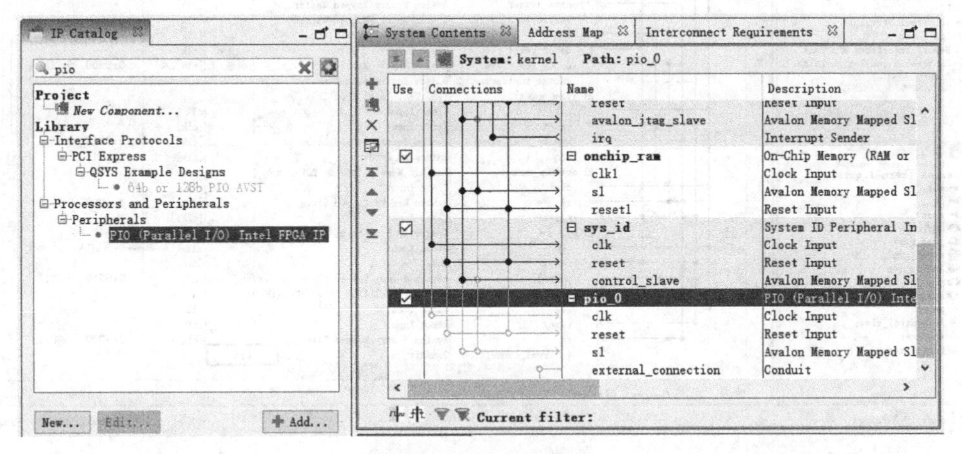

图4.3 添加PIO模块

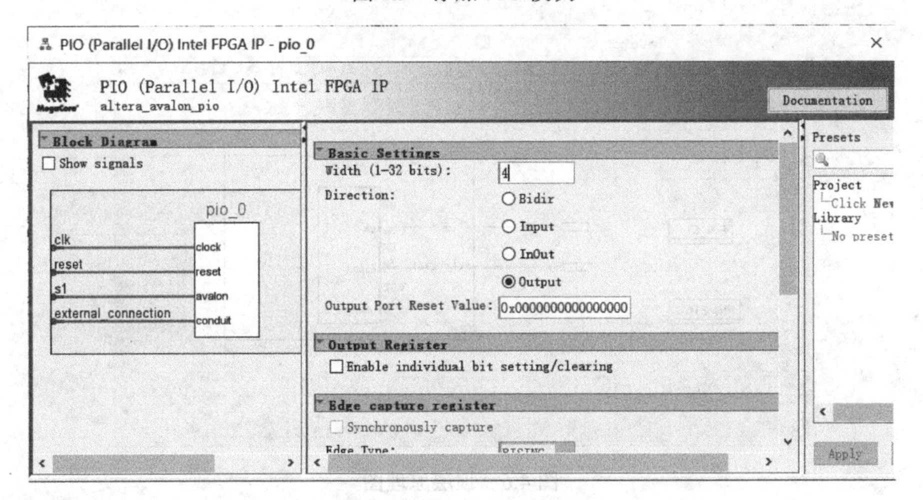

图4.4 PIO模块参数设置

（2）添加了Qsys系统各IP核后，参照上例，继续各项设置和连线。

① 模块重命名：将PIO模块命名为pio_led。

② 基地址分配：选择菜单System→Assign Base Addresses，为各模块重新分配基地址。

③ 在Connections栏进行连线。

完成模块命名、基地址分配、时钟和复位信号连接后的Qsys系统的PIO模块部分如图4.5所示，其余部分的Qsys系统与上例基本相同。

④ 外部端口设置：pio_led模块含有外部端口（见图4.5中Name栏的external_connection），external端口是指需要在顶层设计中导出至FPGA引脚，以进行引脚分配和锁定的端口，双击Export栏的输出端口名字将其改名为led，如图4.5所示。

注：完成了上述设置和连接后，需注意Messages状态栏中的错误和警告是否都没有了（0 Errors，0 Warning）；如仍有错误和警告，则应查找原因并消除。

（3）保存Qsys系统并单击Generate按钮重新生成Qsys系统内核，编译成功后在Quartus Prime软件里更新kernel符号，并将其重新调入顶层原理图中并生成引脚，顶层原理图如图4.6所示，可以看到kernel模块增加了PIO的IO端口，将其命名为led[3..0]。

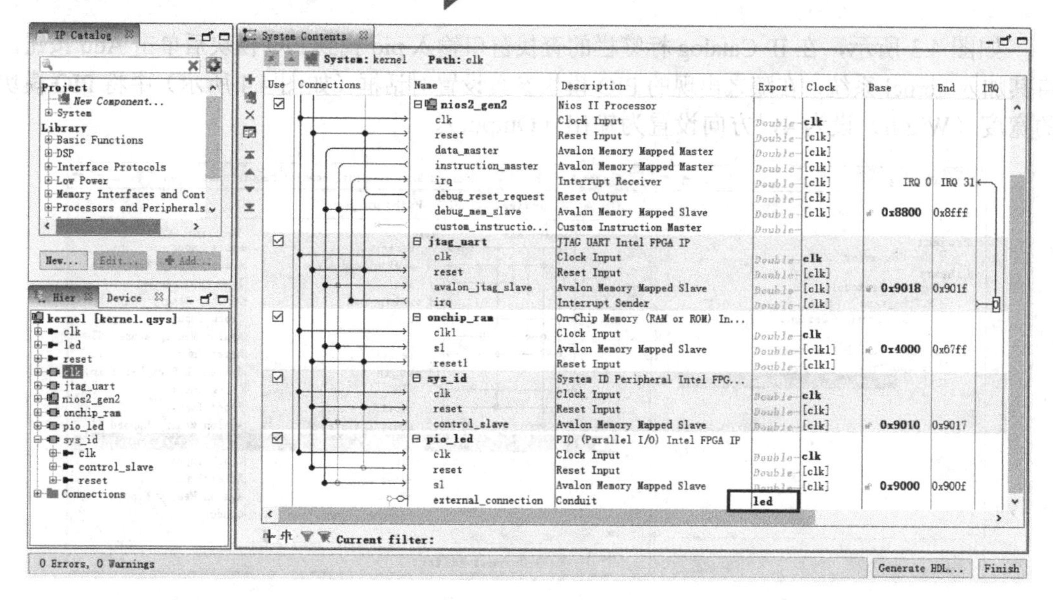

图 4.5 Qsys 系统

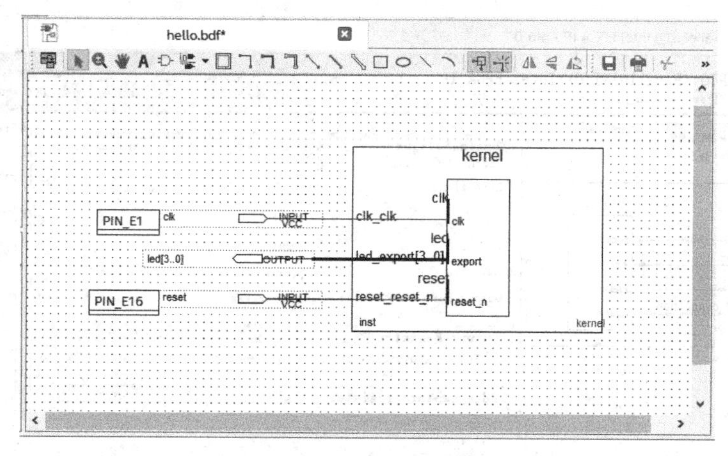

图 4.6 顶层原理图

(4）编译工程：回到 Quartus Prime 主界面，对工程进行编译。

注：在编译的过程中，双用途引脚（比如 nCEO 引脚）如果要作为普通 I/O 引脚使用，需进行必要的设置，否则在编译时会报错，其设置可参考图 1.9。

编译成功后，对引脚进行锁定如下。

```
set_location_assignment PIN_E1 -to clk
set_location_assignment PIN_E16 -to reset
set_location_assignment PIN_G15 -to led[0]
set_location_assignment PIN_F16 -to led[1]
set_location_assignment PIN_F15 -to led[2]
set_location_assignment PIN_D16 -to led[3]
```

引脚锁定后重新编译，生成.sof 配置文件，至此完成硬件部分的设计任务。

4.3.2 软件设计

以下基于 Nios II Software Build Tools for Eclipse 来完成软件部分的设计任务，同样可参照上例的过程。

(1)启动 Nios II-Eclipse：选择菜单 Tools→Nios II Software Build Tools for Eclipse，启动 Nios II-Eclipse。

(2)选择工作区(Workspace):在 Nios II-Eclipse 界面下,选择菜单 File→Switch Workspace,选择当前目录下的 software 子目录作为工作区。

(3)创建软件工程:在 Nios II-Eclipse 界面下,选择菜单 File→New→Nios II Application and BSP from Template,在如图 4.7 所示的对话框中进行必要的设置,单击 SOPC Information File name 文本框后的 ... 按钮,选择当前工程的.sopcinfo 文件,将硬件配置信息和软件工程关联,CPU 栏会自动选择 nios2_gen2;在 Project name 处输入软件工程名为 sopc_led,工程模板(Project Template)选择 Hello World 模板,最后单击 Finish 按钮。

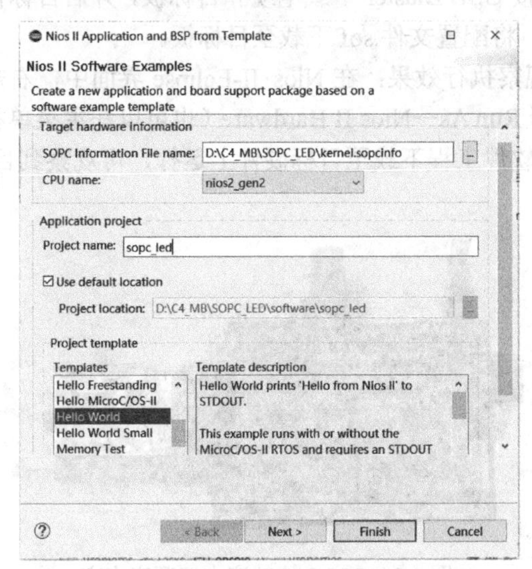

图 4.7 Nios II Application and BSP from Template 对话框

系统会自动生成一个 Hello World 的软件工程,将 hello_world.c 的代码改写如下:

```
#include "system.h"
#include "altera_avalon_pio_regs.h"
#include "alt_types.h"
const alt_u8 led_data[5]={0x00,0x01,0x02,0x04,0x08};
int main (void) {
    int count=0;
    alt_u8 led;
    volatile int i;
    while(1)
    {
        if(count==4){
                count=0;
            }
        else{
                count++;
            }
        led=led_data[count];
        IOWR_ALTERA_AVALON_PIO_DATA(PIO_LED_BASE,led);
        i = 0;
        while(i<500000)
            i++;
    }
    return 0;
}
```

在程序中，main 函数通过设置循环等待时间，来控制 led 灯的闪烁频率。

（4）编译工程：在 Nios II-Eclipse 主界面选择菜单 Project→Build Project（或在项目名称 sopc_led 处单击鼠标右键，在弹出的菜单中选择 Build Project），对软件工程启动编译。

4.4 下载与验证

（1）配置 FPGA：连接 USB Blaster 下载电缆和目标板，开启目标板电源，启动 Programmer 编程器，单击 Start 按钮，将配置文件.sof 下载至目标板。

（2）下载软件程序观察执行效果：在 Nios II-Eclipse 界面中，右击 sopc_led 工程文件夹，在弹出的快捷菜单中选择 Run As→Nios II Hardware（也可以在主菜单栏中选择 Project→Run As→Nios II Hardware），将软件工程下载至目标硬件上运行，可观察到目标板上 LED 灯循环闪烁如图 4.8 所示。

图 4.8 SOPC 控制流水灯顺序点亮

可在本例的基础上修改 hello_world.c 的软件代码，以改变 LED 灯点亮的方向、速度和闪烁模式等，实现通过软件重新定义系统功能。

第 5 章

SOPC 控制 RTC 实时时钟

5.1 任务与要求

本例采用 Nios II 处理器控制开发板上的实时时钟芯片 DS1302，实现实时时钟功能，用数码管显示时、分、秒等信息。

5.2 原理与实现

DS1302 是 DALLAS 推出的低功耗实时时钟（Real Time Clock，RTC）芯片，DS1302 可显示年、月、日、周、时、分、秒，且具有闰年补偿等多项功能。C4_MB 开发板的 RTC 电路原理图如图 5.1 所示，采用了 32.768kHz 的无源晶振作为时钟源；FPGA 芯片通过 SCLK、DATA 和 RST 三个引脚控制 DS1302 芯片，实现实时时钟功能；此外，可通过电池在硬件电路掉电时为 DS1302 供电。

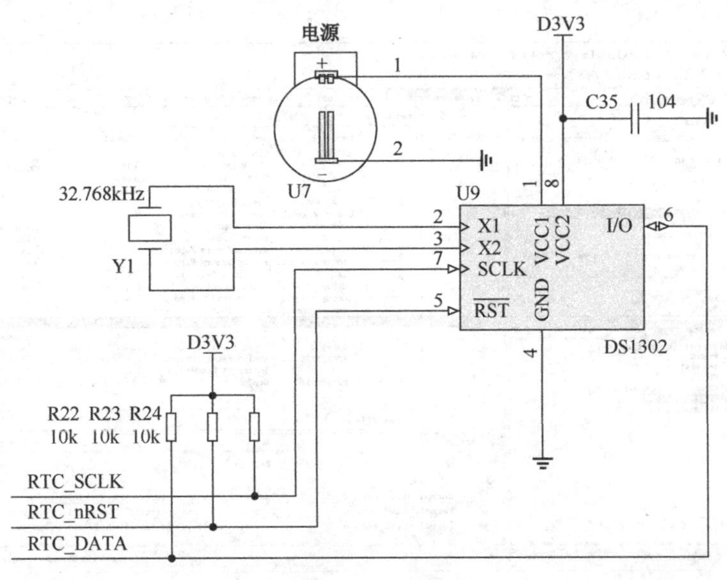

图 5.1　RTC 电源原理图

5.2.1 硬件设计

首先新建名为 RTC 的子目录，然后依次进行创建工程（工程名不妨命名为 RTC），创建顶层原理图文件，启动 Platform Designer，搭建 Qsys 最小系统等工作。

（1）启动 Platform Designer：新建 kernel.qsys 文件，并添加 Nios II 处理器核、JTAG UART 核、System ID 核，本例在此基础上继续添加 EPCS 核、SDRAM 核、PIO 核，并引出 PIO 核的引脚。

（2）添加 EPCS 核：如图 5.2 所示，在 IP Catalog 标签栏的查找窗口输入 epcs 找到 EPCS Serila Flash Controller 模块后单击 Add 按钮，将其加入 Qsys 系统，在 EPCS 的配置界面里保持默认设置，单击 Finish 按钮。

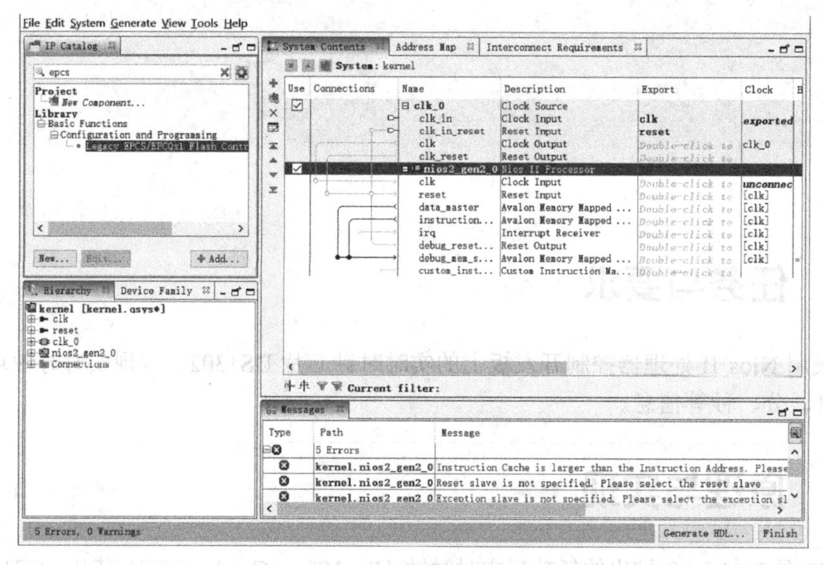

图 5.2 添加 EPCS 核

（3）添加 SDRAM 核：目标板上有 SDRAM 芯片，Nois II 处理器的代码和数据需要在此 SDRAM 存储器中运行，所以需要添加 SDRAM 控制器，以控制 SDRAM 芯片。

在 IP Catalog 标签栏的查找窗口输入 sdram 找到 SDRAM Controller 核后，双击添加，如图 5.3 所示。

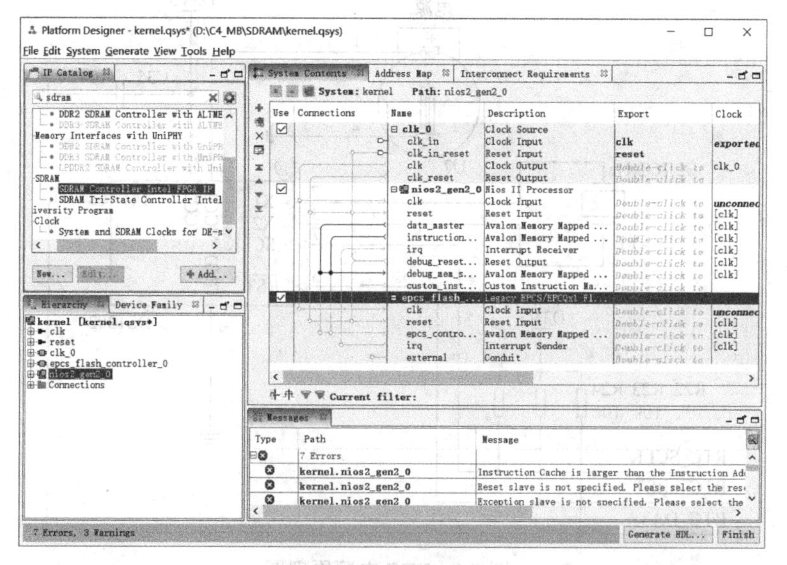

图 5.3 添加 SDRAM 核

进入如图 5.4 所示的 Memory Profile 设置页面，按图中所示进行设置，数据宽度 Data width 设为 16Bits；地址宽度 Address width 设置如下：Row 为 13；Column 为 9。

注：Memory Profile 页面的设置应根据 SDRAM 型号并查阅其性能参数文档完成，C4_MB 板上的 SDRAM 型号为 HY57V2562GTR，根据其性能参数进行上述设置。

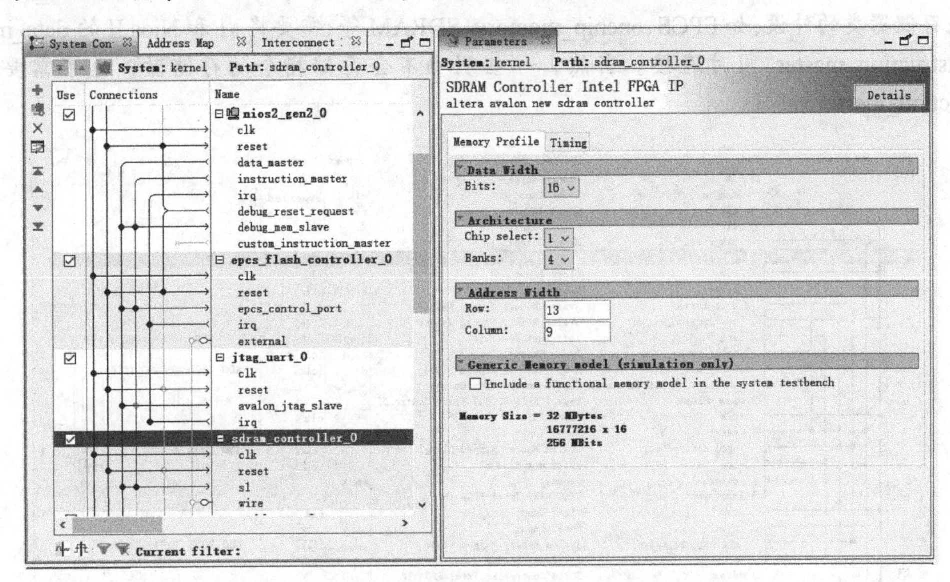

图 5.4 SDRAM 核的 Memory Profile 设置页面

在如图 5.5 所示的 Timing 页面，按图中所示设置 SDRAM 核的时序参数，各项时序参数的含义及其数据应查阅 SDRAM 芯片的文档手册。

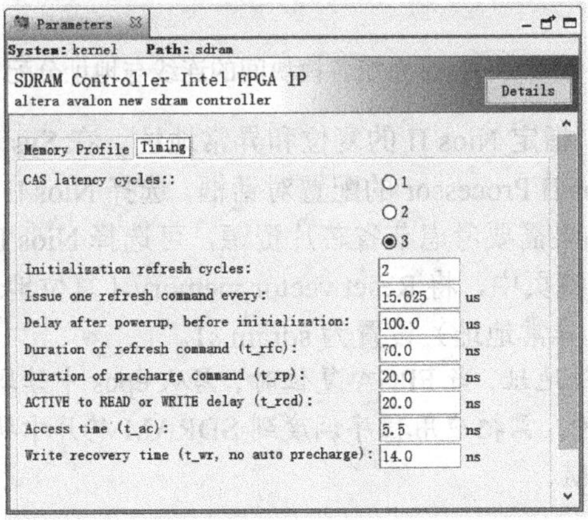

图 5.5 设置 SDRAM 核的时序参数

（4）Qsys 系统连线：对 Nios II 核、JTAG UART 核、EPCS 核和 SDRAM 核重新命名，并进行时钟、数据和复位连线，中断连接，外部端口引出，并自动分配地址，完成后的 Qsys 系统如图 5.6 所示。需注意图 5.6 中 Connections 栏的线路连接，SDRAM 模块的 s1 与处理器 nios2 的 data_master 和 instruction_master 均相连。

注：关于连线，涉及指令总线、数据总线、时钟网络、复位网络和中断网络。一个完整的系统由至少一个主设备和至少一个从设备构成，本例中 Nios II 处理器为主设备，sysid 和 PIO 模块为从设备，EPCS 和 SDRAM 为存储器设备。

连线时，首先将存储器设备的 slave（s1）同时与 Nios II 的数据总线（data_master）和指令总线（instruction_master）连接，然后将 PIO 模块和 sysid 模块的 slave（s1）与 Nios II 的数据总线（data_master）相连，不要将 s1 与指令总线相连接。

连接总线的方法很简单，单击两个需要连接到一起的总线交叉处的空心圆圈即可实现两个总线的连接。

关于什么时候需要连接指令总线，什么时候不需要连接指令总线，可遵循这样的连线规则：非存储器外设，如串口、定时器、SPI 等，只需将 s1 连接到 Nios II 的数据总线（data_master）即可；存储器类的外设，如 EPCS、onchip_memory、SDRAM 等，需要将 s1 和 Nios II 的 data_master 和 instruction_master 同时连接。当然，一些明确不会存储指令的存储器，也不需要连接 instruction_master。

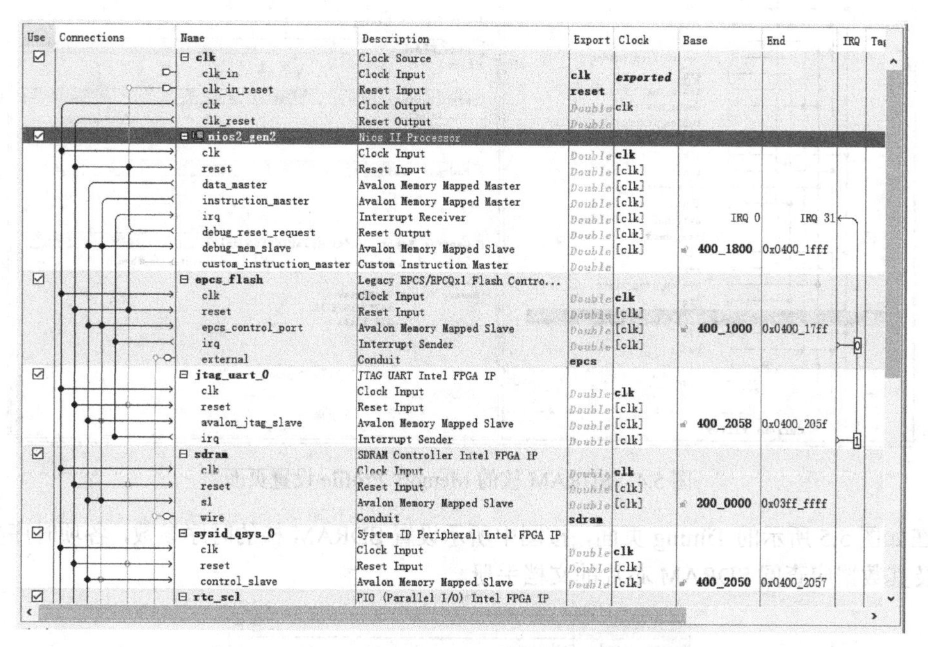

图 5.6 Qsys 系统各模块间的连线与地址分配

（5）Qsys 系统设置：指定 Nios II 的复位和异常地址。在 System Contents 标签栏中单击 nios2_gen2 模块，进入 Nios II Processor 的配置对话框，选择 Nios II 处理器的实现模式为 Nios II/f 模式，即快速模式。如果需要考虑节省芯片资源，可选择 Nios II/e 模式，即经济模式。在如图 5.7 所示的 Vectors 标签页中，将 Reset vector memory（复位地址）设置为 epcs_flash，将 Exception vector memory（异常地址）设置为 sdram.s1。

注： Reset Vector 为复位地址，当 FPGA 复位时，需从 epcs 中读取程序，因此将 Reset Vector 设为 epcs；当 FPGA 运行时，需把应用程序调度到 SDRAM 芯片中执行，故将 Exception vector（异常地址）设置为 SDRAM。

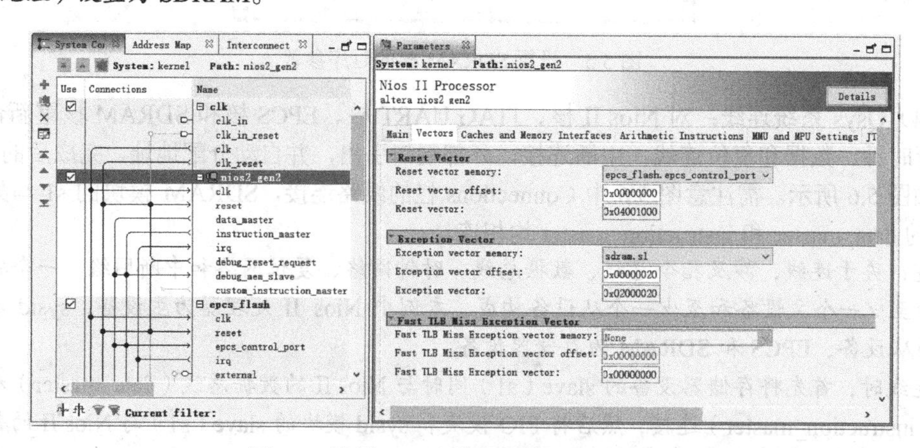

图 5.7 设置 Nios II 处理器的 Vectors 页面

（6）PIO 控制器：从图 5.1 可以看到，FPGA 通过三个引脚能实现对 DS1302 的控制，因此考虑在 Qsys 系统中添加 3 个 1 位宽度的 PIO 控制器实现对 DS1302 的控制。

分别添加 rtc_scl、rtc_sda 和 rtc_rst_n 共 3 个 PIO 控制器，其数据宽度均为 1 位，其中 rtc_scl 和 rtc_rst_n 方向设为输出；rtc_sda 方向设为双向（Bidir），因为 CPU 与 DS1302 的数据传输是双向的。如图 5.8 所示是对 PIO 模块 rtc_sda 进行参数设置的页面，可看到，在页面中将其设为 1 位宽度，双向（Bidir）。

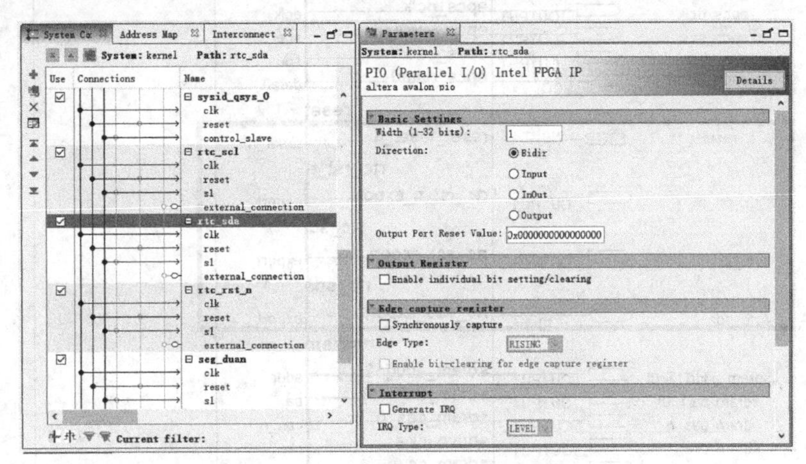

图 5.8　PIO 模块 rtc_sda 参数设置

为将时间显示在数码管上，再添加一个宽度为 6 和一个宽度为 8 的 PIO 控制器，其中宽度为 6 的控制器作为数码管的片选控制，宽度为 8 的作为数码管的段选控制，其方向均设置为输出。

对上述 5 个 PIO 控制器进行时钟、数据和复位连线，外部端口引出，并自动分配地址后，得到的 Qsys 系统如图 5.9 所示。

Use	Connections	Name	Description	Export	Clock	Base	End	IRQ
☑		⊟ sysid_qsys_0	System ID Peripheral Intel FPGA IP					
		clk	Clock Input	Double-clic	clk			
		reset	Reset Input	Double-clic	[clk]			
		control_slave	Avalon Memory Mapped Slave	Double-clic	[clk]	400_2050	0x0400_2057	
☑		⊟ rtc_scl	PIO (Parallel I/O) Intel FPGA IP					
		clk	Clock Input	Double-clic	clk			
		reset	Reset Input	Double-clic	[clk]			
		s1	Avalon Memory Mapped Slave	Double-clic	[clk]	400_2040	0x0400_204f	
		external_connection	Conduit	rtc_scl				
☑		⊟ rtc_sda	PIO (Parallel I/O) Intel FPGA IP					
		clk	Clock Input	Double-clic	clk			
		reset	Reset Input	Double-clic	[clk]			
		s1	Avalon Memory Mapped Slave	Double-clic	[clk]	400_2030	0x0400_203f	
		external_connection	Conduit	rtc_sda				
☑		⊟ rtc_rst_n	PIO (Parallel I/O) Intel FPGA IP					
		clk	Clock Input	Double-clic	clk			
		reset	Reset Input	Double-clic	[clk]			
		s1	Avalon Memory Mapped Slave	Double-clic	[clk]	400_2020	0x0400_202f	
		external_connection	Conduit	rtc_rst_n				
☑		⊟ seg_duan	PIO (Parallel I/O) Intel FPGA IP					
		clk	Clock Input	Double-clic	clk			
		reset	Reset Input	Double-clic	[clk]			
		s1	Avalon Memory Mapped Slave	Double-clic	[clk]	400_2010	0x0400_201f	
		external_connection	Conduit	seg_duan				
☑		⊟ seg_wei	PIO (Parallel I/O) Intel FPGA IP					
		clk	Clock Input	Double-clic	clk			
		reset	Reset Input	Double-clic	[clk]			
		s1	Avalon Memory Mapped Slave	Double-clic	[clk]	400_2000	0x0400_200f	
		external_connection	Conduit	seg_wei				

图 5.9　5 个 PIO 控制器连接与设置完成后的 Qsys 系统

（7）保存并执行 Generate HDL…：重新生成 Qsys 系统内核，关闭 Platform Designer。

（8）在顶层原理图文件中加入 kernel 模块：选中该模块单击鼠标右键，在弹出的菜单中单击 Generate Pins for Symbol Ports，引出 kernel 核各端口引脚，如图 5.10 所示，可对引脚重新命名。

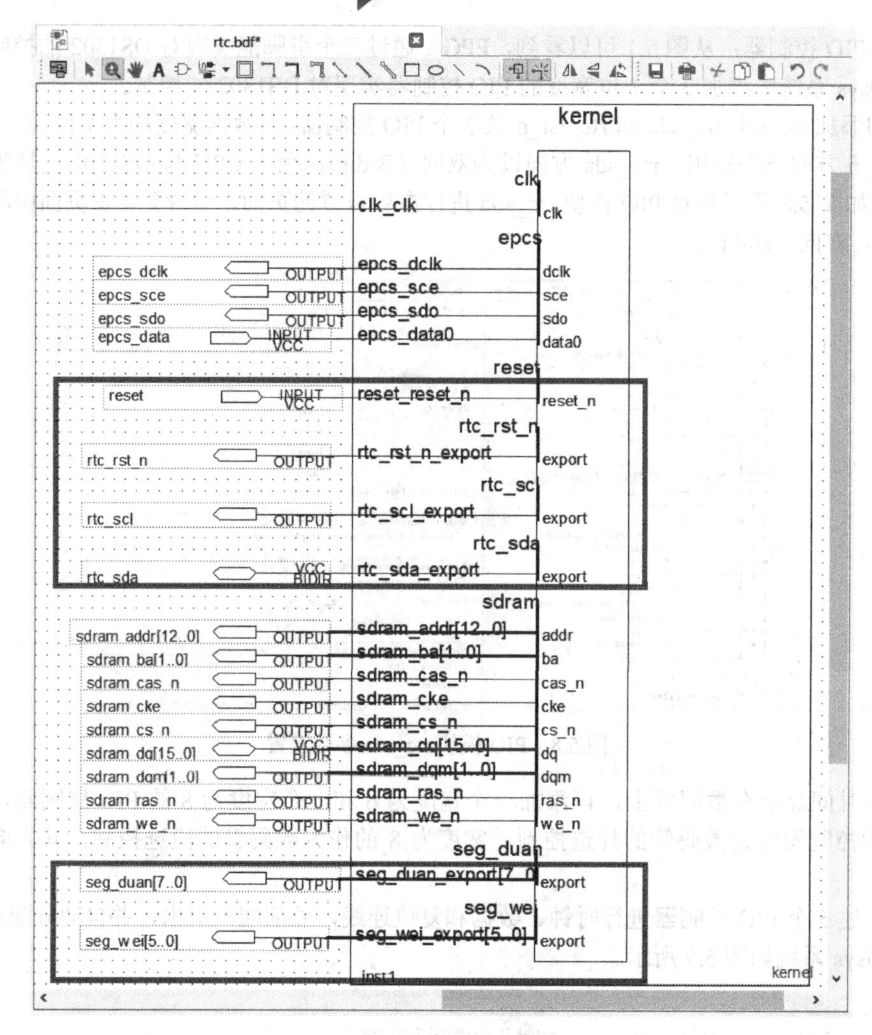

图 5.10　引出 kernel 核各端口引脚

（9）添加锁相环模块：在 Quartus Prime 界面的 IP Catalog 中找到 altpll 核，将其命名为 pll 并保存在当前工程目录下，如图 5.11 所示。

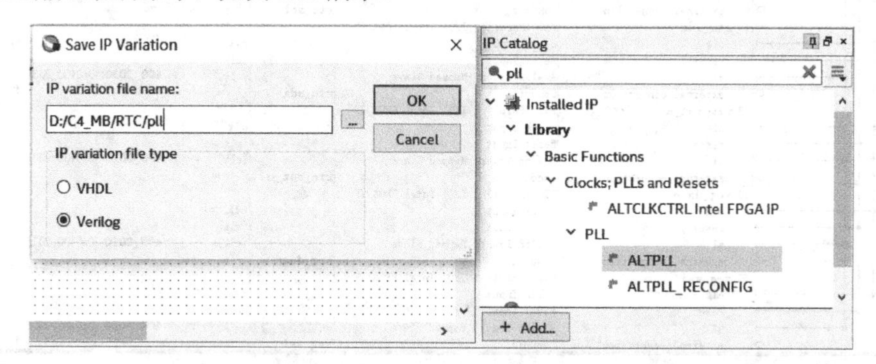

图 5.11　添加锁相环模块并命名

① 单击 OK 按钮，打开 MegaWizard Plug-In Manager，对 altpll 模块进行参数设置。首先出现如图 5.12 所示的页面，在此页面中选择芯片系列、速度等级和参考时钟，芯片系列选择 Cyclone IV E 系列，输入时钟 inclk0 的频率为 50 MHz，其他项保持默认设置。

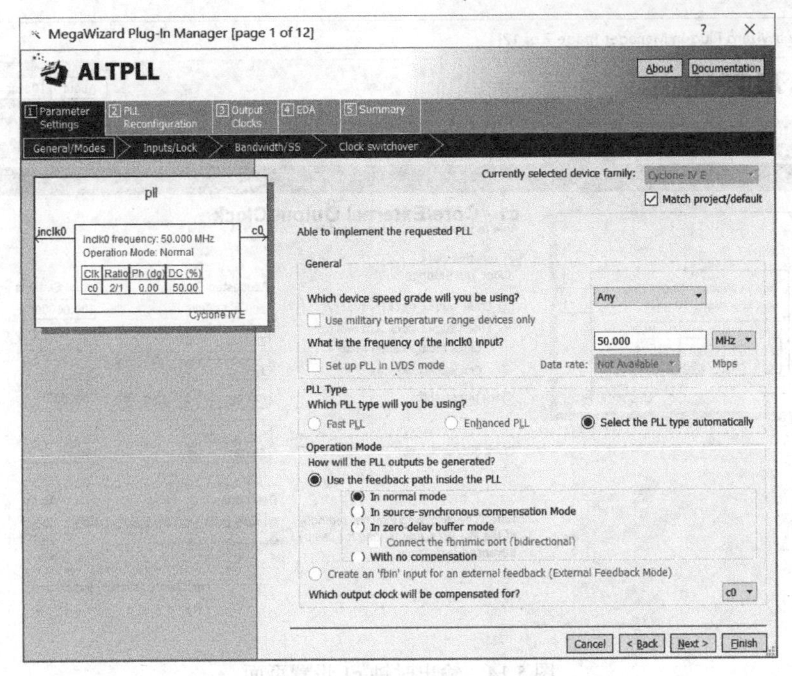

图 5.12　输入时钟设置页面

② 单击 Next 按钮，进入如图 5.13 所示的页面，对输出时钟信号 c0 进行设置。直接设置倍频系数和分频系数得到所需要的频率，Clock multiplication factor 和 Clock division factor 分别是倍频系数和分频系数，即输入时钟分别乘以一个系数再除以一个系数，得到所需频率，本例中将倍频系数设为 2、分频系数设为 1 即可，在 Clock duty cycle 中设置输出信号的占空比为 50%。

注：也可在 Enter output clock frequency 后面直接输入所需时钟频率，本例输入 100MHz，此时，倍频系数和分频系数都会自动计算出来，只要单击 Copy 按钮即可。

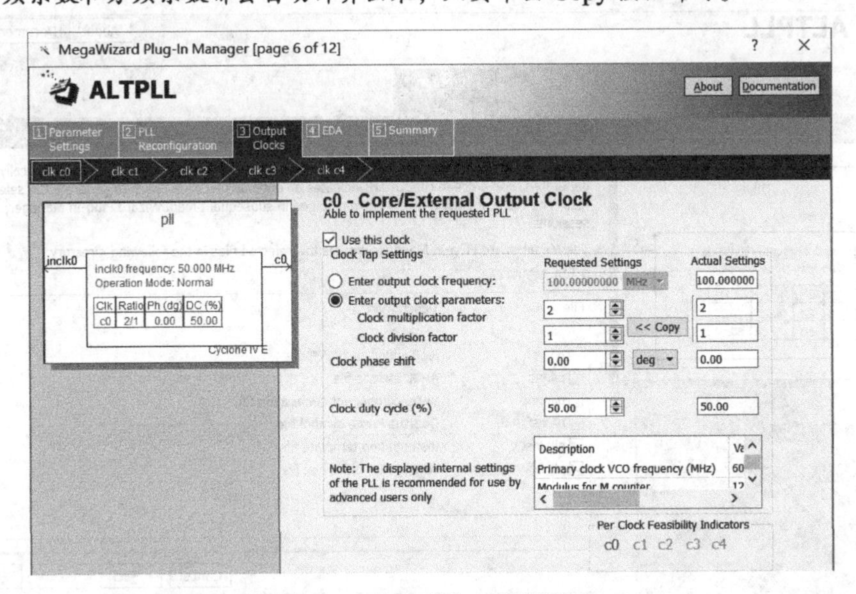

图 5.13　输出时钟 c0 设置页面

③ 单击 Next 按钮，进入 c1 设置页面，如图 5.14 所示。可以像设置 c0 一样对 c1 进行设置。同样设置倍频系数和分频系数为 2 和 1，从输入的 50 MHz 信号得到 100 MHz 的时钟信号；在 Clock phase shift 中设置相移为−73 ns，在 Clock duty cycle 中设置输出信号的占空比为 50%。

注：在图 5.14 中，需勾选 Use this clock 项。

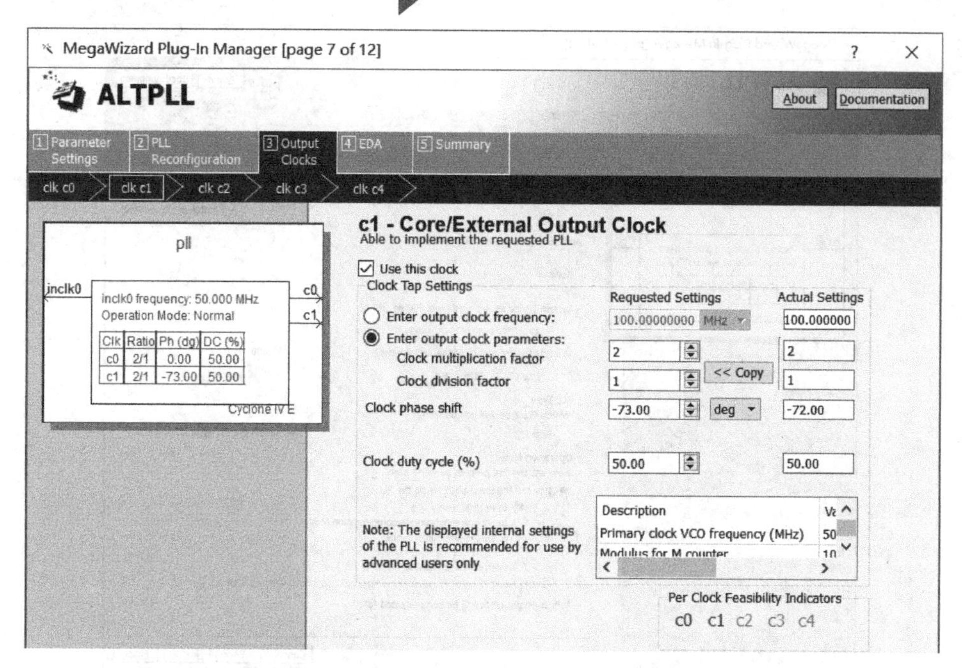

图 5.14 输出时钟 c1 设置页面

④ 设置完 c0、c1 输出信号的频率、相位和占空比后，连续单击 Next 按钮（忽略设置 c2、c3、c4 的页面，1 个 altpll 模块最多可产生 5 个时钟信号），最后弹出如图 5.15 所示的页面，设置需要产生的输出文件。其中，pll.v 文件是设计源文件，系统默认选中；pll_inst.v 文件展示在顶层源文件中如何例化引用本模块；pll.bsf 则是模块符号文件，如果顶层采用原理图输入，则需选中该文件。单击图 5.15 中的 Finish 按钮，完成 pll 模块的定制。

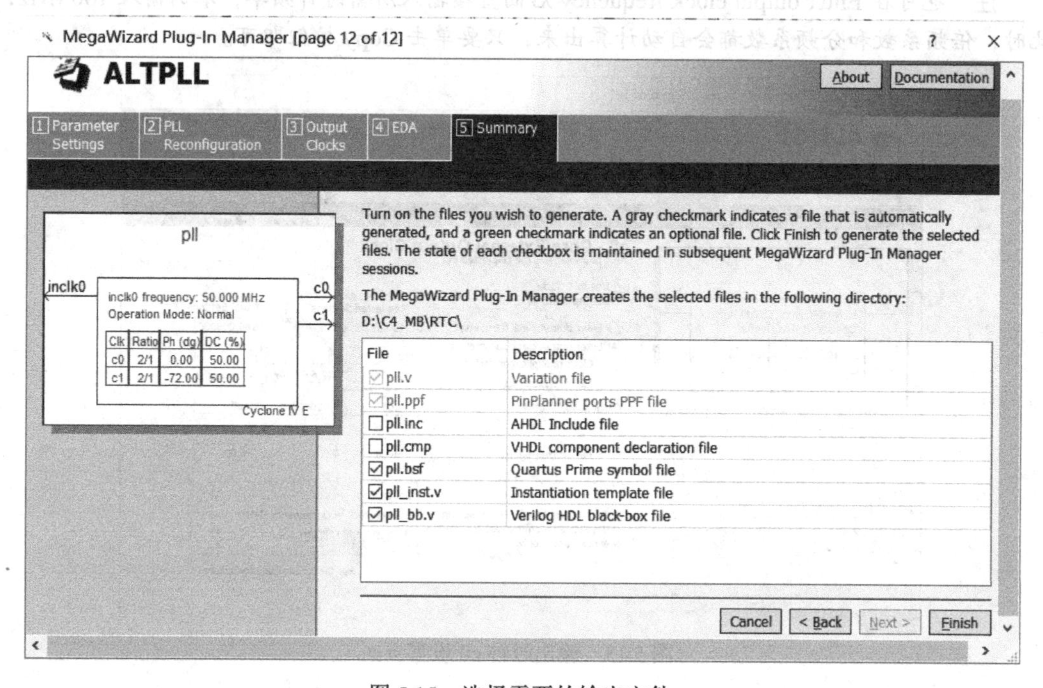

图 5.15 选择需要的输出文件

（10）设置及编译：选择菜单 Assignments→Settings，在 Settings 页面中，选择将 kernel.qip 文件添加到当前工程中，如图 5.16 所示。

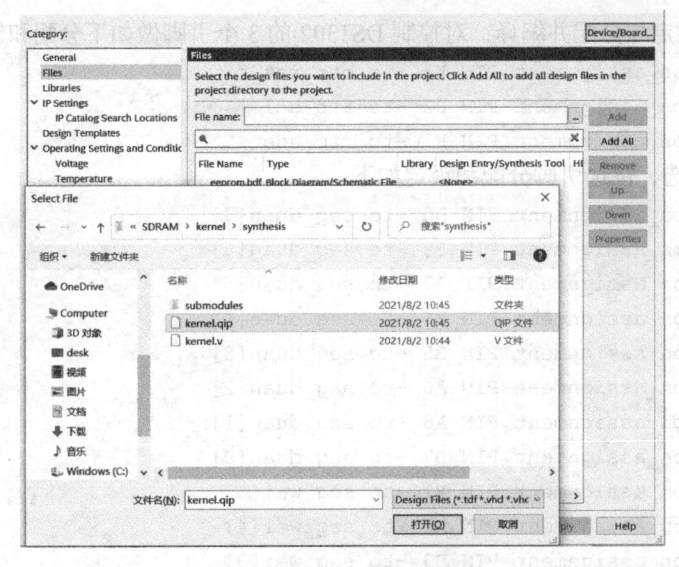

图 5.16　添加 kernel.qip 文件

双用途引脚的设置：如图 5.17 所示，将双用途引脚均作为常规 I/O 引脚使用。

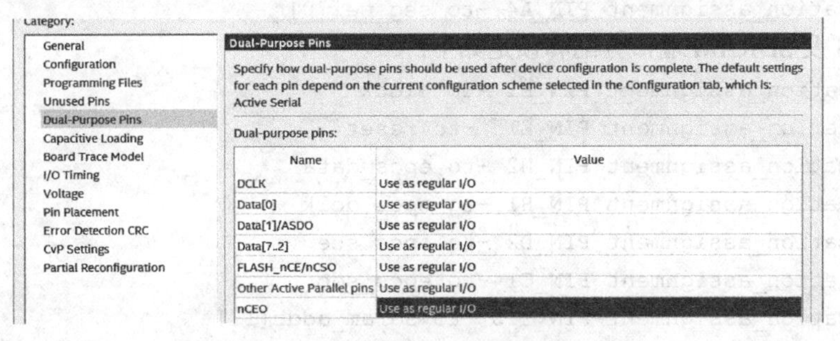

图 5.17　双用途引脚的设置

回到 Quartus Prime 主界面，完成后的顶层原理图文件如图 5.18 所示，原理图中包含了 kernel 模块和 pll 锁相环模块，单击▶启动编译该原理图。

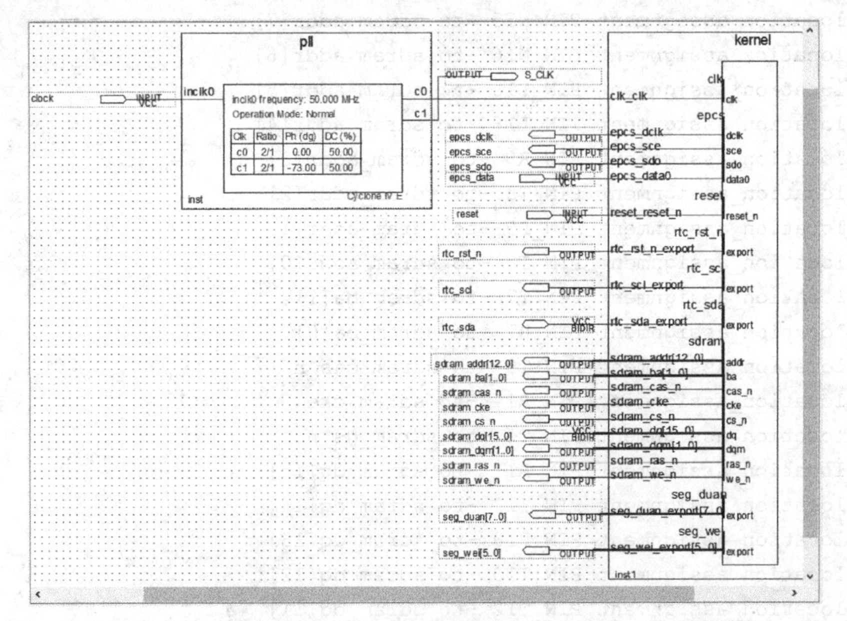

图 5.18　顶层原理图文件

（11）引脚锁定与分配并编译：对控制DS1302的3个引脚做如下分配和锁定：

```
set_location_assignment PIN_K2 -to rtc_rst_n
set_location_assignment PIN_J2 -to rtc_scl
set_location_assignment PIN_K1 -to rtc_sda
```

对数码管段选、位选引脚分配和锁定如下：

```
set_location_assignment PIN_A5 -to seg_duan[7]
set_location_assignment PIN_B8 -to seg_duan[6]
set_location_assignment PIN_A7 -to seg_duan[5]
set_location_assignment PIN_B6 -to seg_duan[4]
set_location_assignment PIN_B5 -to seg_duan[3]
set_location_assignment PIN_A6 -to seg_duan[2]
set_location_assignment PIN_A8 -to seg_duan[1]
set_location_assignment PIN_B7 -to seg_duan[0]
set_location_assignment PIN_B1 -to seg_wei[5]
set_location_assignment PIN_A2 -to seg_wei[4]
set_location_assignment PIN_B3 -to seg_wei[3]
set_location_assignment PIN_A3 -to seg_wei[2]
set_location_assignment PIN_B4 -to seg_wei[1]
set_location_assignment PIN_A4 -to seg_wei[0]
```

对EPCS及SDRAM端口分配和锁定如下：

```
set_location_assignment PIN_E1 -to clock
set_location_assignment PIN_E15 -to reset
set_location_assignment PIN_H2 -to epcs_data
set_location_assignment PIN_H1 -to epcs_dclk
set_location_assignment PIN_D2 -to epcs_sce
set_location_assignment PIN_C1 -to epcs_sdo
set_location_assignment PIN_T15 -to sdram_addr[12]
set_location_assignment PIN_R16 -to sdram_addr[11]
set_location_assignment PIN_R8 -to sdram_addr[10]
set_location_assignment PIN_P15 -to sdram_addr[9]
set_location_assignment PIN_P16 -to sdram_addr[8]
set_location_assignment PIN_N15 -to sdram_addr[7]
set_location_assignment PIN_N16 -to sdram_addr[6]
set_location_assignment PIN_L15 -to sdram_addr[5]
set_location_assignment PIN_L16 -to sdram_addr[4]
set_location_assignment PIN_R9 -to sdram_addr[3]
set_location_assignment PIN_T9 -to sdram_addr[2]
set_location_assignment PIN_P9 -to sdram_addr[1]
set_location_assignment PIN_T8 -to sdram_addr[0]
set_location_assignment PIN_T7 -to sdram_ba[1]
set_location_assignment PIN_R7 -to sdram_ba[0]
set_location_assignment PIN_T5 -to sdram_cas_n
set_location_assignment PIN_R14 -to sdram_cke
set_location_assignment PIN_T6 -to sdram_cs_n
set_location_assignment PIN_R11 -to sdram_dq[15]
set_location_assignment PIN_T11 -to sdram_dq[14]
set_location_assignment PIN_R10 -to sdram_dq[13]
set_location_assignment PIN_T10 -to sdram_dq[12]
set_location_assignment PIN_T12 -to sdram_dq[11]
set_location_assignment PIN_R12 -to sdram_dq[10]
```

```
set_location_assignment PIN_T13 -to sdram_dq[9]
set_location_assignment PIN_R13 -to sdram_dq[8]
set_location_assignment PIN_P1 -to sdram_dq[7]
set_location_assignment PIN_P2 -to sdram_dq[6]
set_location_assignment PIN_R1 -to sdram_dq[5]
set_location_assignment PIN_T2 -to sdram_dq[4]
set_location_assignment PIN_R3 -to sdram_dq[3]
set_location_assignment PIN_T3 -to sdram_dq[2]
set_location_assignment PIN_T4 -to sdram_dq[1]
set_location_assignment PIN_R5 -to sdram_dq[0]
set_location_assignment PIN_T14 -to sdram_dqm[1]
set_location_assignment PIN_N2 -to sdram_dqm[0]
set_location_assignment PIN_R6 -to sdram_ras_n
set_location_assignment PIN_N1 -to sdram_we_n
```

引脚分配后重新编译，生成配置文件，编译成功后，回到 Quartus 主界面，至此完成项目硬件部分的设计。

5.2.2 软件设计

基于 Nios II Software Build Tools for Eclipse 完成软件部分的开发。

（1）启动 Nios II-Eclipse：选择菜单 Tools→Nios II Software Build Tools for Eclipse，启动 Nios II-Eclipse，如图 5.19 所示。

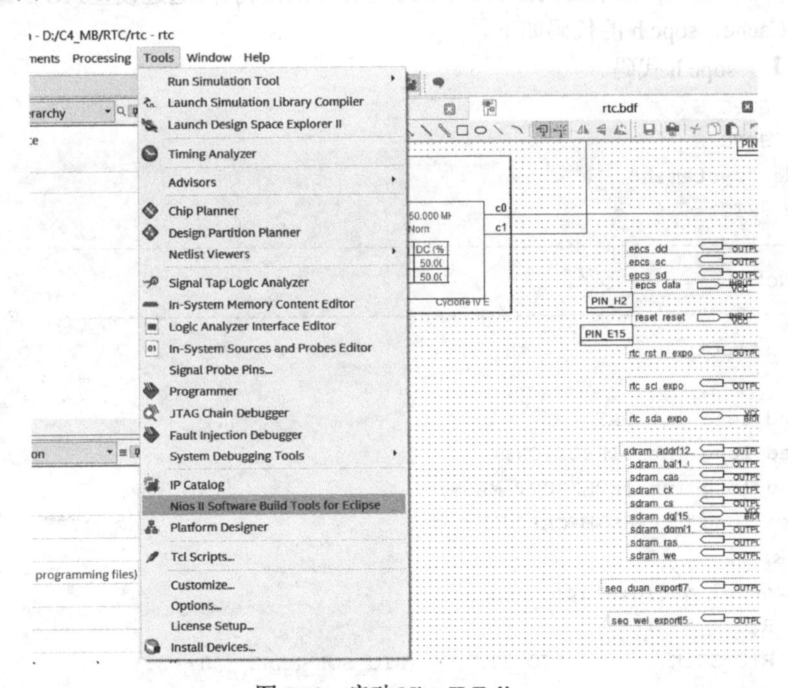

图 5.19 启动 Nios II-Eclipse

（2）选择 Workspace，在当前的项目目录下创建 software 文件夹并选择作为工作区，如图 5.20 所示，单击 OK 按钮。

（3）创建软件工程：在 Nios II-Eclipse 界面下，选择菜单 File→New→Nios II Application and BSP from Template，在如图 5.21 所示的对话框中进行必要的设置，单击 SOPC Information File name 文本框后的...按钮，选择该工程的.sopcinfo 文件，以便将硬件配置信息和软件应用关联；在 Project name 处输入软件工程名为 rtc，工程模板（Project Template）选择 Hello World 模板，

最后单击 Finish 按钮。

图 5.20 选择工作区

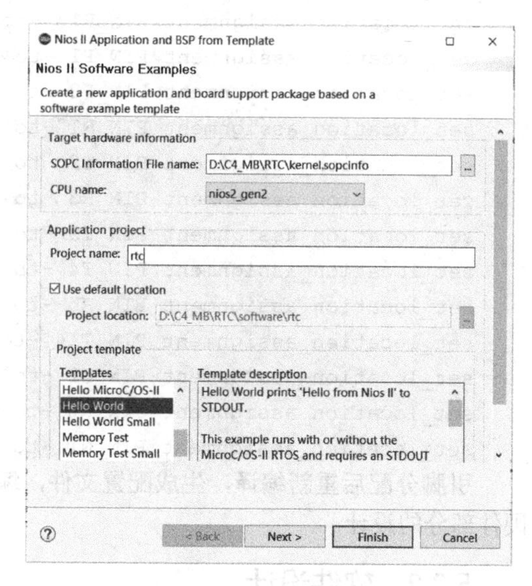

图 5.21 创建软件工程

系统会自动生成一个 hello_world 的软件工程，对软件工程做如下工作。

① 在 software 文件夹下新建 inc 文件夹，在 inc 文件夹中新建两个.h 头文件，分别命名为 sopc.h 和 ds1302.h。在 sopc.h 中定义控制 3 个 PIO 寄存器的结构体，通过设置 PIO 的最高位（bit31）来关闭数据 Cache，sopc.h 的代码如下。

【例 5.1】 sopc.h 代码。

```
#ifndef SOPC_H_
#define SOPC_H_
#include "system.h"
#define _RTC
/*----------------------------------------------------------------
 *  Struct
 *---------------------------------------------------------------*/
typedef struct
{
 unsigned long int DATA;
 unsigned long int DIRECTION;
 unsigned long int INTERRUPT_MASK;
 unsigned long int EDGE_CAPTURE;
}PIO_STR;
// Peripheral declaration
#ifdef _RTC
#define RTC_SCLK      ((PIO_STR *) (RTC_SCL_BASE | 1<<31))
#define RTC_DATA      ((PIO_STR *) (RTC_SDA_BASE | 1<<31))
#define RTC_RST       ((PIO_STR *) (RTC_RST_N_BASE | 1<<31))
#endif /* _RTC */
#endif /*SOPC_H_*/
```

编写 ds1302.h，主要是为使用方便，定义了两个宏定义，同时定义了一个结构体，里面包含了控制 DS1302 的所有函数，ds1302.h 的内容如下。

【例 5.2】 ds1302.h 代码。

```
#ifndef DS1302_H_
```

```
#define DS1302_H_
#include "../inc/sopc.h"
#define RTC_DATA_OUT     RTC_DATA->DIRECTION = 1
#define RTC_DATA_IN      RTC_DATA->DIRECTION = 0
/*-----------------------------------------------------------------
 *  Struct
 *-----------------------------------------------------------------*/
typedef struct{
 void (* set_time)(unsigned char *ti);
 void (* get_time)(unsigned char * ti);
}DS1302_STR;
/*-----------------------------------------------------------------
 *  Extern Variable
 *-----------------------------------------------------------------*/
extern DS1302_STR ds1302;
#endif /*DS1302_H_*/
```

② 接下来编写ds1302驱动程序，在software文件夹下新建driver子文件夹，在driver文件夹下新建C程序并命名为ds1302.c，在ds1302驱动程序中，write_1byte_to_ds1302和read_1byte_from_ds1302是两个最基本的函数，其功能分别是向ds1302写入1字节（Byte）数据和从ds1302读取1字节数据，写和读的时序如图5.22所示（具体时序可参考DALLAS公司的官方手册），ds1302.c程序代码见例5.3。

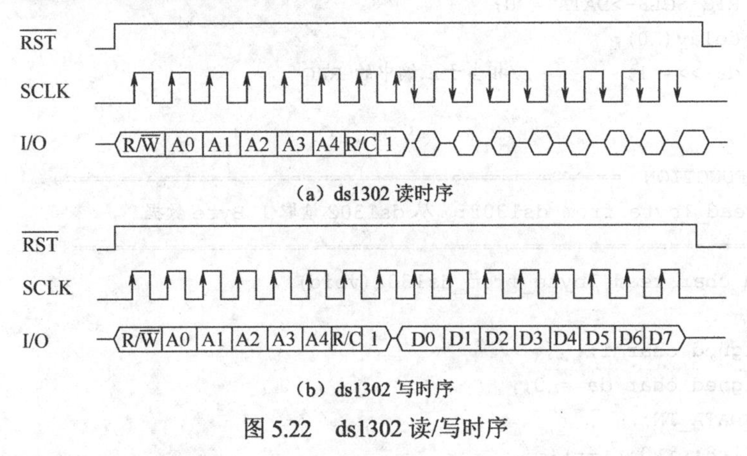

图5.22 ds1302读/写时序

【例5.3】 ds1302.c程序代码。

```
#include "../inc/ds1302.h"
static void delay(unsigned int dly);
static void write_1byte_to_ds1302(unsigned char da);
static unsigned char read_1byte_from_ds1302(void);
static void write_data_to_ds1302(unsigned char addr, unsigned char da);
static unsigned char read_data_from_ds1302(unsigned char addr);
void set_time(unsigned char *ti);
void get_time(unsigned char *ti);

DS1302_STR ds1302={
    .set_time = set_time,
    .get_time = get_time
};
/* ===  FUNCTION  ========================================
```

```
 *        Name:  delay
 * ========================================================== */
void delay(unsigned int dly)
{
    for(;dly>0;dly--);
}
/* ===  FUNCTION  ==========================================
 *    write_1byte_to_ds1302:  向 ds1302 写入 1 Byte 数据
 * ========================================================== */
void write_1byte_to_ds1302(unsigned char da)
{
    unsigned int i;
    RTC_DATA_OUT;
    for(i=8; i>0; i--){
        if((da&0x01)!= 0)
            RTC_DATA->DATA = 1;
        else
            RTC_DATA->DATA = 0;
        delay(10);
        RTC_SCLK->DATA = 1;
        delay(20);
        RTC_SCLK->DATA = 0;
        delay(10);
        da >>= 1;         //相当于汇编中的 RRC
    }
}
/* ===  FUNCTION  ==============================================
 *     read_1byte_from_ds1302:  从 ds1302 读取 1 Byte 数据
 * ============================================================== */
unsigned char read_1byte_from_ds1302(void)
{
    unsigned char i;
    unsigned char da = 0;
    RTC_DATA_IN;
    for(i=8; i>0; i--){
        delay(10);
        da >>= 1; //相当于汇编中的 RRC
        if(RTC_DATA->DATA !=0 )
            da += 0x80;
        RTC_SCLK->DATA = 1;
        delay(20);
        RTC_SCLK->DATA = 0;
        delay(10);
    }
    RTC_DATA_OUT;
    return(da);
}
/* ===  FUNCTION  ==================================================
 *    write_data_to_ds1302:  向 ds1302 写入数据
 * ================================================================= */
```

```
void write_data_to_ds1302(unsigned char addr, unsigned char da)
{
    RTC_DATA_OUT;
    RTC_RST->DATA = 0;                    //复位，低电平有效
    RTC_SCLK->DATA = 0;
    delay(40);

    RTC_RST->DATA = 1;
    write_1byte_to_ds1302(addr);         //地址，命令
    write_1byte_to_ds1302(da);          //写 1 Byte 数据

    RTC_SCLK->DATA = 1;
    RTC_RST->DATA = 0;
    delay(40);
}
/* ===  FUNCTION  ==============================================
 *       read_data_from_ds1302: 从ds1302读取数据
 * ============================================================= */
unsigned char read_data_from_ds1302(unsigned char addr)
{
    unsigned char da;
    RTC_RST->DATA = 0;
    RTC_SCLK->DATA = 0;
    delay(40);
    RTC_RST->DATA = 1;
    write_1byte_to_ds1302(addr);
    da = read_1byte_from_ds1302();
    RTC_SCLK->DATA = 1;
    RTC_RST->DATA = 0;
    delay(40);
    return(da);
}
/* ===  FUNCTION  ==========================================
 *       set_time: 设置时间
 * ========================================================= */
void set_time(unsigned char *ti)
{
    unsigned char i;
    unsigned char addr = 0x80;
    write_data_to_ds1302(0x8e,0x00);       //控制命令，WP=0，写操作
    for(i =7;i>0;i--){
        write_data_to_ds1302(addr,*ti);  //秒 分 时 日 月 星期 年
        ti++;
        addr +=2;
    }
    write_data_to_ds1302(0x8e,0x80);       // 控制命令，WP=1，写保护
}
/* ===  FUNCTION  ==========================================
 *     get_time: 获取时间，读取的时间为BCD码，需要转换成十进制
 * ========================================================= */
```

```
void get_time(unsigned char *ti)
{
    unsigned char i;
    unsigned char addr = 0x81;
    char time;
    for (i=0;i<7;i++){
        time=read_data_from_ds1302(addr); //读取的时间为BCD码
        ti[i] = time/16*10+time%16;        //格式为：秒 分 时 日 月 星期 年
        addr += 2;
    }
}
```

③ 最后编写 main.c 文件，将自动生成的 hello_world.c 改名为 main.c，完成后的 rtc 软件工程目录如图 5.23 所示，main.c 的代码如例 5.4 中所示。

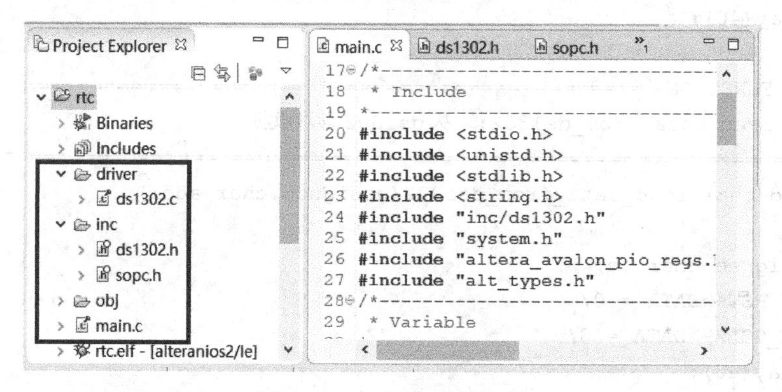

图 5.23 rtc 软件工程目录

【例 5.4】 main.c 程序代码。

```
/*------------------------------------------------------------
 * Include
*------------------------------------------------------------*/
#include <stdio.h>
#include <unistd.h>
#include <stdlib.h>
#include <string.h>
#include "inc/ds1302.h"
#include "system.h"
#include "altera_avalon_pio_regs.h"
#include "alt_types.h"
/*-------------------------------------------------------------
 * Variable
*----------------------------------------------------------*/
    //格式为：秒 分 时 日 月 星期 年
unsigned char time[7] = {0x00,0x00,0x00,0x20,0x06,0x17,0x21};
    //数码管段选显示数字码值
unsigned char seg[10]={0x40,0x79,0x24,0x30,0x19,0x12,0x02,0x78,0x00,0x10};
    //数码管位选数值
unsigned char bittab[6]={0xfe,0xfd,0xfb,0xf7,0xef,0xdf};
unsigned char time1[7] = {0,0,0,0,0,0,0};
alt_u8 num[6] = {0,0,0,0,0,0};
/*===FUNCTION===============================================
 *     Name:  main(主函数)
```

```
 * ============================================================ */
int main()
{
   ds1302.set_time(time);                         //设置实时时钟的时间
   unsigned char seg1,bit;
   alt_u8 j;
   while(1){
      ds1302.get_time(time1);                     //采集时间
      num[0] = time1[0]%10;
      num[1] = time1[0]/10;
      num[2] = time1[1]%10;
      num[3] = time1[1]/10;
      num[4] = time1[2]%10;
      num[5] = time1[2]/10;

      for(j=0; j<6; j++)
       {
         bit = bittab[5-j];
         if(j==0||j==1||j==3||j==5){
            seg1 = seg[num[j]]+0x80;
         }
         else
            seg1 = seg[num[j]];
         IOWR_ALTERA_AVALON_PIO_DATA(WEI_BASE,0xff);
         IOWR_ALTERA_AVALON_PIO_DATA(WEI_BASE,bit);
         IOWR_ALTERA_AVALON_PIO_DATA(DUAN_BASE,seg1);
         usleep(5000);
       }
   }
   return 0;
}
```

（4）编译软件工程：在项目名称 rtc 处单击鼠标右键，在弹出的菜单中选择 Build Project（或在 Nios II-Eclipse 主界面选择菜单 Project→Build Project），对软件工程启动编译，如图 5.24 所示。编译成功会在 Console 中显示 Build Finished 字样，表示编译成功。

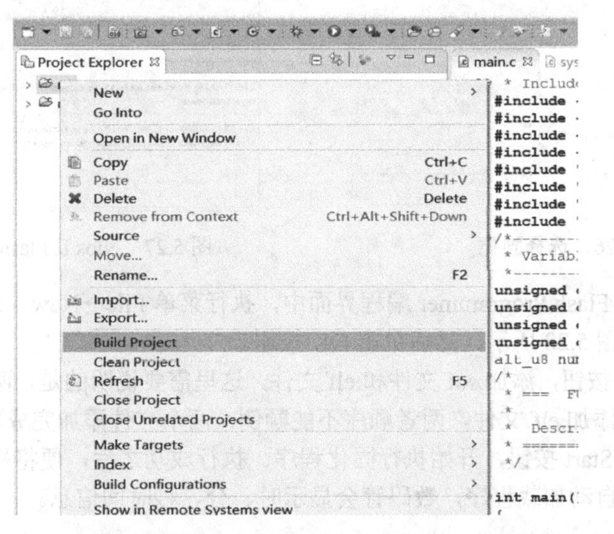

图 5.24 对软件启动编译

5.3 下载与验证

5.3.1 在线下载

参照前面的案例，连接目标板电源线和JTAG线，进行下载配置。

（1）硬件配置：连接USB Blaster下载电缆和目标板，开启目标板电源，启动Programmer编程界面，单击Start按钮，将配置文件.sof下载至目标板。

（2）下载软件程序观察执行效果：在Nios II-Eclipse界面下，选中rtc工程后单击鼠标右键，在弹出的快捷菜单中选择Run As→Nios II Hardware，将软件工程下载至目标硬件上运行，可观察到目标板的数码管显示时、分、秒时间信息，如图5.25所示。

图5.25 目标板实时时钟实际显示效果

5.3.2 程序固化

可将程序固化到目标板上，以达到脱机独立运行的目标。

注：*程序固化的操作应在前面.sof和软件工程已下载至目标板上并运行的基础上进行。*

（1）在Nios II-Eclipse界面下，选择菜单Nios II→Flash Programmer，如图5.26所示，弹出Nios II Flash Programmer界面，如图5.27所示。

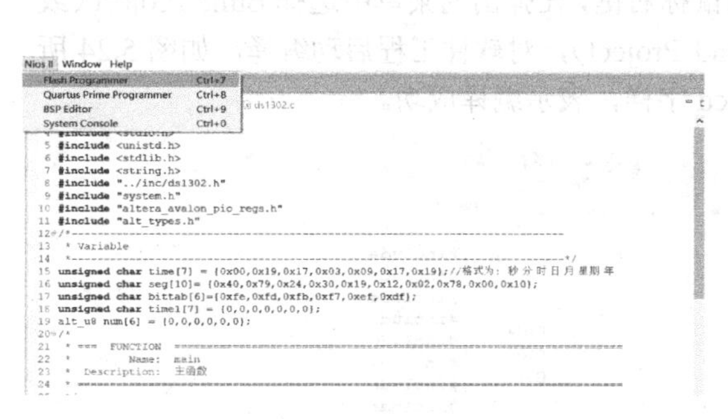

图5.26 选择固化

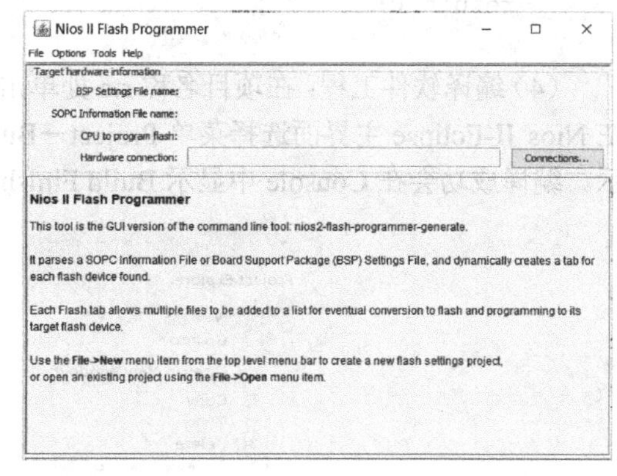

图5.27 Nios II Flash Programmer界面

（2）在Nios II Flash Programmer编程界面中，执行菜单File→New，选择rtc_bsp的设置文件settings.bsp，如图5.28所示，然后单击OK按钮。

（3）单击Add按钮，添加.sof文件和.elf文件，这里需要说明的是，两个文件先添加.sof文件，如图5.29，再添加.elf文件，两者顺序不能颠倒，两个文件添加完成后的界面如图5.30所示。添加之后单击Start按钮，开始执行固化程序。执行成功之后，便将程序固化到目标板上，只要板子上电，会自动加载程序，数码管会显示时、分、秒时间信息。

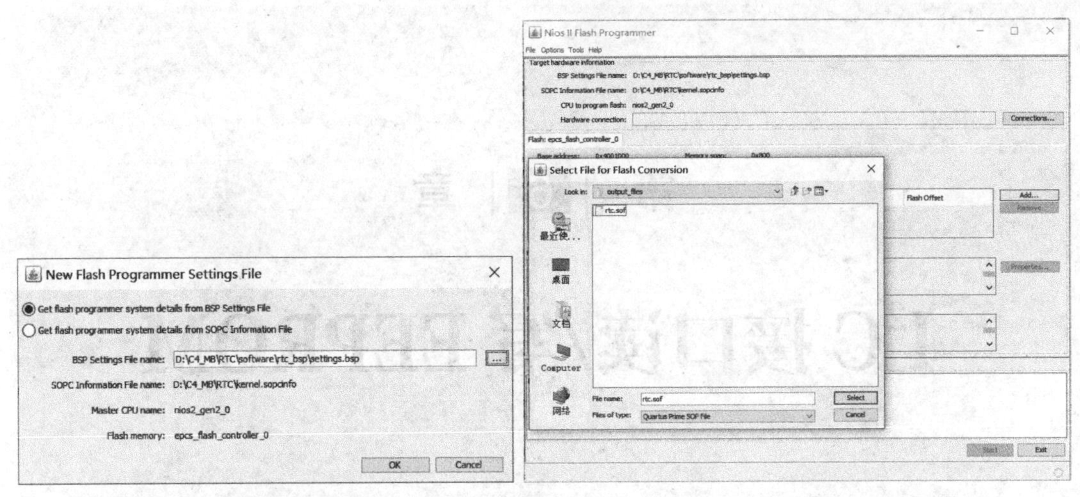

图 5.28　选择项目设置文件　　　　图 5.29　选择.sof 文件

图 5.30　添加完成界面

本例在硬件部分，采用 3 个 PIO 引脚控制 DS1302 芯片；在软件部分，编写了 sopc.h、ds1302.h、ds1302.c 和 main.c 四个文件，实现了实时时钟功能：先对 DS1302 设置初始时间，然后每隔固定时间从 DS1302 芯片处获得当前实时时间并显示，DS1302 的数据采用的是 8421BCD 码。怎样通过软件编程实现 DS1302 芯片的读写时序，是本例的核心所在。

第 6 章

I^2C 接口读/写 EEPROM

6.1 任务与要求

基于 PD、Nios II-Eclipse 等软件工具，通过 I^2C 总线实现对 EEPROM 芯片的读/写操作。

6.2 原理与实现

EEPROM（Electrically Erasable Programmable Read-Only Memory）是一种掉电后数据不丢失的存储芯片，其存储的内容可反复擦除，重新读/写，对 EEPROM 的读/写通过 I^2C 总线完成。

I^2C（Inter-Integrated Circuit）总线是由 PHILIPS 公司开发的两线式（时钟线 SCL 和数据线 SDA）串行总线，用于连接微控制器及其外围设备，是微电子、通信等领域广泛采用的一种总线标准。由于在 Nios II 中没有 I^2C 总线接口控制模块，因此考虑用两个 PIO 端口来模拟 I^2C 总线的 SCL、SDA，实现 I^2C 的读/写时序。

C4_MB 开发板的 EEPROM 电路如图 6.1 所示，采用的 EEPROM 存储器芯片型号为 24LC04，其容量为 4K（512×8）bit，在本例中，用 PIO 端口模拟 I^2C 总线时序来完成对它的读/写。

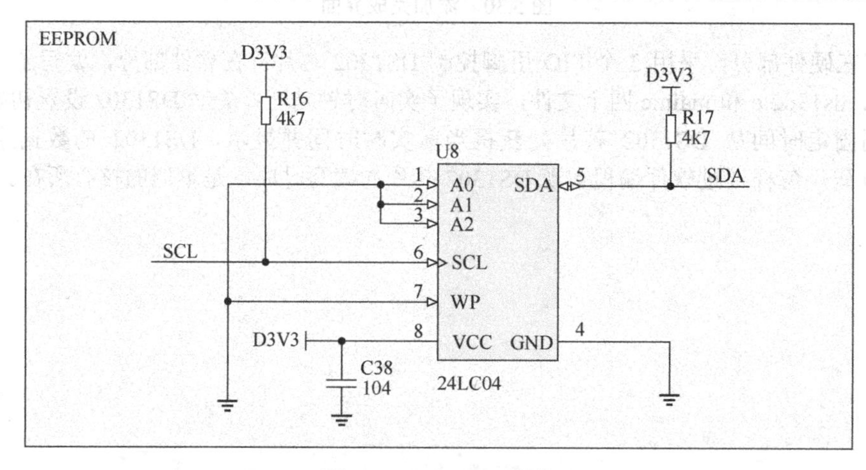

图 6.1 EEPROM 电路

6.2.1 硬件设计

（1）新建一个目录并命名为 EEPROM，打开 Quartus Prime 软件，新建名为 EEPROM 的工程，新建原理图设计文件。

（2）启动 Platform Designer，新建 kernel.qsys 文件，添加 Nios II 处理器核、JTAG UART 核、System ID 核、EPCS 核、SDRAM 核，此过程可参照案例 5 实现，此处不再详述。

（3）添加 2 个 PIO 核。在 IP Catalog 标签栏的查找窗口输入 pio 找到 PIO 模块后单击 Add 按钮，将其加入 kernel 系统，在随之出现的 PIO 模块设置对话框中设置 PIO 模块的宽度（Width）和方向。

第 1 个 PIO 核宽度（Width）设置为 1，方向设为输出（Output），其他保持默认设置，如图 6.2 所示，将该模块重命名为 scl，即 I²C 总线的时钟线。

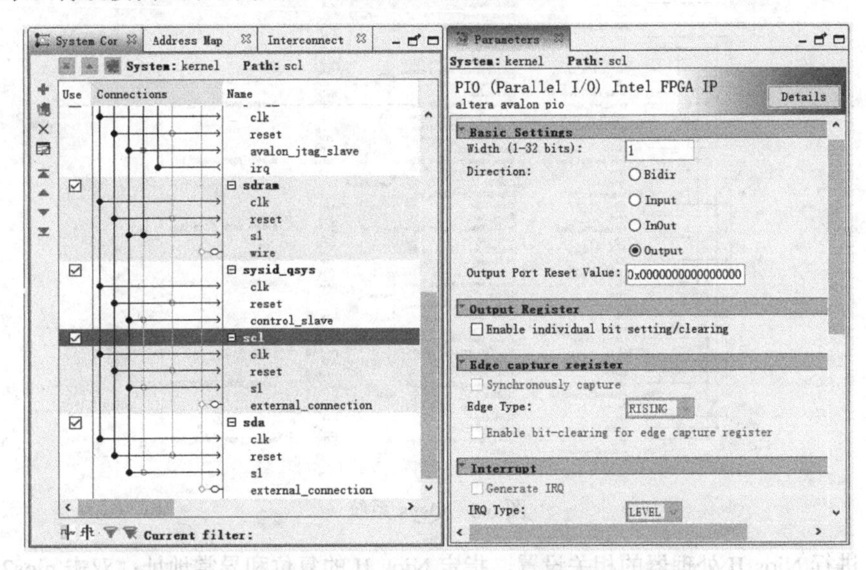

图 6.2 PIO 模块（scl）参数设置

第 2 个 PIO 核宽度（Width）也设置为 1，方向设为双向（Bidir），其他保持默认设置，如图 6.3 所示，将其重命名为 sda，即 I²C 总线的数据线。

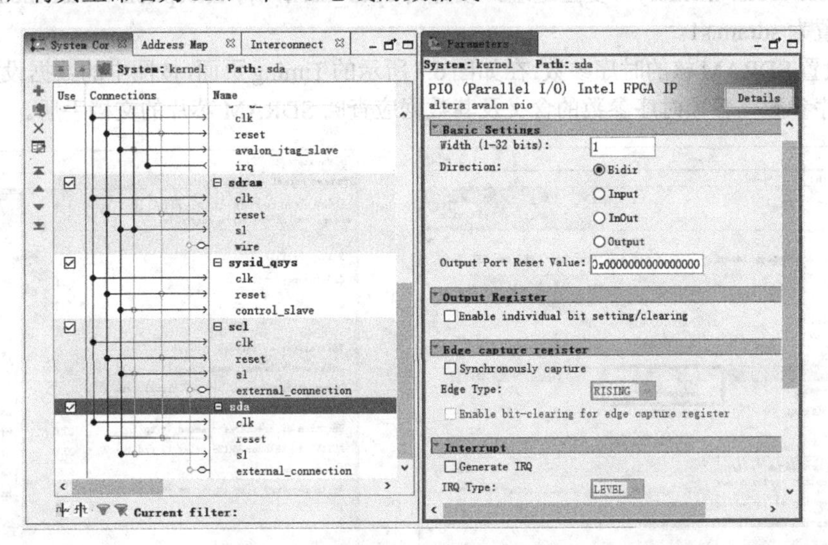

图 6.3 PIO 模块（sda）参数设置

将 PIO 模块连线，将端口引出，分配地址，如图 6.4 所示。

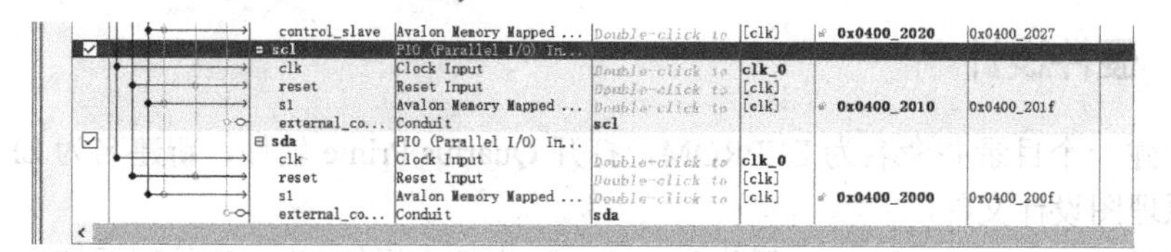

图 6.4　添加两个 PIO 模块作为 I²C 时钟线和数据线

对 Nios II 核、JTAG UART 核、EPCS 核和 SDRAM 核进行重命名，并完成时钟、数据和复位连线，中断连接，外部端口引出，并自动分配地址后，最终得到的 Qsys 系统如图 6.5 所示。

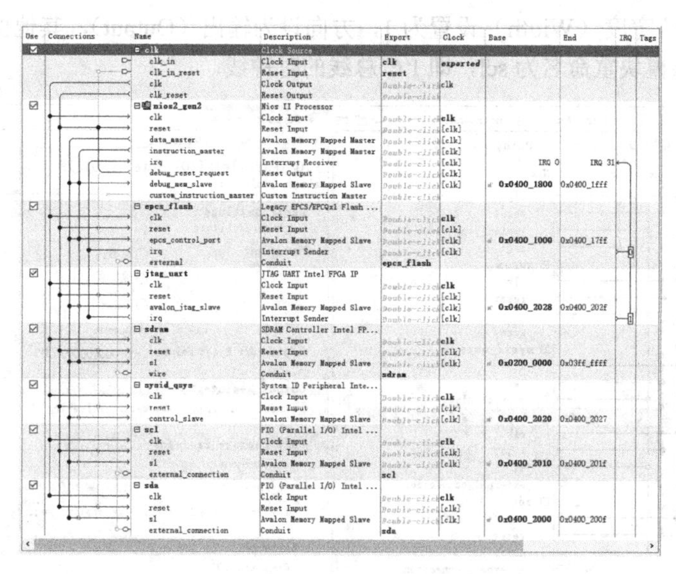

图 6.5　Qsys 系统

（4）进行 Nios II 处理器的相关设置，指定 Nios II 的复位和异常地址：双击 nios2_gen2 模块，进入 Nios II Processor 的配置页面。在 Main 页面中，选择 Nios II 处理器的实现模式为 Nios II/f 模式，即快速模式；也可选择 Nios II/e 模式，即经济模式。在如图 6.6 所示的 Vectors 设置页面中，将 Reset vector memory（复位地址）设置为 epcs_flash，将 Exception vector memory（异常地址）设置为 sdram.s1。

（5）设置 SDRAM 核的时序参数：在如图 6.7 所示的 Timing 页面，按图中的数据设置 SDRAM 模块的时序参数，各项时序参数的含义及其数据应查阅 SDRAM 芯片的文档手册。

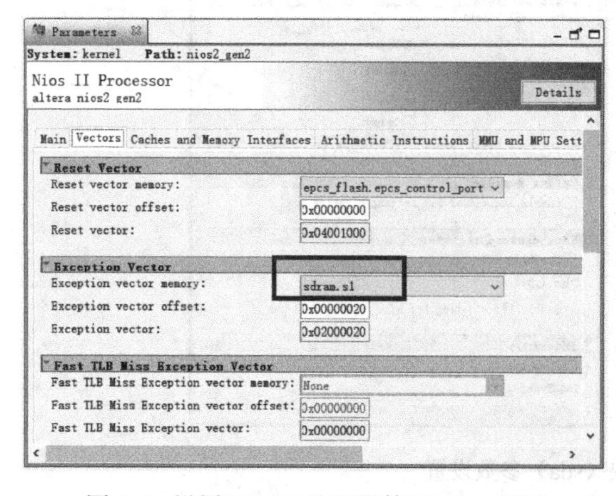

图 6.6　设置 Nios II 处理器的 Vectors 页面

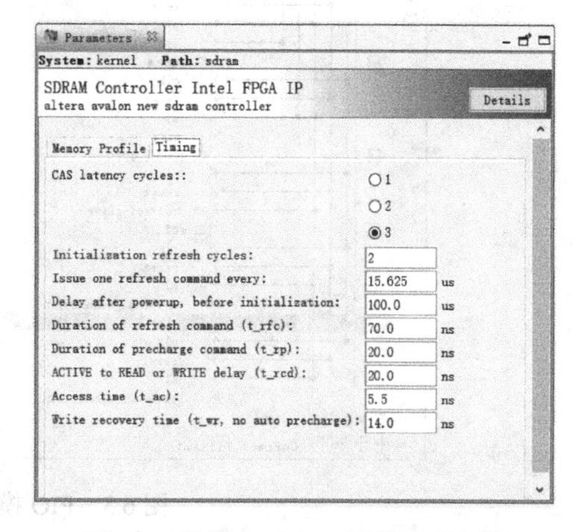

图 6.7　设置 SDRAM 核的时序参数

（6）保存并执行 Generate HDL…后，重新生成 Qsys 系统内核，关闭 Platform Designer。

（7）在原理图文件中加入 kernel 模块，选择该模块单击鼠标右键，在弹出的菜单中单击 Generate Pins for Symbol Ports，引出 kernel 核各端口引脚，其中 scl、sda 两个 PIO 端口，将分别与目标板上 24LC04 芯片的 SCL 和 SDA 引脚相连，最终的原理图文件如图 6.8 所示。

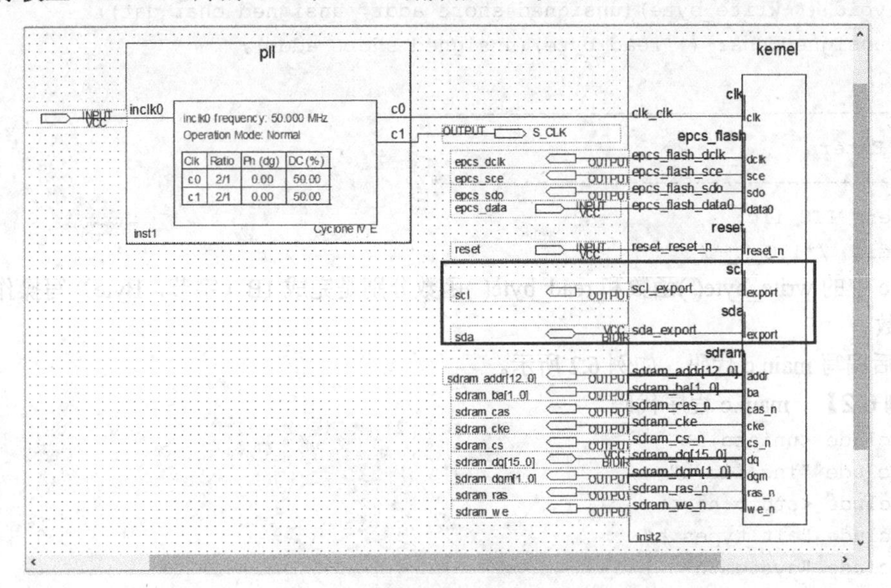

图 6.8 原理图文件

（8）编译。将生成的 kernel.qip 文件添加到当前工程中，编译顶层原理图文件，然后对 sda、scl 两个引脚做如下锁定：

```
set_location_assignment PIN_L2 -to sda
set_location_assignment PIN_L1 -to scl
```

对其余引脚也全部锁定后（引脚锁定信息可参考案例 5）重新编译，生成配置文件，编译成功后，回到 Quartus 主界面，至此完成项目硬件部分的设计任务。

6.2.2 软件设计

软件设计也参照案例 5 的过程与方法。

（1）启动 Nios II-Eclipse，选择 Workspace，在当前目录下创建 software 文件夹作为工作区。

（2）创建软件工程。在 Nios II-Eclipse 界面下，选择菜单 File→New→Nios II Application and BSP from Template，在打开的对话框中选择该工程的.sopcinfo 文件，Project name 命名为 eeprom，工程模板（Project Template）选择 Hello World 模板，系统自动生成 eeprom 软件工程，图 6.9 所示为目录结构整理成三文件夹的形式（目录结构可根据个人喜好设置）。

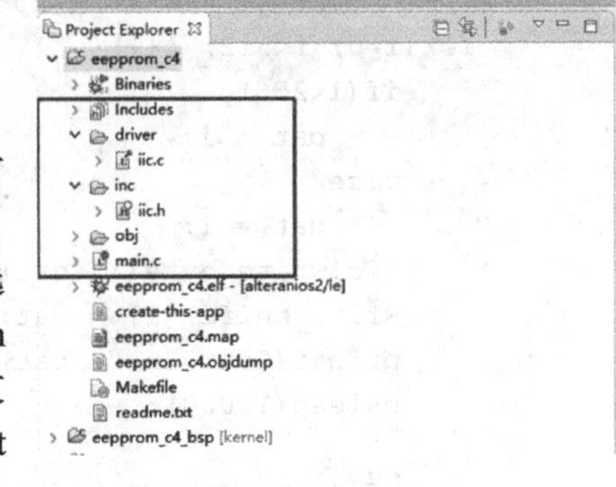

图 6.9 构建目录和新建文件

（3）图 6.9 中的 iic.h 文件中包含读/写函数的结构体，把对 I²C 的所有操作都封装在该结构体中，iic.h 文件的内容如下。

【例 6.1】 main.c 程序代码。

```
#ifndef IIC_H_
#define IIC_H_
#define  OUT    1
#define  IN     0
```

```
/*-----------------------------------
 *  Struct
 *-------------------------------------*/
typedef struct{
    void (* write_byte)(unsigned short addr, unsigned char dat);
    unsigned char (* read_byte)(unsigned short addr);
}IIC;
/*-------------------------------------
 *  Extern
*-------------------------------------*/
extern IIC iic;
#endif  /*IIC_H_*/
```

iic.c 中的 write_byte( )函数和 read_byte( )函数分别是完成 1B（字节，Byte）写操作和读操作的函数。

最后编写 main.c 代码，如例 6.2 所示。

【例 6.2】 main.c 程序代码。

```
#include <unistd.h>
#include "inc/iic.h"
#include <stdio.h>
#include "alt_types.h"
#include "system.h"
#include "altera_avalon_pio_regs.h"
alt_u8 write_buffer[512], read_buffer[512];
int main()
{
     alt_u16 i, err;
     alt_u8 dat;
     printf("hello nios II!\n");
     printf("\nWriting data to EEPROM!\n");
     //写入 512Btye 的数据，前 256 个数字为 0 到 255，后 256 个数据为 1
     for(i=0; i<512; i++){
         if(i<256)
             dat = i;
         else
             dat = 1;
         iic.write_byte(i, dat);
         write_buffer[i] = dat;
         printf("0x%02x ", dat);
         usleep(10000);
     }
     printf("\nReading data from EEPROM!\n");
     //将 512byte 数据读出来并打印
     for(i=0; i<512; i++){
         read_buffer[i] = iic.read_byte(i);
         printf("0x%02x ", read_buffer[i]);
         usleep(1000);
     }
     err = 0;
     printf("\nVerifing data!\n");
     //对比数据是否相同，如有不同，说明读写过程有错误
     for(i=0; i<512; i++){
         if(read_buffer[i] != write_buffer[i])
```

```
            err ++;
        }
        if(err == 0)
            printf("\nData write and read successfully!\n");
        else
            printf("\nData write and read failed!--%d errors\n", err);
        return 0;
}
```

在上面的代码中，在 main 函数中实现了如下功能：首先向 EEPROM 中写入了 256B 的数据，其中前 128 个值为 0～127，后 128 个值为 1；然后将写入的 256 个数据读出并打印出来；最后对比写入的数据与读出的数据，以此检验读/写是否成功。

（4）编译软件工程。在软件项目名称 eeprom 处单击鼠标右键，在弹出的菜单中选择 Build Project，启动对软件工程的编译，编译成功后会在 Console 控制台中显示 Build Finished 字样，表示编译成功。

6.3　下载与验证

连接 USB Blaster 下载电缆和目标板，开启目标板电源，启动 Programmer 编程界面，单击 Start 按钮，将配置文件.sof 下载至目标板；在 Nios II-Eclipse 界面下，选择 eeprom 软件工程单击鼠标右键，在弹出的快捷菜单中选择 Run As→Nios II Hardware，将软件工程下载至目标硬件上运行，可以看到，下载完成后在 Console 里的打印信息，如图 6.10 所示。

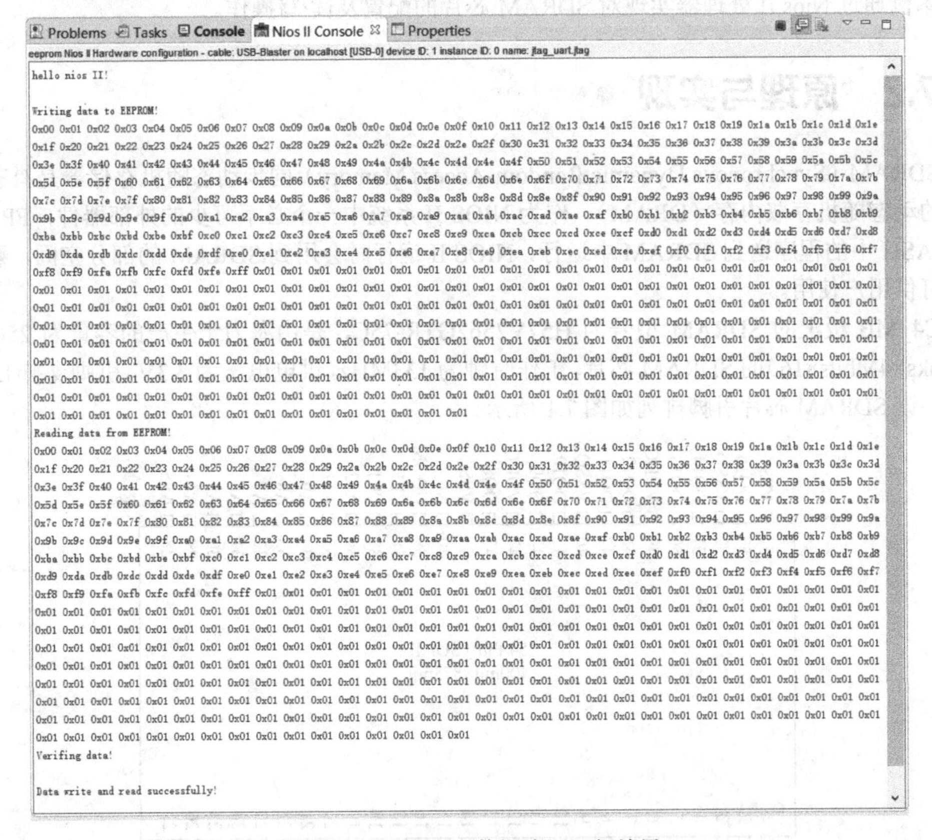

图 6.10　EEPROM 数据读写运行结果

本例基于 Nios II 利用 PIO 模块模拟 I²C 时序实现对 EEPROM 存储器的读写，此方法对实现其他设计任务也具有借鉴意义。

第 7 章 SDRAM存取

7.1 任务与要求

本例通过 Nios II 处理器实现对 SDRAM 芯片的配置及读/写操作。

7.2 原理与实现

SDRAM（Synchronous Dynamic Random-Access Memory）同步动态随机存储器是具有同步接口的动态随机存取内存（DRAM）。作为 NIOS II 系统中一个必不可少的外部器件，FPGA 会把 FLASH 中的程序送到 SDRAM 中运行，NIOS II 运行时会用到 SDRAM 的部分空间，剩余的空间可供用户使用。

C4_MB 板上的 SDRAM 型号为 H57V2562GTR-75C，是由海力士生产的容量为 256Mbits（4Banks×4Mbits×16）的 SDRAM 芯片，工作时钟为 133MHz，供电电压为 3.3V，引脚支持 LVTTL 标准，该 SDRAM 芯片引脚排列如图 7.1 所示。

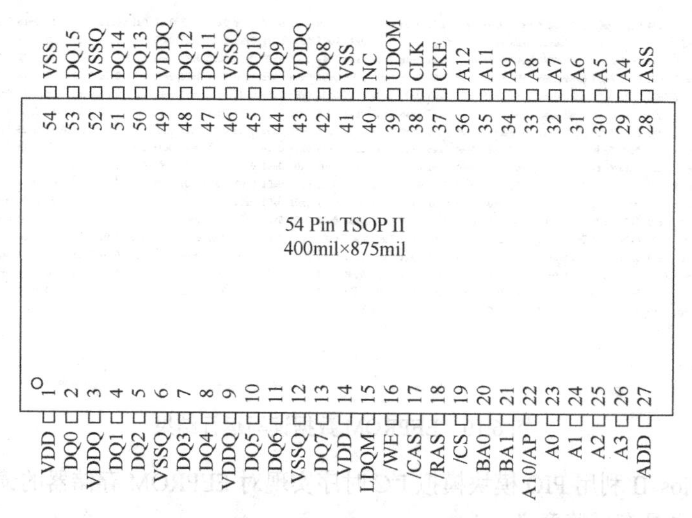

图 7.1 SDRAM 芯片 H57V2562GTR 引脚排列

7.2.1　硬件设计

（1）打开 Quartus Prime 软件，单击 File→New，选择 New Quartus Prime Project，单击 OK 按钮，出现如图 7.2 所示对话框，输入工程名称 sdram。

New Project Wizard

Directory, Name, Top-Level Entity

What is the working directory for this project?

D:\C4_MB\SDRAM

What is the name of this project?

sdram

What is the name of the top-level design entity for this project? This name is case sensitive and must exactly match the entity name in the design file.

sdram

Use Existing Project Settings...

< Back　Next >　Finish　Cancel　Help

图 7.2　创建工程

单击 Next 按钮，在如图 7.3 所示的 Device 页面中选择芯片为 EP4CE6F17C8。在接下来的页面中选择默认设置，持续单击 Next 按钮，在最后的页面中单击 Finish 按钮，工程创建完成。

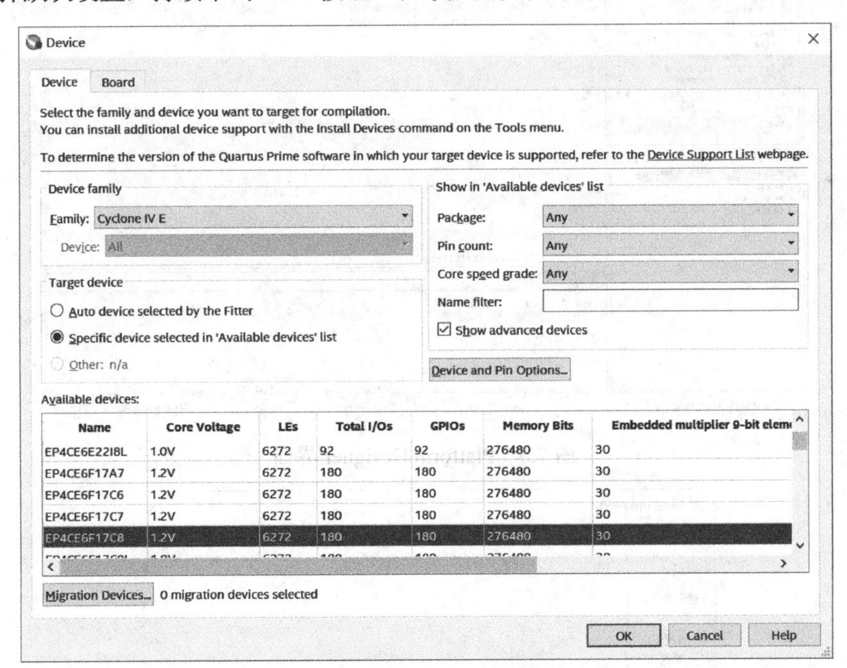

图 7.3　选择目标器件

（2）创建顶层原理图文件。单击 File→New，选择菜单 Block Diagram/Schematic File，如图 7.4 所示，单击 OK 按钮，进入原理图设计界面。

（3）启动 Platform Designer，进行 Qsys 系统设计。选择菜单 Tools→Platform Designer（见图 7.5），启动 Platform Designer（PD）。启动后的 PD 界面如图 7.6 所示，将文件保存并命名为 kernel.qsys，如图 7.7 所示。

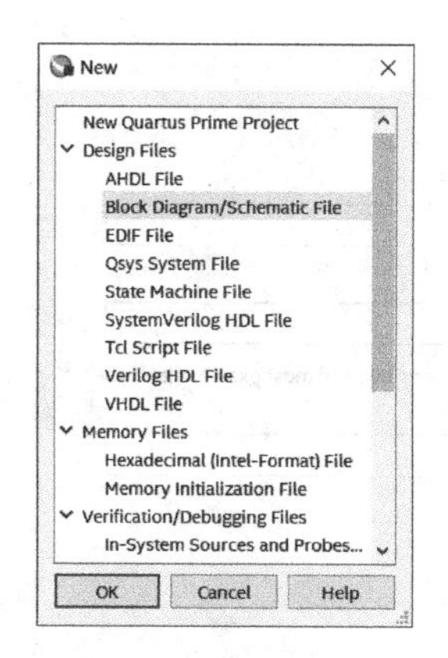

图 7.4 创建原理图

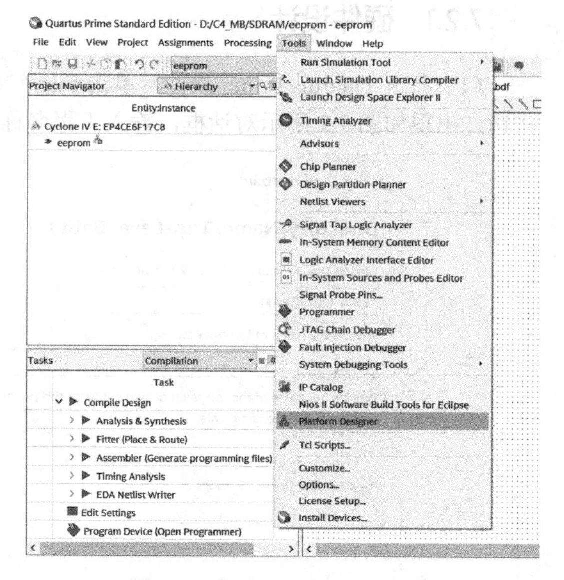

图 7.5 启动 Platform Designer

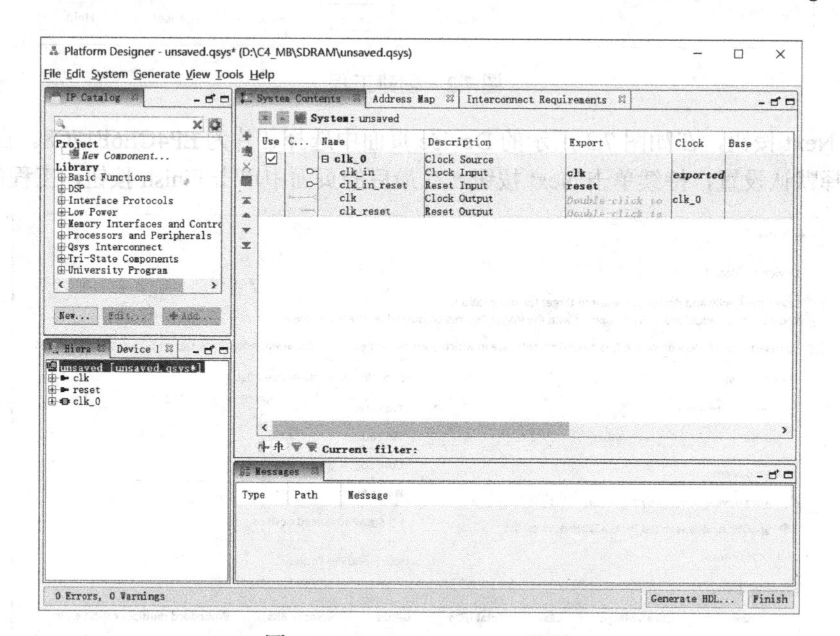

图 7.6 Platform Designer 界面

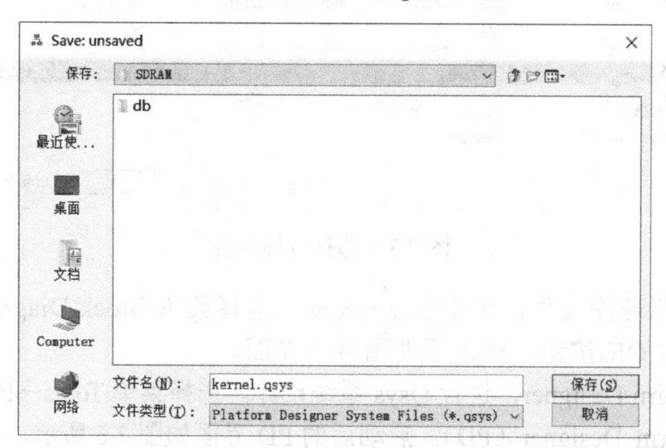

图 7.7 保存文件

（4）添加 Nios II 核：在 PD 界面的 IP Catalog 标签栏的查找窗口输入 Nios，选择 Nios II Processor 核，单击 Add 按钮（或者双击该核），将其添加进 kernel 系统，如图 7.8 所示，其参数暂时保持默认设置。图中的 clk_0 为 Qsys 系统的主时钟，也是 Nios II 的主时钟，本例拟将其设置为 100MHz，采用 PLL 锁相环为其提供时钟输入，需注意所用的 FPGA 芯片支持的最高主频是多少，不可超过此限制。

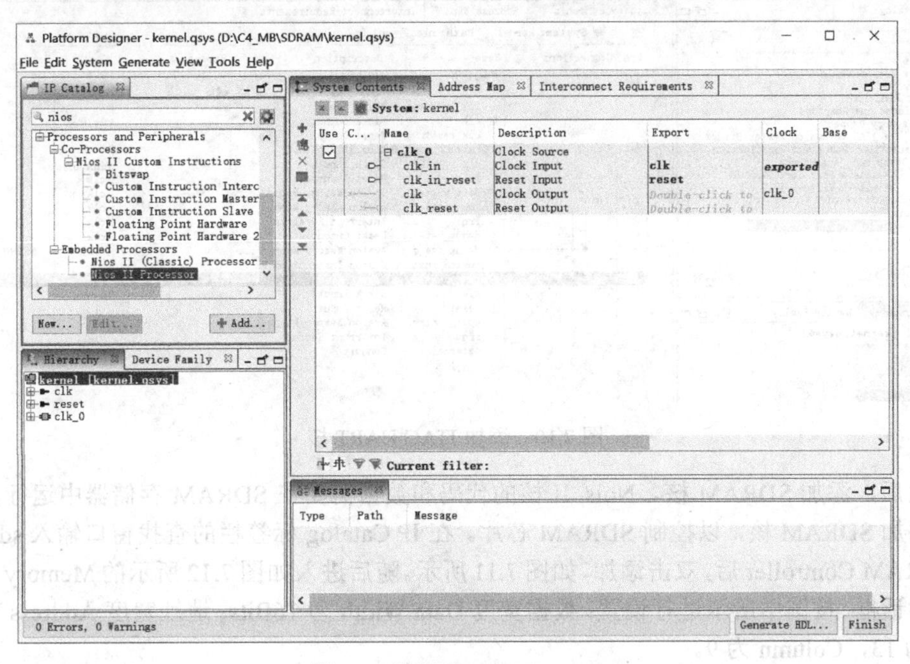

图 7.8　选择 Nios II Processor

（5）用同样的方法添加其他各 IP 核，生成 Qsys 系统。

首先，添加 EPCS 核。在 IP Catalog 标签栏的查找窗口输入 epcs，选择 EPCS Serila Flash Controller 模块后单击 Add 按钮，将其加入 kernel 系统，如图 7.9 所示，在 EPCS 的配置界面里保持默认设置。

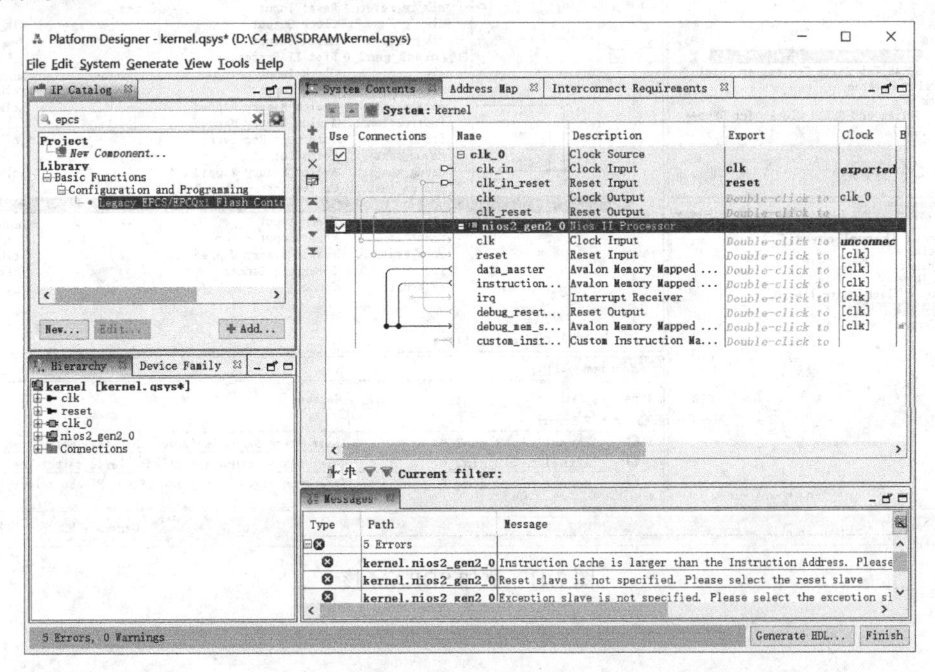

图 7.9　添加 EPCS 核

再添加 JTAG UART 核。JTAG UART 核用于对 Nios II 的调试和下载，在 IP Catalog 标签栏中输入 jtag，找到并选中 JTAG UART 核，单击 Add 按钮（或者双击该核），将其添加进 kernel 系统，如图 7.10 所示。

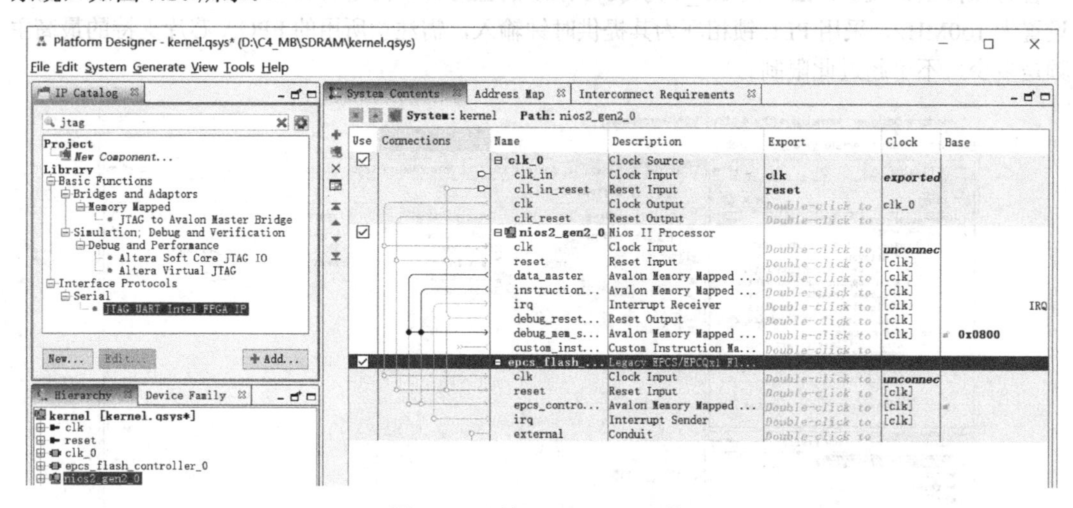

图 7.10　添加 JTAG UART 核

然后，添加 SDRAM 核。Nois II 核的代码和数据需要在 SDRAM 存储器中运行，所以需要添加 SDRAM 核，以控制 SDRAM 芯片。在 IP Catalog 标签栏的查找窗口输入 sdram 找到 SDRAM Controller 后，双击添加，如图 7.11 所示。随后进入如图 7.12 所示的 Memory Profile 配置对话框，按图中所示进行设置：数据宽度 Data Width 为 16Bits；地址宽度 Address Width，Row 为 13，Column 为 9。

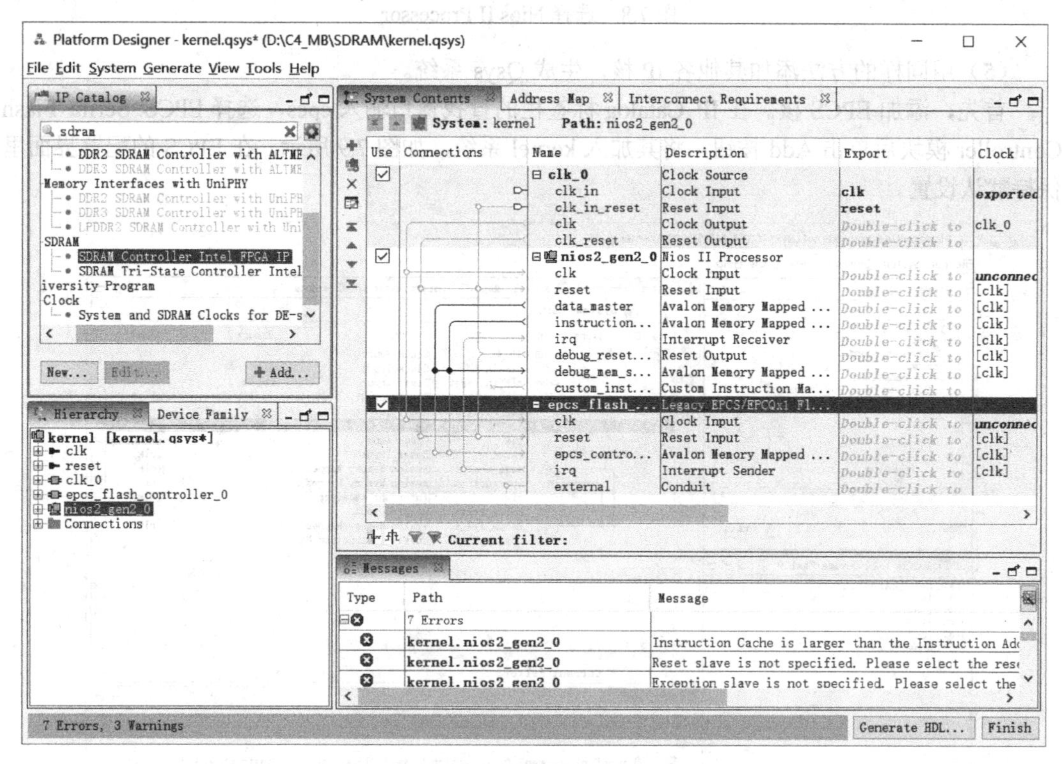

图 7.11　添加 SDRAM 核

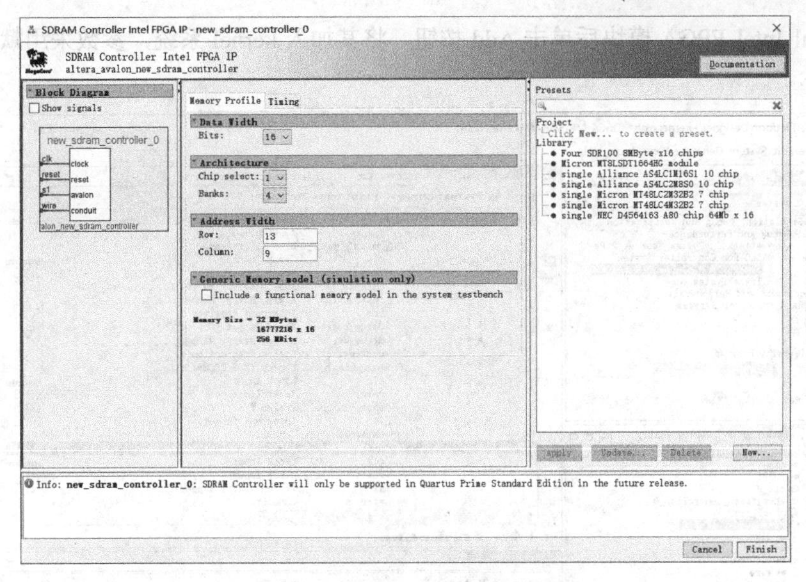

图 7.12　Memory Profile 对话框

在如图 7.13 所示的 Timing 页面，按图中所示设置 SDRAM 核的时序参数。

- Initialization refresh cycles：复位后的刷新周期数，此处设置为 2。
- Issue one refreash command every：此处设置为 15.625 μs。
- Delay after powerup，before initialization：指上电到 SDRAM 初始化之间的间隔，根据惯例设为 100 us。
- Duration of refresh command（t_rfc）：SDRAM 自动刷新的周期，采用默认值 70 ns。
- Duration of precharge command（t_rp）：SDRAM 预充电命令的周期值，根据 SDRAM 数据手册设为 20 μs。
- ACTIVE to READ or WRITE delay（t_rcd）：行到列的选通间隔周期，根据 SDRAM 数据手册设为 20 ns。
- Access time（t_ac）：指数据读出后还要经过一定的时间才能出现在数据总线上的时长值，根据 SDRAM 数据手册设为 5.5 ns。
- Write recovery time（t_wr，no auto precharge）：数据在写入 SDRAM 时因为存储电容充电选通三级管需要一定时间，为了保证写入的可靠性因此定义了写回时间。根据 SDRAM 数据手册设为 14 ns。

要进一步了解各项时序参数的含义及其数据应查阅 SDRAM 芯片的文档手册。

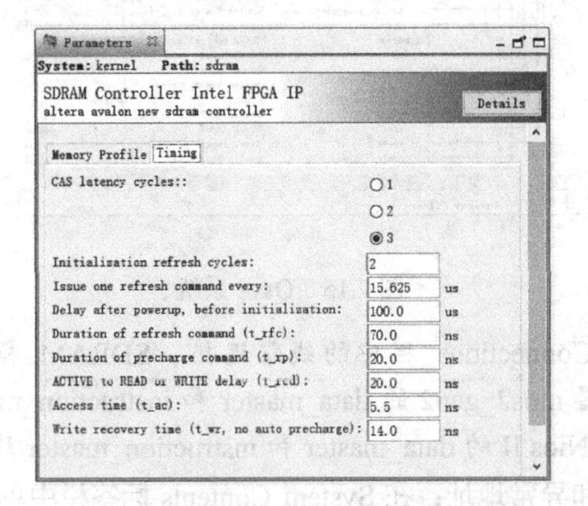

图 7.13　设置 SDRAM 核 Timing 页面

最后添加 System ID 核。在 IP Catalog 标签栏的查找窗口输入 system 找到 System

ID Peripheral Intel FPGA 模块后单击 Add 按钮，将其加入 kernel 系统，参数采用默认配置，如图 7.14 所示。

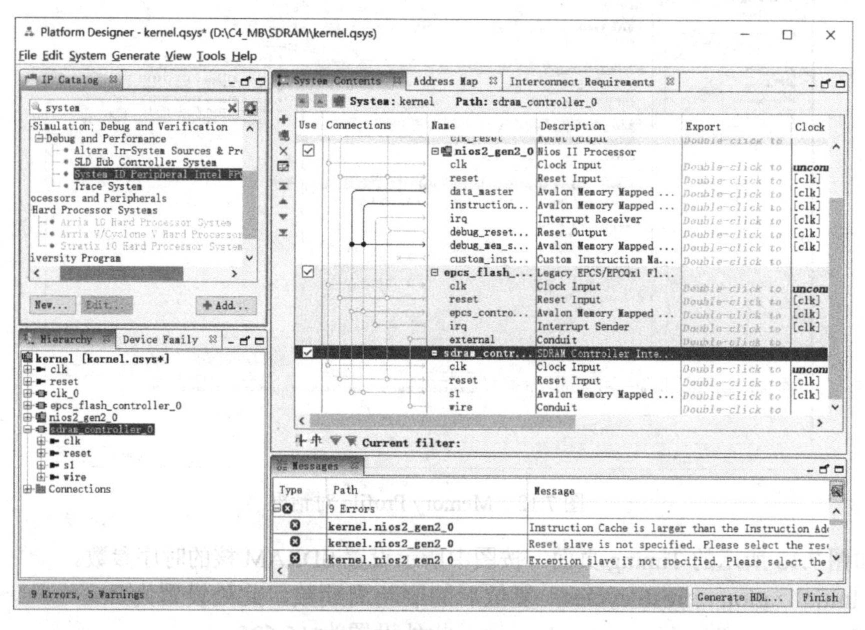

图 7.14 添加 System ID 核

（5）添加各模块后，还需进行一些设置和连线。

对 Nios II 核、JTAG UART 核、EPCS 核和 SDRAM 核重新命名，进行时钟、数据和复位连线，中断连接，外部端口引出，并自动分配地址，最终的 Qsys 系统如图 7.15 所示。

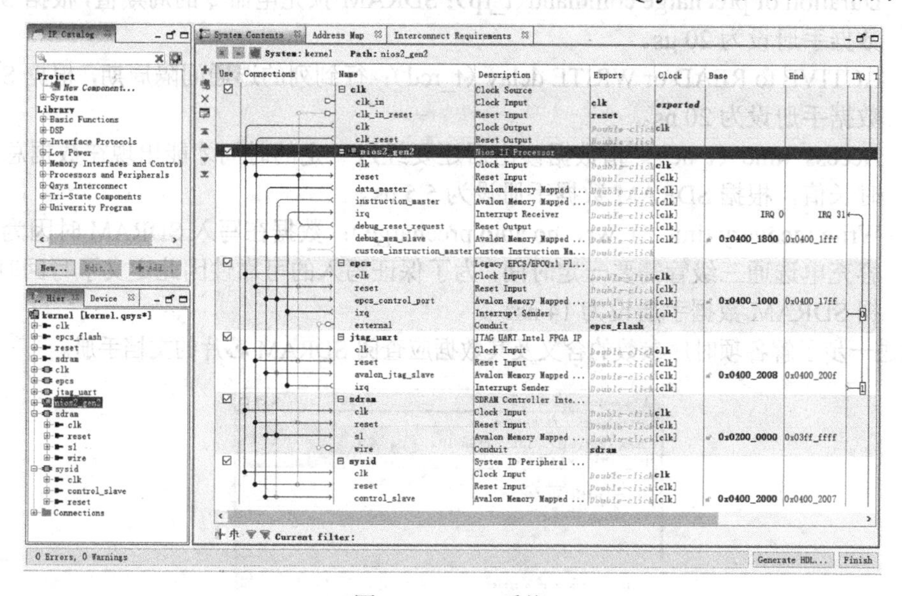

图 7.15 Qsys 系统

注：图 7.15 中的 Connections 栏中的线路连接，SDRAM 模块的 s1、EPCS 模块的 epcs_control_port 和处理器 nios2_gen2 的 data_master 和 instruction_master 均相连。存储器类外设，应将其 Slave 端口同 Nios II 的 data_master 和 instruction_master 均相连。

指定 Nios II 的复位和异常地址：在 System Contents 标签栏中单击 nios2_gen2 模块，进入 Nios II Processor 的配置页面，选择 Nios II 处理器的实现模式为 Nios II/f 模式（快速模式）或 Nios II/e 模式（经济模式）均可；在如图 7.16 所示的 Vectors 设置页面中，将 Reset vector memory

（复位地址）设置为epcs；将Exception vector memory（异常地址）设置为sdram.s1。

注：Reset Venctor为复位地址，当FPGA复位时，需从epcs中读取程序，因此将Reset Vector设为epcs；当FPGA运行时，需把应用程序调度到SDRAM芯片中执行，故将Exception vector（异常地址）设置为SDRAM。

（6）单击图7.15中的Generate HDL...按钮，生成Qsys系统内核，然后关闭Platform Designer。

（7）在原理图文件中添加kernel模块，选中该模块单击鼠标右键，在弹出的菜单中单击Generate Pins for Symbol Ports，引出kernel模块各端口引脚，如图7.17所示，可对引脚重新命名。

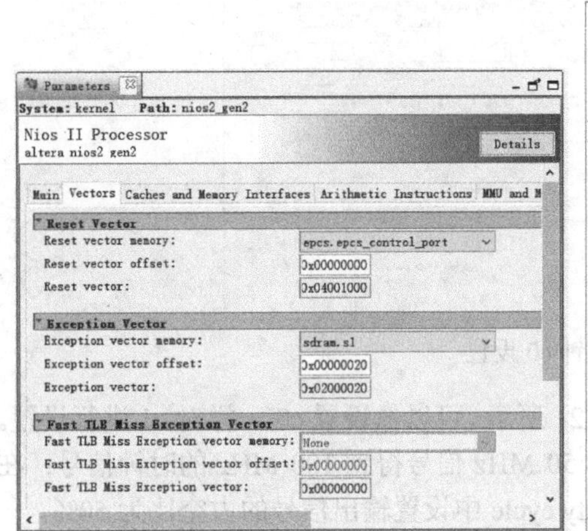

图7.16 设置Nios II处理器的Vectors页面

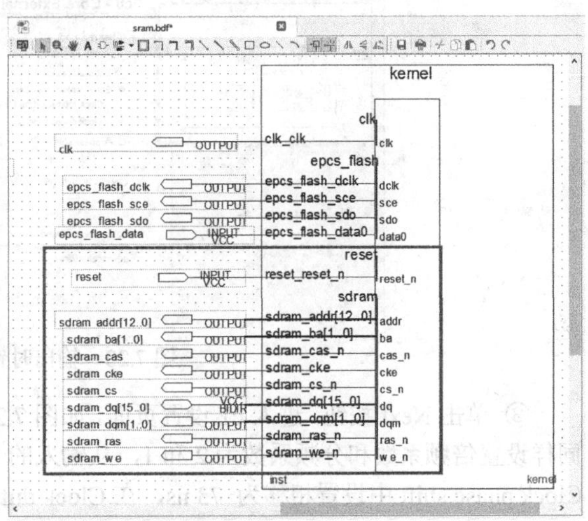

图7.17 引出kernel模块各端口

（8）添加锁相环模块。在Quartus Prime界面的IP Catalog中选择altpll模块，并以pll名字保存在SDRAM目录下，如图7.18所示。

① 单击OK按钮，打开MegaWizard Plug-In Manager，对altpll模块进行参数设置。首先设置输入时钟inclk0的频率为50 MHz，如图7.19所示，并选择芯片系列为Cyclone IV E，其他保持默认设置。

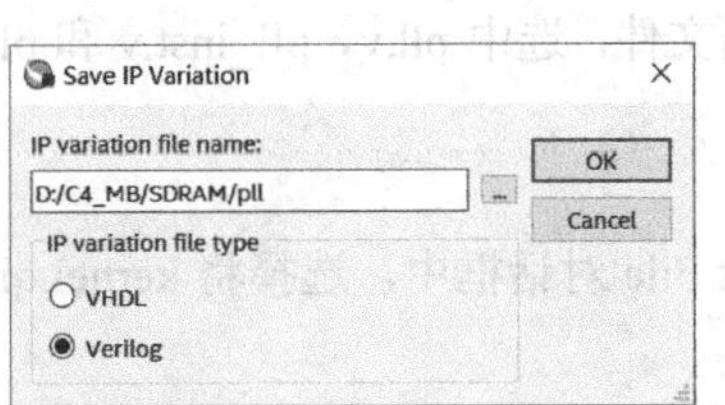

图7.18 锁相环模块定制

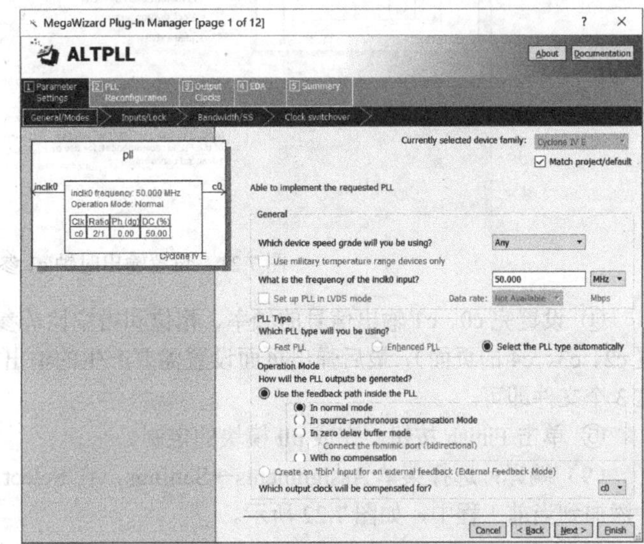

图7.19 输入时钟设置页面

② 单击 Next 按钮，在如图 7.20 所示的对话框中，对输出时钟信号 c0 进行设置。直接设置倍频系数和分频系数得到所需要的频率，Clock multiplication factor 和 Clock division factor 分别是倍频系数和分频系数，即输入时钟分别乘以一个系数再除以一个系数，得到所需频率，本例中的倍频系数设为 2，分频系数设为 1。也可在 Enter output clock frequency 后面直接输入所需时钟频率，本例输入 100MHz。

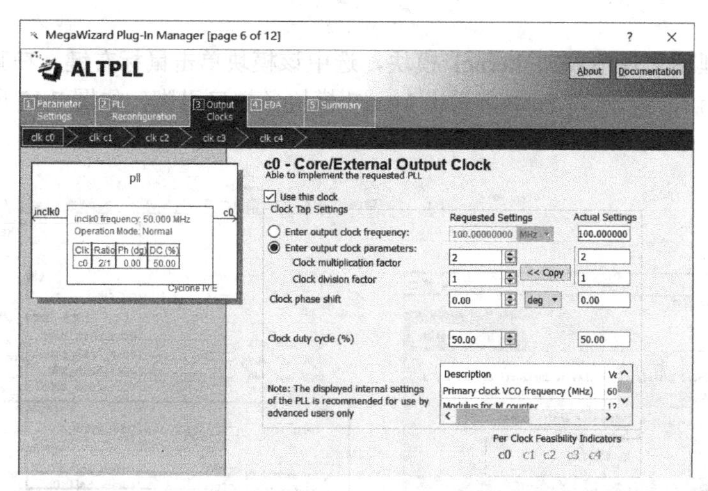

图 7.20 输出时钟 c0 设置

③ 单击 Next 按钮，进入 c1 设置页面，如图 7.21 所示。可以像设置 c0 一样对 c1 进行设置。同样设置倍频系数和分频系数为 2 和 1，从输入的 50 MHz 信号得到 100 MHz 的时钟信号；在 Clock phase shift 中设置相移为−73 ns，在 Clock duty cycle 中设置输出信号的占空比为 50%。

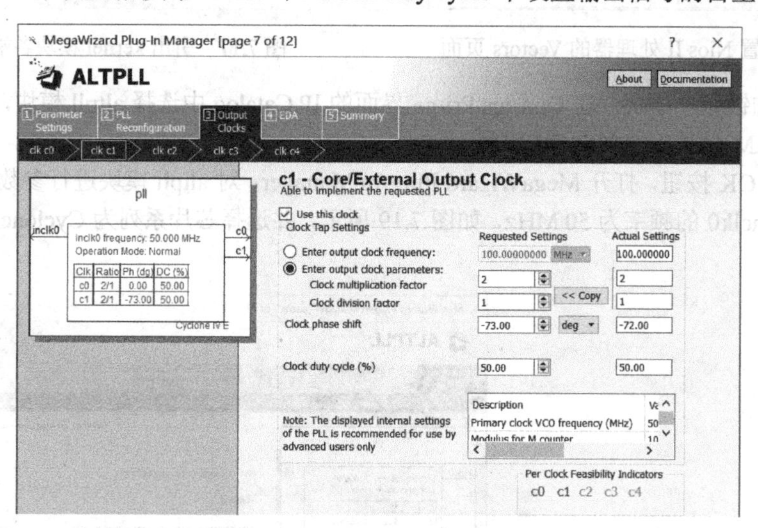

图 7.21 设置输出时钟 c1 参数

④ 设置完 c0、c1 输出信号的频率、相位和占空比等参数后，连续单击 Next 按钮（忽略设置 c2、c3、c4 的页面），最后弹出页面设置需要产生的输出文件，选中 pll.v，pll_inst.v 和 pll.bsf 这 3 个文件即可。

⑤ 单击 Finish 按钮，完成 pll 模块的定制。

（9）编译：选择菜单 Assignments→Settings，在 Select File 对话框中，选择将 kernel.qip 文件添加到当前工程中，如图 7.22 所示。

回到 Quartus Prime 主界面，完成后的顶层原理图文件如图 7.23 所示，单击▶按钮启动编译。

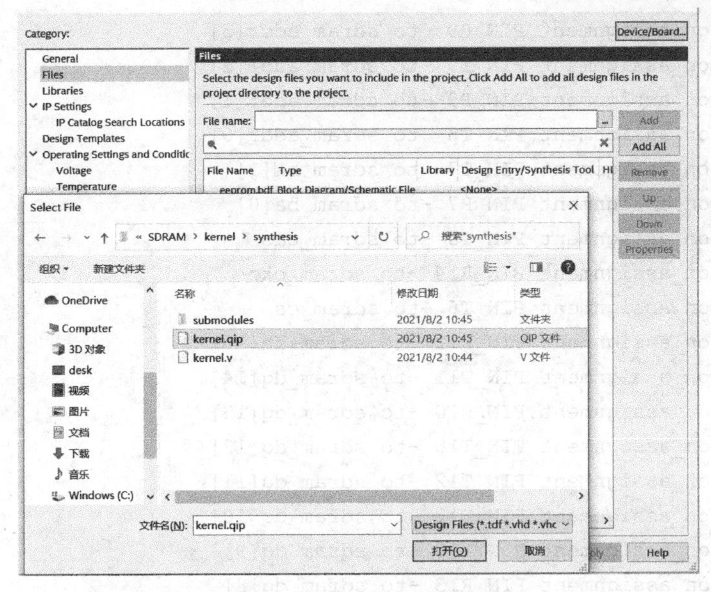

图 7.22　添加 kernel.qip 文件

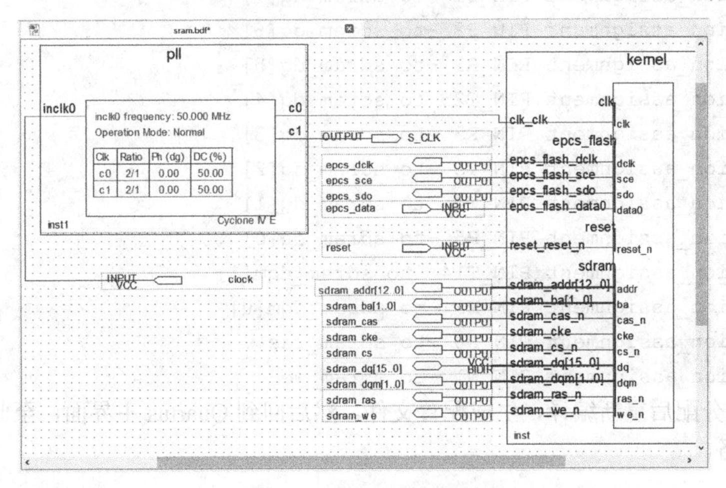

图 7.23　顶层原理图文件

（10）编译完成后，进行引脚分配和锁定。

```
set_location_assignment PIN_E1 -to clock
set_location_assignment PIN_E15 -to reset
set_location_assignment PIN_H2 -to epcs_data
set_location_assignment PIN_H1 -to epcs_dclk
set_location_assignment PIN_D2 -to epcs_sce
set_location_assignment PIN_C1 -to epcs_sdo
set_location_assignment PIN_R4 -to S_CLK
set_location_assignment PIN_T15 -to sdram_addr[12]
set_location_assignment PIN_R16 -to sdram_addr[11]
set_location_assignment PIN_R8 -to sdram_addr[10]
set_location_assignment PIN_P15 -to sdram_addr[9]
set_location_assignment PIN_P16 -to sdram_addr[8]
set_location_assignment PIN_N15 -to sdram_addr[7]
set_location_assignment PIN_N16 -to sdram_addr[6]
set_location_assignment PIN_L15 -to sdram_addr[5]
set_location_assignment PIN_L16 -to sdram_addr[4]
```

```
set_location_assignment PIN_R9 -to sdram_addr[3]
set_location_assignment PIN_T9 -to sdram_addr[2]
set_location_assignment PIN_P9 -to sdram_addr[1]
set_location_assignment PIN_T8 -to sdram_addr[0]
set_location_assignment PIN_T7 -to sdram_ba[1]
set_location_assignment PIN_R7 -to sdram_ba[0]
set_location_assignment PIN_T5 -to sdram_cas
set_location_assignment PIN_R14 -to sdram_cke
set_location_assignment PIN_T6 -to sdram_cs
set_location_assignment PIN_R11 -to sdram_dq[15]
set_location_assignment PIN_T11 -to sdram_dq[14]
set_location_assignment PIN_R10 -to sdram_dq[13]
set_location_assignment PIN_T10 -to sdram_dq[12]
set_location_assignment PIN_T12 -to sdram_dq[11]
set_location_assignment PIN_R12 -to sdram_dq[10]
set_location_assignment PIN_T13 -to sdram_dq[9]
set_location_assignment PIN_R13 -to sdram_dq[8]
set_location_assignment PIN_P1 -to sdram_dq[7]
set_location_assignment PIN_P2 -to sdram_dq[6]
set_location_assignment PIN_R1 -to sdram_dq[5]
set_location_assignment PIN_T2 -to sdram_dq[4]
set_location_assignment PIN_R3 -to sdram_dq[3]
set_location_assignment PIN_T3 -to sdram_dq[2]
set_location_assignment PIN_T4 -to sdram_dq[1]
set_location_assignment PIN_R5 -to sdram_dq[0]
set_location_assignment PIN_T14 -to sdram_dqm[1]
set_location_assignment PIN_N2 -to sdram_dqm[0]
set_location_assignment PIN_R6 -to sdram_ras
set_location_assignment PIN_N1 -to sdram_we
```

（11）引脚分配后重新编译，生成配置文件，然后回到Quartus主界面，至此完成项目硬件部分的设计任务。

7.2.2 软件设计

基于Nios II Software Build Tools for Eclipse完成软件部分的开发。

（1）启动Nios II-Eclipse：选择菜单Tools→Nios II Software Build Tools for Eclipse，启动Nios II-Eclipse。

（2）选择Workspace：在当前的项目目录下创建software文件夹并选择作为工作区，如图7.24所示，单击OK按钮。

（3）创建软件工程：在Nios II-Eclipse界面，选择菜单File→New→Nios II Application and BSP from Template，在如图7.25所示的对话框中进行设置，单击SOPC Information File name文本框后的...按钮，选择该工程的.sopcinfo文件，将硬件配置信息和软件应用关联，CPU栏会自动选择nios2_gen2；在Project name处输入软件工程名为sdram，工程模板（Project Template）选择Hello World模板，最后单击Finish按钮。

系统会自动生成一个打印Hello World的软件工程，将hello_world.c文件改名为main.c并打开，将其代码修改如例7.1所示。例7.1中采用了memset函数，它是C语言中的一个常用函数，在string.h文件中声明，其函数原型是memset(void *s，intch，size_tn)，功能是将s所指向的某一块内存中的前*n*字节的内容全部设置为ch指定的ASC II值，块的大小由第三个参数指定。

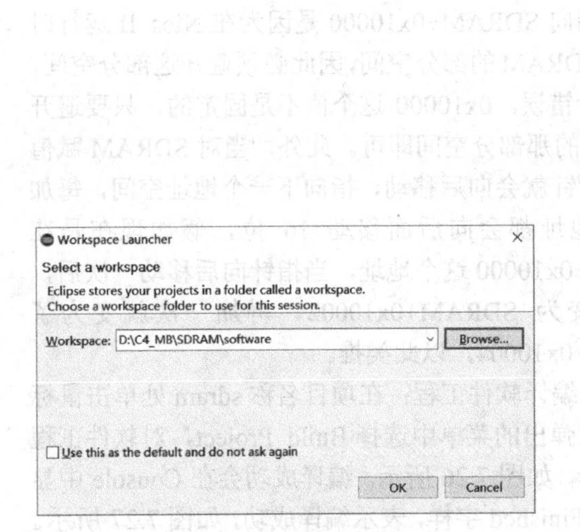

图 7.24 选择工作区

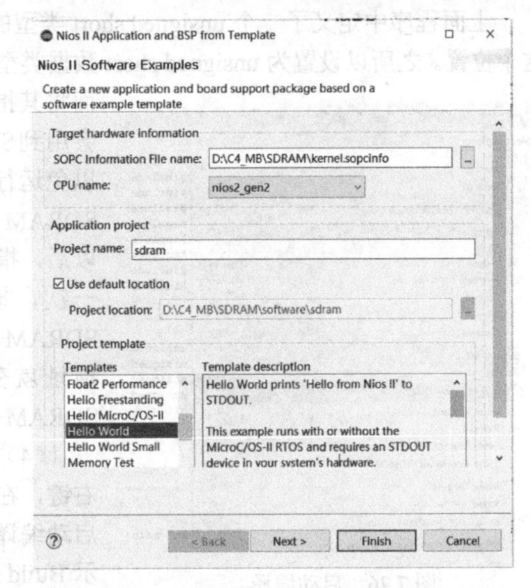

图 7.25 选择 SOPC 文件并创建软件工程

【例 7.1】 main.c 程序代码。

```
#include <stdio.h>
#include "system.h"
#include "string.h"
#include "alt_types.h"

//SDRAM 地址
unsigned short *ram = (unsigned short *)(SDRAM_BASE+0x10000);
int temp[512];
/*==FUNCTION================================================
*  main: 主函数
*======================================================= */
int main(void){
    int i;
    int err=0;
    printf("Hello from Nios II!\n");
    memset(ram,0,100);
     //向 ram 中写数据，当 ram 写完以后，ram 的地址已经变为(SDRAM_BASE+0x10000+200)
    for(i=0;i<100;i++){
        *(ram++) = i;
    }
     //逆向读取 ram 中的数据
    for(i=99;i>=0;i--){
        printf("%d  ",*(--ram));
        temp[i]=*ram;
        if(temp[i]!=i)
            err++;
    }
    if(err == 0)
        printf("\n sdram write and read successfully!\n");
    else
        printf("\n sdram write and read failed!--%d errors\n", err);
    return 0;
}
```

上面程序中定义了一个 unsigned short 类型的指针变量 ram，并将其指向 SDRAM+0x10000 这个位置。之所以设置为 unsigned short 数据类型，是因为我们用的 SDRAM 是 16 位数据总线，而将其指向 SDRAM+0x10000 是因为在 Nios II 运行时会用到SDRAM的部分空间，因此必须避开这部分空间，以免运行错误。0x10000 这个值不是固定的，只要避开 SDRAM 的那部分空间即可。此外，当对 SDRAM 赋值以后，指针就会向后移动，指向下一个地址空间，每加一次，地址都会向后面移动 16 位，假如现在是在 SDRAM+0x10000 这个地址，当指针向后移动一次后，地址就变为 SDRAM+0x10002，再加一次就变为了 SDRAM+0x10004，以此类推。

（4）编译软件工程：在项目名称 sdram 处单击鼠标右键，在弹出的菜单中选择 Build Project，对软件工程启动编译，如图 7.26 所示。编译成功会在 Console 中显示 Build Finished 字样，表示编译成功，如图 7.27 所示。

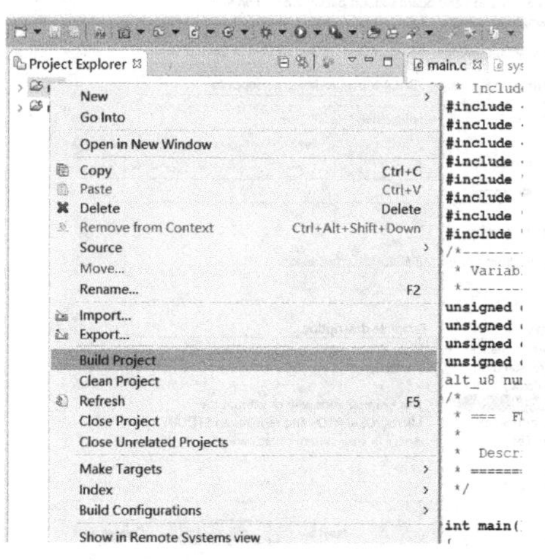

图 7.26　启动编译

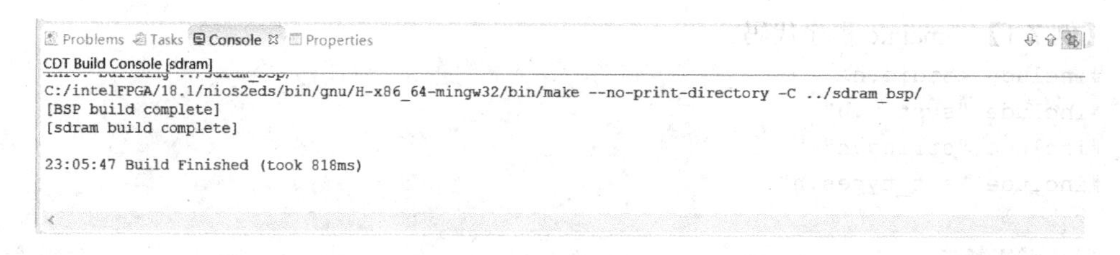

图 7.27　编译成功

7.3　下载与验证

连接 USB Blaster 下载电缆和目标板，开启目标板电源，启动 Programmer 编程界面，单击 Start 按钮，将硬件配置文件.sof 下载至目标板；在 Nios II-Eclipse 界面下，选中 sdram 工程单击鼠标右键，在弹出的快捷菜单中选择 Run As→Nios II Hardware，将软件工程下载至目标硬件上运行，可以看到下载完成后在 Console 栏显示打印信息，如图 7.28 所示。

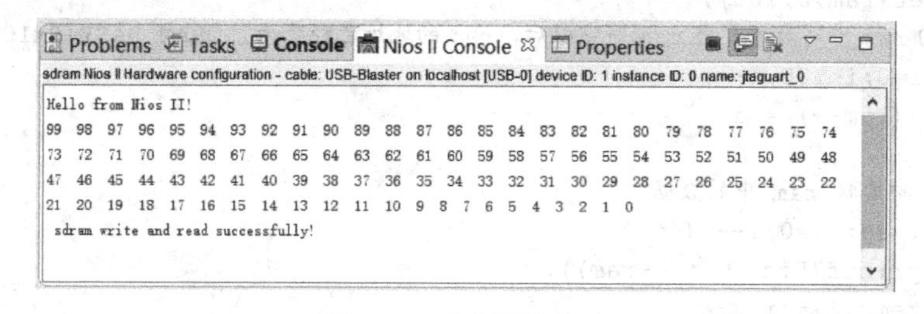

图 7.28　输出结果显示

SDRAM 控制器构建好以后，对 SDRAM 的处理就像对内部地址一样，可随意进行赋值和读取。当然，因为程序也是在 SDRAM 里运行的，所以需要避开对这段 SDRAM 空间的操作。开发板上的 256Mbits 的 SDRAM 只有很少一部分用于 Nios II 系统，其余部分用户可以使用，用于外部数据缓存等。

第 8 章 中断控制

8.1 任务与要求

实现按键中断子程序，熟悉 Nios II 中断的原理和中断服务程序的设计方法。

8.2 原理与实现

ISR（Interrupt Service Routine）中断服务函数是为硬件中断服务的子程序。

Nios II 处理器支持 32 个硬件中断，每一个硬件中断都应该有一个 ISR 与之对应。中断发生时，硬件中断处理器会根据检测到的有效中断级别，调用相应的 ISR 为其进行中断服务。

本例以按键中断为例来说明按键中断响应程序的编写方法。

8.2.1 硬件设计

（1）新建一个目录并命名为 INTERRUPT，打开 Quartus Prime 软件，新建名为 irq 的工程，新建原理图文件。

（2）启动 Platform Designer，新建 kernel.qsys 文件，添加 Nios II 处理器核、JTAG UART 核、System ID 核、EPCS 核、SDRAM 核，此过程可参照案例 7 实现，在此不再详述。

（3）添加 2 个 PIO 核：在 IP Catalog 标签栏的查找窗口输入 pio 找到 PIO 模块后单击 Add 按钮，将其加入 kernel 系统，在随之出现的 PIO 设置对话框中设置 PIO 模块的宽度（Width）和方向。

第 1 个 PIO 核的设置如图 8.1 所示，宽度（Width）设为 4（宽度可设置为 1~32 之间的任何整数值，本例需要 4 位），方向（Direction）为输入（Input）；在 Edge capture register 栏下勾选 Synchronously capture（同步捕获），Edge Type 选择 ANY，即边沿检测的类型包含 Rising Edge（上升沿）和 Falling Edge（下降沿）；最后在 Interrupt 栏下勾选 Generate IRQ，IRQ Type 选择 EDGE，表示选择边沿中断，按键按下时，按键连接至 FPGA 的引脚产生边沿，触发中断；单击 Finish 按钮，并将其命名为 pio_key。

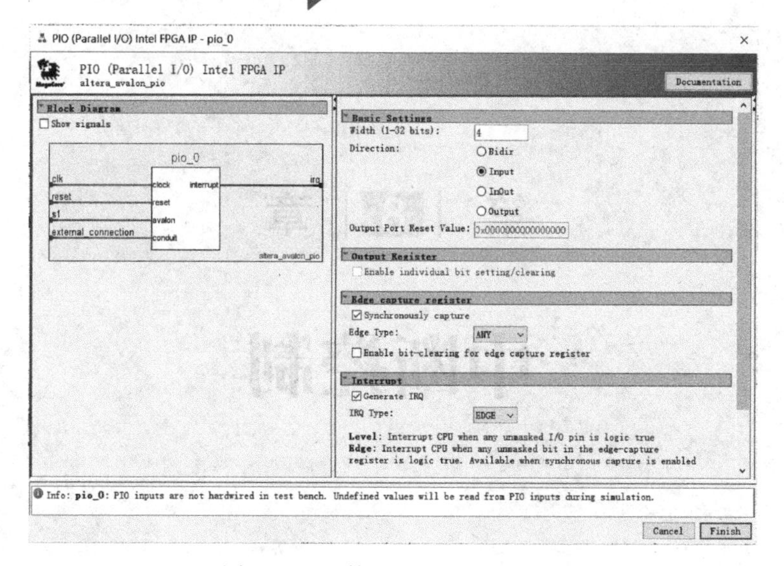

图 8.1 PIO 核（pio_key）的设置

第 2 个 PIO 核宽度（Width）设置为 4，方向（Direction）设为输出（Output），其他保持默认设置，如图 8.2 所示，将该模块重命名为 pio_led。

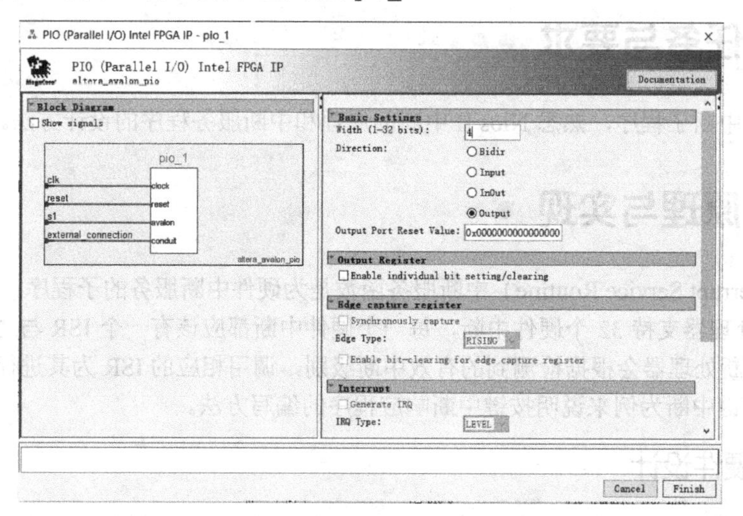

图 8.2 PIO 核（pio_led）的设置

（4）分配中断号。按照图 8.3 所示设置中断号为 2，并连接时钟、数据、复位及中断信号。

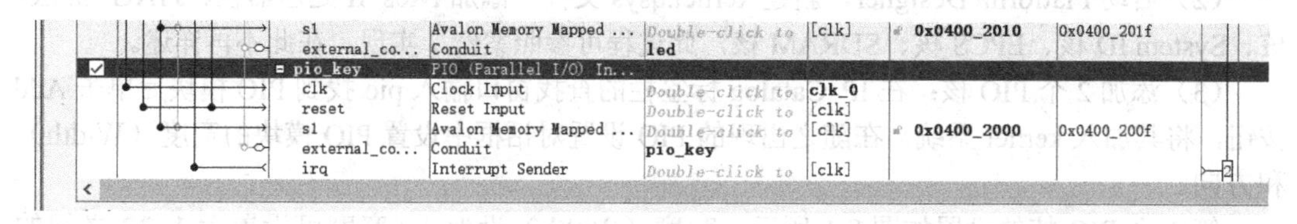

图 8.3 分配中断号

（5）对 Nios II 核、JTAG UART 核、EPCS 核和 SDRAM 核进行重命名，完成时钟、数据和复位连线，中断连接，外部端口引出，并自动分配地址，最终得到的 Qsys 系统如图 8.4 所示。

（6）Nios II 处理器的相关设置，指定 Nios II 的复位和异常地址，设置 SDRAM 核的时序参数（Timing 页面）。

这些设置可参考案例 7，此处不再详述。

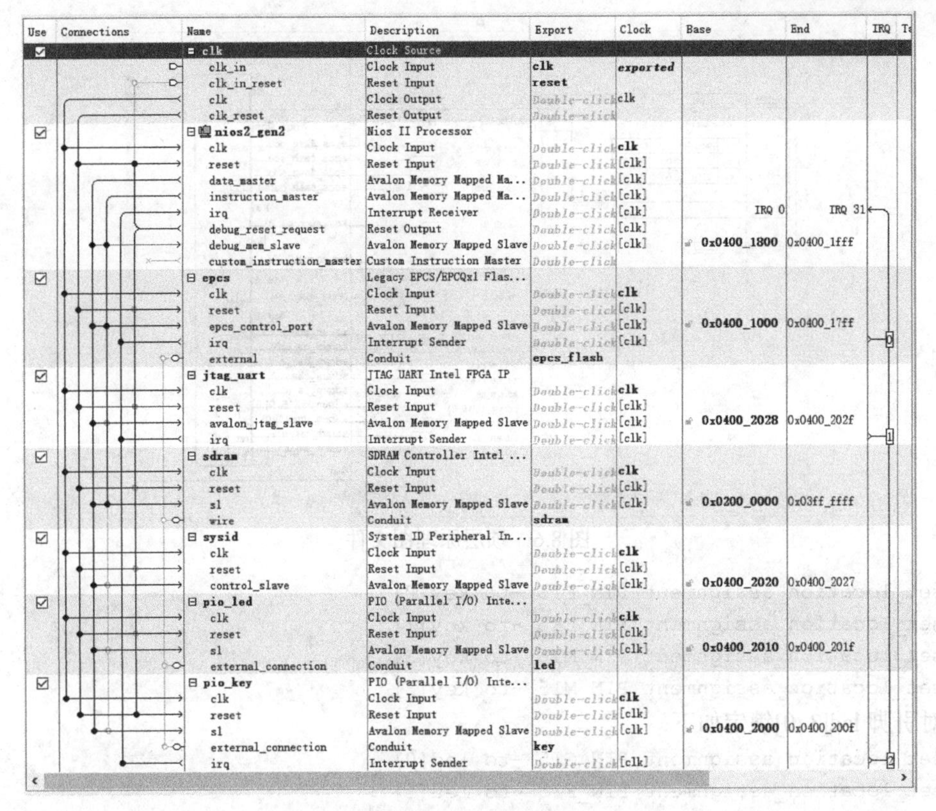

图 8.4 Qsys 系统

（7）保存并执行 Generate HDL...后，在弹出的如图 8.5 所示的 Generation 对话框中单击 Generate 按钮，生成 Qsys 系统内核，然后关闭 Platform Designer。

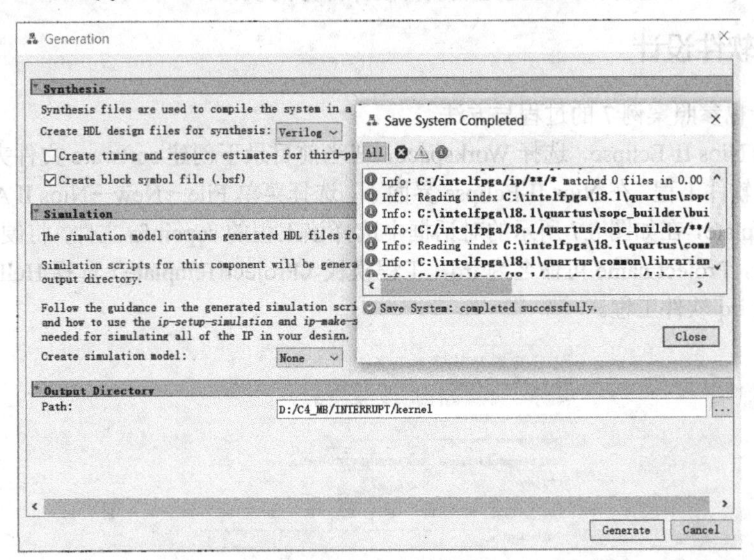

图 8.5 生成 Qsys 系统内核

（8）在原理图文件中加入 kernel 模块，选中该模块单击鼠标右键，在弹出的菜单中单击 Generate Pins for Symbol Ports，引出 kernel 核各端口引脚，最终的顶层原理图文件如图 8.6 所示，图中的引脚 key[3..0]用于产生按键中断，引脚 led[3..0]接至 4 个 LED 灯用于指示中断响应。

（9）编译。将 kernel.qip 文件添加到当前工程中，编译顶层原理图文件，然后对引脚 key[3..0]做如下锁定：

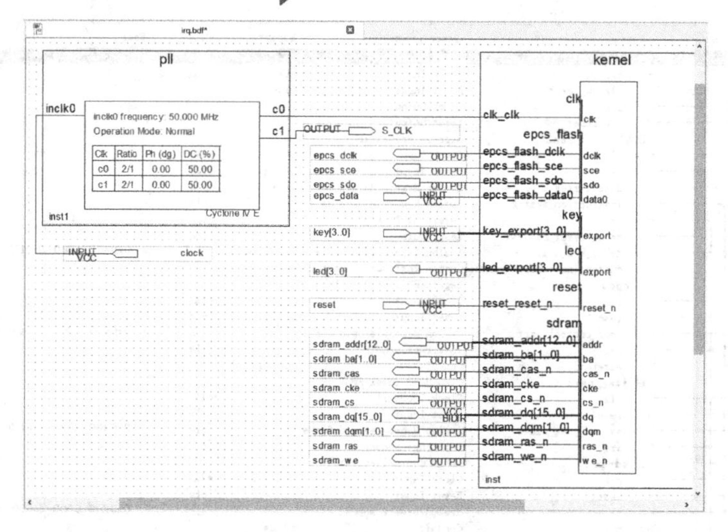

图 8.6 顶层原理图文件

```
set_location_assignment PIN_E15 -to key[0]
set_location_assignment PIN_E16 -to key[1]
set_location_assignment PIN_M16 -to key[2]
set_location_assignment PIN_M15 -to key[3]
```

对引脚 led[3..0]锁定如下：

```
set_location_assignment PIN_G15 -to led[0]
set_location_assignment PIN_F16 -to led[1]
set_location_assignment PIN_F15 -to led[2]
set_location_assignment PIN_D16 -to led[3]
```

对其余引脚也需要锁定（具体的引脚锁定可参考案例 7）重新编译，生成配置文件，编译成功后，回到 Quartus 主界面，至此完成项目硬件部分的设计。

8.2.2 软件设计

软件设计也参照案例 7 的过程与方法。

（1）启动 Nios II-Eclipse，选择 Workspace，在当前目录下创建 software 文件夹作为工作区。

（2）创建软件工程。在 Nios II-Eclipse 界面下，选择菜单 File→New→Nios II Application and BSP from Template，在如图 8.7 所示的对话框中选择该工程的.sopcinfo 文件，将硬件配置信息和软件应用关联，Project name 可命名为 irq，工程模板（Project Template）选择 Hello World 模板，系统自动生成 irq 软件工程。

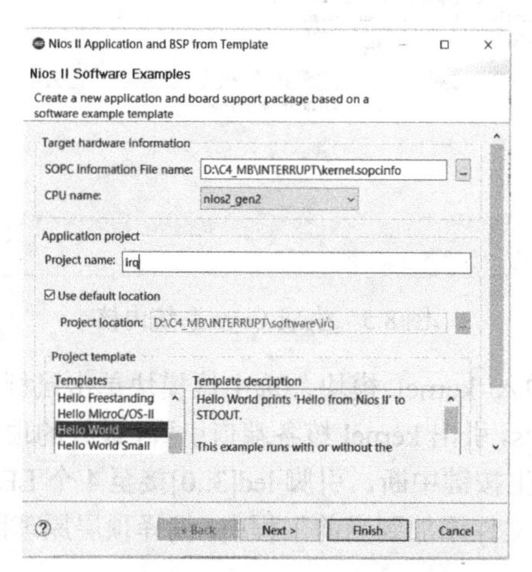

图 8.7 创建软件工程

最后编写 main.c 代码如例 8.1 所示。例 8.1 的功能是判断 key0、key1、key2、key3 四个按键是哪个被按下了，并根据不同的按键点亮不同的 LED 灯。

【例 8.1】 main.c 程序代码。

```
#include <stdio.h>
#include "system.h"
#include "altera_avalon_pio_regs.h"
#include "alt_types.h"
void initpio(void)
{
    IOWR_ALTERA_AVALON_PIO_DIRECTION(PIO_LED_BASE,0xff);
    IOWR_ALTERA_AVALON_PIO_DIRECTION(PIO_KEY_BASE,0x00);
    IOWR_ALTERA_AVALON_PIO_IRQ_MASK(PIO_KEY_BASE,0x00);
    IOWR_ALTERA_AVALON_PIO_EDGE_CAP(PIO_KEY_BASE,0x00);
}
int main (void)
{
  alt_u8 key,led;
  initpio();
  while(1)
  {
     key=IORD_ALTERA_AVALON_PIO_DATA(PIO_KEY_BASE);
     led=key;
     IOWR_ALTERA_AVALON_PIO_DATA(PIO_LED_BASE,led);
  }
  return 0;
}
```

另外编写了功能不一样的 main.c 代码如例 8.2 所示，例 8.2 的功能是读取 Key（4 位宽度）的数据，再把数据传给 LED，让 LED 灯显示出来。

【例 8.2】 另一个 main.c 程序代码。

```
#include <stdio.h>
#include "system.h"
#include "altera_avalon_pio_regs.h"
#include "alt_types.h"
#include "sys/alt_irq.h"
volatile int edge_capture=0;

void key_interrupts(void* context){
     volatile int* edge_capture_ptr = (volatile int*)context;
     *edge_capture_ptr=IORD_ALTERA_AVALON_PIO_EDGE_CAP(PIO_KEY_BASE);
     IOWR_ALTERA_AVALON_PIO_EDGE_CAP(PIO_KEY_BASE,0x0);
}
void initpio(void){
     void* edge_capture_ptr = (void*)&edge_capture;
     IOWR_ALTERA_AVALON_PIO_DIRECTION(PIO_LED_BASE,0xff);
     IOWR_ALTERA_AVALON_PIO_DIRECTION(PIO_KEY_BASE,0x00);
     IOWR_ALTERA_AVALON_PIO_IRQ_MASK(PIO_KEY_BASE,0xff);
     IOWR_ALTERA_AVALON_PIO_EDGE_CAP(PIO_KEY_BASE,0x00);
     alt_ic_isr_register(PIO_KEY_IRQ_INTERRUPT_CONTROLLER_ID,PIO_KEY_IRQ,key_
interrupts,edge_capture_ptr,NULL);
}

int main (void) {
     alt_u8 data1,data2,data3,data4;
```

```
    data1=0x03;         //0000 0011
    data2=0x0c;         //0000 1100
    data3=0x00;         //0000 0000
    data4=0x0f;         //0000 1111
    initpio();

    while(1){
        switch(edge_capture){
            case 0x00:
            break;
            case 0x01:
                IOWR_ALTERA_AVALON_PIO_DATA(PIO_LED_BASE,data1);
                edge_capture=0;
            break;
            case 0x02:
                IOWR_ALTERA_AVALON_PIO_DATA(PIO_LED_BASE,data2);
                edge_capture=0;
            break;
            case 0x04:
                IOWR_ALTERA_AVALON_PIO_DATA(PIO_LED_BASE,data3);
                edge_capture=0;
            break;
            case 0x08:
                IOWR_ALTERA_AVALON_PIO_DATA(PIO_LED_BASE,data4);
                edge_capture=0;
            break;
        }
    }
    return 0;
}
```

（3）编译软件工程：在项目名称 irq 处单击鼠标右键，在弹出的菜单中选择 Build Project，启动对软件工程的编译，编译成功会在 Console 中显示 Build Finished 字样，表示编译成功。

8.3 下载与验证

连接 USB Blaster 下载电缆和目标板，开启目标板电源，启动 Programmer 编程界面，单击 Start 按钮，将硬件配置文件.sof 下载至目标板；在 Nios II-Eclipse 界面下，选中 irq 软件工程单击鼠标右键，在弹出的快捷菜单中选择 Run As→Nios II Hardware，将软件工程下载至目标硬件上运行。

观察实际运行效果，如果 main.c 函数是例 8.1，则会看到 key0、key1、key2、key3 四个按键分别按下，则 4 个 LED 灯分别响应，随按键亮灭；如果 main.c 函数是例 8.2，则会看到 4 个按键分别按下，4 个 LED 灯呈现全亮、全灭、0011、1100 四种花型。

本例以按键中断为例来说明按键中断流程和中断响应程序的编写，可在本例的基础上增加功能，比如，可为每个按键制定特定功能，分别实现加、减、乘、除和移位等功能。

第 9 章

SOPC 定时器

9.1 任务与要求

本例通过设置 Nios II 定时器，了解 Nios II 定时器各寄存器的作用，并利用 Nios II IDE 开发环境对定时器进行编程。

9.2 原理与实现

Qsys 中的定时器是一个 32 位递减计数器，在软件开发中需要配置几个相关的寄存器来控制该定时器的功能。

跟定时器相关的主要有 6 个寄存器，分别是状态寄存器 status、控制寄存器 control、周期寄存器 periodl 和 periodh、snap 寄存器 snapl 和 snaph。定时器寄存器定义如表 9.1 所示。

表 9.1 SDRAM 芯片各引脚功能

偏移	名称	R/W	说明/位描述					
			15	…	3	2	1	0
0	status	RW					run	to
1	control	RW			stop	start	cont	ito
2	periodl	RW	定时器周期低 16 位					
3	periodh	RW	定时器周期高 16 位					
4	snapl	RW	定时器内部计数器低 16 位					
5	snaph	RW	定时器内部计数器高 16 位					

控制定时器工作需执行以下几个步骤：

（1）设置定时器的定时周期，主要是通过向寄存器 periodl 和 periodh 中分别写入 32 位周期值的低 16 位和高 16 位数值。

（2）配置定时器控制寄存器。

- 通过对 start 位或 stop 位写 1 来开启或停止定时器工作；
- 通过对 ito 定时中断使能位写 1 或 0 来使能和禁止定时器中断；

- 通过对 cont 位写 1 或 0 来设置定时器连续工作或单次工作模式。

（3）读/写定时器快照寄存器。

snap 寄存器中的值是定时器内部的当前计数值，对其进行写操作可以重置计数器当前计数值。

9.2.1 硬件设计

（1）新建一个工程目录并命名为 Timer，打开 Quartus Prime 软件，新建名为 timer 的工程，新建原理图文件。

（2）启动 Platform Designer，新建 kernel.qsys 文件，添加 Nios II 核、JTAG UART 核、System ID 核、EPCS 核、SDRAM 核、PIO 核，此过程可参照前面的案例，此处不再详述。

（3）添加 Timer 定时器核。在 IP Catalog 标签栏的查找窗口输入 time 找到 Timer 定时器核后单击 Add 按钮，将其加入 kernel 系统，如图 9.1 所示，在随之出现的 Timer 核设置对话框中设置 Timer 核的参数，如图 9.2 所示，Period 设为 500，其余选项保持默认设置，然后单击 Finish 按钮。

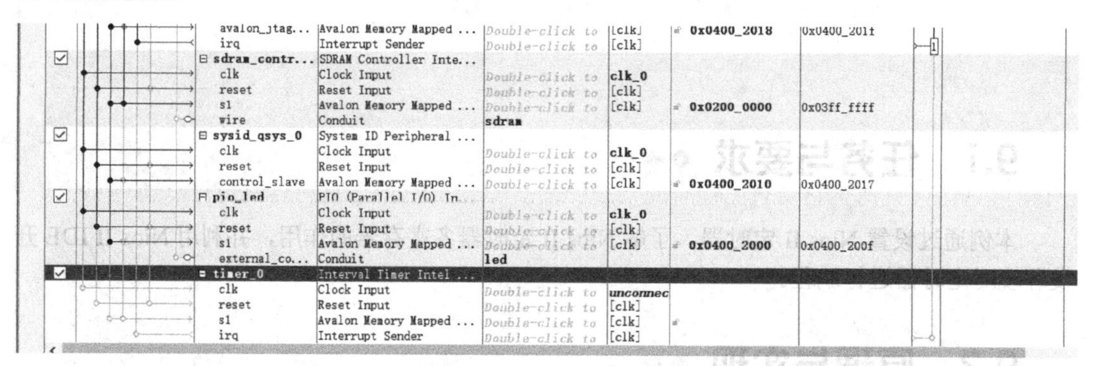

图 9.1　添加 Timer 核

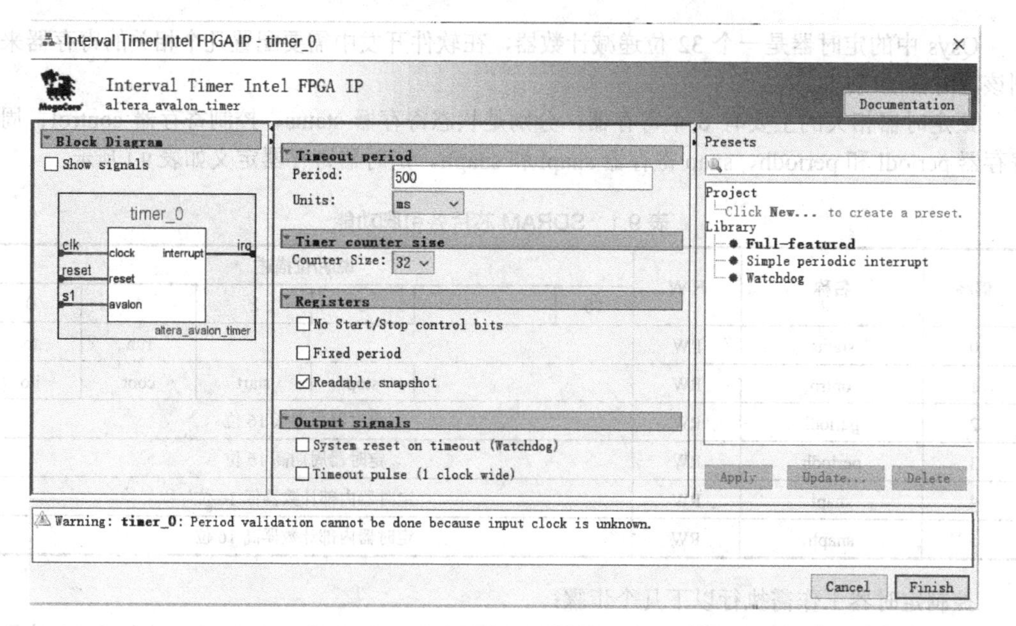

图 9.2　设置 Timer 核参数

对 Nios II 核、JTAG UART 核、EPCS 核和 SDRAM 核进行重新命名，完成时钟、数据和复位连线，中断连接，外部端口引出，并自动分配地址，最终得到的 Qsys 系统，如图 9.3 所示。

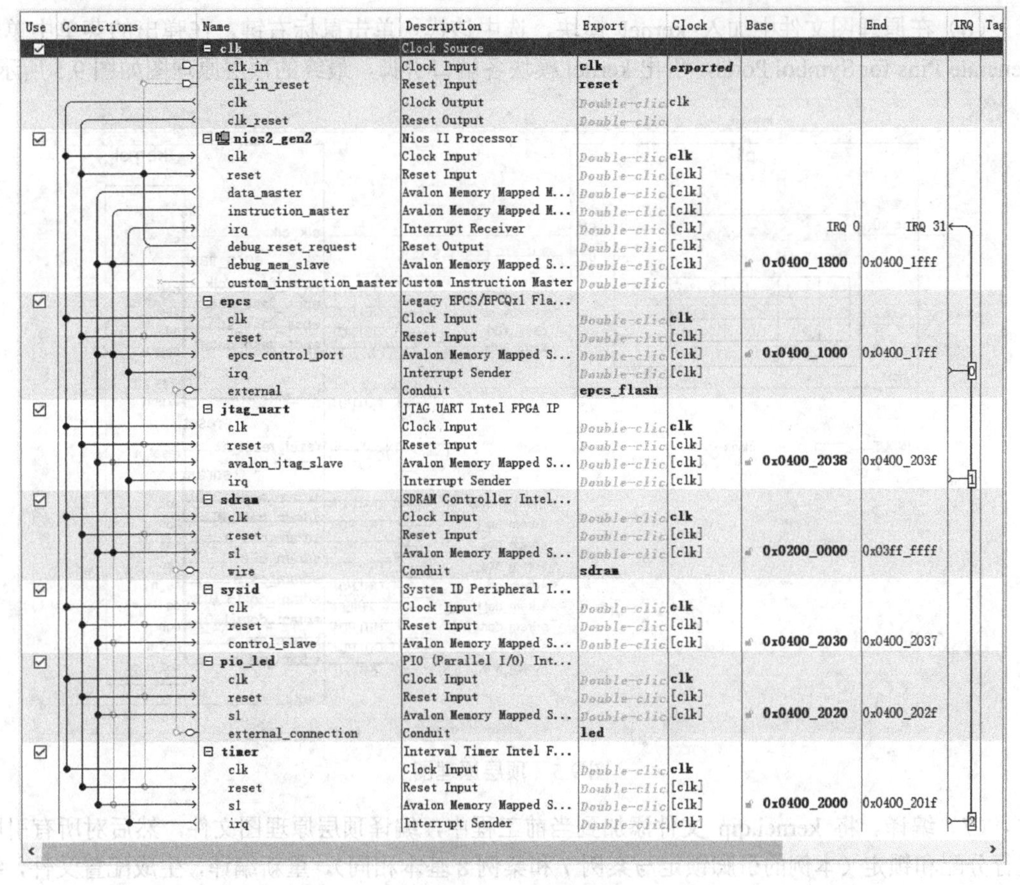

图 9.3 Qsys 系统

（4）进行 Nios II 处理器的相关设置，在 Main 页面中，选择 Nios II 处理器的模式为 f 模式（快速模式）或 e 模式（经济模式），建议选择 f 模式；在 Vectors 页面中，指定 Nios II 的复位和异常地址；设置 SDRAM 核的 Timing 页面的时序参数，如图 9.4 所示。这些设置可参考前面的案例，这里不再详述。

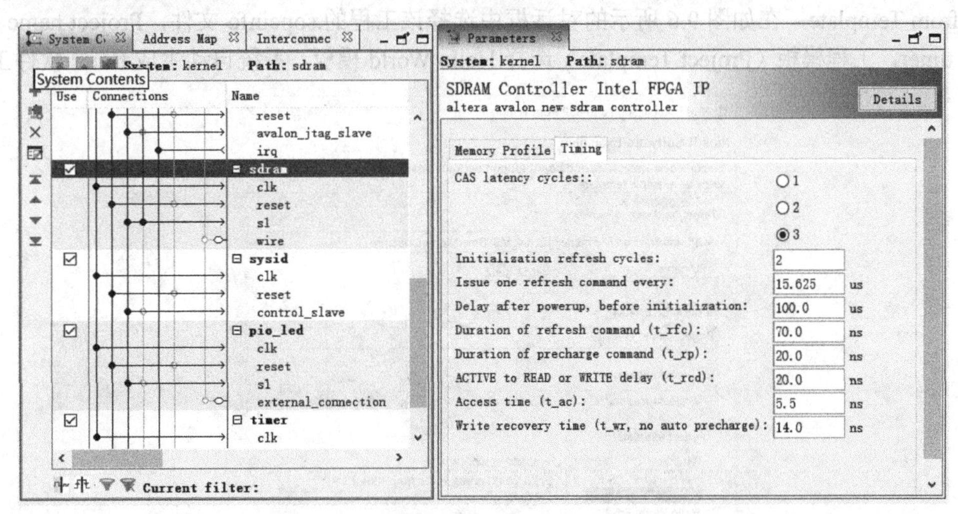

图 9.4 设置 SDRAM 核 Timing 页面

（5）保存并执行 Generate HDL…后，在弹出的对话框中单击 Generate 按钮，生成 Qsys 内核文件，然后关闭 Platform Designer。

（6）在原理图文件中加入 kernel 模块，选中该模块单击鼠标右键，在弹出的菜单中单击 Generate Pins for Symbol Ports，引出 kernel 模块各端口引脚，最终的顶层原理图如图 9.5 所示。

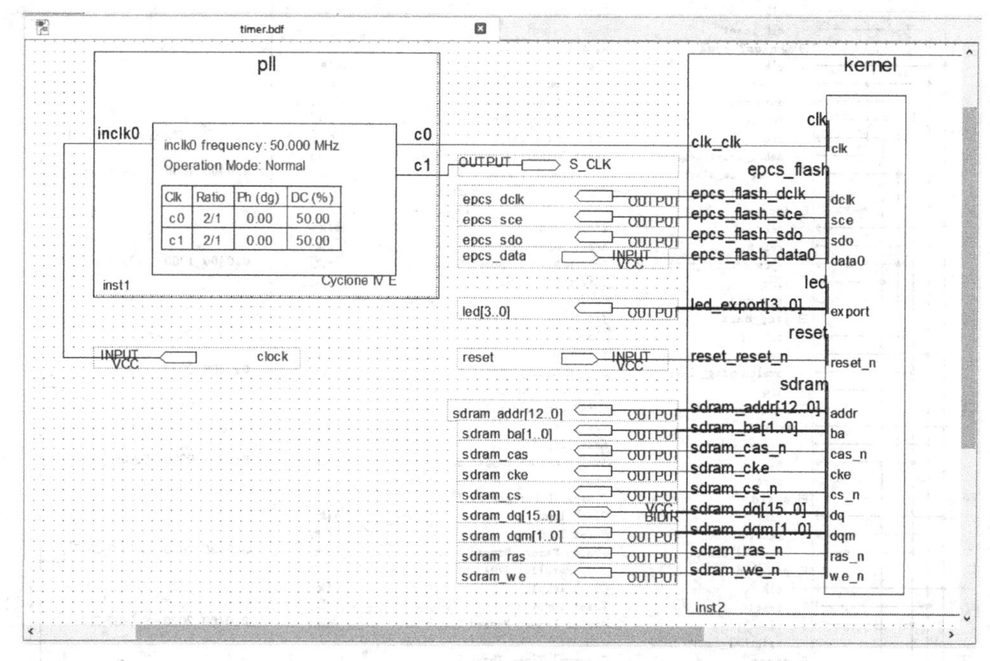

图 9.5　顶层原理图

（7）编译。将 kernel.qip 文件添加到当前工程中，编译顶层原理图文件，然后对所有引脚进行分配和锁定（本例的引脚锁定与案例 7 和案例 8 基本相同），重新编译，生成配置文件，编译成功后，回到 Quartus 主界面，至此完成项目硬件部分的设计。

9.2.2　软件设计

（1）启动 Nios II-Eclipse，选择 Workspace，在当前目录下创建 software 文件夹作为工作区。

（2）创建软件工程。在 Nios II-Eclipse 界面下，选择菜单 File→New→Nios II Application and BSP from Template，在如图 9.6 所示的对话框中选择该工程的.sopcinfo 文件，Project name 可命名为 timer，工程模板（Project Template）选择 Hello World 模板，系统自动生成 timer 软件工程。

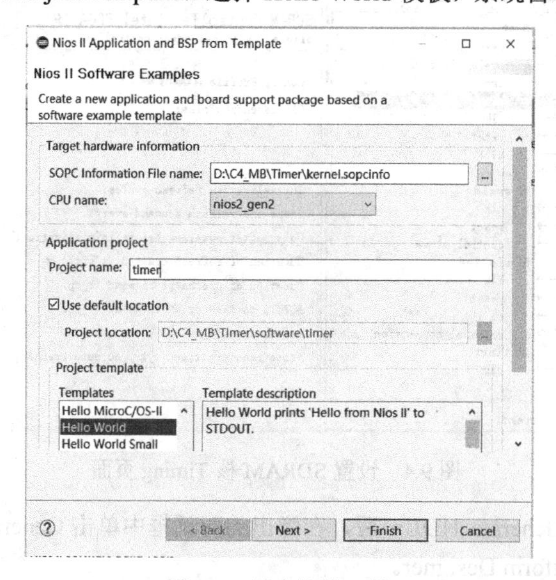

图 9.6　创建软件工程

将 hello_world.c 重新命名为 main.c，并编写 main.c 代码如例 9.1 所示。例 9.1 的功能是利用系统定时器产生 1s 的周期性事件，并借此控制 LED 灯循环亮灭闪烁。

【例 9.1】 main.c 程序代码。

```
#include <stdio.h>
#include "system.h"
#include "altera_avalon_pio_regs.h"
#include "alt_types.h"
#include "sys/alt_alarm.h"       //系统时钟服务头文件
static alt_alarm alarm;
static unsigned char led=0xff;
alt_u32 my_alarm_callback(void *context)
{
    if (led==0xff)
      { led=0x00;}
    else
      {led=0xff;}
    IOWR_ALTERA_AVALON_PIO_DATA(PIO_LED_BASE,led);
    return alt_ticks_per_second();
}
int main()
{
  IOWR_ALTERA_AVALON_PIO_DATA(PIO_LED_BASE,led);
  printf("Hello from Nios II!\n");

if(alt_alarm_start(&alarm,alt_ticks_per_second(),my_alarm_callback,NULL)<0)
  {
    printf("No system clock available\n");
  }
  while(1);
  return 0;
}
```

该程序调用了 alt_alarm_start( )函数登记报警设备。

```
int alt_alarm_start(alt_alarm* alarm,
alt_u32 nticks,
alt_u32 (*callback) (void* context),
void* context);
```

在 nticks 之后调用 callback 函数（即用户回调函数）。当调用 callback 函数时，输入参数 context 作为 callback 函数的输入参数；输入参数 alarm 指向的结构通过调用 alt_alarm_start( )函数进行初始化，故不必再对其初始化了。

注：在 callback 函数中不要实现复杂的功能，因为 callback 函数实际是定时器中断服务函数的一部分。

callback 函数对报警设备复位，返回到下一个调用该函数之间的 ticks 数量值。返回值为 0 表示停止报警。alarm 就是一个定时中断。对一个操作系统而言，当一个进程需要等待某个事件发生又不想永远的等待，该进程会设置一个超时 timeout，当到达这个时间，系统就会发出一个 alarm，提醒进程。

alt_ticks_per_second( )是 Altera 提供的一个接口函数，此函数供用户获得一个设定 alarm 服务周期为 1s 的变量值。

（3）编译软件工程。选中 timer 软件工程项目，在名称 timer 处单击鼠标右键，在弹出的菜单中选择 Build Project，启动对软件工程的编译，编译成功会在 Console 中显示 Build Finished 字样，表示编译成功。

9.3 下载与验证

连接 USB Blaster 下载电缆和目标板，开启目标板电源，启动 Programmer 编程界面，单击 Start 按钮，将硬件配置文件.sof 下载至目标板；在 Nios II-Eclipse 界面下，选中 timer 软件工程单击鼠标右键，在弹出的快捷菜单中选择 Run As→Nios II Hardware，将软件工程下载至目标硬件上运行。

注：在将软件工程下载至目标硬件上运行时，有时会弹出如图 9.7 所示的 Run Configurations 页面，表示与目标板的连接出现问题，此时应检查并确保 USB Blaster 下载电缆已连接好，选择页面中的 Target Connection 标签栏，单击右侧的 Refresh Connections 按钮，将 USB-Blaster 加入，单击 Apply 按钮，再单击 Run 按钮。

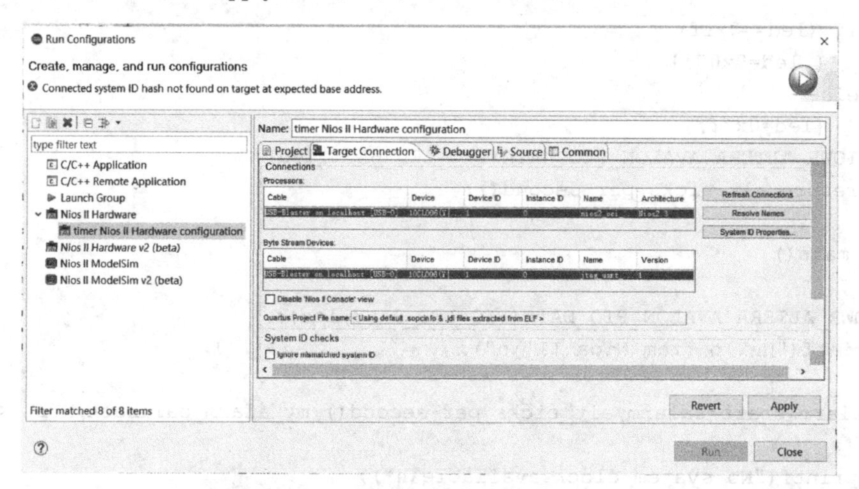

图 9.7 配置 Run Configurations 页面

系统运行后，此时可以看到目标板上 4 个 LED 灯循环亮灭，交替闪烁，时间间隔为 1s，如图 9.8 所示。当然如果想要 LED 灯闪烁得快一点，可以把 alt_ticks_per_second( )改成所需要的时间间隔，单位是设定的定时器时间间隔的整数倍。

图 9.8 LED 灯以设定的时间间隔循环亮灭

本例采用定时器实现 LED 灯交替闪烁，并可以定制闪烁的频率和间隔，还可以用定时器实现秒表和时钟等功能。

第 10 章

JTAG UART 通信

10.1 任务与要求

本例通过 JTAG UART 接口实现计算机和 Nios II 处理器之间的通信，熟悉 Nios II IDE 相关设置及头文件的作用，仍然基于 PD、Nios II-Eclipse 等软件工具实现。

10.2 原理与实现

JTAG UART 是 Nios II 系统的一个标准的输入/输出设备，为用户调试程序提供了极大方便。JTAG UART 同时提供了一种计算机和 Nios II 处理器间的通信方式，它和 RS232 串口通信非常相似，区别在于它使用的是 JTAG 接口。

10.2.1 硬件设计

（1）新建一个目录并命名为 jtag_uart，打开 Quartus Prime 软件，新建名为 jtag_uart 的工程，新建原理图文件，并存盘为 jtag_uart.bdf。

（2）启动 Platform Designer，新建 kernel.qsys 文件，添加 Nios II 核、JTAG UART 核、System ID 核、EPCS 核、SDRAM 核、PIO 核。

图 10.1 所示为添加 PIO 核的展示，PIO 核的设置如图 10.2 所示，设置数据宽度（Width）为 4bits，方向（Direction）选择 Output，其余选项保持默认，单击 Finish 按钮。

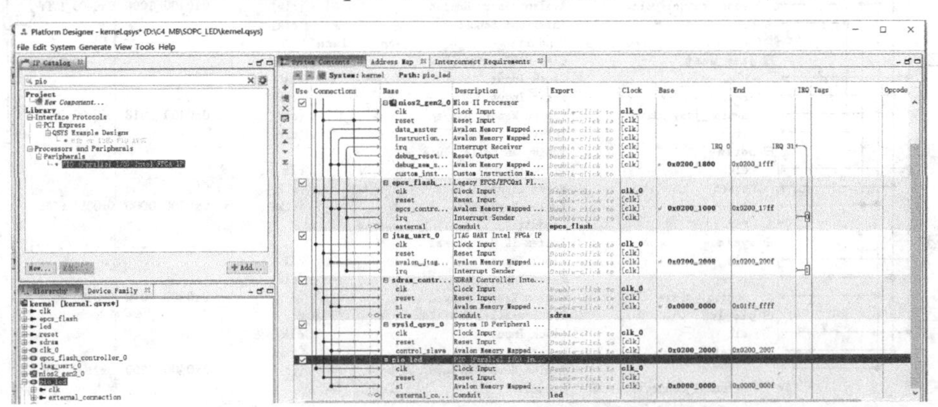

图 10.1 添加 PIO 核

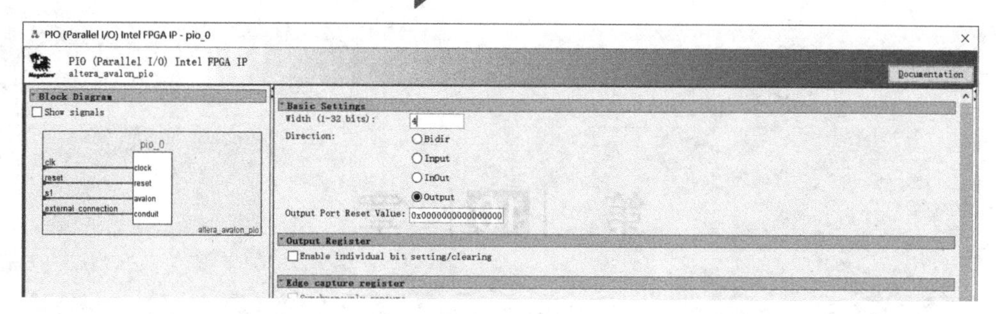

图 10.2 设置 PIO 核

JTAG UART 核的设置如图 10.3 所示，设置写缓存 FIFO 为 64 字节，读缓存 FIFO 为 64 字节，中断数阈值限制（IRQ threshold）均为 8，其余选项保持默认。

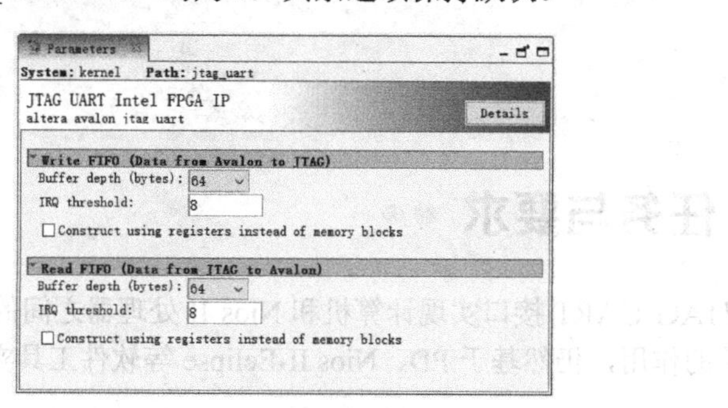

图 10.3 设置 JTAG UART 核

对 Nios II 核、JTAG UART 核、EPCS 核和 SDRAM 核进行重命名，完成时钟、数据和复位连线，中断连接，外部端口引出，并自动分配地址，最终得到的 Qsys 系统，如图 10.4 所示。

Use	Name	Description	Export	Clock	Base	End	IRQ
☑	⊟ clk	Clock Source					
	clk_in	Clock Input	clk	exported			
	clk_in_reset	Reset Input	reset				
	clk	Clock Output	Double-clic	clk			
	clk_reset	Reset Output	Double-clic				
☑	⊟ nios2_gen2	Nios II Processor					
	clk	Clock Input	Double-clic	clk			
	reset	Reset Input	Double-clic	[clk]			
	data_master	Avalon Memory Mapped ...	Double-clic	[clk]			
	instruction_master	Avalon Memory Mapped ...	Double-clic	[clk]			
	irq	Interrupt Receiver	Double-clic	[clk]	IRQ 0	IRQ 31	
	debug_reset_request	Reset Output	Double-clic	[clk]			
	debug_mem_slave	Avalon Memory Mapped ...	Double-clic	[clk]	0x0400_1800	0x0400_1fff	
	custom_instruction_master	Custom Instruction Ma...	Double-clic				
☑	⊟ epcs	Legacy EPCS/EPCQx1 Fl...					
	clk	Clock Input	Double-clic	clk			
	reset	Reset Input	Double-clic	[clk]			
	epcs_control_port	Avalon Memory Mapped ...	Double-clic	[clk]	0x0400_1000	0x0400_17ff	
	irq	Interrupt Sender	Double-clic	[clk]			0
	external	Conduit	epcs_flash				
☑	⊟ jtag_uart	JTAG UART Intel FPGA IP					
	clk	Clock Input	Double-clic	clk			
	reset	Reset Input	Double-clic	[clk]			
	avalon_jtag_slave	Avalon Memory Mapped ...	Double-clic	[clk]	0x0400_2018	0x0400_201f	
	irq	Interrupt Sender	Double-clic	[clk]			1
☑	⊟ sdram	SDRAM Controller Inte...					
	clk	Clock Input	Double-clic	clk			
	reset	Reset Input	Double-clic	[clk]			
	s1	Avalon Memory Mapped ...	Double-clic	[clk]	0x0200_0000	0x03ff_ffff	
	wire	Conduit	sdram				
☑	⊟ sysid	System ID Peripheral ...					
	clk	Clock Input	Double-clic	clk			
	reset	Reset Input	Double-clic	[clk]			
	control_slave	Avalon Memory Mapped ...	Double-clic	[clk]	0x0400_2010	0x0400_2017	
☑	⊟ pio_led	PIO (Parallel I/O) In...					
	clk	Clock Input	Double-clic	clk			
	reset	Reset Input	Double-clic	[clk]			
	s1	Avalon Memory Mapped ...	Double-clic	[clk]	0x0400_2000	0x0400_200f	
	external_connection	Conduit	led				

图 10.4 Qsys 系统

（3）保存并执行 Generate HDL…后，在弹出的对话框中单击 Generate 按钮，生成 Qsys 内核，然后关闭 Platform Designer。

（4）在原理图文件中加入 kernel 模块，选中该模块单击鼠标右键，在弹出的菜单中单击 Generate Pins for Symbol Ports，引出 kernel 模块各端口引脚，最终的原理图如图 10.5 所示。

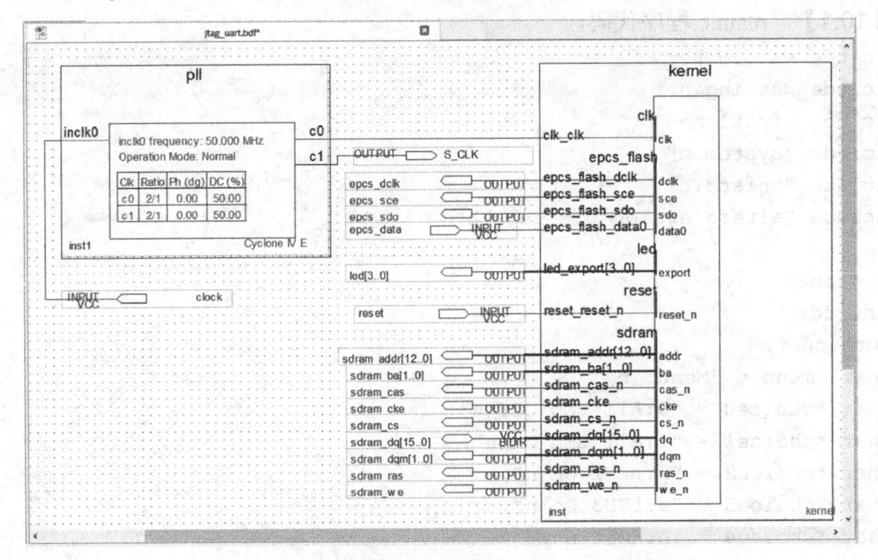

图 10.5　顶层原理图

（5）编译。将 kernel.qip 文件添加到当前工程中，编译顶层原理图文件，然后对所有引脚进行分配和锁定（本例的引脚锁定与案例 7 和案例 8 基本相同），重新编译，生成配置文件，编译成功后，回到 Quartus 主界面，完成项目硬件部分的设计。

10.2.2　软件设计

（1）启动 Nios II-Eclipse，选择 Workspace，在当前目录下创建 software 文件夹作为工作区。

（2）创建软件工程。在 Nios II-Eclipse 界面下，选择菜单 File→New→Nios II Application and BSP from Template，在如图 10.6 所示的对话框中选择该工程的.sopcinfo 文件，Project name 可命名为 jtag_uart，工程模板（Project Template）选择 Hello World 模板，系统自动生成 jtag_uart 软件工程。

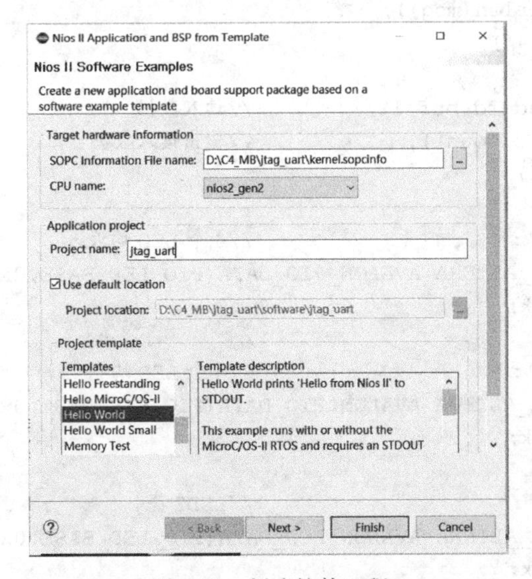

图 10.6　创建软件工程

（3）主函数编程实现。分两种方式实现 JTAG UART 与 PC 间的通信，一种是从目标板 Nios II 系统输出数据给 PC 控制台，另一种则是由 PC 传送数据给目标板 Nios II 系统，控制目标板系统的操作。

将 hello_world.c 重命名为 main.c，并编写 main.c 代码如例 10.1 所示。

【例 10.1】 main.c 程序代码。

```
#include <stdio.h>
#include <string.h>
#include <fcntl.h>
#include "system.h"
#include "unistd.h"
#include "altera_avalon_pio_regs.h"

int main()
{ int fd;
  int count;
  char *menu = "Menu:\n";
  char *choice0 = "0:All LED Off\n";
  char *choice1 = "1:All LED On\n";
  char *choice2 = "2:LED2 On\n";
  char *choice3 = "3:LED3 On\n";
  char *choice4 = "4:Exit\n";
  char *msg = "Please Enter Your Choice:\n";
  char *buf;
  fd = open(JTAG_UART_NAME, O_RDWR);   //以可读写方式打开设备文件
  if (fd < 0){ //打开失败
     printf("Open JTAG UART failed...\n");
     return 1;
  }
      //打印菜单信息
  write(fd,menu,strlen(menu));
  write(fd,choice0,strlen(choice0));
  write(fd,choice1,strlen(choice1));
  write(fd,choice2,strlen(choice2));
  write(fd,choice3,strlen(choice3));
  write(fd,choice4,strlen(choice4));
  write(fd,msg,strlen(msg));
  while(*buf != '4')
   {
      count = read(fd,buf,1);          //读入数据
      write(fd,buf,count);             //输出读入数据
      switch(*buf)
      {
        case '0':                      //4 个 LED 均灭
        {  IOWR_ALTERA_AVALON_PIO_DATA(PIO_LED_BASE,0x00);
           break;
        }
        case '1':                      //4 个 LED 均亮
        {  IOWR_ALTERA_AVALON_PIO_DATA(PIO_LED_BASE,0x0f);
           break;
        }
        case '2':                      //LED2 亮
        {  IOWR_ALTERA_AVALON_PIO_DATA(PIO_LED_BASE,0x04);
           break;
```

```
            }
            case '3':                  //LED3亮
            {   IOWR_ALTERA_AVALON_PIO_DATA(PIO_LED_BASE,0x08);
                break;
            }
           default:break;
        }
    }
  close(fd);                          //关闭设备
      return 0;
}
```

（3）编译软件工程。选中jtag_uart软件工程，在名称jtag_uart处单击鼠标右键，在弹出的菜单中选择Build Project，启动对软件工程的编译，编译成功会在Console中显示Build Finished字样，表示编译成功。

10.3 下载与验证

连接USB Blaster下载电缆和目标板，开启目标板电源，启动Programmer编程界面，单击Start按钮，将硬件配置文件.sof下载至目标板；在Nios II-Eclipse界面下，选中jtag_uart软件工程项目单击鼠标右键，在弹出的菜单中选择Run As→Nios II Hardware，将软件工程下载至目标硬件上运行。

下载完成后，可以看到Nios II-Eclipse的Console栏的打印菜单信息，通过电脑键盘输入0～4数字命令，控制目标板上相应LED灯的开关状态，如图10.7所示。

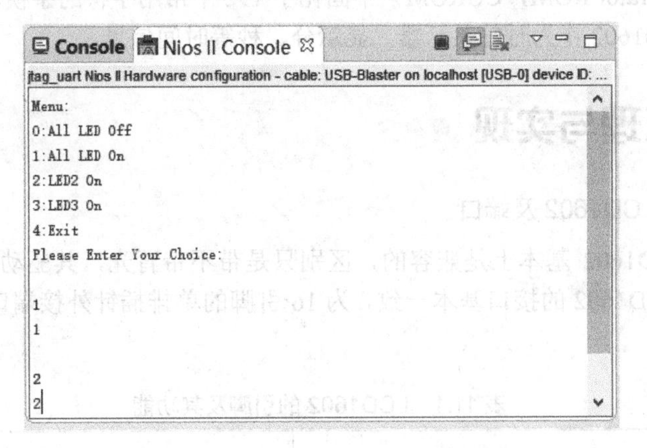

图10.7 Nios II Console窗口信息

通过本例熟悉用Nios II的JTAG UART接口与计算机进行通信的方式方法，可在本例基础上实现更多功能。

第 11 章 LCD显示字符

11.1 任务与要求

LCD1602是常用的字符液晶，它可以显示16×2个5×7大小的点阵字符，模块的字符存储器（Character Generator ROM，CGROM）中固化了192个常用字符的字模。

本例采用LCD1602作为时钟显示器，显示分、秒等时间信息。

11.2 原理与实现

1. 字符液晶LCD1602及端口

市面上的LCD1602基本上是兼容的，区别只是带不带背光，其驱动芯片都是HD44780及其兼容芯片。LCD1602的接口基本一致，为16引脚的单排插针外接端口，其定义如表11.1所示。

表11.1 LCD1602的引脚及其功能

引 脚 号	名 称	功 能
1	GND	电源地端
2	VCC	电源正极
3	V0	背光偏压
4	RS	数据/命令，0为指令，1为数据
5	RW	读/写选择，0为写，1为读
6	EN	使能信号
7～14	DB[0]～DB[7]	8位数据
15	BLA	背光阳极
16	BLK	背光阴极

LCD1602 控制线主要分 4 类：

（1）RS：数据/指令选择端，当 RS=0 时，写指令；当 RS=1 时，写数据。

（2）RW：读/写选择端，当 RW=0 时，写指令/数据；当 RW=1 时，读状态/数据。

（3）EN：使能端，下降沿使指令/数据生效。

（4）DB[0]～DB[7]：8 位双向数据线。

2．LCD1602 的数据读/写时序

LCD1602 的数据读/写时序如图 11.1 所示，其读/写操作时序由使能信号 EN 完成；对读/写操作的识别是判断 RW 信号上的电平状态，当 RW 为 0 时向显示数据存储器写数据，数据在使能信号 EN 的上升沿被写入，当 RW 为 1 时将液晶模块的数据读入；RS 信号用于识别数据总线 DB0～DB7 上的数据是指令代码还是显示数据。

从图 11.1 中还可以看出一些关键时间参数（不同厂商产品有差异），一般要求数据读/写周期 $T_C \geqslant 13$ μs；使能脉冲宽度为 $T_{PW} \geqslant 1.5$ μs；数据建立时间为 $T_{DSW} \geqslant 1$ μs；数据保持时间为 $T_H \geqslant 20$ ns；地址建立和保持时间（T_{AS} 和 T_{AH}）不得小于 1.5 μs，在驱动 LCD 时，需要满足上面的时间参数要求。

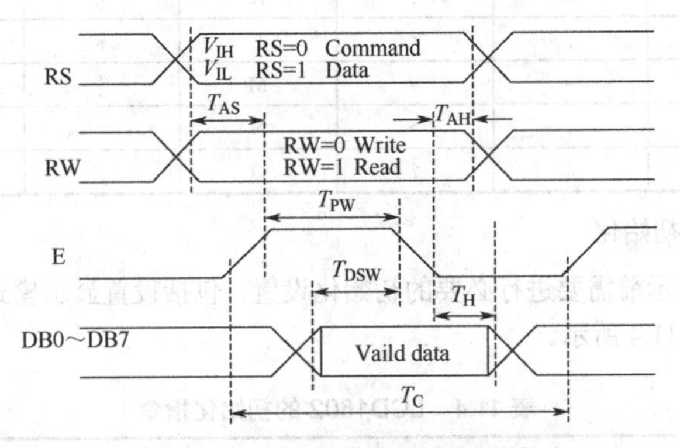

图 11.1 LCD1602 数据读/写时序

3．LCD1602 的指令集

LCD1602 的读/写操作、屏幕和光标的设置都是通过指令来实现的，共支持 11 条控制指令，这些指令可查阅相关资料，需要注意的是，液晶模块属于慢显示设备。因此，在执行每条指令之前，一定要确认模块的忙标志为低电平（表示不忙），否则此指令失效。显示字符时要先输入显示字符地址，也就是告诉模块在哪里显示字符。表 11.2 所示为 LCD1602 的内部显示地址。

表 11.2 LCD1602 的内部显示地址

显示位置	1	2	3	4	5	6	7	8	9	10	11	12	13	14	15	16
第 1 行	80	81	82	83	84	85	86	87	88	89	8A	8B	8C	8D	8E	8F
第 2 行	C0	C1	C2	C3	C4	C5	C6	C7	C8	C9	CA	CB	CC	CD	CE	CF

4．LCD1602 的字符集

LCD1602 模块内部的字符发生存储器（CGROM）中固化了 192 个常用字符的字模，其中常用的 128 个阿拉伯数字、大小写英文字母和常用符号等如表 11.3 所示（十六进制表示），比如，大写的英文字母 A 的代码是 41H，把地址 41H 中的点阵字符图形显示出来，就能看到字母 A。

表 11.3 CGROM 中字符与代码的对应关系

低位	高位						
	0	2	3	4	5	6	7
0	CGRAM		0	@	P	\	p
1		!	1	A	Q	a	q
2		”	2	B	R	b	r
3		#	3	C	S	c	s
4		$	4	D	T	d	t
5		%	5	E	U	e	u
6		&	6	F	V	f	v
7		’	7	G	W	g	w
8		(	8	H	X	h	x
9		)	9	I	Y	i	y
a		*	:	J	Z	j	z
b		+	;	K	[	k	{
c		,	<	L	¥	l	|
d		–	=	M	]	m	}
e		.	>	N	^	n	→
f		/	?	O	_	o	←

5. LCD1602 的初始化

LCD1602 开始显示前需要进行必要的初始化设置，包括设置显示模式、显示地址等，初始化指令及其功能如表 11.4 所示。

表 11.4 LCD1602 的初始化指令

初始化过程	初始化指令	功 能
1	8'h38	设置显示模式：16×2 显示，5×7 点阵，8 位数据接口
2	8'h0c	开显示，光标不显示（如要显示光标可改为 8'h0e）
3	8'h06	光标设置：光标右移，字符不移
4	8'h01	清屏，将以前的显示内容清除
行地址	1 行：'h80	第 1 行地址
	2 行：'hc0	第 2 行地址

6. 用状态机驱动 LCD1602 实现字符的显示

FPGA 驱动 LCD1602，其实就是通过同步状态机模拟单步执行驱动 LCD1602，其过程是先初始化 LCD1602，然后写地址，最后写入显示数据。

用状态机驱动 LCD1602 实现字符显示的代码见例 11.1，如下几点需特别注意。

（1）LCD1602 的初始化过程：主要由以下 4 条指令配置。

- 显示模式设置 MODE_SET：8'h38
- 显示开/关及光标设置 CURSOR_SET：8'h0c
- 显示地址设置 ADDRESS_SET：8'h06
- 清屏设置 CLEAR_SET：8'h01

由于是写指令，所以 RS=0；写完指令后，EN 下降沿使能。

（2）初始化完成后，需写入地址，第一行初始地址：8'h80；第二行初始地址：8'hc0。写入地址时 RS=0，写完地址后，EN 下降沿使能。

（3）写入地址后，开始写入显示数据。需注意地址指针每写入一个数据后会自动加 1。写入数据时 RS=1，写完数据后，EN 下降沿使能。

（4）由于需要动态显示，所以数据要刷新。由于采用了同步状态机模拟 LCD1602 的控制时序，所以在显示完最后的数据后，状态要跳回写入地址状态，以便进行动态刷新。

此外，需要注意 LCD1602 是慢速器件，所以应将其工作时钟设置为合适的频率。本例采用的是计数延时使能驱动，代码中通过计数器定时得出 lcd_clk_en 信号驱动，不同厂家生产的 LCD1602 延时也不同，本例采用的是间隔 500ns 使能驱动，如果延时长一些会可靠一些。

【例 11.1】 控制字符液晶 LCD1602，实现字符和数字的显示。

```
`timescale 1 ns/ 1 ps
module lcd1602
    (input clk50m,              //50MHz 时钟
     input reset,               //系统复位
     output bla,                //背光阳极+
     output blk,                //背光阴极-
     output reg lcd_rs,
     output lcd_rw,
     output reg lcd_en,
     output reg [7:0] lcd_data);
parameter MODE_SET = 8'h38,     //用于液晶初始化的参数
        CURSOR_SET = 8'h0c,
        ADDRESS_SET = 8'h06,
        CLEAR_SET = 8'h01;

//---------产生 1Hz 秒表时钟信号-----------------
wire clk_1hz;
clk_div  #(1)  u1(              //产生 1Hz 秒表时钟信号
            .clk(clk50m),
            .clr(1),
            .clk_out(clk_1hz));
//---------秒表计时，每 10 分钟重新循环-----------------
reg[7:0] sec;
reg[3:0] min;
always @(posedge clk_1hz, negedge reset)
begin
   if(!reset)   begin sec<=0;min<=0;end
     else  begin
      if(min==9&&sec==8'h59)
      begin min<=0;sec<=0; end
      else if(sec==8'h59)
        begin min<=min+1; sec<=0;    end
      else if(sec[3:0]==9)
         begin sec[7:4]<=sec[7:4]+1;  sec[3:0]<=0; end
      else sec[3:0]<=sec[3:0]+1;
     end
end
//-----------产生 lcd1602 使能驱动 sys_clk_en-------------
reg [31:0] cnt;
reg lcd_sys_clk_en;
always @(posedge clk50m, negedge reset)
  begin
     if(!reset)
     begin  cnt<=1'b0;  lcd_sys_clk_en<=1'b0;  end
     else if(cnt == 32'h24999)   //500us
     begin  cnt<=1'b0;  lcd_sys_clk_en<=1'b1;  end
     else
     begin  cnt<=cnt + 1'b1;  lcd_sys_clk_en<=1'b0;  end
```

```
  end
//---------------lcd1602显示状态机---------------------
wire[7:0] sec0,sec1,min0;        //秒表的秒、分钟数据(ASCII码)
wire[7:0] addr;                  //写地址
reg[4:0] state;
assign min0 = 8'h30 + min;
assign sec0 = 8'h30 + sec[3:0] ;
assign sec1 = 8'h30 + sec[7:4] ;
assign addr = 8'h80;            //赋初始地址
always@(posedge clk50m, negedge reset)
begin
       if(!reset)
       begin
              state <= 1'b0;       lcd_rs <= 1'b0;
              lcd_en <= 1'b0;      lcd_data <= 1'b0;
       end
       else if(lcd_sys_clk_en)
       begin
       case(state)                            //初始化
       5'd0: begin
              lcd_rs <= 1'b0;
              lcd_en <= 1'b1;
              lcd_data <= MODE_SET;     //显示格式设置: 8位格式,2行,5*7
              state <= state + 1'd1;
              end
       5'd1: begin  lcd_en<=1'b0;  state<=state+1'd1;  end
       5'd2: begin
              lcd_rs <= 1'b0;
              lcd_en <= 1'b1;
              lcd_data <= CURSOR_SET;
              state <= state + 1'd1;
              end
       5'd3: begin  lcd_en <= 1'b0;  state <= state + 1'd1;  end
       5'd4: begin
              lcd_rs <= 1'b0;  lcd_en <= 1'b1;
              lcd_data <= ADDRESS_SET;
              state <= state + 1'd1;
              end
        5'd5: begin  lcd_en <= 1'b0; state <= state + 1'd1;  end
        5'd6: begin
              lcd_rs <= 1'b0;
              lcd_en <= 1'b1;
              lcd_data <= CLEAR_SET;
              state <= state + 1'd1;
              end
        5'd7: begin  lcd_en <= 1'b0;  state <= state + 1'd1;  end
        5'd8: begin                        //显示
              lcd_rs <= 1'b0;
              lcd_en <= 1'b1;
              lcd_data <= addr;            //写地址
              state <= state + 1'd1;
              end
        5'd9: begin  lcd_en <= 1'b0;  state<=state+1'd1;  end
        5'd10: begin
              lcd_rs <= 1'b1;
              lcd_en <= 1'b1;
              lcd_data <= min0;       //写数据
```

```
            state <= state + 1'd1;
            end
        5'd11: begin  lcd_en <= 1'b0;  state <= state+1'd1;  end
        5'd12: begin
            lcd_rs <= 1'b1;
            lcd_en <= 1'b1;
            lcd_data <= "m";          //写数据
            state <= state + 1'd1;
            end
        5'd13: begin  lcd_en <= 1'b0; state <= state+1'd1;  end
        5'd14: begin
            lcd_rs <= 1'b1;
            lcd_en <= 1'b1;
            lcd_data <= "i";         //写数据
            state <= state + 1'd1;
            end
        5'd15: begin  lcd_en <= 1'b0;  state <= state+1'd1;  end
        5'd16: begin
            lcd_rs <= 1'b1;
            lcd_en <= 1'b1;
            lcd_data <= "n";       //写数据
            state <= state + 1'd1;
            end
        5'd17: begin  lcd_en <= 1'b0;  state <= state+1'd1;  end
        5'd18: begin
            lcd_rs <= 1'b1;
            lcd_en <= 1'b1;
            lcd_data <=" ";        //显示空格
            state <= state + 1'd1;
            end
        5'd19: begin  lcd_en<=1'b0;  state<=state+1'd1;  end
        5'd20: begin
            lcd_rs <= 1'b1;
            lcd_en <= 1'b1;
            lcd_data <=sec1;      //显示秒数据，十位
            state <= state + 1'd1;
            end
        5'd21: begin  lcd_en<=1'b0;  state<=state+1'd1;  end
        5'd22: begin
            lcd_rs <= 1'b1;
            lcd_en <= 1'b1;
            lcd_data <=sec0;       //显示秒数据，个位
            state <= state + 1'd1;
            end
        5'd23: begin  lcd_en<=1'b0; state<=state+1'd1;  end
        5'd24: begin
            lcd_rs <= 1'b1;
            lcd_en <= 1'b1;
            lcd_data <= "s";      //写数据
            state <= state + 1'd1;
            end
         5'd25: begin  lcd_en <= 1'b0;  state<=state+1'd1;  end
         5'd26: begin
            lcd_rs <= 1'b1;
            lcd_en <= 1'b1;
            lcd_data <= "e";      //写数据
            state <= state + 1'd1;
```

```
            end
        5'd27: begin  lcd_en <= 1'b0;  state<=state+1'd1;  end
        5'd28: begin
            lcd_rs <= 1'b1;
            lcd_en <= 1'b1;
            lcd_data <= "c";     //写数据
            state <= state + 1'd1;
            end
        5'd29: begin  lcd_en <= 1'b0; state <= 5'd8;  end
         default: state <= 5'bxxxxx;
         endcase
       end
end
assign lcd_rw = 1'b0;         //只写
assign blk = 1'b0;            //背光驱动-
assign bla = 1'b1;            //背光驱动+
endmodule
```

clk_div 子模块源代码见例 1.2。

11.3 下载与验证

将 LCD1602 液晶连接至目标板的扩展接口，约束文件（.qsf）中有关引脚锁定的内容如下：

```
set_location_assignment PIN_E1 -to clk50m
set_location_assignment PIN_E15 -to reset
set_location_assignment PIN_D8 -to lcd_rs
set_location_assignment PIN_F7 -to lcd_rw
set_location_assignment PIN_E9 -to lcd_en
set_location_assignment PIN_D9 -to lcd_data[0]
set_location_assignment PIN_C11 -to lcd_data[1]
set_location_assignment PIN_D12 -to lcd_data[2]
set_location_assignment PIN_C14 -to lcd_data[3]
set_location_assignment PIN_D14 -to lcd_data[4]
set_location_assignment PIN_F13 -to lcd_data[5]
set_location_assignment PIN_G11 -to lcd_data[6]
set_location_assignment PIN_K10 -to lcd_data[7]
set_location_assignment PIN_J11 -to bla
set_location_assignment PIN_J13 -to blk
```

对本例进行编译，然后在目标板上下载，液晶模块的电源接 3.3V，背光偏压 V0 接地，可观察到液晶屏上的分、秒计时显示效果如图 11.2 所示。

图 11.2　用 LCD1602 液晶显示分、秒计时信息

第 12 章 图形点阵液晶显示汉字

12.1 任务与要求

本例用 FPGA 控制 LCD12864B 汉字图形点阵液晶实现字符和图形的静态和动态显示。

12.2 原理与实现

12.2.1 LCD12864B 汉字图形点阵液晶

1. LCD12864B 的外部引脚特性

图形点阵液晶显示模块广泛应用于智能仪器仪表、工业控制、通信和家用电器中。LCD12864B 是内部含有国标一级、二级简体中文字库的点阵型图形液晶显示模块，内置了 8192 个中文汉字（16×16 点阵）和 128 个 ASC II 字符集（8×16 点阵），在字符显示模式下可显示 8×4 个 16×16 点阵的汉字，或 16×4 个 16×8 点阵的英文（ASCII）字符，也可以在图形模式下显示分辨率为 128×64 的二值化图形。

LCD12864B 拥有 1 个 20 引脚的单排插针外接端口，端口引脚及其功能如表 12.1 所示。其中，DB7～DB0 为数据，EN 为使能信号，RS 为寄存器选择信号，R/W 为读/写控制信号，RST 为复位信号。

表 12.1 LCD12864B 汉字图形点阵液晶的端口定义

引 脚 号	名 称	功 能
1	GND	电源地端
2	VCC	电源正极
3	V0	背光偏压
4	RS	数据/命令，0 为数据，1 为指令
5	R/W	读/写选择，0 为写，1 为读
6	EN	使能信号
7~14	DB[0]～DB[7]	8 位数据

续表

引 脚 号	名 称	功 能
15	PSB	串并模式
16，18	NC	空脚
17	RST	复位端
19	BLA	背光阳极
20	BLK	背光阴极

2. LCD12864B 的数据读写时序

如果 LCD12864B 液晶模块工作在 8 位并行数据传输模式（PSB=1、RST=1）下，其数据读/写时序与第 11 章中的 LCD1602B 数据读/写时序完全一致（见图 11.1），LCD 模块的读/写操作时序由使能信号 EN 完成；对读/写操作的识别是判断 R/W 信号上的电平状态，当 R/W 为 0 时向显示数据存储器写数据，数据在使能信号 EN 的上升沿被写入，当 R/W 为 1 时将液晶模块的数据读入；RS 信号用于识别数据总线 DB0～DB7 上的数据是指令代码还是显示数据。一些关键时间参数在图 11.1 中也做了标注，这里不再赘述。

3. LCD12864B 的指令集

LCD12864B 液晶模块有自己的一套用户指令集，用户通过这些指令来初始化液晶模块并选择显示模式。LCD12864B 液晶模块字符、图形显示模式的初始化指令如表 12.2 所示。LCD 模块的图形显示模式需要用到扩展指令集，并且需要分成上下两个半屏设置起始地址，上半屏垂直坐标为 *Y*：8'h80～9'h9F（32 行），水平坐标为 *X*：8'h80；下半屏垂直坐标和上半屏相同，而水平坐标为 *X*：8'h88。

表 12.2 LCD12864B 的初始化指令

初始化过程	字符显示	图形显示
1	8'h38	8'h30
2	8'h0C	8'h3E
3	8'h01	8'h36
4	8'h06	8'h01
行地址/*XY*	1:'h80 2:'h90 3:'h88 4:'h98	*Y*:'h80～'h9F *X*:'h80/'h88

12.2.2 汉字图形点阵液晶静态显示

用 Verilog HDL 编写 LCD12864B 驱动程序，实现汉字和字符的显示，如例 12.1 所示，仍然采用了状态机进行控制。

【例 12.1】 控制点阵液晶 LCD12864B，实现汉字和字符的静态显示。

```
//------------------------------------------------------------
//驱动 12864B 点阵液晶，显示汉字和字符，静态显示
//------------------------------------------------------------
`timescale 1 ns/ 1 ps
module lcd12864(
        input clk50m,
        output psb,
        output rst,
        output reg[7:0] DB,
        output reg rs,
        output rw,
```

```
        output en);
wire clk1k;
reg [15:0] count;
reg [5:0] state;

parameter  s0=6'h00;
parameter  s1=6'h01;
parameter  s2=6'h02;
parameter  s3=6'h03;
parameter  s4=6'h04;
parameter  s5=6'h05;

parameter  d0=6'h10;  parameter  d1=6'h11;
parameter  d2=6'h12;  parameter  d3=6'h13;
parameter  d4=6'h14;  parameter  d5=6'h15;
parameter  d6=6'h16;  parameter  d7=6'h17;
parameter  d8=6'h18;  parameter  d9=6'h19;
parameter  d10=6'h20;  parameter  d11=6'h21;
parameter  d12=6'h22;  parameter  d13=6'h23;
parameter  d14=6'h24;  parameter  d15=6'h25;
parameter  d16=6'h26; parameter  d17=6'h27;
parameter  d18=6'h28; parameter  d19=6'h29;

assign  rst=1'b1;
assign  psb=1'b1;
assign  rw=1'b0;
assign  en=clk1k;         //en使能信号

always @(posedge clk1k)
begin
    case(state)
            s0:  begin  rs<=0; DB<=8'h30; state<=s1; end
            s1:  begin  rs<=0; DB<=8'h0c; state<=s2; end  //全屏显示
            s2:  begin  rs<=0; DB<=8'h06; state<=s3; end
            //写一个字符后地址指针自动加1
            s3:  begin  rs<=0; DB<=8'h01; state<=s4; end  //清屏
            s4:  begin  rs<=0; DB<=8'h80; state<=d0;end   //第1行地址
            //显示汉字，不同的驱动芯片，汉字的编码会有所不同，具体应查液晶手册
            d0:  begin  rs<=1; DB<=8'hca; state<=d1; end  //数
            d1:  begin  rs<=1; DB<=8'hfd; state<=d2; end
            d2:  begin  rs<=1; DB<=8'hd7; state<=d3; end  //字
            d3:  begin  rs<=1; DB<=8'hd6; state<=d4; end
            d4:  begin  rs<=1; DB<=8'hcf; state<=d5; end  //系
            d5:  begin  rs<=1; DB<=8'hb5; state<=d6; end
            d6:  begin  rs<=1; DB<=8'hcd; state<=d7; end  //统
            d7:  begin  rs<=1; DB<=8'hb3; state<=d8; end
            d8:  begin  rs<=1; DB<=8'hc9; state<=d9; end  //设
            d9:  begin  rs<=1; DB<=8'he8; state<=d10; end
            d10:  begin  rs<=1; DB<=8'hbc; state<=d11; end //计
            d11:  begin  rs<=1; DB<=8'hc6; state<=s5; end
```

```
                s5:  begin  rs<=0; DB<=8'h90; state<=d12;end  //第2行地址
                d12: begin  rs<=1; DB<="f"; state<=d13; end
                d13: begin  rs<=1; DB<="p"; state<=d14; end
                d14: begin  rs<=1; DB<="g"; state<=d15; end
                d15: begin  rs<=1; DB<="a"; state<=d16; end
                d16: begin  rs<=1; DB<="F"; state<=d17; end //F
                d17: begin  rs<=1; DB<="P"; state<=d18; end //P
                d18: begin  rs<=1; DB<="G"; state<=d19; end //G
                d19: begin  rs<=1; DB<="A"; state<=s4;  end //A
                default:state<=s0;
               endcase
     end

clk_div  #(1000)  u1(             //产生1kHz时钟信号
               .clk(clk50m),
               .clr(1),
               .clk_out(clk1k)
                  );
endmodule
```

clk_div 子模块源代码见例 1.2。

将 LCD12864B 液晶连接至目标板的扩展接口，约束文件（.qsf）中有关引脚锁定的内容如下：

```
set_location_assignment PIN_E1 -to clk50m
set_location_assignment PIN_J13 -to rst
set_location_assignment PIN_D8 -to rs
set_location_assignment PIN_F7 -to rw
set_location_assignment PIN_E9 -to en
set_location_assignment PIN_D9 -to DB[0]
set_location_assignment PIN_C11 -to DB[1]
set_location_assignment PIN_D12 -to DB[2]
set_location_assignment PIN_C14 -to DB[3]
set_location_assignment PIN_D14 -to DB[4]
set_location_assignment PIN_F13 -to DB[5]
set_location_assignment PIN_G11 -to DB[6]
set_location_assignment PIN_K10 -to DB[7]
set_location_assignment PIN_J11 -to psb
```

液晶模块的电源接+5V，背光阳极（BLA）接 3.3V，背光阴极（BLK）接地，将本例在目标板上下载，可观察到该例的显示效果如图 12.1 所示，为静态显示。

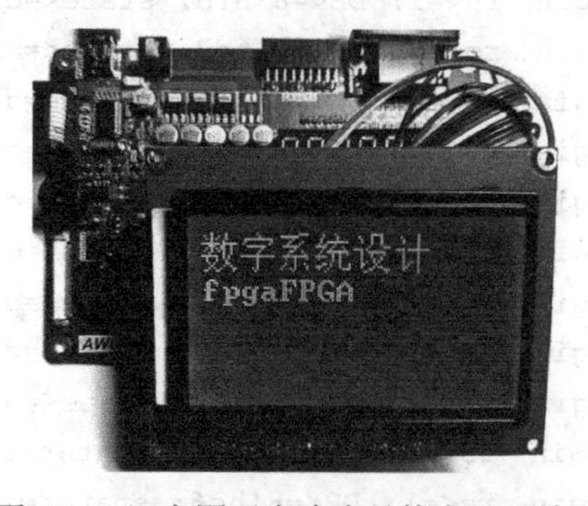

图 12.1　汉字图形点阵液晶静态显示效果

12.2.3　汉字图形点阵液晶动态显示

例 12.2 实现了字符的动态显示，逐行显示 4 个字符，显示一行后清屏，然后到下一行显示，以此类推，同样采用了状态机设计。

【例 12.2】　控制点阵液晶 LCD12864B，实现字符的动态显示。

```
//--------------------------------------------------------
//驱动 12864B 液晶，实现字符的动态显示
//--------------------------------------------------------
module lcd12864_mov(
          input clk50m,
          output reg[7:0] DB,
          output reg rs,
          output rw,
          output en,
          output rst,
          output psb
                );
wire clk4hz;
reg [31:0] count;
reg [7:0] state;

parameter  s0=8'h00;  parameter  s1=8'h01;
parameter  s2=8'h02;  parameter  s3=8'h03;
parameter  s4=8'h04;  parameter  s5=8'h05;
parameter  s6=8'h06;  parameter  s7=8'h07;
parameter  s8=8'h08;  parameter  s9=8'h09;
parameter  s10=8'h0a;

parameter  d01=8'h11;  parameter  d02=8'h12;
parameter  d03=8'h13;  parameter  d04=8'h14;
parameter  d11=8'h21;  parameter  d12=8'h22;
parameter  d13=8'h23;  parameter  d14=8'h24;
parameter  d21=8'h31;  parameter  d22=8'h32;
parameter  d23=8'h33;  parameter  d24=8'h34;
parameter  d31=8'h41;  parameter  d32=8'h42;
parameter  d33=8'h43;  parameter  d34=8'h44;

assign  rst=1'b1;
assign  psb=1'b1;
assign  rw=1'b0;
assign  en=clk4hz;   //en 使能信号

always @(posedge clk4hz)
begin
   case(state)
          s0:   begin  rs<=0; DB<=8'h30; state<=s1; end
          s1:   begin  rs<=0; DB<=8'h0c; state<=s2; end      //全屏显示
          s2:   begin  rs<=0; DB<=8'h06; state<=s3; end
          //写一个字符后地址指针自动加 1
          s3:   begin  rs<=0; DB<=8'h01; state<=s4; end      //清屏
          s4:   begin  rs<=0; DB<=8'h80; state<=d01;end      //第 1 行地址

          d01:  begin  rs<=1; DB<="F"; state<=d02; end
          d02:  begin  rs<=1; DB<="P"; state<=d03; end
```

```
                d03:  begin  rs<=1; DB<="G"; state<=d04; end
                d04:  begin  rs<=1; DB<="A"; state<=s5; end

                s5:   begin  rs<=0; DB<=8'h01; state<=s6; end     //清屏
                s6:   begin  rs<=0; DB<=8'h90; state<=d11;end     //第 2 行地址

                d11:  begin  rs<=1; DB<="C"; state<=d12; end
                d12:  begin  rs<=1; DB<="P"; state<=d13; end
                d13:  begin  rs<=1; DB<="L"; state<=d14; end
                d14:  begin  rs<=1; DB<="D"; state<=s7; end

                s7:   begin  rs<=0; DB<=8'h01; state<=s8; end     //清屏
                s8:   begin  rs<=0; DB<=8'h88; state<=d21;end     //第 3 行地址

                d21:  begin  rs<=1; DB<="V"; state<=d22; end
                d22:  begin  rs<=1; DB<="e"; state<=d23; end
                d23:  begin  rs<=1; DB<="r"; state<=d24; end
                d24:  begin  rs<=1; DB<="i"; state<=s9; end

                s9:   begin  rs<=0; DB<=8'h01; state<=s10; end    //清屏
                s10:  begin  rs<=0; DB<=8'h98; state<=d31;end     //第 4 行地址

                d31:  begin  rs<=1; DB<="l"; state<=d32; end
                d32:  begin  rs<=1; DB<="o"; state<=d33; end
                d33:  begin  rs<=1; DB<="g"; state<=d34; end
                d34:  begin  rs<=1; DB<="!"; state<=s3; end
                default:state<=s0;
           endcase
end

clk_div  #(4)  u1(            //产生 4Hz 时钟信号
              .clk(clk50m),
              .clr(1),
              .clk_out(clk4hz)
                 );
endmodule
```

clk_div 子模块源代码见例 1.2，引脚约束文件与例 12.1 相同。

将 LCD12864B 液晶连接至目标板的扩展接口，下载后观察液晶的动态显示效果。

第 13 章

TFT 屏彩条显示

13.1 任务与要求

本例采用 FPGA 控制 TFT 液晶屏，实现彩色条纹的显示。

13.2 原理与实现

13.2.1 TFT 液晶屏

TFT-LCD，即薄膜晶体管型液晶显示屏，TFT 是 Thin Film Transistor 的缩写，一般代指薄膜液晶显示器，而实际上指的是薄膜晶体管（矩阵），可以“主动”对屏幕上的各独立的像素进行控制，即所谓的主动矩阵 TFT（active matrix TFT）。

TFT 图像显示的原理很简单：显示屏由许多可以发出任意颜色的像素组成，只要控制各像素显示相应的颜色就能达到目的了。在 TFT-LCD 中一般采用“背透式”照射方式，为了能精确地控制每一个像素的颜色和亮度就需要在每一个像素之后安装一个类似百叶窗的开关，当“百叶窗”打开时光线可以透过来，而“百叶窗”关上后光线就无法透过来。

如图 13.1 所示，TFT 液晶为每个像素都设有一个半导体开关，每个像素都可以通过点脉冲直接控制，因而每个节点都相对独立，并可以连续控制，不仅提高了显示屏的反应速度，同时可以精确控制显示色阶。TFT 在液晶的背部设置特殊光管，光源照射时通过偏光板透出，由于上下夹层的电极改成 FET 电极，在 FET 电极导通时，液晶分子的表现也会发生改变，可以通过遮光和透光来达到显示的目的，响应时间大大提高，因其具有比普通 LCD 更高的对比度和更丰富的色彩，荧屏更新频率也更快，故 TFT 俗称“真彩”。

1. TFT 液晶屏

本例采用了 2 款不同尺寸的 TFT 液晶屏，分别予以介绍。

一款为友达光电的 7 英寸 TFT 液晶屏，其型号为 A070VW08，详细参数如下。

- 屏幕尺寸：7.0 英寸（对角线）。
- 显示分辨率：800（水平）像素×480（垂直）像素。
- 颜色深度：16.7M 种颜色（RGB 24 位色）。
- 供电和功耗：单电源 5V 供电，功耗 1.8 瓦。

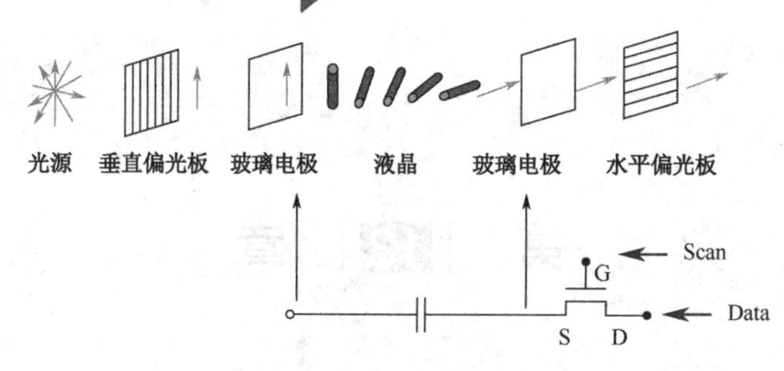

图 13.1　TFT 液晶屏显示原理

另一款是 AN430 模块，配备的是 4.3 英寸的天马 TFT 液晶屏，显示分辨率为 480 像素×272 像素，采用真彩色 24 位的并行 RGB 接口和开发板连接，显示屏的参数如表 13.1 所示。

表 13.1　4.3 寸 TFT-LCD 显示屏参数

屏幕尺寸	4.3 寸
显示分辨率	480 像素×272 像素
颜　色	16.7M（RGB 24bits）色
像素间距（mm）	0.198×0.198
有效显示面积（mm）	95.04×53.86
LED 数量	10LEDs

2. TFT 液晶屏显示的时序

要使 TFT 液晶屏正常工作，就需要提供正确的驱动时序。液晶屏显示方式是从屏幕最左上角一点开始，从左向右逐点显示，每显示完一行，再回到屏幕的左边下一行的起始位置，在这期间，需要对行进行消隐，每行结束时，用行同步信号进行同步。

TFT 液晶屏的驱动基于 DE 模式和 SYNC 模式。在 DE 模式，使用 DE 信号线来表示有效数据的开始和结束。图 13.2 为 DE 模式的时序图，图中的数据是以分辨率为 800 像素×480 像素的 TFT 为例的。当 DE 变为高电平时，表示有效数据开始了，DE 信号高电平持续 800 个 DCLK 像素时钟周期，在每个像素时钟 DCLK 的上升沿读取一次 RGB 信号。DE 变为低电平，表示有效数据结束，此时为回扫和消隐时间。DE 一个周期（Th），扫描完成一行，扫描 480 行后，又从第一行扫描开始。

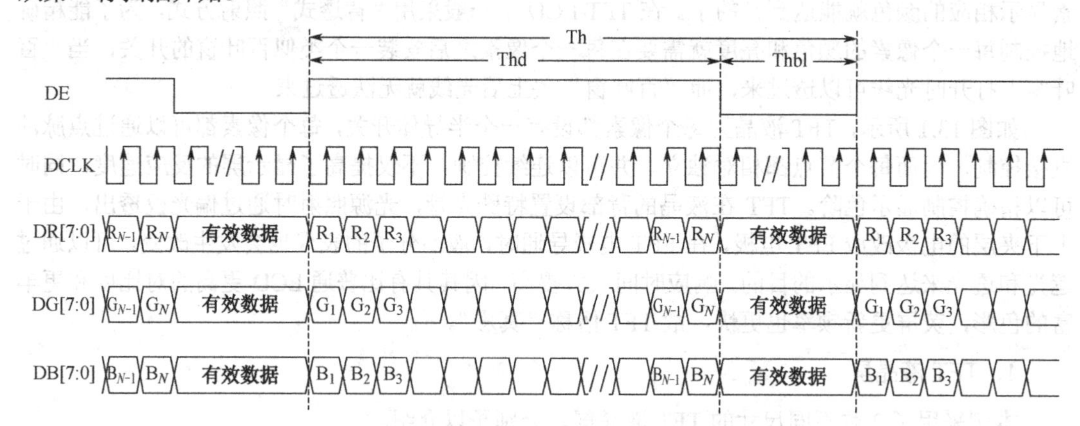

图 13.2　800 像素×480 像素分辨率 TFT 液晶屏 DE 模式显示时序

在 SYNC 模式，数据时序由行同步信号 H Sync 和帧同步信号 V Sync 控制，图 13.3 所示为 SYNC 模式下显示时序示意图，该时序与 VGA 显示时序几乎一致。以帧同步信号（V Sync）的下降沿作为一帧图像的起始时刻，以行同步信号（H Sync）的下降沿作为一行图像的起始时刻，那么每行图像的扫描时序都可看成是一个线性序列操作，设计时只需在指定时刻产生指定的操作即可。比如，对于分辨率为 800 像素×480 像素的时序，其完整的一行包括 1056 个像素时钟周期，因此只需使用一个计数器循环计数 1056 个时钟周期，并在对应的计数值时候产生相应的电平值：首先，在计数 0 时刻，拉低行同步信号并保持 H Sync 个时钟周期低电平，以产生行同步头，此阶段为行消隐段；接着，拉高行同步信号并保持 H Back Porch 个时钟周期的高电平，此阶段为行回扫段，此时数据总线应保持全 0 状态；然后让行同步信号保持 H Left Border 个时钟周期的高电平，该阶段为左边框段，数据总线仍保持全 0 状态；接着进入图像数据有效段，在 H Active 阶段，在每个像素时钟上升沿输出一个 RGB 数据，当 H Active 个数据输出完成后，进入 H Right Border 段，此时行同步信号仍保持高电平，但数据总线不再输出颜色数据；之后进入 H Front Porch 段，此段消隐信号开启，至此，一行图像的扫描过程结束。帧扫描时序的实现和行扫描时序的实现方案完全一致，区别在于，帧扫描时序中的时序参数都是以行扫描周期时间为计量单位的。

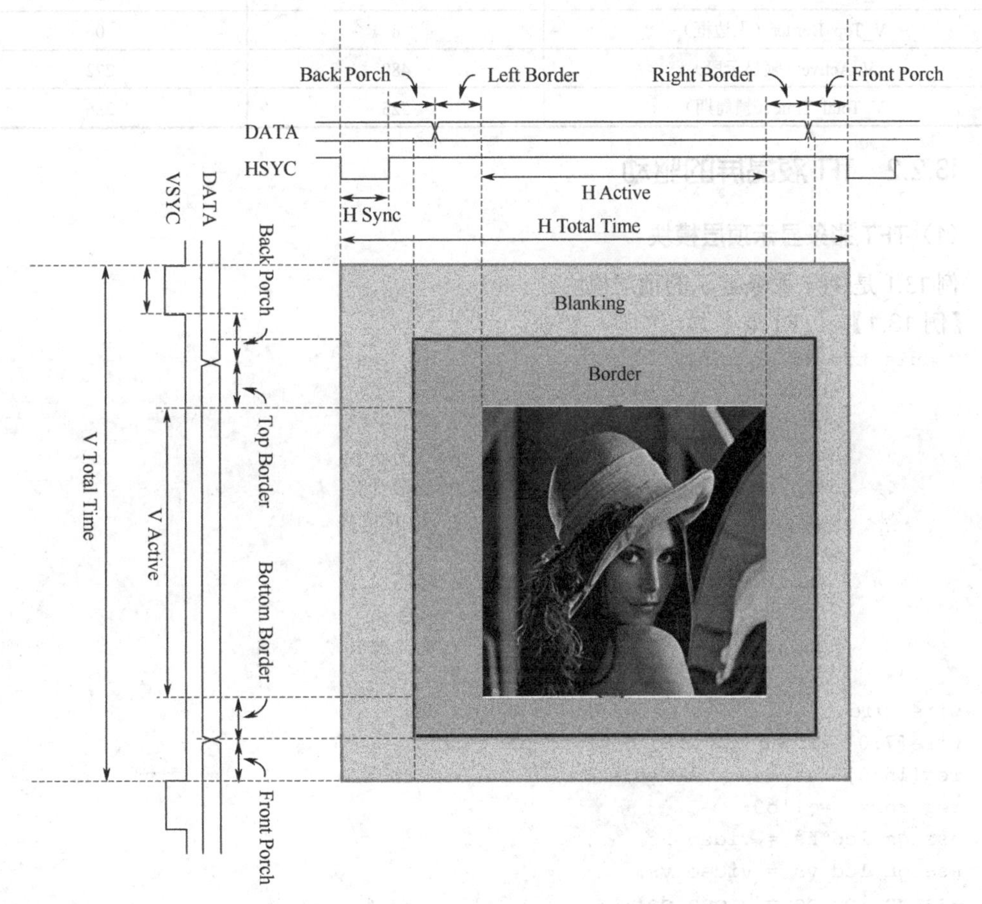

图 13.3　TFT 液晶屏 SYNC 模式显示时序

表 13.2 所示是 800×480@60Hz 和 480×272@60Hz 显示时序参数值，在控制 TFT 液晶屏时，可根据表中参数来编写时序驱动模块代码。

注：表中行的参数的单位是像素（Pixels），而帧的时间单位是行（Lines）。

从表 13.2 可以看出，TFT 屏如果采用分辨率为 800 像素×480 像素，其总像素为 1056×525，对应 60Hz 的刷新率（Refresh Rate），则其像素时钟频率为 1056×525×60Hz=33.3MHz；TFT 屏采用 480×272@60Hz 显示模式，则其像素时钟频率应为 9MHz。

表 13.2　800×480@60Hz 和 480×272@60Hz 的 TFT 液晶屏的时序参数值

	800×480@60Hz	480×272@60Hz
H_Right Border（右边框）	0	0
H_Front_Porch（行前沿）	4	2
H_Sync（行同步）	128	41
H_Back_Porch（行后沿）	88	2
H_Left_Border（左边框）	0	0
H_Active（行显示段）	800	480
H_Total_Time（行周期）	1056	525
V_Bottom_Border（底边框）	8	0
V_Front_Porch（帧前沿）	2	2
V_Sync（帧同步）	2	10
V_Back_Porch（帧后沿）	25	2
V_Top_Border（上边框）	8	0
V_Active（帧显示段）	480	272
V_Total_Time（帧周期）	525	286

13.2.2　TFT 液晶屏的驱动

（1）TFT 彩条显示顶层模块

例 13.1 是 TFT 彩条显示的顶层模块。

【例 13.1】　TFT 彩条显示的顶层模块。

```
module tft_color_bar(
        input               clk,
        output              lcd_dclk,
        output              lcd_hs,        //行同步
        output              lcd_vs,        //场同步
        output              lcd_de,        //de 使能端
        output[7:0]         lcd_r,         //红色
        output[7:0]         lcd_g,         //绿色
        output[7:0]         lcd_b,         //蓝色
        output              lcd_pwm        //背光控制
         );
wire  video_clk,video_hs,video_vs,video_de;
wire[7:0]  video_r,video_g,video_b;
reg[15:0] rst_cnt = 16'b0;
reg reset = 1'b0;
assign lcd_hs = video_hs;
assign lcd_vs = video_vs;
assign lcd_de = video_de;
assign lcd_r  = video_r[7:0];
assign lcd_g  = video_g[7:0];
assign lcd_b  = video_b[7:0];
assign lcd_dclk = ~video_clk;

lcd_pwm  #(.N(22))          //背光控制模块，200Hz,30%
      u0(
      .clk(clk),
      .rst(reset),
      .period(22'd17),
```

```
        .duty(22'd1258291),
        .pwm_out(lcd_pwm));

    always@(posedge clk)
    begin
      if(rst_cnt == 16'hffff)  rst_cnt <= rst_cnt;
      else rst_cnt <= rst_cnt + 1'b1;
    end
    always@(posedge clk)
    begin
      if(rst_cnt == 16'b1)  reset <= 1'b1;
      else if(rst_cnt == 16'd5000)    reset <= 1'b0;
    end

    video_pll u1(              //锁相环例化，产生像素时钟
            .inclk0(clk),
            .c0(video_clk));

    tft_timing u2(
            .clk(video_clk),
            .rst(reset),
            .hs(video_hs),
            .vs(video_vs),
            .de(video_de),
            .rgb_r(video_r),
            .rgb_g(video_g),
            .rgb_b(video_b));
    endmodule
```

2. TFT时序产生与彩条生成模块

例13.2是TFT彩条信号生成模块，通过给TFT液晶屏合适的驱动时序，使显示屏正常显示彩色条纹。此处，对几个TFT端口信号做进一步的说明。

lcd_de：TFT数据使能信号。在显示有效区域，该信号有效（高电平），显示数据可以输入；在非有效区域，该信号关闭（低电平），以禁止像素数据输入，避免影响到消隐。

lcd_bl：TFT背光控制信号。高电平点亮背光，可以使用PWM信号控制该端口。

lcd_r、lcd_g、lcd_b分别是TFT的红色、绿色、蓝色分量数据，都是8位宽度。无论是4.3寸还是7寸的显示屏，都支持RGB888的24位色模式，但在实际使用时，为了节省存储器、节省IO引脚，或是为了提升存储器可用带宽，往往会采用RGB565的模式进行显示，即只把 lcd_r[7:3]、lcd_g[7:2]、lcd_b[7:3]取出，用来传递图像数据，而将 lcd_r[2:0]、lcd_g[1:0]、lcd_b[2:0]直接接地或者接高电平，这样就能使用16位的数据来驱动24位的显示屏且保证颜色基本不失真。

本例中的TFT显示时序参数定义采用了条件编译语句，所谓条件编译，就是即当满足某个条件时，将该条件下的一段代码编译进设计中。因此，只需要定义各分辨率模式的标志作为条件编译中的条件，并在该条件下定义该分辨率的各时序参数的值，在使用时，根据所用的TFT屏指定分辨率模式标志，就能让该条件下的时序参数值生效，实现一键修改分辨率了。

【例13.2】 TFT时序产生与彩条生成模块。

```
`include "video_define.v"
module tft_timing(
        input               clk,        //像素时钟信号
        input               rst,        //复位
        output              hs,         //行同步
```

```
        output              vs,        //场同步
        output              de,        //数据使能信号
        output[7:0]         rgb_r,     //红色
        output[7:0]         rgb_g,     //绿色
        output[7:0]         rgb_b      //蓝色
         );
    //TFT显示时序参数定义，采用条件编译语句定义
   `ifdef  VIDEO_480_272                   //480像素×272像素模式，9MHz
   parameter H_ACTIVE = 16'd480;           //行显示段
   parameter H_FP = 16'd2;                 //行前沿
   parameter H_SYNC = 16'd41;              //行同步头
   parameter H_BP = 16'd2;                 //行后沿
   parameter V_ACTIVE = 16'd272;           //场显示段
   parameter V_FP  = 16'd2;                //场前沿
   parameter V_SYNC  = 16'd10;             //场同步头
   parameter V_BP  = 16'd2;                //场后沿
   parameter HS_POL = 1'b0;
   parameter VS_POL = 1'b0;
   `endif

   `ifdef  VIDEO_640_480                   //640像素×480像素模式，25.175MHz
   parameter H_ACTIVE = 16'd640;
   parameter H_FP = 16'd16;
   parameter H_SYNC = 16'd96;
   parameter H_BP = 16'd48;
   parameter V_ACTIVE = 16'd480;
   parameter V_FP  = 16'd10;
   parameter V_SYNC  = 16'd2;
   parameter V_BP  = 16'd33;
   parameter HS_POL = 1'b0;
   parameter VS_POL = 1'b0;
   `endif

   `ifdef  VIDEO_800_480                   //800像素×480像素模式，33MHz
   parameter H_ACTIVE = 16'd800;
   parameter H_FP = 16'd40;
   parameter H_SYNC = 16'd128;
   parameter H_BP = 16'd88;
   parameter V_ACTIVE = 16'd480;
   parameter V_FP  = 16'd1;
   parameter V_SYNC  = 16'd3;
   parameter V_BP  = 16'd21;
   parameter HS_POL = 1'b0;
   parameter VS_POL = 1'b0;
   `endif

   `ifdef  VIDEO_1024_768                  //1024像素×768像素，65MHz
   parameter H_ACTIVE = 16'd1024;
   parameter H_FP = 16'd24;
   parameter H_SYNC = 16'd136;
   parameter H_BP = 16'd160;
   parameter V_ACTIVE = 16'd768;
   parameter V_FP = 16'd3;
   parameter V_SYNC = 16'd6;
   parameter V_BP = 16'd29;
```

```
parameter HS_POL = 1'b0;
parameter VS_POL = 1'b0;
`endif

parameter H_TOTAL=H_ACTIVE+H_FP+H_SYNC+H_BP;    //行周期，单位：像素
parameter V_TOTAL=V_ACTIVE+V_FP+V_SYNC+V_BP;    //帧周期，单位：行
parameter WHITE_R       = 8'hff;
parameter WHITE_G       = 8'hff;
parameter WHITE_B       = 8'hff;
parameter YELLOW_R      = 8'hff;
parameter YELLOW_G      = 8'hff;
parameter YELLOW_B      = 8'h00;
parameter CYAN_R        = 8'h00;
parameter CYAN_G        = 8'hff;
parameter CYAN_B        = 8'hff;
parameter GREEN_R       = 8'h00;
parameter GREEN_G       = 8'hff;
parameter GREEN_B       = 8'h00;
parameter MAGENTA_R     = 8'hff;
parameter MAGENTA_G     = 8'h00;
parameter MAGENTA_B     = 8'hff;
parameter RED_R         = 8'hff;
parameter RED_G         = 8'h00;
parameter RED_B         = 8'h00;
parameter BLUE_R        = 8'h00;
parameter BLUE_G        = 8'h00;
parameter BLUE_B        = 8'hff;
parameter BLACK_R       = 8'h00;
parameter BLACK_G       = 8'h00;
parameter BLACK_B       = 8'h00;
reg hs_reg;                          //行同步寄存器
reg vs_reg;                          //帧同步寄存器
reg hs_reg_d0;                       //delay 1 clock of 'hs_reg'
reg vs_reg_d0;                       //delay 1 clock of 'vs_reg'
reg[11:0] h_cnt;                     //行计数器
reg[11:0] v_cnt;                     //帧计数器
reg[11:0] active_x;                  //视频图像x坐标
reg[11:0] active_y;                  //视频图像y坐标
reg[7:0] rgb_r_reg;                  //视频红色分量寄存器
reg[7:0] rgb_g_reg;                  //视频绿色分量寄存器
reg[7:0] rgb_b_reg;                  //视频蓝色分量寄存器
reg h_active;                        //行显示
reg v_active;                        //场显示
wire video_active;                   //行显示和场显示
reg video_active_d0;                 //delay 1 clock of video_active
assign hs = hs_reg_d0;
assign vs = vs_reg_d0;
assign video_active = h_active & v_active;
assign de = video_active_d0;
assign rgb_r = rgb_r_reg;
assign rgb_g = rgb_g_reg;
assign rgb_b = rgb_b_reg;

reg [12:0] rom_rd_addr;
wire[23:0] rom_dout;
```

```
wire  rom_rd_en;
reg  rom_rd_en_h,rom_rd_en_v,rom_rd_en_1q;
reg[9:0]  rom_rd_h_cnt,rom_rd_v_cnt,rom_rd_cnt;

always@(posedge clk or posedge rst)
begin
  if(rst == 1'b1)  rom_rd_cnt <= 10'b0;
  else if((!vs_reg) && vs_reg_d0)
        begin
            if(rom_rd_cnt == 10'd435)  rom_rd_cnt <= 10'b0;
            else  rom_rd_cnt <= rom_rd_cnt + 10'b1;
        end
end

always@(posedge clk or posedge rst)
begin
  if(rst == 1'b1)  rom_rd_h_cnt <= 10'b0;
  else if(video_active)
        begin
           if(rom_rd_h_cnt == 10'h3ff)  rom_rd_h_cnt <= rom_rd_h_cnt;
           else  rom_rd_h_cnt <= rom_rd_h_cnt + 1'b1;
        end
  else  rom_rd_h_cnt <= 8'b0;
end

always@(posedge clk or posedge rst)
begin
  if(rst == 1'b1)  rom_rd_v_cnt <= 10'b0;
  else if((!vs_reg) && vs_reg_d0)
        rom_rd_v_cnt <= 10'b0;
   else if((!video_active_d0) && video_active)
        begin
           if(rom_rd_v_cnt == 10'h3ff)  rom_rd_v_cnt <= rom_rd_v_cnt;
            else  rom_rd_v_cnt <= rom_rd_v_cnt + 1'b1;
     end
end

always@(posedge clk or posedge rst)
begin
  if(rst == 1'b1)  rom_rd_en_h <= 1'b0;
    else if(rom_rd_h_cnt==rom_rd_cnt)  rom_rd_en_h <= 1'b1;
  else if(rom_rd_h_cnt==rom_rd_cnt+8'd176)  rom_rd_en_h <= 1'b0;
end

always@(posedge clk or posedge rst)
begin
  if(rst == 1'b1)  rom_rd_en_v <= 1'b0;
    else if(rom_rd_v_cnt == rom_rd_cnt)  rom_rd_en_v <= 1'b1;
  else if(rom_rd_v_cnt == rom_rd_cnt + 8'd44)  rom_rd_en_v <= 1'b0;
end
assign rom_rd_en = rom_rd_en_v && rom_rd_en_h;

always@(posedge clk or posedge rst)
begin
  if(rst == 1'b1)  rom_rd_addr <= 13'b0;
```

```
    else if((!vs_reg) && vs_reg_d0)  rom_rd_addr <= 13'b0;
      else if(rom_rd_en == 1'b1)
        rom_rd_addr <= rom_rd_addr + 1'b1;
  end

  always@(posedge clk or posedge rst)
  begin
    if(rst == 1'b1)  begin
              hs_reg_d0 <= 1'b0;
              vs_reg_d0 <= 1'b0;
              video_active_d0 <= 1'b0;
              rom_rd_en_1q <= 1'b0;  end
  else  begin
              hs_reg_d0 <= hs_reg;
              vs_reg_d0 <= vs_reg;
              video_active_d0 <= video_active;
              rom_rd_en_1q <= rom_rd_en;  end
  end

  always@(posedge clk or posedge rst)
  begin
    if(rst == 1'b1)  h_cnt <= 12'd0;
    else if(h_cnt == H_TOTAL - 1)  h_cnt <= 12'd0;
    else  h_cnt <= h_cnt + 12'd1;
  end

    /* 计数器h_cnt和v_cnt负责周期计数，hs_reg、h_active和v_active等驱动控制信号根据
当前的h_cnt和v_cnt计数值产生不同的高低电平以正确地驱动液晶屏  */
  always@(posedge clk or posedge rst)
  begin
    if(rst == 1'b1)  v_cnt <= 12'd0;
    else if(h_cnt == H_FP  - 1)
      if(v_cnt == V_TOTAL - 1)  v_cnt <= 12'd0;
      else  v_cnt <= v_cnt + 12'd1;
    else  v_cnt <= v_cnt;
  end

  always@(posedge clk or posedge rst)
  begin
    if(rst == 1'b1)  active_x <= 12'd0;
    else if(h_cnt>=H_FP+H_SYNC+H_BP-1)
      active_x<=h_cnt-(H_FP[11:0]+H_SYNC[11:0]+H_BP[11:0]-12'd1);
    else  active_x <= active_x;
  end

  always@(posedge clk or posedge rst)
  begin
    if(rst == 1'b1)  hs_reg <= 1'b0;
    else if(h_cnt == H_FP - 1)  hs_reg <= HS_POL;  //行同步开始
    else if(h_cnt == H_FP + H_SYNC - 1)
      hs_reg <= ~hs_reg;                 //行同步结束
    else  hs_reg <= hs_reg;
  end

  always@(posedge clk or posedge rst)
```

```
begin
  if(rst == 1'b1) h_active <= 1'b0;
  else if(h_cnt == H_FP + H_SYNC + H_BP - 1)
    h_active <= 1'b1;
  else if(h_cnt == H_TOTAL - 1)        //行显示结束
    h_active <= 1'b0;
  else  h_active <= h_active;
end

always@(posedge clk or posedge rst)
begin
  if(rst == 1'b1)  vs_reg <= 1'd0;
  else if((v_cnt==V_FP-1) && (h_cnt==H_FP-1))  vs_reg <= HS_POL;
  else if((v_cnt==V_FP+V_SYNC-1)&&(h_cnt==H_FP-1))  vs_reg <= ~vs_reg;
  else  vs_reg <= vs_reg;
end

always@(posedge clk or posedge rst)
begin
  if(rst == 1'b1)  v_active <= 1'd0;
  else if((v_cnt==V_FP+V_SYNC+V_BP-1)&&(h_cnt==H_FP-1))
    v_active <= 1'b1;
  else if((v_cnt== V_TOTAL-1)&&(h_cnt==H_FP-1))  v_active <= 1'b0;
  else  v_active <= v_active;
end

always@(posedge clk or posedge rst)
begin
  if(rst == 1'b1)
        begin
            rgb_r_reg <= 8'h00;
            rgb_g_reg <= 8'h00;
            rgb_b_reg <= 8'h00;
        end
  else if(video_active)
        if(active_x == 12'd0)
            begin
                rgb_r_reg <= WHITE_R;
                rgb_g_reg <= WHITE_G;
                rgb_b_reg <= WHITE_B;
            end
        else if(active_x == (H_ACTIVE/8) * 1)
            begin
                rgb_r_reg <= YELLOW_R;
                rgb_g_reg <= YELLOW_G;
                rgb_b_reg <= YELLOW_B;
            end
        else if(active_x == (H_ACTIVE/8) * 2)
            begin
                rgb_r_reg <= CYAN_R;
                rgb_g_reg <= CYAN_G;
                rgb_b_reg <= CYAN_B;
            end
        else if(active_x == (H_ACTIVE/8) * 3)
            begin
```

```
                rgb_r_reg <= GREEN_R;
                rgb_g_reg <= GREEN_G;
                rgb_b_reg <= GREEN_B;
            end
        else if(active_x == (H_ACTIVE/8) * 4)
            begin
                rgb_r_reg <= MAGENTA_R;
                rgb_g_reg <= MAGENTA_G;
                rgb_b_reg <= MAGENTA_B;
            end
        else if(active_x == (H_ACTIVE/8) * 5)
            begin
                rgb_r_reg <= RED_R;
                rgb_g_reg <= RED_G;
                rgb_b_reg <= RED_B;
            end
        else if(active_x == (H_ACTIVE/8) * 6)
            begin
                rgb_r_reg <= BLUE_R;
                rgb_g_reg <= BLUE_G;
                rgb_b_reg <= BLUE_B;
            end
        else if(active_x == (H_ACTIVE/8) * 7)
            begin
                rgb_r_reg <= BLACK_R;
                rgb_g_reg <= BLACK_G;
                rgb_b_reg <= BLACK_B;
            end
        else
            begin
                rgb_r_reg <= rgb_r_reg;
                rgb_g_reg <= rgb_g_reg;
                rgb_b_reg <= rgb_b_reg;
            end
        else
            begin
                rgb_r_reg <= 8'h00;
                rgb_g_reg <= 8'h00;
                rgb_b_reg <= 8'h00;
            end
end
endmodule
```

（3）TFT背光亮度调整模块

TFT屏属于投射式显示屏，其像素点是不能主动发光的，其原理是根据液晶材质在不同的电压下其对光线的透过性不同的特性，在其背面施加LED白光源。不同透光性的液晶单元，对白光的透过性不同，从而进入人眼的光线强度也就不同，因此人眼能够看到不同的亮度，再通过对每个液晶单元加盖不同颜色的滤光片，仅允许红、绿、蓝三种基本光线中的一种透过液晶单元，从而最终实现彩色显示的效果。所以，TFT屏要正常显示颜色，背光光源是必不可少的。常见的TFT显示屏模组，都集成了能够发出白光的LED灯，这些灯通过串联和并联的方式连接在一起构成了LED灯带。正常工作时，需对这些LED灯带提供高达19.2V的电压，才能使其达到合适的亮度

由于TFT屏背光灯需要高达19.2V的供电电压，因此显示屏模块中包含了一个从5V升压

到 19.2V 的背光升压电路，该电路带一个控制端口，名为 LCD_BL，当该端口为高电平时，背光被点亮。如果需要调整 TFT 背光的亮度，可通过给该端口施加 1kHz 左右的 PWM 信号，通过调整 PWM 信号的占空比来调整背光的亮度，例 13.3 是背光控制模块源代码。

【例 13.3】 TFT 屏背光控制模块源代码。

```
module lcd_pwm
#(parameter N = 16)           //pwm宽度
    (
      input             clk,
      input             rst,
      input[N - 1:0]    period,
      input[N - 1:0]    duty,
      output            pwm_out
    );
reg[N-1:0] period_r,period_cnt;
reg[N-1:0] duty_r;
reg pwm_r;
assign pwm_out = pwm_r;
always@(posedge clk or posedge rst)
begin
   if(rst == 1'b1)
   begin  period_r <= { N {1'b0} };
      duty_r <= { N {1'b0} };  end
   else
   begin  period_r <= period;
      duty_r   <= duty;  end
end

always@(posedge clk or posedge rst)
begin
   if(rst == 1'b1)  period_cnt <= { N {1'b0} };
   else        period_cnt <= period_cnt + period_r;
end

always@(posedge clk or posedge rst)
begin
   if(rst == 1'b1)  begin  pwm_r <= 1'b0;  end
   else  begin
        if(period_cnt >= duty_r)  pwm_r <= 1'b1;
        else  pwm_r <= 1'b0;
        end
end
endmodule
```

13.3 下载与验证

本例基于 7 寸 TFT 屏和 4.3 寸 TFT 屏分别进行下载验证，这两种屏的原理和时序关系完全一致，但所用的成品模块在引脚顺序方面有所区别，另外，尺寸不同，最优的显示模式在设置上也有所不同，故分别介绍。

13.3.1 7 寸 TFT 屏下载验证

7 寸 TFT 屏显示模式选择为 800 像素×480 像素模式，像素时钟选择 33MHz，因此在

video_define.v 文件中定义显示模式如下：

```
`define  VIDEO_800_480
```

像素时钟（即顶层模块中调用的 video_pll 模块）用锁相环 IP 核实现，用其生成 33MHz 像素时钟信号，输出时钟 c0 设置页面如图 13.4 所示，可看到其倍频系数为 33，分频系数为 50。

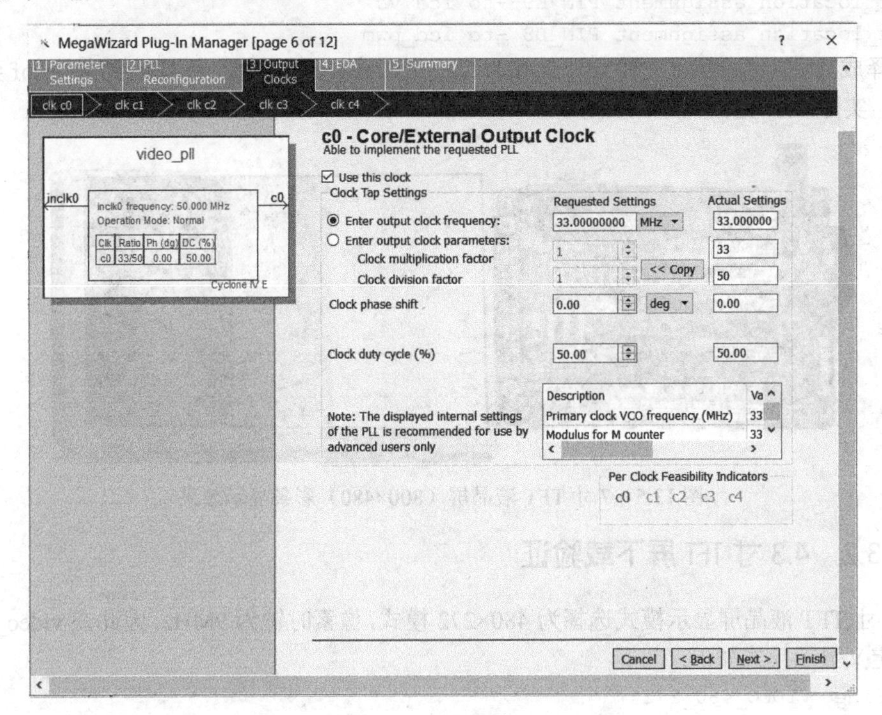

图 13.4　产生 33MHz 像素时钟 c0 设置页面

TFT 液晶屏模块用 40 针接口和 FPGA 目标板上的扩展口 J15 相连，FPGA 的引脚分配和锁定如下：

```
set_location_assignment PIN_E1 -to clk
set_location_assignment PIN_C11 -to lcd_b[7]
set_location_assignment PIN_E10 -to lcd_b[6]
set_location_assignment PIN_D12 -to lcd_b[5]
set_location_assignment PIN_D11 -to lcd_b[4]
set_location_assignment PIN_C14 -to lcd_b[3]
set_location_assignment PIN_E11 -to lcd_b[2]
set_location_assignment PIN_D14 -to lcd_b[1]
set_location_assignment PIN_F10 -to lcd_b[0]
set_location_assignment PIN_F13 -to lcd_g[7]
set_location_assignment PIN_F11 -to lcd_g[6]
set_location_assignment PIN_G11 -to lcd_g[5]
set_location_assignment PIN_F14 -to lcd_g[4]
set_location_assignment PIN_K10 -to lcd_g[3]
set_location_assignment PIN_K9 -to lcd_g[2]
set_location_assignment PIN_J11 -to lcd_g[1]
set_location_assignment PIN_G16 -to lcd_g[0]
set_location_assignment PIN_J13 -to lcd_r[7]
set_location_assignment PIN_J12 -to lcd_r[6]
set_location_assignment PIN_K11 -to lcd_r[5]
set_location_assignment PIN_J14 -to lcd_r[4]
set_location_assignment PIN_L14 -to lcd_r[3]
set_location_assignment PIN_K12 -to lcd_r[2]
set_location_assignment PIN_L12 -to lcd_r[1]
```

```
set_location_assignment PIN_L13 -to lcd_r[0]
set_location_assignment PIN_C9 -to lcd_dclk
set_location_assignment PIN_D9 -to lcd_de
set_location_assignment PIN_F9 -to lcd_hs
set_location_assignment PIN_E9 -to lcd_vs
set_location_assignment PIN_D8 -to lcd_pwm
```

编译成功后，生成配置文件.sof，连接目标板电源线和 JTAG 线，下载配置文件.sof 到 FPGA 目标板，实际显示效果如图 13.5 所示。

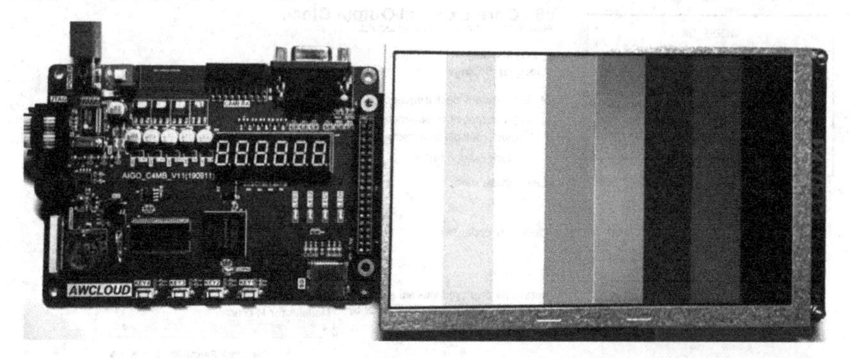

图 13.5　7 寸 TFT 液晶屏（800×480）彩条显示效果

13.3.2　4.3 寸 TFT 屏下载验证

4.3 寸 TFT 液晶屏显示模式选择为 480×272 模式，像素时钟为 9MHz，因此在 video_define.v 文件中定义显示模式如下：

```
`define  VIDEO_480_272
```

9MHz 像素时钟仍然用锁相环 IP 核实现，输出时钟 c0 设置页面如图 13.6 所示，可以看到其倍频系数为 9，分频系数为 50。

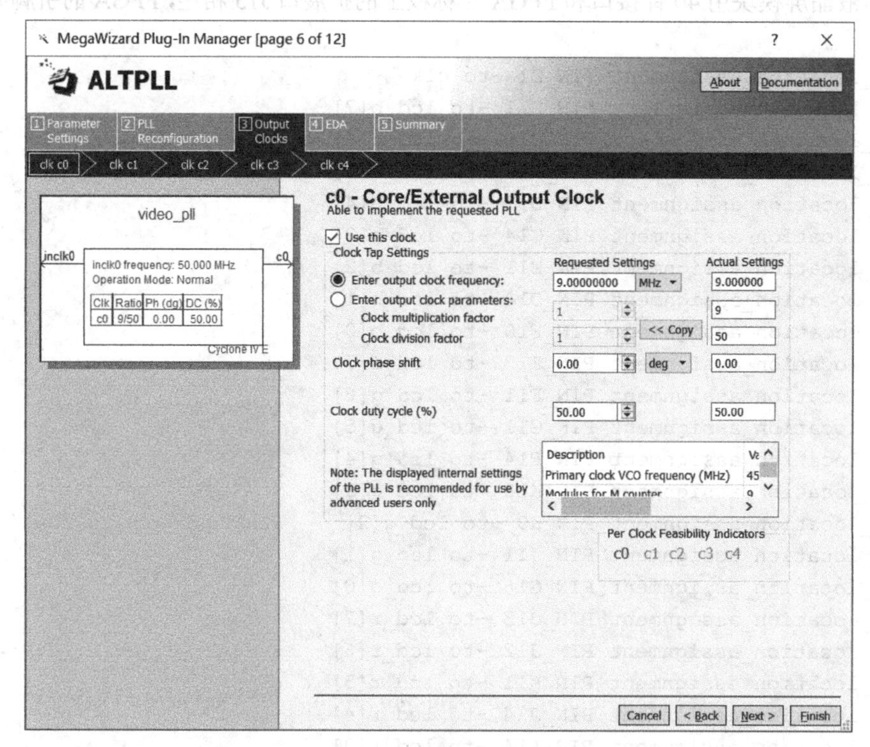

图 13.6　产生 9MHz 像素时钟 c0 设置页面

TFT 屏模块用 40 针接口和 FPGA 目标板上的扩展口 J15 相连，FPGA 的引脚分配和锁定如下：

```
set_location_assignment PIN_E1 -to clk
set_location_assignment PIN_J11 -to lcd_b[7]
set_location_assignment PIN_G16 -to lcd_b[6]
set_location_assignment PIN_K10 -to lcd_b[5]
set_location_assignment PIN_K9  -to lcd_b[4]
set_location_assignment PIN_G11 -to lcd_b[3]
set_location_assignment PIN_F14 -to lcd_b[2]
set_location_assignment PIN_F13 -to lcd_b[1]
set_location_assignment PIN_F11 -to lcd_b[0]
set_location_assignment PIN_D14 -to lcd_g[7]
set_location_assignment PIN_F10 -to lcd_g[6]
set_location_assignment PIN_C14 -to lcd_g[5]
set_location_assignment PIN_E11 -to lcd_g[4]
set_location_assignment PIN_D12 -to lcd_g[3]
set_location_assignment PIN_D11 -to lcd_g[2]
set_location_assignment PIN_C11 -to lcd_g[1]
set_location_assignment PIN_E10 -to lcd_g[0]
set_location_assignment PIN_D9  -to lcd_r[7]
set_location_assignment PIN_C9  -to lcd_r[6]
set_location_assignment PIN_E9  -to lcd_r[5]
set_location_assignment PIN_F9  -to lcd_r[4]
set_location_assignment PIN_F7  -to lcd_r[3]
set_location_assignment PIN_E8  -to lcd_r[2]
set_location_assignment PIN_D8  -to lcd_r[1]
set_location_assignment PIN_E7  -to lcd_r[0]
set_location_assignment PIN_J12 -to lcd_dclk
set_location_assignment PIN_K11 -to lcd_de
set_location_assignment PIN_J13 -to lcd_hs
set_location_assignment PIN_J14 -to lcd_vs
set_location_assignment PIN_M12 -to lcd_pwm
```

编译成功后，生成配置文件.sof，连接目标板电源线和 JTAG 线，下载配置文件.sof 到 FPGA 目标板，实际显示效果如图 13.7 所示。

图 13.7　4.3 寸 TFT 液晶屏（480×272）彩条显示效果

第 14 章

TFT 液晶屏图像显示

14.1 任务与要求

本例采用 FPGA 控制 TFT 液晶屏，将图像数据存储于 FPGA 的片上 ROM（Onchip-ROM）中，并输出至 TFT 液晶屏进行显示。

14.2 原理与实现

本例采用 4.3 寸 TFT 模块 AN430 进行图像的显示，TFT 屏的参数和时序在 13.3.2 节中已做了介绍，此处不再重复。

1. TFT 图像显示顶层模块

例 14.1 是 TFT 图像显示的顶层模块源代码。

【例 14.1】 TFT 图像显示顶层模块。

```
`timescale 1ns / 1ps
module tft_bmp_disp(
        input           clk,
        output          lcd_dclk,
        output          lcd_hs,     //行同步
        output          lcd_vs,     //场同步
        output          lcd_de,     //de 控制端
        output[7:0]     lcd_r,      //红色
        output[7:0]     lcd_g,      //绿色
        output[7:0]     lcd_b,      //蓝色
        output          lcd_pwm     //背光控制
          );
wire  video_clk,video_hs,video_vs,video_de;
wire[7:0]  video_r,video_g,video_b;
reg[15:0] rst_cnt = 16'b0;
reg reset = 1'b0;
```

```
assign lcd_hs = video_hs;
assign lcd_vs = video_vs;
assign lcd_de = video_de;
assign lcd_r  = video_r[7:0];
assign lcd_g  = video_g[7:0];
assign lcd_b  = video_b[7:0];
assign lcd_dclk = ~video_clk;

lcd_pwm  #(.N(22))
/*背光控制模块，采用 200Hz 的 PWM 波，通过调整 PWM 波的占空比来调整背光的亮度，源代码见例 13.3 */
       u0(
       .clk(clk),
       .rst(reset),
       .period(22'd17),
       .duty(22'd1258291),
       .pwm_out(lcd_pwm));

always@(posedge clk)
begin
  if(rst_cnt == 16'hffff)  rst_cnt <= rst_cnt;
  else rst_cnt <= rst_cnt + 1'b1;
end
always@(posedge clk)
begin
  if(rst_cnt == 16'b1)  reset <= 1'b1;
  else if(rst_cnt == 16'd5000)    reset <= 1'b0;
end

video_pll u1(                  //锁相环例化，产生像素时钟
          .inclk0(clk),
          .c0(video_clk));

tft_ctrl u2(
          .clk(video_clk),
          .rst(reset),
          .hs(video_hs),
          .vs(video_vs),
          .de(video_de),
          .rgb_r(video_r),
          .rgb_g(video_g),
          .rgb_b(video_b));
endmodule
```

2. TFT 图像显示控制模块

例 14.2 是图像显示控制模块源代码，lcd_r、lcd_g、lcd_b 分别是 TFT 的红色、绿色、蓝色数据，均为 8 位宽度，采用 RGB888 的 24 位色模式，由于图像数据存储在片上 ROM 内，为了节省存储器容量，采用了 RGB565 的模式来存储，显示时，需将 RGB565 的数据转换为 RGB888，只需将 lcd_r[2:0]、lcd_g[1:0]、lcd_b[2:0]这些位赋 0 即可，使用 16 位的数据来驱动 24 位的显示屏，颜色基本不失真。

本例中的计数器 h_cnt 和 v_cnt 负责计数，hs 和 h_active 等驱动控制信号根据当前的 h_cnt

和v_cnt计数值产生不同的高低电平以驱动液晶屏。

【例14.2】 TFT图像显示控制模块。

```
module tft_ctrl(
        input               clk,                    //像素时钟信号
        input               rst,                    //复位
        output              hs,                     //行同步
        output              vs,                     //场同步
        output              de,                     //数据使能信号
        output[7:0]         rgb_r,                  //红色
        output[7:0]         rgb_g,                  //绿色
        output[7:0]         rgb_b                   //蓝色
        );
    //视频时序参数定义，480x272模式，9Mhz
parameter H_ACTIVE = 16'd480;                       //行显示段
parameter H_FP = 16'd2;                             //行前沿
parameter H_SYNC = 16'd41;                          //行同步头
parameter H_BP = 16'd2;                             //行后沿
parameter V_ACTIVE = 16'd272;                       //场显示段
parameter V_FP  = 16'd2;                            //场前沿
parameter V_SYNC  = 16'd10;                         //场同步头
parameter V_BP  = 16'd2;                            //场后沿
parameter HS_POL = 1'b0;
parameter VS_POL = 1'b0;

parameter H_TOTAL=H_ACTIVE+H_FP+H_SYNC+H_BP;  //行周期，单位：像素
parameter V_TOTAL=V_ACTIVE+V_FP+V_SYNC+V_BP;  //帧周期，单位：行
reg hs_reg;                                     //行同步寄存器
reg vs_reg;                                     //帧同步寄存器
reg hs_reg_d0;                                  //延迟1个时钟周期 'hs_reg'
reg vs_reg_d0;                                  //延迟1个时钟周期 'vs_reg'
reg[11:0] h_cnt;                                //行计数器
reg[11:0] v_cnt;                                //帧计数器
reg[11:0] active_x,active_y;                    //图像x、y位置坐标
reg[7:0] rgb_r_reg,rgb_g_reg,rgb_b_reg;         //红、绿、蓝数据缓存
reg h_active;                                   //行显示有效
reg v_active;                                   //帧显示有效
wire video_active;
reg video_active_d0;                            //延迟1个时钟周期
assign hs = hs_reg_d0;
assign vs = vs_reg_d0;
assign video_active = h_active & v_active;
assign de = video_active_d0;
assign rgb_r = rgb_r_reg;
assign rgb_g = rgb_g_reg;
assign rgb_b = rgb_b_reg;

reg [15:0] rom_rd_addr;
wire[15:0] rom_dout;
reg rom_rd_en_h,rom_rd_en_v,rom_rd_en_1q;
reg [9:0]  rom_rd_h_cnt,rom_rd_v_cnt;
```

```
reg [11:0]  rom_rd_cnt;

always@(posedge clk or posedge rst)
begin
  if(rst == 1'b1)  rom_rd_cnt <= 10'b0;
  else if((!vs_reg) && vs_reg_d0)
      begin
         if(rom_rd_cnt == 10'd182)    //182+90=272，到屏幕下边缘
             rom_rd_cnt <= 10'b0;
          else  rom_rd_cnt <= rom_rd_cnt + 10'b1;
       end
end

always@(posedge clk or posedge rst)
begin
  if(rst == 1'b1) rom_rd_h_cnt <= 10'b0;
  else if(video_active)
       begin
         if(rom_rd_h_cnt == 10'h3ff) rom_rd_h_cnt <= rom_rd_h_cnt;
         else rom_rd_h_cnt <= rom_rd_h_cnt + 1'b1;
       end
  else  rom_rd_h_cnt <= 12'b0;
end

always@(posedge clk or posedge rst)
begin
  if(rst == 1'b1)  rom_rd_v_cnt <= 10'b0;
  else if((!vs_reg) && vs_reg_d0) rom_rd_v_cnt <= 10'b0;
  else if((!video_active_d0) && video_active)
     begin
       if(rom_rd_v_cnt==10'h3ff) rom_rd_v_cnt<=rom_rd_v_cnt;
       else rom_rd_v_cnt<=rom_rd_v_cnt+1'b1;
     end
end

always@(posedge clk or posedge rst)
begin
  if(rst == 1'b1)  rom_rd_en_h <= 1'b0;
   else if(rom_rd_h_cnt == rom_rd_cnt)  rom_rd_en_h <= 1'b1;
   else if(rom_rd_h_cnt == rom_rd_cnt + 8'd128)   //图像宽度128像素
         rom_rd_en_h <= 1'b0;
end

always@(posedge clk or posedge rst)
begin
  if(rst == 1'b1)  rom_rd_en_v <= 1'b0;
  else if(rom_rd_v_cnt == rom_rd_cnt)  rom_rd_en_v <= 1'b1;
  else if(rom_rd_v_cnt == rom_rd_cnt + 8'd90)    //图像高度90像素
        rom_rd_en_v <= 1'b0;
end
```

```
assign rom_rd_en = rom_rd_en_v && rom_rd_en_h;
always@(posedge clk or posedge rst)
begin
  if(rst == 1'b1)  rom_rd_addr <= 16'b0;
  else if((!vs_reg) && vs_reg_d0)  rom_rd_addr <= 16'b0;
    else if(rom_rd_en == 1'b1)  rom_rd_addr<=rom_rd_addr+1'b1;
end

always@(posedge clk or posedge rst)
begin
  if(rst == 1'b1)  begin
        hs_reg_d0 <= 1'b0;  vs_reg_d0 <= 1'b0;
        video_active_d0 <= 1'b0;
        rom_rd_en_1q <= 1'b0;  end
  else  begin
        hs_reg_d0 <= hs_reg;  vs_reg_d0 <= vs_reg;
        video_active_d0 <= video_active;
        rom_rd_en_1q <= rom_rd_en; end
end

always@(posedge clk or posedge rst)
begin
  if(rst == 1'b1) h_cnt <= 12'd0;
  else if(h_cnt == H_TOTAL-1)  h_cnt<=12'd0;
  else  h_cnt <= h_cnt + 12'd1;
end

always@(posedge clk or posedge rst)
begin
  if(rst == 1'b1)  active_x <= 12'd0;
  else if(h_cnt >= H_FP+H_SYNC+H_BP-1)       //行显示有效
    active_x<=h_cnt-(H_FP[11:0]+H_SYNC[11:0]+H_BP[11:0]-12'd1);
  else  active_x <= active_x;
end

always@(posedge clk or posedge rst)
begin
  if(rst == 1'b1)  v_cnt <= 12'd0;
  else if(h_cnt == H_FP  - 1)
       if(v_cnt == V_TOTAL - 1)  v_cnt <= 12'd0;
       else v_cnt <= v_cnt + 12'd1;
  else  v_cnt <= v_cnt;
end

always@(posedge clk or posedge rst)
begin
  if(rst == 1'b1)  hs_reg <= 1'b0;
  else if(h_cnt == H_FP - 1)  hs_reg <= HS_POL;   //行同步开始
  else if(h_cnt==H_FP+H_SYNC-1) hs_reg<=~hs_reg;  //行同步结束
```

```
    else  hs_reg <= hs_reg;
  end

  always@(posedge clk or posedge rst)
  begin
    if(rst == 1'b1) h_active <= 1'b0;
    else if(h_cnt == H_FP + H_SYNC + H_BP - 1)  //行有效区域开始
        h_active <= 1'b1;
    else if(h_cnt==H_TOTAL-1)  h_active<=1'b0;  //行有效区域结束
    else  h_active <= h_active;
  end

  always@(posedge clk or posedge rst)
  begin
    if(rst == 1'b1)  vs_reg <= 1'd0;
    else if((v_cnt == V_FP - 1) && (h_cnt == H_FP - 1))  //帧同步开始
        vs_reg <= HS_POL;
    else if((v_cnt==V_FP+V_SYNC-1)&&(h_cnt==H_FP-1))      //帧同步结束
        vs_reg <= ~vs_reg;
    else  vs_reg <= vs_reg;
  end

  always@(posedge clk or posedge rst)
  begin
    if(rst == 1'b1)  v_active <= 1'd0;
    else if((v_cnt==V_FP+V_SYNC+V_BP-1)&&(h_cnt==H_FP-1))  //帧有效区域开始
          v_active <= 1'b1;
    else if((v_cnt == V_TOTAL-1)&&(h_cnt==H_FP-1))          //帧有效区域结束
          v_active <= 1'b0;
    else v_active <= v_active;
  end

  always@(posedge clk or posedge rst)
  begin
   if(rst == 1'b1)
        begin
             rgb_r_reg <= 8'h00;
             rgb_g_reg <= 8'h00;
             rgb_b_reg <= 8'h00;
        end
   else if(rom_rd_en_1q)
          begin                                    //将RGB565数据转换为RGB888
             rgb_r_reg <= {rom_dout[15:11],3'b0};
             rgb_g_reg <= {rom_dout[10:5],2'b0};
             rgb_b_reg <= {rom_dout[4:0],3'b0};
        end
      else
        begin
             rgb_r_reg <= 8'h00;
             rgb_g_reg <= 8'h00;
```

```
            rgb_b_reg <= 8'h00;
        end
    end

    tft_rom  i1(
            .address(rom_rd_addr),
            .clock(clk),
            .q(rom_dout));
    endmodule
```

3. 图像数据的获取和存储

本例显示的图像选择 LENA 图像，图像数据存储在片上 ROM 内，为了节省存储器容量，采用了 RGB565 的模式来存储，即每个像素用 16bits 数据来表示，EP4CE6F17C8 的片内存储器只有 276 480bits，经过测算，图像的尺寸选择 128×90 点，这样共需要耗用 128×90×16=184 320 位的存储空间，大约占 EP4CE6 片内存储器的 67%，可以确保适配成功。

图像数据可编写 MATLAB 程序获得，也可用如图 14.1 所示的工具生成图像的.mif 文件，图像的格式选择 RGB565，文件类型选择.mif（或者是.hex）。

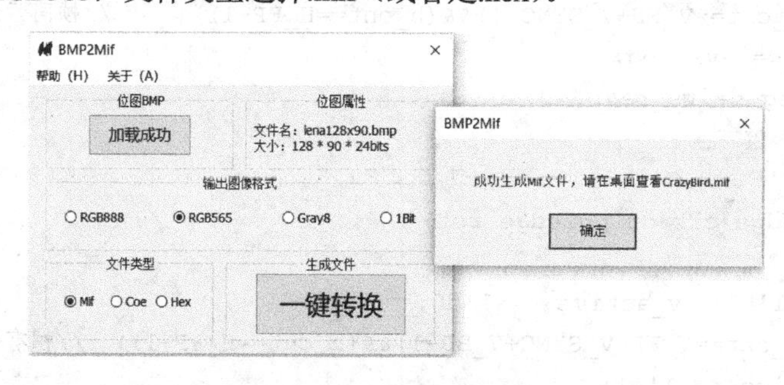

图 14.1　生成图像.mif 文件

LENA 图像存储在片内 ROM 中，定制 ROM 模块的步骤如下。

（1）在 Quartus Prime 主界面，打开 IP Catalog，在 Basic Functions 的 On Chip Memory 目录下找到 ROM:1-PORT 模块，双击该模块，出现 Save IP Variation 对话框，将 ROM 模块命名为 tft_rom，选择其语言类型为 Verilog。

（2）在如图 14.2 所示的页面中设置 ROM 模块的宽度和深度，数据宽度设为 16，深度设为 11 520；实现 ROM 模块的结构选择 Auto，同时设置读和写用同一个时钟信号。

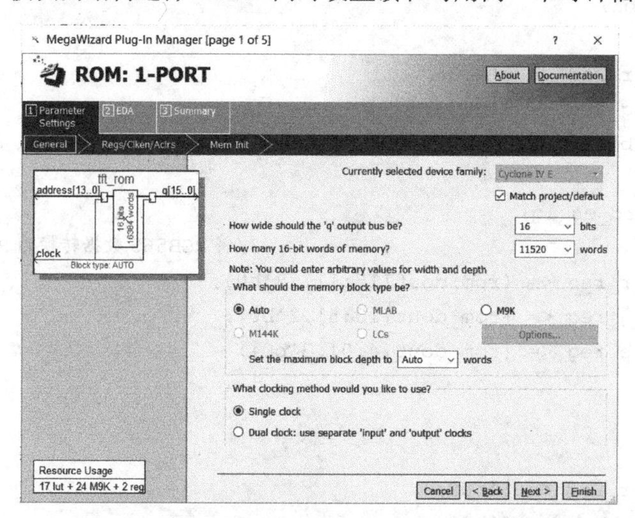

图 14.2　设置 ROM 模块的数据宽度和深度

（3）连续单击 Next 按钮，在图 14.3 所示的页面将之前生成的.mif 文件指定给 ROM 模块（将存储 LENA 图像数据的 lena128x90.mif 文件的路径指示给 ROM 模块），最后单击 Finish 按钮，完成定制过程。

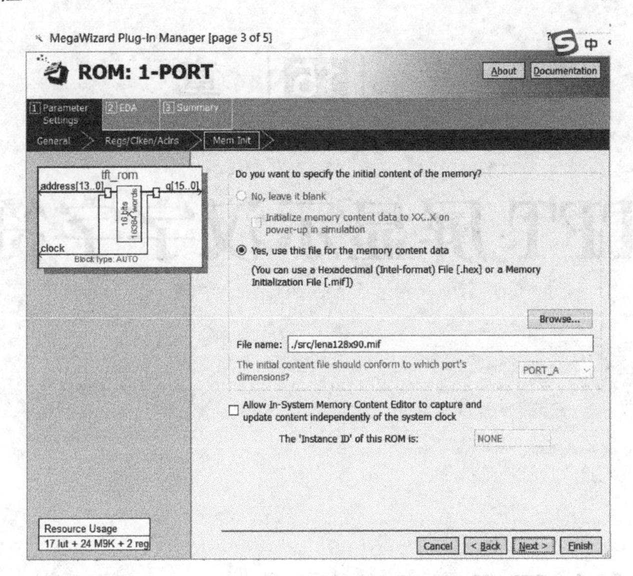

图 14.3 指定 ROM 的初始化数据文件

在顶层文件中例化 tft_rom.v，完成 ROM 模块的定制。

14.3 下载与验证

基于 4.3 寸 TFT 液晶屏进行下载验证，显示分辨率为 480 像素×272 像素，加上同步头、消隐等，总分辨为 525 像素×286 像素，刷新率为 60Hz，故像素时钟为 525×286×60≈9MHz，采用锁相环 IP 核 altpll 产生 9MHz 像素时钟信号，其步骤在 13.3 节中做过介绍，具体设置界面见 13.3 节图 13.6。

FPGA 引脚的分配和锁定与上例相同，这里不再赘述。

TFT 模块用 40 针接口和 FPGA 目标板上的扩展口 J15 相连，对整个项目进行编译，编译成功后，生成配置文件.sof，连接目标板电源线和 JTAG 线，下载.sof 文件到 FPGA 芯片，图像显示的实际效果如图 14.4 所示，图像从左上移动到右下，到达屏幕下边缘后回到起始位置，不断重复。

图 14.4 4.3 寸 TFT 液晶屏图像显示效果

第 15 章 TFT屏显示汉字字符

15.1 任务与要求

本例采用FPGA控制TFT液晶屏，实现汉字字符的显示。首先通过字模提取工具将汉字字模数据存为.mif文件并指定给ROM模块，再从ROM中把字模数据读取至TFT液晶屏显示。

15.2 原理与实现

本例采用4.3寸TFT模块AN430进行汉字字符的显示，其过程如下。

1. 提取汉字字模数据

选择一款字模提取工具，在提取工具的字符输入框中输入要显示的汉字或字符，字体和字符高度可以自定义，设置完成后单击转换按钮，在界面左下角可以看到转换后的字符点阵尺寸大小（点阵的宽度和高度数据在程序中会用到），将文件以*.mif 文件格式保存到当前工程目录下。

2. 字模数据的存储

调用单端口 ROM IP 核来存储字模数据，在 Quartus 主界面的 IP Catalog 栏中找到ROM:1-PORT模块，将该ROM模块命名为osd_rom，在如图15.1所示的页面中设置其宽度和深度，数据宽度设为8，深度设为3604；此深度值应跟上面.mif文件中的深度（DEPTH）保持一致。

在图 15.2 所示的对话框中将之前生成的存储字模数据的 char_osd.mif 文件的路径指示给ROM模块，最后单击Finish按钮，完成ROM模块定制过程，在顶层文件中例化ROM模块。

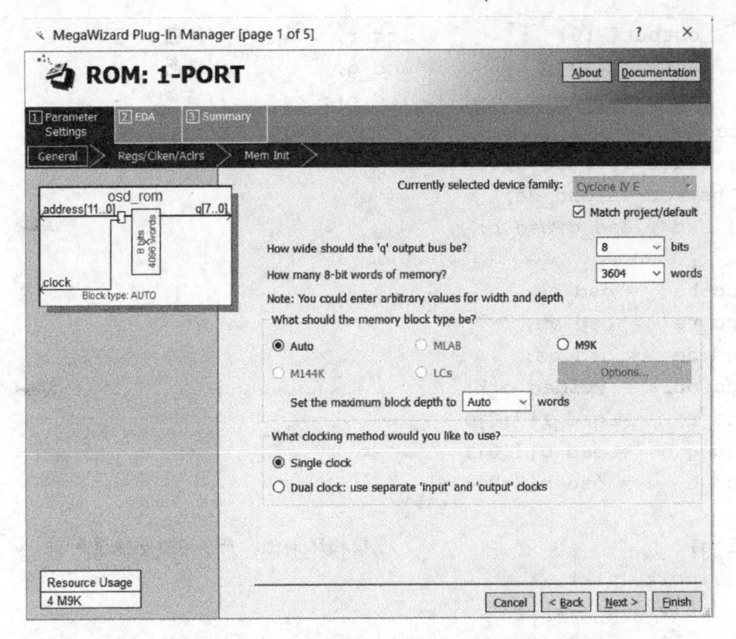

图 15.1 设置字模存储 ROM 模块的数据宽度和深度

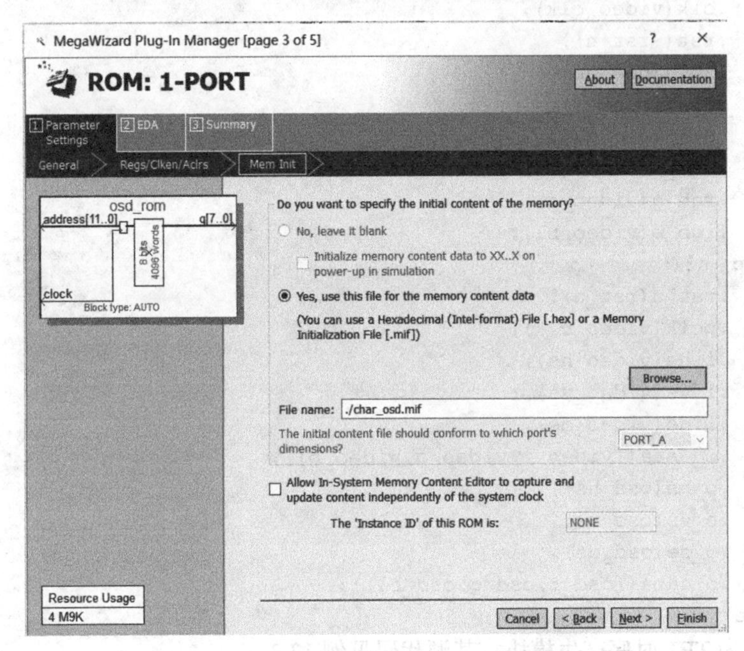

图 15.2 指定 osd_rom 模块的初始化数据文件

3. 汉字字符显示顶层模块

例 15.1 是 TFT 液晶屏显示汉字字符的顶层模块。

【例 15.1】 TFT 液晶屏显示汉字字符顶层模块。

```
`timescale 1ns / 1ps
module tft_char_top(
        input               clk,
        input               rst_n,
        output              lcd_dclk,      //像素时钟信号
        output              lcd_hs,        //行同步
        output              lcd_vs,        //帧同步
        output              lcd_de,        //显示数据有效
```

```
            output[7:0]            lcd_r,          //红色
            output[7:0]            lcd_g,          //绿色
            output[7:0]            lcd_b);         //蓝色
wire  video_clk,video_hs,video_vs,video_de;
wire[7:0] video_r,video_g,video_b;
wire osd_hs,osd_vs,osd_de;
wire[7:0] osd_r,osd_g,osd_b;

assign lcd_hs   = osd_hs;
assign lcd_vs   = osd_vs;
assign lcd_de   = osd_de;
assign lcd_dclk = ~video_clk;
assign lcd_r     = osd_r[7:0];
assign lcd_g     = osd_g[7:0];
assign lcd_b     = osd_b[7:0];

video_pll u1(                            //锁相环例化，产生 9MHz 像素时钟
         .inclk0(clk),
         .c0(video_clk));
tft_timing u2(
         .clk(video_clk),
         .rst(~rst_n),
         .hs(video_hs),
         .vs(video_vs),
         .de(video_de),
         .rgb_r(video_r),
         .rgb_g(video_g),
         .rgb_b(video_b));
char_disp  u3(
         .rst_n(rst_n),
         .pclk(video_clk),
         .i_hs(video_hs),
         .i_vs(video_vs),
         .i_de(video_de),
         .i_data({video_r,video_g,video_b}),
         .o_hs(osd_hs),
         .o_vs(osd_vs),
         .o_de(osd_de),
         .o_data({osd_r,osd_g,osd_b}));
endmodule
```

tft_timing 为 TFT 时序产生模块，其源代码见例 13.2。

4．显示时序和显示位置的控制

char_disp 模块是用来读取存储在 osd_rom 模块里的字模信息，并在指定区域显示，其源代码见例 15.2，例中采用参数指定了汉字字模点阵的宽度和高度。

【例 15.2】 显示时序和显示位置的控制模块。

```
module char_disp(
            input          rst_n,
            input          pclk,
            input[23:0]    wave_color,
            input          adc_clk,
            input          adc_buf_wr,
            input[11:0]    adc_buf_addr,
            input[7:0]     adc_buf_data,
```

```
            input        i_hs,
            input        i_vs,
            input        i_de,
            input[23:0]  i_data,
            output       o_hs,
            output       o_vs,
            output       o_de,
            output[23:0] o_data);
  parameter OSD_WIDTH  = 12'd424;          //汉字字模的宽度
  parameter OSD_HEGIHT = 12'd68;           //汉字字模的高度

  wire[11:0] pos_x,pos_y;
  wire pos_hs,pos_vs,pos_de;
  wire[23:0] pos_data;
  reg[23:0]  v_data;
  reg[11:0]  osd_x,osd_y;
  reg[15:0]  osd_ram_addr;
  wire[7:0]  q;
  reg  region_active,region_active_d0,region_active_d1;
  reg  pos_vs_d0,pos_vs_d1;

  assign o_data = v_data;
  assign o_hs = pos_hs;
  assign o_vs = pos_vs;
  assign o_de = pos_de;
  always@(posedge pclk)
  begin
    if(pos_y>=12'd9&&pos_y<=12'd9+OSD_HEGIHT-12'd1&&pos_x>=12'd9&&pos_x<=
12'd9+OSD_WIDTH-12'd1)
        region_active <= 1'b1;
    else region_active <= 1'b0;
  end
  always@(posedge pclk)
  begin
    region_active_d0 <= region_active;
    region_active_d1 <= region_active_d0;
  end
  always@(posedge pclk)
  begin
    pos_vs_d0 <= pos_vs;
    pos_vs_d1 <= pos_vs_d0;
  end
  always@(posedge pclk)
  begin
    if(region_active_d0 == 1'b1)  osd_x <= osd_x + 12'd1;
    else  osd_x <= 12'd0;
  end
  always@(posedge pclk)
  begin
    if(pos_vs_d1 == 1'b1 && pos_vs_d0 == 1'b0)
        osd_ram_addr <= 16'd0;
    else if(region_active == 1'b1)
        osd_ram_addr <= osd_ram_addr + 16'd1;
  end
  always@(posedge pclk)
```

```
begin
  if(region_active_d0 == 1'b1)
        if(q[osd_x[2:0]] == 1'b1)  v_data <= 24'hff0000;
        else  v_data <= pos_data;
  else  v_data <= pos_data;
end
osd_rom i1(                       //用于存储字模数据的 rom 模块
        .address(osd_ram_addr[15:3]),
        .clock(pclk),
        .q(q));
pos_xy  i2(
        .rst_n(rst_n),
        .clk(pclk),
        .i_hs(i_hs),
        .i_vs(i_vs),
        .i_de(i_de),
        .i_data(i_data),
        .o_hs(pos_hs),
        .o_vs(pos_vs),
        .o_de(pos_de),
        .o_data(pos_data),
        .x(pos_x),
        .y(pos_y));
endmodule
```

pos_xy 子模块用于生成 X 坐标和 Y 坐标将字符显示在显示屏的指定位置，其源代码如例 15.3 所示。

【例 15.3】 pos_xy 子模块。

```
module pos_xy
#( parameter DATA_WIDTH = 24 )                    //图像数据宽度
        (
        input                     rst_n,
        input                     clk,
        input                     i_hs,
        input                     i_vs,
        input                     i_de,
        input[DATA_WIDTH-1:0]     i_data,
        output                    o_hs,
        output                    o_vs,
        output                    o_de,
        output[DATA_WIDTH-1:0]    o_data,
        output[11:0]              x,          //字符位置 X 坐标
        output[11:0]              y           //字符位置 y 坐标
        );
reg de_d0,de_d1;
reg vs_d0,vs_d1;
reg hs_d0,hs_d1;
reg[DATA_WIDTH - 1:0]  i_data_d0;
reg[DATA_WIDTH - 1:0]  i_data_d1;
reg[11:0] x_cnt = 12'd0;
reg[11:0] y_cnt = 12'd0;
wire vs_edge;
```

```
wire de_falling;
assign vs_edge = vs_d0 & ~vs_d1;
assign de_falling = ~de_d0 & de_d1;
assign o_de = de_d1;
assign o_vs = vs_d1;
assign o_hs = hs_d1;
assign o_data = i_data_d1;
always@(posedge clk)
begin
   de_d0 <= i_de;de_d1 <= de_d0;vs_d0 <= i_vs;vs_d1 <= vs_d0;
   hs_d0 <= i_hs;hs_d1 <= hs_d0;i_data_d0 <= i_data;i_data_d1 <= i_data_d0;
end
always@(posedge clk or negedge rst_n)
begin
  if(rst_n == 1'b0)  x_cnt <= 12'd0;
  else if(de_d1 == 1'b1)  x_cnt <= x_cnt + 12'd1;
  else  x_cnt <= 12'd0;
end
always@(posedge clk or negedge rst_n)
begin
  if(rst_n == 1'b0)  y_cnt <= 12'd0;
  else if(vs_edge == 1'b1)  y_cnt <= 12'd0;
  else if(de_falling == 1'b1)  y_cnt <= y_cnt + 12'd1;
  else  y_cnt <= y_cnt;
end
assign x = x_cnt;
assign y = y_cnt;
endmodule
```

15.3 下载与验证

本例基于 4.3 寸 TFT 液晶屏进行了下载验证，显示分辨率为 480 像素×272 像素，加上同步头、消隐等，总分辨率为 525 像素×286 像素，帧刷新率为 60Hz，故像素时钟为 525×286×60≈9MHz，采用锁相环 IP 核 altpll 产生 9MHz 时钟信号，其步骤在上例中做过介绍，具体的设置界面见图 13.6。

FPGA 引脚的分配和锁定与前例（案例 13 和 14）相同，故不再赘述。

TFT 模块用 40 针接口和 FPGA 目标板上的扩展口 J15 相连，对整个项目进行编译，编译成功后，生成配置文件.sof，连接目标板电源线和 JTAG 线，下载.sof 文件到 FPGA 芯片，汉字字符显示的实际效果如图 15.3 所示。

图 15.3 4.3 寸 TFT 液晶屏汉字字符显示效果

第 16 章 OV5640 摄像头的视频采集与 TFT 显示

16.1 任务与要求

本例采用 FPGA 控制 OV5640 摄像头，使其输出分辨率为 480×272（本章省略单位像素）的视频，FPGA 采集视频数据后放入外部 SDRAM 芯片中缓存，输出至 TFT 液晶屏实时显示。

16.2 原理与实现

16.2.1 OV5640 摄像头模块

1. OV5640 摄像头

OV5640 是一款 500 万像素的摄像头模块，该模块采用美国 OmniVision（豪威）公司生产的一颗 1/4 英寸 CMOS（2592×1944）图像传感器 OV5640，配合光学镜头，使其拥有较好的成像质量。

OV5640 摄像头模块具有以下一些特点。

- 自动图像控制功能：自动曝光（AEC）、自动白平衡（AWB）、自动对焦、自动曝光控制（AEC）、自动带通滤波器（ABF）等。
- 支持图像质量控制：色饱和度调节、色调调节、gamma 校准、锐度和镜头校准等。
- 图像输出格式：支持 RawRGB、RGB（RGB565/RGB555/RGB444）、CCIR656、YUV（422/420）、YCbCr（422）和压缩图像（JPEG）等图像输出格式。
- 输出分辨率：支持 QSXGA（2592×1944）、1080p、1280×960、VGA（640×480）、QVGA（320×240）等。
- 支持图像缩放、平移和窗口设置。
- 支持数字视频接口（DVP），支持 SCCB 接口（兼容 I^2C 接口）。

2. OV5640 摄像头模块接口

OV5640 摄像头模块通过一个 2×9 的双排针接口与外部通信，如图 16.1 所示，该接口中各引脚的功能如表 16.1 所示。

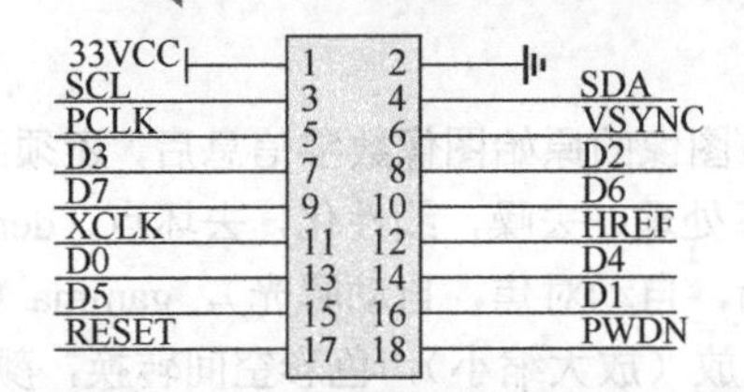

图 16.1　OV5640 摄像头模块接口电路

表 16.1　OV5640 摄像头模块各引脚功能

端　口	功　能
33VCC	3.3V 电源
GND	地线
SCL	SCCB 通信时钟信号，对应 I²C 总线的时钟 SCL 信号，该引脚需要额外提供上拉电阻
SDA	SCCB 通信数据信号，对应 I²C 总线的时钟 SDA 信号，该引脚需要额外提供上拉电阻
D[7:0]	8 位数据输出，数据内容根据不同的模式设置有所不同，需根据具体情况分析
PCLK	像素时钟输出，根据输出模式和分辨率不同，该时钟频率值不同
PWDN	掉电使能（高电平有效），正常工作情况下需将该引脚拉为低电平
VSYNC	帧同步信号，每幅图像开始输出前该信号会产生一个高脉冲，以用作帧同步功能
HREF	行同步信号，该信号在输出一行图像数据的过程中一直保持高电平
RESET	复位信号，低电平有效
XCLK	OV5640 时钟输入引脚，默认为 24MHz，OV5640 片上的锁相环电路会将该时钟倍频到一定频率后供片上各功能电路使用

3．OV5640 摄像头模块内部构成

OV5640 摄像头模块的内部结构如图 16.2 所示，主要包括图像传感器、图像处理器（ISP）、图像输出接口等单元。

1）图像传感器

图像传感器有一个基本的像素矩阵（image array），该像素矩阵共有 2592×1944 即约 500 万个物理像素。在像素矩阵外围，有行选择（row select）模块来选择当前输出哪一行的像素；有列采样（column sample/hold）电路来依次采样每行像素中的每一个像素的感光元件感应结果（模拟信号），并输出到信号放大器（AMP），经 AMP 放大后，送给 10 位的模数转换器（10-bit ADC）进行模数转换。

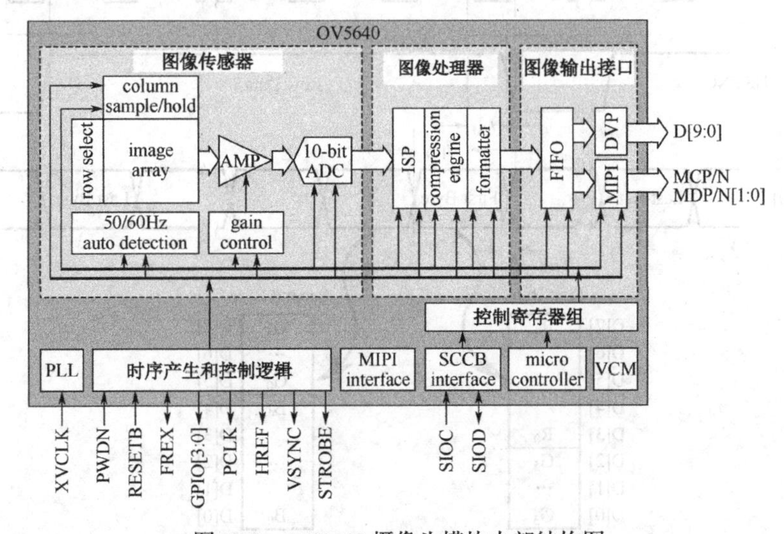

图 16.2　OV5640 摄像头模块内部结构图

2）图像处理器（ISP）

在经过图像传感器得到该图像的原始图像数字信息后，还须经过图像处理器（Image Signal Processor，ISP）单元进行以下处理：去噪，线性化，去坏点，demosaic（将 raw 数据转为 RGB 数据），3A 处理（自动白平衡，自动对焦，自动曝光），gamma（亮度映射曲线），旋转（角度变化），锐化（调整锐度），缩放（放大缩小），色彩空间转换，颜色增强等。

经 ISP 处理之后的图像数据送给压缩引擎（Compression Engine），能够将图像传感器采集到的图像数据按照 JPEG 标准进行压缩，然后再将压缩之后的图像数据输出。压缩引擎属于可选功能，根据需求选择是否使用。对于网络传输、图像存储类应用，可选择压缩处理；而对于视频处理，则使用未经压缩的图像数据更为方便高效。

格式化处理器（Formatter）：为了满足不同应用场景的需求，OV5640 内置了一个图像格式转换器，能够将原始 RAW 数据转换为 RGB888、RGB666、RGB565、RGB555、YUV444、YUV422、YUV420 等格式。进行图像处理时，一般使用 RGB565 格式和 YUV422 格式；RGB565 格式使用 16 位数据来表示一个像素点的红绿蓝分量，而 YUV 格式则是采用色度和亮度分离的格式来表示像素点；在对颜色敏感的应用中，常用 RGB565 格式；而在图像识别中，一般使用灰度信息进行处理，此时常用的图像格式为 YUV422 格式。

3）图像输出接口

图像输出接口分为 DVP 接口和 MIPI 接口两种，实现图像数据的传输。

4）控制接口

控制接口用于接收处理器的各种设置参数，一般采用一种标准的串行摄像头控制总线（Serial Camera Control Bus，SCCB）来作为控制接口。SCCB 总线本身分为三线制和两线制两种工作模式。两线制模式与典型的 I^2C 总线几乎完全一致。

4. OV5640 输出图像的时序

图 16.3 所示为 OV5640 在 DVP 接口模式下输出一行图像数据的时序图。

PCLK：像素时钟，一个 PCLK 时钟，输出一个像素（RAW 格式）或半个像素（RGB565、YUV422 格式）或 1/3 个像素（RGB888、YUV444 格式）。

HREF/HSYNC：行同步信号，当设置 HREF/HSYNC 信号极性为高电平有效时，在其为高电平期间输出一行图像。

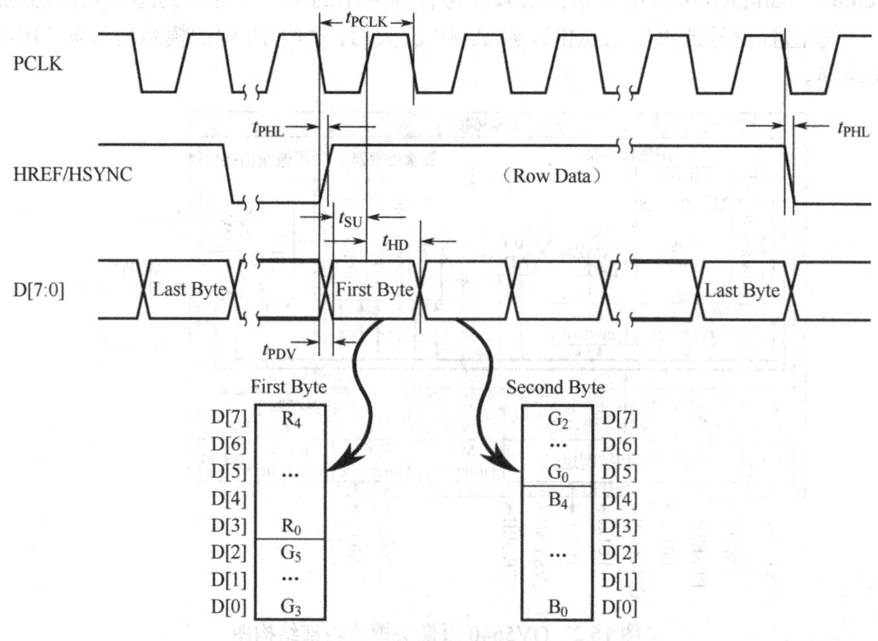

图 16.3　OV5640 行输出时序

从图 16.3 可以看出，图像数据在 HREF 为高电平的时候输出，当 HREF 变高电平后，每来一个 PCLK 时钟，输出一个 8 位（1 字节）数据，输出数据在 PCLK 的上升沿的时候有效。如果采用 RGB565 的输出格式，则每个像素的数据需分两次输出，第 1 字节（Byte）输出为 R4～R0 和 G5～G3，第 2 字节输出为 G2～G0 和 B4～B0，将前后 2 字节拼接起来就是一个像素的颜色（16 位的 RGB565 数据）。

16.2.2　视频采集与显示

1．视频采集与显示系统总体设计

基于 OV5640 的视频采集与显示系统框图如图 16.4 所示，OV5640 摄像头采集视频信息并在 TFT 液晶屏上显示出来，视频信息采用 480×272@30Hz 的 RGB565 输出格式，摄像头和 TFT 屏均采用 FPGA 芯片来控制。

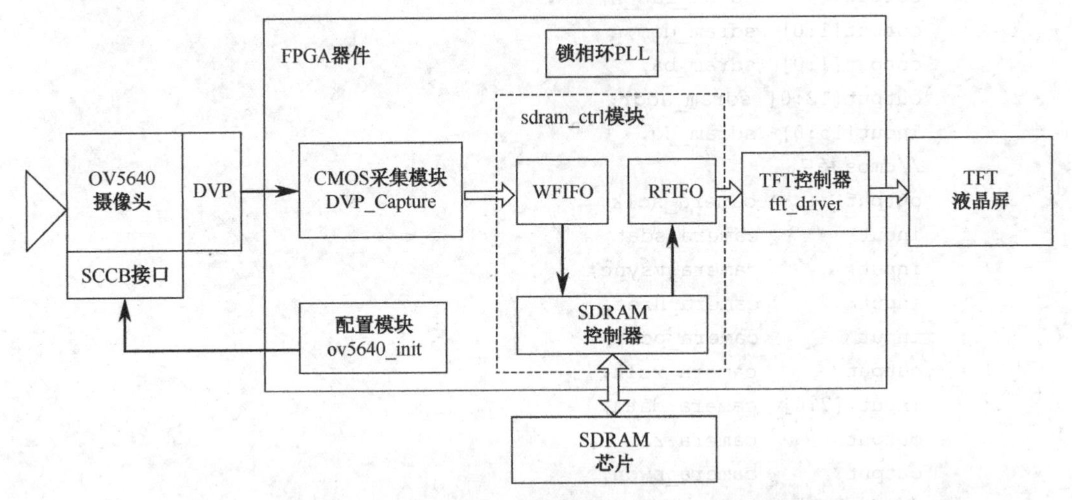

图 16.4　基于 OV5640 的视频采集与显示系统框图

由于图像数据在送往 TFT 液晶屏上显示时，是按像素依次传输的，在显示有效区域每个时钟周期输出一个像素数据，所以常见的处理方式是使用一个图像缓冲区存放完整的图像数据，TFT 控制器在更新屏幕上的数据时只需从缓冲区对应的地址取出数据并送到 TFT 液晶屏即可。本例采用 480×272 的显示分辨率，一屏共有 480×272=130 560 个像素，需要 130 560×16 bits 的存储空间。显然，采用 Cyclone IV E 器件的片上存储器资源实现该存储空间并不现实，需使用外部大容量存储器如 SRAM、SDRAM、DDR SDRAM 等来缓存完整的图像。本例采用目标板上的 SDRAM 芯片实现显示数据的缓存。

设计了两个 FIFO，一个是 WFIFO（写 FIFO），一个是 RFIFO（读 FIFO）。OV5640 摄像头采集的 CMOS 数据（每像素 16 位数据，RGB565 格式）通过 DVP 接口输出至 FPGA，通过 WFIFO 写入到 SDRAM 芯片中缓存。

SDRAM 芯片中的图像数据通过 RFIFO 输出至 TFT 液晶屏进行显示。sdram_ctrl 模块是 SDRAM 控制模块，其功能是通过 RFIFO 把 SDRAM 芯片中的图像数据输出到 TFT 液晶屏进行显示；tft_driver 为 TFT 控制模块，其作用是产生 TFT 屏的显示时序（HS、VS、DE），并把 RGB565 格式转换为 RGB888 格式。

ov5640_init 模块的作用是通过 SCCB 接口对 OV5640 进行初始化设置，并让其图像输出格式为 RGB565。

2．视频采集显示系统顶层模块

例 16.1 是本例的顶层模块，共例化了 5 个子模块：时钟产生模块（pll）、DVP 接口数据传输模块（dvp_capture）、摄像头初始化模块（ov5640_init）、SDRAM控制模块（sdram_ctrl）、TFT显示驱动模块（tft_driver）。

【例16.1】 视频采集显示系统顶层模块。

```
module ov5640_sdram_tft(
        input       clk,
        input        rst_n,
        //SDRAM控制端口
        output        sdram_clk,
        output        sdram_cke,
        output        sdram_cs_n,
        output        sdram_we_n,
        output        sdram_cas_n,
        output        sdram_ras_n,
        output[1:0]  sdram_dqm,
        output[1:0]  sdram_ba,
        output[12:0]  sdram_addr,
        inout[15:0]  sdram_dq,
        //cmos接口
        output        camera_sclk,
        inout        camera_sdat,
        input        camera_vsync,
        input        camera_href,
        input        camera_pclk,
        output        camera_xclk,
        input [7:0]  camera_data,
        output        camera_rst_n,
        output        camera_pwdn,
        //tft接口
        output[23:0] tft_rgb,            //TFT数据输出
        output        tft_hs,            //TFT行同步信号
        output        tft_vs,            //TFT场同步信号
        output        tft_clk,           //TFT像素时钟
        output        tft_de             //TFT数据使能
            );
wire clk_sdr_ctrl;
wire clk_50m;
wire clk_24m;
wire clk_disp;                          //9MHz
assign camera_xclk = clk_24m;
pll  u1(
        .inclk0(clk),
        .c0(clk_sdr_ctrl),
        .c1(sdram_clk),
        .c2(clk_50m),
        .c3(clk_24m),
        .c4(clk_disp));
localparam RGB = 0;
localparam JPEG = 1;
parameter IMAGE_WIDTH  = 480;            //图片宽度
parameter IMAGE_HEIGHT = 272;            //图片高度(≤720)
parameter IMAGE_FLIP   = 0;              //0: 不翻转，1: 上下翻转
```

```
parameter IMAGE_MIRROR = 1;              //0: 不镜像, 1: 左右镜像
    //摄像头初始化配置
wire Init_Done;
ov5640_init
    #( .IMAGE_TYPE(RGB),
        .IMAGE_WIDTH(IMAGE_WIDTH),
        .IMAGE_HEIGHT(IMAGE_HEIGHT),
        .IMAGE_FLIP(IMAGE_FLIP),
        .IMAGE_MIRROR(IMAGE_MIRROR))
    U2(.clk(clk_50m),
        .clr(rst_n),
        .init_done(Init_Done),
        .camera_rst(camera_rst_n),
        .camera_pwdn(camera_pwdn),
        .i2c_sclk(camera_sclk),
        .i2c_sdat(camera_sdat));
        //摄像头图像输出
wire fifo_aclr;
wire fifo_wrreq;
wire [15:0] fifo_wrdata;
dvp_capture u3(
        .clr(Init_Done),
        .pclk(camera_pclk),
        .vsync(camera_vsync),
        .href(camera_href),
        .data(camera_data),
        .imagestate(fifo_aclr),
        .datavalid(fifo_wrreq),
        .datapixel(fifo_wrdata),
        .xaddr( ),
        .yaddr( ));
wire [15:0] RGB_DATA;
wire DataReq;
sdram_ctrl u4(                          //sdram 控制模块
        .CTRL_CLK(clk_sdr_ctrl),        //输入参考时钟, 默认 100MHz
        .RESET_N(rst_n),                //复位输入, 低电平复位
        //FIFO 写入端口
        .WR1_DATA(fifo_wrdata),         //写入端口 1 的数据输入端, 16bit
        .WR1(fifo_wrreq),               //写入端口 1 的写使能端, 高电平写入
        .WR1_ADDR(0),                   //写入端口 1 的写起始地址
        .WR1_MAX_ADDR(IMAGE_WIDTH * IMAGE_HEIGHT), //写入端口 1 的写入最大地址
        .WR1_LENGTH(256),               //一次性写入数据长度
        .WR1_LOAD(fifo_aclr),           //写入端口 1 清零请求, 高电平清零写入地址和 fifo
        .WR1_CLK(camera_pclk),          //写入端口 1  fifo 写入时钟
        .WR1_FULL(),                    //写入端口 1  fifo 写满信号
        .WR1_USE(),                     //写入端口 1  fifo 已经写入的数据长度
        //FIFO 读出端口
        .RD1_DATA(RGB_DATA),            //读出端口 1 的数据输出端, 16bit
        .RD1(DataReq),                  //读出端口 1 的读使能端, 高电平读出
        .RD1_ADDR(0),                   //读出端口 1 的读起始地址
        .RD1_MAX_ADDR(IMAGE_WIDTH * IMAGE_HEIGHT), //读出端口 1 的读出最大地址
```

```
        .RD1_LENGTH(256),            //一次性读出数据长度
        .RD1_LOAD(!rst_n),           //读出端口 1 清零请求，高电平清零读出地址和 fifo
        .RD1_CLK(clk_disp),          //读出端口 1 fifo 读取时钟
        .RD1_EMPTY(),                //读出端口 1 fifo 读空信号
        .RD1_USE(),                  //读出端口 1 fifo 已经还可以读取的数据长度
        //SDRAM 端口
        .SA(sdram_addr),             //SDRAM 地址线
        .BA(sdram_ba),               //SDRAM bank 地址线
        .CS_N(sdram_cs_n),           //SDRAM 片选信号
        .CKE(sdram_cke),             //SDRAM 时钟使能
        .RAS_N(sdram_ras_n),         //SDRAM 行选中信号
        .CAS_N(sdram_cas_n),         //SDRAM 列选中信号
        .WE_N(sdram_we_n),           //SDRAM 写请求信号
        .DQ(sdram_dq),               //SDRAM 双向数据总线
        .DQM(sdram_dqm));            //SDRAM 数据总线高低字节屏蔽信号

tft_driver  u5(                      //TFT 屏显示驱动模块
        .clk(clk_disp),
        .clr(rst_n),
        .data(RGB_DATA),
        .datareq(DataReq),
        .h_addr( ),
        .v_addr( ),
        .tft_hs(tft_hs),
        .tft_vs(tft_vs),
        .tft_data(tft_rgb),
        .tft_de(tft_de),
        .tft_pclk(tft_clk));
endmodule
```

3. 摄像头初始化模块

OV5640 的初始化包括上电控制与内部寄存器配置，上电需严格遵循以下时序要求：

- Reset 置低，复位 OV5640；PWDN 引脚置高；
- DOVDD 和 AVDD 两路最好同时上电；
- 等电源稳定 5ms 后，拉低 PWDN；
- PWDN 置低 1ms 后，拉高 Reset；
- 20ms 后，开始通过 SCCB 读/写 OV5640 的寄存器。

此上电时序要求如图 16.5 所示。

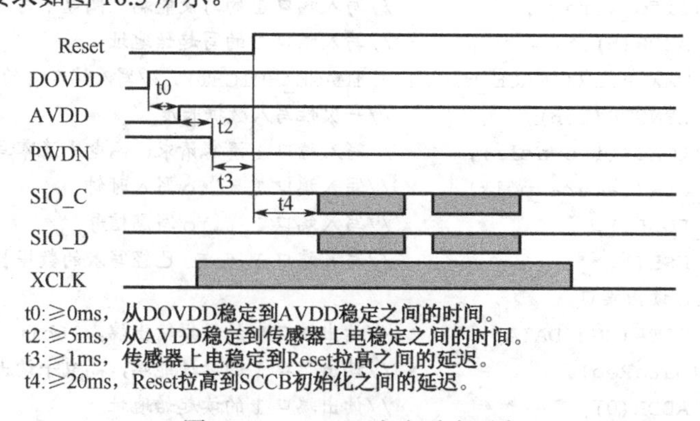

图 16.5 OV5640 上电时序要求

OV5640 的寄存器是通过 FPGA 的 SCCB 接口来配置的，应把摄像头输出分辨率和显示设备分辨率配置成一样的，本例按照 480×272@30Hz 的 RGB565 输出格式对 OV5640 进行配置，具体的代码如例 16.2 和例 16.3 所示。

【例 16.2】　OV5640 摄像头初始化模块。

```
module ov5640_init(
       input    clk,
       input    clr,
       output   reg init_done,
       output   camera_rst,
       output   camera_pwdn,
       output   i2c_sclk,
       inout    i2c_sdat);
assign camera_pwdn = 0;
wire [15:0]addr;
reg wrreg_req, rdreg_req;
wire[7:0] wrdata,rddata;
wire RW_Done,ack;
reg[7:0]cnt;
wire [23:0]lut;
localparam device_id = 8'h78;
localparam addr_mode = 1'b1;
localparam RGB = 0;
localparam JPEG = 1;
parameter IMAGE_TYPE   = RGB;
parameter IMAGE_WIDTH  = 480;
parameter IMAGE_HEIGHT = 272;
parameter IMAGE_FLIP   = 0;
parameter IMAGE_MIRROR = 0;
wire [7:0]lut_size;
    generate
    if(IMAGE_TYPE == RGB)
        begin assign lut_size = 252;
            case ({IMAGE_FLIP[0], IMAGE_MIRROR[0]})
            2'b00:
                begin
                ov5640_table_rgb  i1(
                .addr(cnt),.clk(clk),.q(lut));
                defparam i1.IMAGE_WIDTH = IMAGE_WIDTH;
                defparam i1.IMAGE_HEIGHT = IMAGE_HEIGHT;
                defparam i1.IMAGE_FLIP = 8'h40;
                defparam i1.IMAGE_MIRROR = 4'h7;
                end
            2'b01:
                begin
                ov5640_table_rgb  i1(
                .addr(cnt),.clk(clk),.q(lut));
                defparam i1.IMAGE_WIDTH = IMAGE_WIDTH;
                defparam i1.IMAGE_HEIGHT = IMAGE_HEIGHT;
                defparam i1.IMAGE_FLIP = 8'h40;
                defparam i1.IMAGE_MIRROR = 4'h0;
```

```
                        end
                    2'b10:
                        begin
                        ov5640_table_rgb  i1(
                        .addr(cnt),.clk(clk),.q(lut));
                        defparam i1.IMAGE_WIDTH = IMAGE_WIDTH;
                        defparam i1.IMAGE_HEIGHT = IMAGE_HEIGHT;
                        defparam i1.IMAGE_FLIP = 8'h47;
                        defparam i1.IMAGE_MIRROR = 4'h7;
                        end
                    2'b11:
                        begin
                        ov5640_table_rgb  i1(
                        .addr(cnt),.clk(clk),.q(lut));
                        defparam i1.IMAGE_WIDTH = IMAGE_WIDTH;
                        defparam i1.IMAGE_HEIGHT = IMAGE_HEIGHT;
                        defparam i1.IMAGE_FLIP = 8'h47;
                        defparam i1.IMAGE_MIRROR = 4'h0;
                        end
                    endcase
                end
            else     //IMAGE_TYPE == JPEG
                begin
                assign lut_size = 250;
                case({IMAGE_FLIP[0], IMAGE_MIRROR[0]})
                    2'b00:
                    begin
                        ov5640_table_jpeg  i1(
                        .addr(cnt),.clk(clk),.q(lut));
                        defparam i1.IMAGE_WIDTH = IMAGE_WIDTH;
                        defparam i1.IMAGE_HEIGHT = IMAGE_HEIGHT;
                        defparam i1.IMAGE_FLIP = 8'h40;
                        defparam i1.IMAGE_MIRROR = 4'h7;
                        end
                    2'b01:
                        begin
                        ov5640_table_jpeg  i1(
                        .addr(cnt),.clk(clk),.q(lut));
                        defparam i1.IMAGE_WIDTH = IMAGE_WIDTH;
                        defparam i1.IMAGE_HEIGHT = IMAGE_HEIGHT;
                        defparam i1.IMAGE_FLIP = 8'h40;
                        defparam i1.IMAGE_MIRROR = 4'h0;
                        end
                    2'b10:
                        begin
                        ov5640_table_jpeg  i1(
                        .addr(cnt),.clk(clk),.q(lut));
                        defparam i1.IMAGE_WIDTH = IMAGE_WIDTH;
                        defparam i1.IMAGE_HEIGHT = IMAGE_HEIGHT;
                        defparam i1.IMAGE_FLIP = 8'h47;
```

```
                defparam i1.IMAGE_MIRROR = 4'h7;
                end
            2'b11:
                begin
                ov5640_table_jpeg  i1(
                    .addr(cnt),.clk(clk),.q(lut));
                defparam i1.IMAGE_WIDTH = IMAGE_WIDTH;
                defparam i1.IMAGE_HEIGHT = IMAGE_HEIGHT;
                defparam i1.IMAGE_FLIP = 8'h47;
                defparam i1.IMAGE_MIRROR = 4'h0;
                end
            endcase
        end
    endgenerate
assign addr = lut[23:8];
assign wrdata = lut[7:0];
i2c_control i0(
        .Clk(clk),
        .Rst_n(clr),
        .wrreg_req(wrreg_req),
        .rdreg_req(0),
        .addr(addr),
        .addr_mode(addr_mode),
        .wrdata(wrdata),
        .rddata(rddata),
        .device_id(device_id),
        .RW_Done(RW_Done),
        .ack(ack),
        .i2c_sclk(i2c_sclk),
        .i2c_sdat(i2c_sdat));
wire Go;          //初始化使能
reg [20:0] delay_cnt;
    //上电并复位完成20ms后再配置摄像头,所以从上电到开始配置应该是1.0034+20=21.0034ms
    //这里为了优化逻辑，简化比较器逻辑，直接使延迟比较值为24'h100800，是21.0125ms
always @ (posedge clk or negedge clr)
    if(!clr)  delay_cnt <= 21'd0;
    else if (delay_cnt == 21'h100800)     delay_cnt <= 21'h100800;
    else delay_cnt <= delay_cnt + 1'd1;
    //当延时时间到，开始使能初始化模块对OV5640的寄存器进行写入
assign Go = (delay_cnt == 21'h1007ff) ? 1'b1 : 1'b0;
    //5640要求上电后其复位状态需要保持1ms，所以上电后需要1ms之后再使能释放摄像头的复位
信号
    //这里为了优化逻辑，简化比较器逻辑，直接使延迟比较值为24'hC400，是1.003520ms
assign camera_rst = (delay_cnt > 21'h00C400);
always@(posedge clk or negedge clr)
    if(!clr)  cnt <= 0;
    else if(Go) cnt <= 0;
    else if(cnt < lut_size) begin
        if(RW_Done && (!ack))    cnt <= cnt + 1'b1;
        else cnt <= cnt;
```

```
    end
    else cnt <= 0;
always@(posedge clk or negedge clr)
    if(!clr) init_done <= 0;
    else if(Go) init_done <= 0;
    else if(cnt == lut_size) init_done <= 1;
reg [1:0]state;
always@(posedge clk or negedge clr)
    if(!clr) begin state <= 0; wrreg_req <= 1'b0; end
    else if(cnt < lut_size)begin
    case(state)
        0:if(Go) state <= 1; else state <= 0;
        1:begin  wrreg_req <= 1'b1;state <= 2; end
        2:begin wrreg_req <= 1'b0;
                if(RW_Done) state <= 1;else state <= 2;end
        default:state <= 0;
    endcase
    end
    else state <= 0;
endmodule
```

【例 16.3】 ov5640_table_rgb 子模块。

```
module ov5640_table_rgb(
         input[(ADDR_WIDTH-1):0]       addr,
         input                         clk,
         output reg[(DATA_WIDTH-1):0] q);
parameter DATA_WIDTH=24;
parameter ADDR_WIDTH=8;
parameter IMAGE_WIDTH = 16'd480;
parameter IMAGE_HEIGHT = 16'd272;
parameter IMAGE_FLIP = 8'h40;
parameter IMAGE_MIRROR = 4'h7;
reg [DATA_WIDTH-1:0] rom[2**ADDR_WIDTH-1:0];
initial  begin
    rom[0 ] = 24'h3103_11;
    rom[1 ] = 24'h3008_82;
    rom[2 ] = 24'h3008_42;
    rom[3 ] = 24'h3103_03;
    rom[4 ] = 24'h3017_ff;
    rom[5 ] = 24'h3018_ff;
    rom[6 ] = 24'h3034_1a;       // MIPI 10-bit
    rom[7 ] = 24'h3037_13;
    rom[8]= 24'h3108_01;
    rom[9 ] = 24'h3630_36;
    rom[10] = 24'h3631_0e;
    rom[11] = 24'h3632_e2;
    rom[12] = 24'h3633_12;
    rom[13] = 24'h3621_e0;
    rom[14] = 24'h3704_a0;
    rom[15] = 24'h3703_5a;
    rom[16] = 24'h3715_78;
```

```
        rom[17] = 24'h3717_01;
        rom[18] = 24'h370b_60;
        rom[19] = 24'h3705_1a;
        rom[20] = 24'h3905_02;
        rom[21] = 24'h3906_10;
        rom[22] = 24'h3901_0a;
        rom[23] = 24'h3731_12;
        rom[24] = 24'h3600_08;    // VCM control
        rom[25] = 24'h3601_33;    // VCM control
        rom[26] = 24'h302d_60;    // system control
        rom[27] = 24'h3620_52;
        rom[28] = 24'h371b_20;
        rom[29] = 24'h471c_50;
        rom[30] = 24'h3a13_43;
        rom[31] = 24'h3a18_00;
        rom[32] = 24'h3a19_f8;
        rom[33] = 24'h3635_13;
        rom[34] = 24'h3636_03;
        rom[35] = 24'h3634_40;
        rom[36] = 24'h3622_01;
        //50、60Hz灯光条纹过滤
        rom[37] = 24'h3c01_34;
        rom[38] = 24'h3c04_28;
        rom[39] = 24'h3c05_98;
        rom[40] = 24'h3c06_00;
        rom[41] = 24'h3c07_08;
        rom[42] = 24'h3c08_00;
        rom[43] = 24'h3c09_1c;
        rom[44] = 24'h3c0a_9c;
        rom[45] = 24'h3c0b_40;
        rom[46] = 24'h3810_00;
        rom[47] = 24'h3811_10;
        rom[48] = 24'h3812_00;
        rom[49] = 24'h3708_64;
        rom[50] = 24'h4001_02;
        rom[51] = 24'h4005_1a;
        rom[52] = 24'h3000_00;
        rom[53] = 24'h3004_ff;
        rom[54] = 24'h300e_58;
        rom[55] = 24'h302e_00;
        /*  OV5640输出图像模式：是通过0x4300寄存器设置的，其中bit[7:4]设置图像输出格式（比
如RGB565、YUV422等），bit[3:0]设置每个格式下输出像素内容的顺序。此处设置为0x61，表示采用RGB565
格式，且输出高字节为{r[4:0],g[5:3]}，低字节为{g[2:0],b[4:0]}   */
        rom[56] = 24'h4300_61;   //RGB565
        rom[57] = 24'h501f_01;   //RGB565
        rom[58] = 24'h440e_00;
        rom[59] = 24'h5000_a7;  //Lenc on,raw gamma on,BPC on,WPC on,CIP on
        //AEC target 自动曝光控制
        rom[60] = 24'h3a0f_30;
        rom[61] = 24'h3a10_28;
```

```
rom[62] = 24'h3a1b_30;
rom[63] = 24'h3a1e_26;
rom[64] = 24'h3a11_60;
rom[65] = 24'h3a1f_14;
//镜头补偿
rom[66 ] = 24'h5800_23;rom[67 ] = 24'h5801_14;
rom[68 ] = 24'h5802_0f;rom[69 ] = 24'h5803_0f;
rom[70 ] = 24'h5804_12;rom[71 ] = 24'h5805_26;
rom[72 ] = 24'h5806_0c;rom[73 ] = 24'h5807_08;
rom[74 ] = 24'h5808_05;rom[75 ] = 24'h5809_05;
rom[76 ] = 24'h580a_08;rom[77 ] = 24'h580b_0d;
rom[78 ] = 24'h580c_08;rom[79 ] = 24'h580d_03;
rom[80 ] = 24'h580e_00;rom[81 ] = 24'h580f_00;
rom[82 ] = 24'h5810_03;rom[83 ] = 24'h5811_09;
rom[84 ] = 24'h5812_07;rom[85 ] = 24'h5813_03;
rom[86 ] = 24'h5814_00;rom[87 ] = 24'h5815_01;
rom[88 ] = 24'h5816_03;rom[89 ] = 24'h5817_08;
rom[90 ] = 24'h5818_0d;rom[91 ] = 24'h5819_08;
rom[92 ] = 24'h581a_05;rom[93 ] = 24'h581b_06;
rom[94 ] = 24'h581c_08;rom[95 ] = 24'h581d_0e;
rom[96 ] = 24'h581e_29;rom[97 ] = 24'h581f_17;
rom[98 ] = 24'h5820_11;rom[99 ] = 24'h5821_11;
rom[100] = 24'h5822_15;rom[101] = 24'h5823_28;
rom[102] = 24'h5824_46;rom[103] = 24'h5825_26;
rom[104] = 24'h5826_08;rom[105] = 24'h5827_26;
rom[106] = 24'h5828_64;rom[107] = 24'h5829_26;
rom[108] = 24'h582a_24;rom[109] = 24'h582b_22;
rom[110] = 24'h582c_24;rom[111] = 24'h582d_24;
rom[112] = 24'h582e_06;rom[113] = 24'h582f_22;
rom[114] = 24'h5830_40;rom[115] = 24'h5831_42;
rom[116] = 24'h5832_24;rom[117] = 24'h5833_26;
rom[118] = 24'h5834_24;rom[119] = 24'h5835_22;
rom[120] = 24'h5836_22;rom[121] = 24'h5837_26;
rom[122] = 24'h5838_44;rom[123] = 24'h5839_24;
rom[124] = 24'h583a_26;rom[125] = 24'h583b_28;
rom[126] = 24'h583c_42;rom[127] = 24'h583d_ce; // lenc BR offset
//AWB 自动白平衡
rom[128] = 24'h5180_ff;  //AWB B block
rom[129] = 24'h5181_f2;  //AWB control
rom[130] = 24'h5182_00;
rom[131] = 24'h5183_14;  //AWB advanced
rom[132] = 24'h5184_25;
rom[133] = 24'h5185_24;
rom[134] = 24'h5186_09;
rom[135] = 24'h5187_09;
rom[136] = 24'h5188_09;
rom[137] = 24'h5189_75;
rom[138] = 24'h518a_54;
rom[139] = 24'h518b_e0;
rom[140] = 24'h518c_b2;
```

```
rom[141] = 24'h518d_42;
rom[142] = 24'h518e_3d;
rom[143] = 24'h518f_56;
rom[144] = 24'h5190_46;
rom[145] = 24'h5191_f8;  // AWB top limit
rom[146] = 24'h5192_04;  // AWB bottom limit
rom[147] = 24'h5193_70;  // red limit
rom[148] = 24'h5194_f0;  // green limit
rom[149] = 24'h5195_f0;  // blue limit
rom[150] = 24'h5196_03;  // AWB control
rom[151] = 24'h5197_01;  // local limit
rom[152] = 24'h5198_04;
rom[153] = 24'h5199_12;
rom[154] = 24'h519a_04;
rom[155] = 24'h519b_00;
rom[156] = 24'h519c_06;
rom[157] = 24'h519d_82;
rom[158] = 24'h519e_38;
//Gamma 伽马曲线
rom[159] = 24'h5480_01;
rom[160] = 24'h5481_08;  rom[161] = 24'h5482_14;
rom[162] = 24'h5483_28;  rom[163] = 24'h5484_51;
rom[164] = 24'h5485_65;  rom[165] = 24'h5486_71;
rom[166] = 24'h5487_7d;  rom[167] = 24'h5488_87;
rom[168] = 24'h5489_91;  rom[169] = 24'h548a_9a;
rom[170] = 24'h548b_aa;  rom[171] = 24'h548c_b8;
rom[172] = 24'h548d_cd;  rom[173] = 24'h548e_dd;
rom[174] = 24'h548f_ea;  rom[175] = 24'h5490_1d;
// 色彩矩阵
rom[176] = 24'h5381_1e; // CMX1 for Y
rom[177] = 24'h5382_5b; // CMX2 for Y
rom[178] = 24'h5383_08; // CMX3 for Y
rom[179] = 24'h5384_0a; // CMX4 for U
rom[180] = 24'h5385_7e; // CMX5 for U
rom[181] = 24'h5386_88; // CMX6 for U
rom[182] = 24'h5387_7c; // CMX7 for V
rom[183] = 24'h5388_6c; // CMX8 for V
rom[184] = 24'h5389_10; // CMX9 for V
rom[185] = 24'h538a_01; // sign[9]
rom[186] = 24'h538b_98; // sign[8:1]
//UV 色彩饱和度调整
rom[187] = 24'h5580_06;
rom[188] = 24'h5583_40;
rom[189] = 24'h5584_10;
rom[190] = 24'h5589_10;
rom[191] = 24'h558a_00;
rom[192] = 24'h558b_f8;
rom[193] = 24'h501d_40;
//CIP 锐化和降噪
rom[194] = 24'h5300_08;
```

```
        rom[195] = 24'h5301_30;
        rom[196] = 24'h5302_10;
        rom[197] = 24'h5303_00;
        rom[198] = 24'h5304_08;
        rom[199] = 24'h5305_30;
        rom[200] = 24'h5306_08;
        rom[201] = 24'h5307_16;
        rom[202] = 24'h5309_08;
        rom[203] = 24'h530a_30;
        rom[204] = 24'h530b_04;
        rom[205] = 24'h530c_06;
        rom[206] = 24'h5025_00;
        rom[207] = 24'h3008_02;
        /*修改帧率:OV5640的图像输出帧率可通过修改地址为0x3035、0x3036寄存器的值来修改，该寄存器实际上是设置了OV5640片上PLL的各种分频和倍频系数，在典型配置模式下，当输入时钟XCLK的信号频率为24MHz时，设置0x3035寄存器的值若设为0x21，则设置输出帧率为30帧每秒(fps)，若设为0x41，则设置输出帧率为15fps，若设为0x81，则设置输出帧率为7.5fps，PCLK 42MHz   */
        rom[208] = 24'h3035_21;   //PLL，21:30fps  41:15fps  81:7.5fps
        rom[209] = 24'h3036_69;   //PLL
        rom[210] = 24'h3c07_07;   // lightmeter 1 threshold[7:0]
        /*镜像和翻转功能是通过设置寄存器0x3820和0x3821的值实现的。上电时，0x3820的值默认为0x40,0x3821的值默认为0x00。0x3820寄存器的bit2和bit1分别设置ISP和传感器的翻转,0x3821寄存器的bit2和bit1分别设置ISP和传感器的镜像 */
        rom[211] = 24'h3820_47;   //设置翻转(flip)功能
        rom[212] = 24'h3821_01;   //设置镜像(mirror)
        rom[213] = 24'h3814_31;   // timing X inc
        rom[214] = 24'h3815_31;   // timing Y inc
        rom[215] = 24'h3800_00;   // HS
        rom[216] = 24'h3801_00;   // HS
        rom[217] = 24'h3802_00;   // VS
        rom[218] = 24'h3803_fa;   // VS
        rom[219] = 24'h3804_0a;
        rom[220] = 24'h3805_3f;
        rom[221] = 24'h3806_06;
        rom[222] = 24'h3807_a9;
        rom[223] = {24'h380801};
        rom[224] = {24'h3809e0};
        rom[225] = {24'h380a01};
        rom[226] = {24'h380b10};
        rom[227] = 24'h380c_07;
        rom[228] = 24'h380d_68;
        rom[229] = 24'h380e_03;
        rom[230] = 24'h380f_d8;
        rom[231] = 24'h3813_08;
        rom[232] = 24'h3618_00;
        rom[233] = 24'h3612_29;
        rom[234] = 24'h3709_52;
        rom[235] = 24'h370c_03;
        rom[236] = 24'h3a02_17;    // 60Hz max exposure
        rom[237] = 24'h3a03_10;    // 60Hz max exposure
```

```
    rom[238] = 24'h3a14_17;    // 50Hz max exposure
    rom[239] = 24'h3a15_10;    // 50Hz max exposure
    rom[240] = 24'h4004_02;   // BLC line number
    rom[241] = 24'h3002_1c;   // reset JFIFO, SFIFO, JPG
    rom[242] = 24'h3006_c3;   // disable clock of JPEG2x, JPEG
    rom[243] = 24'h4713_03;   // JPEG mode 3
    rom[244] = 24'h4407_04;   // Quantization scale
    rom[245] = 24'h460b_35;
    rom[246] = 24'h460c_22;
    rom[247] = 24'h4837_22;
    rom[248] = 24'h3824_02;
    rom[249] = 24'h5001_a3;
    rom[250] = 24'h3503_00;
    rom[251] = 24'h3016_02;
    rom[252] = 24'h3b07_0a;
    rom[253] = 24'h3b00_83;
    rom[254] = 24'h3b00_00;
    rom[255] = 24'hffff_ff;
    end
always @(posedge clk)
   begin q <= rom[addr];  end
endmodule
```

4. DVP 接口模块（dvp_capture）

【例 16.4】 DVP 接口模块。

```
module dvp_capture(
        input clr,
        input pclk,
        input vsync,
        input href,
        input [7:0] data,
        output reg imagestate,
        output datavalid,
        output [15:0] datapixel,
        output [11:0] xaddr,yaddr);
reg r_Vsync, r_Href;
reg [7:0]r_Data;
reg [15:0]r_DataPixel;
reg r_DataValid;
reg [12:0]Hcount;
reg [11:0]Vcount;
reg [3:0]FrameCnt;
reg dump_frame;
    //等到初始化摄像完成且头场同步信号出现，释放清零信号，开始写入数据
always@(posedge pclk or negedge clr)
    if (!clr)    imagestate <= 1'b1;
    else if(r_Vsync) imagestate <= 1'b0;
    //对 DVP 接口的数据使用寄存器打一拍，用信号边沿检测功能
always@(posedge pclk)
    begin r_Vsync <= vsync;r_Href <= href;r_Data <= data;end
```

```
    //在 HREF 为高电平时，计数输出数据个数
  always@(posedge pclk or negedge clr)
      if(!clr) Hcount <= 0;
      else if(r_Href)  Hcount <= Hcount + 1'd1;
      elseHcount <= 0;
      /*根据计数器的计数值奇数和偶数的区别，在计数器为偶数时，将 DVP 接口数据端口上的数据存到
输出像素数据的高字节，在计数器为奇数时，将 DVP 接口数据端口上的数据存到输出像素数据的低字节*/
  always@(posedge pclk or negedge clr)
      if(!clr) r_DataPixel <= 0;
      else if(!Hcount[0])  r_DataPixel[15:8] <= r_Data;
      else r_DataPixel[7:0] <= r_Data;
      /*在行计数器计数值为奇数，且 HREF 高电平期间，产生输出数据有效信号*/
  always@(posedge pclk or negedge clr)
      if(!clr) r_DataValid <= 0;
      else if(Hcount[0] && r_Href) r_DataValid <= 1;
      elser_DataValid <= 0;
      /*使用 Vcount 计数器对 HREF 信号的高电平进行计数，统计一帧图像中的每一行图像的行号*/
  always@(posedge pclk or negedge clr)
      if(!clr) Vcount <= 0;
      else if(r_Vsync) Vcount <= 0;
      else if({r_Href,href} == 2'b01)  Vcount <= Vcount + 1'd1;
      else Vcount <= Vcount;
      /*输出 X 地址*/
  assign yaddr = Vcount;
      /*由于一行 N 个像素的图像输出 2N 个数据，所以 Hcount 计数值为 N 的 2 倍，
  将该计数值除以 2 后即可作为 Xaddr 输出*/
  assign xaddr = Hcount[12:1];
      /*帧计数器，对每次系统开始运行后的前 10 帧图像进行计数*/
  always@(posedge pclk or negedge clr)
      if(!clr) FrameCnt <= 0;
      else if({r_Vsync,vsync}== 2'b01)begin
          if(FrameCnt >= 10)   FrameCnt <= 4'd10;
          else FrameCnt <= FrameCnt + 1'd1;
      end
      else FrameCnt <= FrameCnt;
      /*舍弃每次系统开始运行后的前 10 帧图像的数据，以确保输出图像稳定*/
      always@(posedge pclk or negedge clr)
      if(!clr) dump_frame <= 0;
      else if(FrameCnt >= 10)  dump_frame <= 1'd1;
      else dump_frame <= 0;
  assign datapixel = r_DataPixel;
  assign datavalid = r_DataValid & dump_frame;
  endmodule
```

5. TFT 显示驱动模块（tft_driver）

tft_driver 模块的作用是产生 TFT 屏的显示时序（HS、VS、DE）。

【例 16.5】 TFT 显示驱动模块。

```
`include "tft_parameter_cfg.v"
module tft_driver(
        input clk,
```

```
        input clr,
        input [15:0] data,
        output datareq,
        output [11:0] h_addr,v_addr,
        output reg tft_hs,tft_vs,
        output reg [23:0] tft_data,
        output reg tft_de,
        output tft_pclk);
wire hcount_ov, vcount_ov;
//----------------内部寄存器定义----------------
reg [11:0] hcount_r;    //行扫描计数器
reg [11:0] vcount_r;    //场扫描计数器
assign tft_pclk = clk;
assign datareq = tft_de;
parameter hdat_begin=`H_Sync_Time+`H_Back_Porch+`H_Left_Border - 1'b1;
parameter hdat_end=`H_Total_Time-`H_Right_Border-`H_Front_Porch - 1'b1;
parameter vdat_begin=`V_Sync_Time+`V_Back_Porch+`V_Top_Border-1'b1;
parameter vdat_end=`V_Total_Time-`V_Bottom_Border-`V_Front_Porch-1'b1;
assign h_addr = tft_de?(hcount_r - hdat_begin):12'd0;
assign v_addr = tft_de?(vcount_r - vdat_begin):12'd0;
    //行扫描
assign hcount_ov = (hcount_r >= `H_Total_Time - 1);
always@(posedge clk or negedge clr)
begin
    if(!clr)  hcount_r <= 0;
    else if(hcount_ov)   hcount_r <= 0;
    else  hcount_r <= hcount_r + 1'b1;
end
    //帧扫描
assign vcount_ov = (vcount_r >= `V_Total_Time - 1);
always@(posedge clk or negedge clr)
begin
    if(!clr)  vcount_r <= 0;
    else if(hcount_ov) begin if(vcount_ov)    vcount_r <= 0;
        else  vcount_r <= vcount_r + 1'd1;end
    else vcount_r <= vcount_r;
end
always@(posedge clk)
begin
    tft_de <= ((hcount_r >= hdat_begin)&&(hcount_r < hdat_end))
                &&((vcount_r >= vdat_begin)&&(vcount_r < vdat_end));
end
always@(posedge clk)
begin
    tft_hs <= (hcount_r > `H_Sync_Time - 1);
    tft_vs <= (vcount_r > `V_Sync_Time - 1);
tft_data <= (tft_de)?{data[15:11],3'd0,data[10:5],2'd0,data[4:0],3'd0}:1'd0;
end
endmodule
```

【例 16.6】 tft_parameter_cfg.v 模块源代码。

```
`define HW_TFT43
`define MODE_RGB888
`ifdef HW_TFT43          //使用 4.3 寸 480*272 分辨率显示屏
    `define Resolution_480x272 1 //时钟为 9MHz
`elsif HW_TFT50          //使用 5 寸 800*480 分辨率显示屏
    `define Resolution_800x480 1 //时钟为 33MHz
`endif
//定义不同的颜色深度
`ifdef MODE_RGB888
    `define Red_Bits 8
    `define Green_Bits 8
    `define Blue_Bits 8
`elsif MODE_RGB565
    `define Red_Bits 5
    `define Green_Bits 6
    `define Blue_Bits 5
`endif
//定义不同分辨率的时序参数
`ifdef Resolution_480x272
    `define H_Total_Time  12'd525
    `define H_Right_Border  12'd0
    `define H_Front_Porch  12'd2
    `define H_Sync_Time  12'd41
    `define H_Back_Porch  12'd2
    `define H_Left_Border  12'd0
    `define V_Total_Time  12'd286
    `define V_Bottom_Border  12'd0
    `define V_Front_Porch  12'd2
    `define V_Sync_Time  12'd10
    `define V_Back_Porch  12'd2
    `define V_Top_Border  12'd0
`elsif Resolution_640x480
    `define H_Total_Time  12'd800
    `define H_Right_Border  12'd8
    `define H_Front_Porch  12'd8
    `define H_Sync_Time  12'd96
    `define H_Back_Porch  12'd40
    `define H_Left_Border  12'd8
    `define V_Total_Time  12'd525
    `define V_Bottom_Border  12'd8
    `define V_Front_Porch  12'd2
    `define V_Sync_Time  12'd2
    `define V_Back_Porch  12'd25
    `define V_Top_Border  12'd8
`elsif Resolution_800x480
    `define H_Total_Time 12'd1056
    `define H_Right_Border 12'd0
    `define H_Front_Porch 12'd40
    `define H_Sync_Time 12'd128
```

```
    `define H_Back_Porch 12'd88
    `define H_Left_Border 12'd0
    `define V_Total_Time 12'd525
    `define V_Bottom_Border 12'd8
    `define V_Front_Porch 12'd2
    `define V_Sync_Time 12'd2
    `define V_Back_Porch 12'd25
    `define V_Top_Border 12'd8
`endif
```

6. 其他模块

限于篇幅，本例其他模块不再详述，具体可参考本例的工程文件。

C4_MB 板上的 SDRAM 型号为 H57V2562GTR-75C，其容量为 256Mbits，工作时钟为 133MHz。图 16.6 展示了 SDRAM 和 FPGA 之间的连接关系，编写 SDRAM 芯片控制程序，产生必要的 SDRAM 芯片读写时序，并例化写 FIFO 模块和读 FIFO 模块。

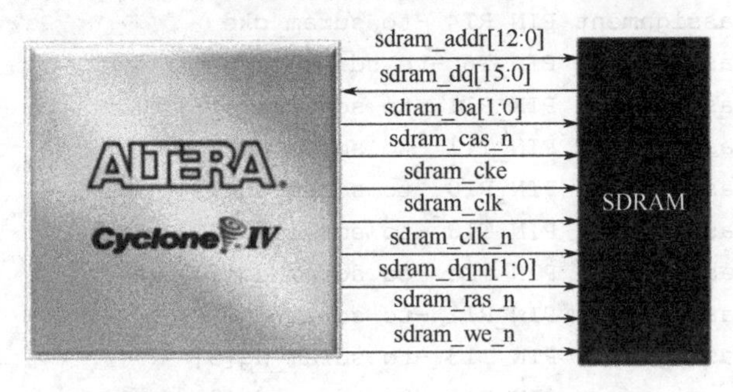

图 16.6 SDRAM 和 FPGA 之间的连接关系

采用 altpll 锁相环模块产生系统各级时钟频率，产生 C0～C4 共 5 个时钟信号，如图 16.7 所示，输入时钟 inclk0 的频率为 50MHz，芯片系列选择 Cyclone IV E 系列，C0～C4 分别作为 SDRAM 控制模块时钟（100MHz）、SDRAM 芯片主时钟（100MHz）、OV5640 摄像头主时钟（50MHz）、OV5640 像素时钟（24MHz）、TFT 显示屏像素时钟（9MHz）。

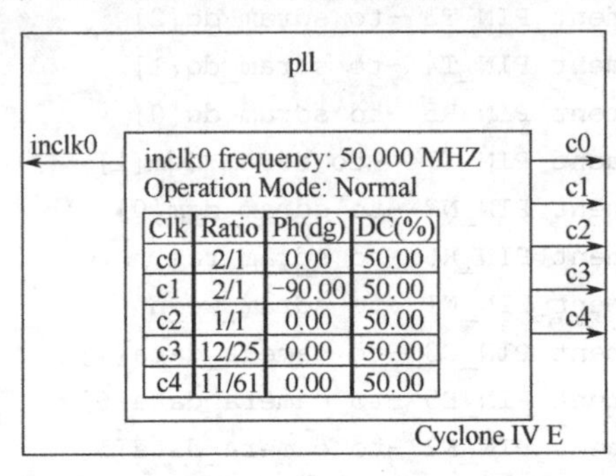

Clk	Ratio	Ph(dg)	DC(%)
c0	2/1	0.00	50.00
c1	2/1	-90.00	50.00
c2	1/1	0.00	50.00
c3	12/25	0.00	50.00
c4	11/61	0.00	50.00

图 16.7 采用 altpll 锁相环产生系统各级时钟

16.3 下载与验证

将 4.3 寸 TFT 显示屏、摄像头与 FPGA 目标板相关接口连接，本例的引脚锁定如下：

```
set_location_assignment PIN_E1 -to clk
set_location_assignment PIN_E16 -to rst_n
set_location_assignment PIN_R4 -to sdram_clk
set_location_assignment PIN_T15 -to sdram_addr[12]
```

```
set_location_assignment PIN_R16 -to sdram_addr[11]
set_location_assignment PIN_R8 -to sdram_addr[10]
set_location_assignment PIN_P15 -to sdram_addr[9]
set_location_assignment PIN_P16 -to sdram_addr[8]
set_location_assignment PIN_N15 -to sdram_addr[7]
set_location_assignment PIN_N16 -to sdram_addr[6]
set_location_assignment PIN_L15 -to sdram_addr[5]
set_location_assignment PIN_L16 -to sdram_addr[4]
set_location_assignment PIN_R9 -to sdram_addr[3]
set_location_assignment PIN_T9 -to sdram_addr[2]
set_location_assignment PIN_P9 -to sdram_addr[1]
set_location_assignment PIN_T8 -to sdram_addr[0]
set_location_assignment PIN_T7 -to sdram_ba[1]
set_location_assignment PIN_R7 -to sdram_ba[0]
set_location_assignment PIN_T5 -to sdram_cas_n
set_location_assignment PIN_R14 -to sdram_cke
set_location_assignment PIN_T6 -to sdram_cs_n
set_location_assignment PIN_R11 -to sdram_dq[15]
set_location_assignment PIN_T11 -to sdram_dq[14]
set_location_assignment PIN_R10 -to sdram_dq[13]
set_location_assignment PIN_T10 -to sdram_dq[12]
set_location_assignment PIN_T12 -to sdram_dq[11]
set_location_assignment PIN_R12 -to sdram_dq[10]
set_location_assignment PIN_T13 -to sdram_dq[9]
set_location_assignment PIN_R13 -to sdram_dq[8]
set_location_assignment PIN_P1 -to sdram_dq[7]
set_location_assignment PIN_P2 -to sdram_dq[6]
set_location_assignment PIN_R1 -to sdram_dq[5]
set_location_assignment PIN_T2 -to sdram_dq[4]
set_location_assignment PIN_R3 -to sdram_dq[3]
set_location_assignment PIN_T3 -to sdram_dq[2]
set_location_assignment PIN_T4 -to sdram_dq[1]
set_location_assignment PIN_R5 -to sdram_dq[0]
set_location_assignment PIN_T14 -to sdram_dqm[1]
set_location_assignment PIN_N2 -to sdram_dqm[0]
set_location_assignment PIN_R6 -to sdram_ras_n
set_location_assignment PIN_N1 -to sdram_we_n
set_location_assignment PIN_C3 -to camera_data[7]
set_location_assignment PIN_E5 -to camera_data[6]
set_location_assignment PIN_F2 -to camera_data[5]
set_location_assignment PIN_F3 -to camera_data[4]
set_location_assignment PIN_M1 -to camera_data[3]
set_location_assignment PIN_D4 -to camera_data[2]
set_location_assignment PIN_G5 -to camera_data[1]
set_location_assignment PIN_F5 -to camera_data[0]
set_location_assignment PIN_D1 -to camera_href
set_location_assignment PIN_D5 -to camera_pclk
set_location_assignment PIN_G2 -to camera_pwdn
set_location_assignment PIN_F1 -to camera_rst_n
set_location_assignment PIN_C6 -to camera_sclk
```

```
set_location_assignment PIN_D6 -to camera_sdat
set_location_assignment PIN_F6 -to camera_vsync
set_location_assignment PIN_D3 -to camera_xclk
set_location_assignment PIN_D9 -to tft_rgb[23]
set_location_assignment PIN_C9 -to tft_rgb[22]
set_location_assignment PIN_E9 -to tft_rgb[21]
set_location_assignment PIN_F9 -to tft_rgb[20]
set_location_assignment PIN_F7 -to tft_rgb[19]
set_location_assignment PIN_E8 -to tft_rgb[18]
set_location_assignment PIN_D8 -to tft_rgb[17]
set_location_assignment PIN_E7 -to tft_rgb[16]
set_location_assignment PIN_D14 -to tft_rgb[15]
set_location_assignment PIN_F10 -to tft_rgb[14]
set_location_assignment PIN_C14 -to tft_rgb[13]
set_location_assignment PIN_E11 -to tft_rgb[12]
set_location_assignment PIN_D12 -to tft_rgb[11]
set_location_assignment PIN_D11 -to tft_rgb[10]
set_location_assignment PIN_C11 -to tft_rgb[9]
set_location_assignment PIN_E10 -to tft_rgb[8]
set_location_assignment PIN_J11 -to tft_rgb[7]
set_location_assignment PIN_G16 -to tft_rgb[6]
set_location_assignment PIN_K10 -to tft_rgb[5]
set_location_assignment PIN_K9 -to tft_rgb[4]
set_location_assignment PIN_G11 -to tft_rgb[3]
set_location_assignment PIN_F14 -to tft_rgb[2]
set_location_assignment PIN_F13 -to tft_rgb[1]
set_location_assignment PIN_F11 -to tft_rgb[0]
set_location_assignment PIN_J12 -to tft_clk
set_location_assignment PIN_K11 -to tft_de
set_location_assignment PIN_J13 -to tft_hs
set_location_assignment PIN_J14 -to tft_vs
set_location_assignment PIN_M12 -to tft_pwm
```

编译成功后，生成配置文件.sof，连接目标板电源线和 JTAG 线，下载配置文件至 FPGA 芯片，OV5640 摄像头视频采集的 TFT 显示实际效果如图 16.8 所示。

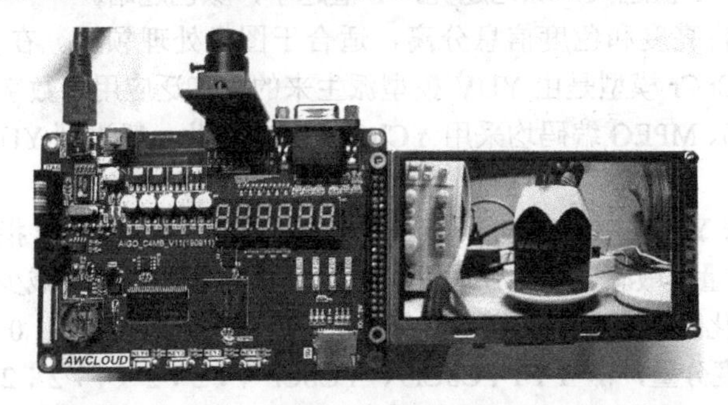

图 16.8　OV5640 摄像头视频采集的 TFT 显示效果

第 17 章

TFT 彩色显示转换灰度显示

17.1 任务与要求

本例在上例 OV5640 摄像头的视频采集与 TFT 显示的基础上，进一步实现彩色显示转换为灰度显示，彩色视频转化成灰度视频。

17.2 原理与实现

17.2.1 彩色图像转换灰度图像

在上例中显示的视频是 RGB565 格式的 16 位色的彩色图像（每秒显示 30 帧图像），本例中将把 RGB 数据转换成 YUV 数据，其中 Y 表示亮度（Luminance 或 Luma），即灰阶值，而 U 和 V 表示的是色度（Chrominance 或 Chroma）。在彩色图像转灰度图像中，需要的就是亮度值 Y，把颜色信息去掉，Y 值越大，颜色越亮，Y 值越小，颜色越暗。

YUV 色彩模型将亮度和色度信息分离，适合于图像处理领域。在实际应用中还有一种 YCbCr 色彩模型，YCbCr 模型是由 YUV 模型派生来的，广泛应用于数字视频、计算机显示领域，比如 H.264、JPEG、MPEG 编码均采用 YCbCr 格式，因此一般讲到 YUV 大多指的是 YCbCr 模型。

YCbCr 中的 Y 与 YUV 中的 Y 含义一致，Cb 指蓝色色度分量，Cr 指红色色度分量。人的眼睛对视频中的 Y 分量更敏感，因此在通过对色度分量进行子采样来减少色度分量后，肉眼察觉不到图像质量的变化，主要的子采样格式有 YCbCr 4∶2∶0（4∶2∶0 表示每 4 个像素有 4 个亮度分量、2 个色度分量，即 YYYYCbCr）、YCbCr 4∶2∶2（4∶2∶2 表示每 4 个像素有 4 个亮度分量、4 个色度分量，即 YYYYCbCrCbCr）和 YCbCr 4∶4∶4 等。

RGB 信号和 YCbCr 信号之间可以相互转换，其中由 RGB 得到 YCbCr 的转换公式如下（由于标清、高清、超清的要求不同，RGB 转 YCbCr 的权重值会有所不同，故此转换公式会有多种）：

$$Y = 0.183R + 0.614G + 0.062B + 16 \quad (17\text{-}1)$$

$$Cb = -0.101R - 0.338G + 0.439B + 128 \quad (17\text{-}2)$$

$$Cr = 0.439R - 0.399G - 0.040B + 128 \tag{17-3}$$

17.2.2　程序设计

1. RGB 信号转换为 YCbCr 模块

例 17.1 是 RGB 转换为 YCbCr 的 Verilog HDL 源代码。

【例 17.1】　RGB 转换为 YCbCr 的 Verilog HDL 源代码。

```
module  rgb_to_ycbcr(
        input            clk,
        input            rst,
        input[7:0]       rgb_r,rgb_g,rgb_b,
        input            rgb_hs,
        input            rgb_vs,
        input            rgb_de,
        output[7:0]      ycbcr_y,
        output[7:0]      ycbcr_cb,
        output[7:0]      ycbcr_cr,
        output reg       ycbcr_hs,
        output reg       ycbcr_vs,
        output reg       ycbcr_de
          );
//将公式 17-1、17-2、17-3 中的系数均放大 256 倍并取整
parameter para_0183_10b = 10'd47;
parameter para_0614_10b = 10'd157;
parameter para_0062_10b = 10'd16;
parameter para_0101_10b = 10'd26;
parameter para_0338_10b = 10'd86;
parameter para_0439_10b = 10'd112;
parameter para_0399_10b = 10'd102;
parameter para_0040_10b = 10'd10;
parameter para_16_18b   = 18'd4096;
parameter para_128_18b  = 18'd32768;

wire  sign_cb,sign_cr;
reg[17:0]  mult_r_for_y_18b;
reg[17:0]  mult_r_for_cb_18b;
reg[17:0]  mult_r_for_cr_18b;
reg[17:0]  mult_g_for_y_18b;
reg[17:0]  mult_g_for_cb_18b;
reg[17:0]  mult_g_for_cr_18b;
reg[17:0]  mult_b_for_y_18b;
reg[17:0]  mult_b_for_cb_18b;
reg[17:0]  mult_b_for_cr_18b;
reg[17:0]  add_y_0_18b, add_cb_0_18b, add_cr_0_18b;
reg[17:0]  add_y_1_18b, add_cb_1_18b, add_cr_1_18b;
reg[17:0]  result_y_18b,result_cb_18b,result_cr_18b;
reg[9:0]  y_tmp,cb_tmp,cr_tmp;
reg  i_h_sync_delay_1,i_v_sync_delay_1;
reg  i_data_en_delay_1,i_h_sync_delay_2,i_v_sync_delay_2;
reg  i_data_en_delay_2,i_h_sync_delay_3,i_v_sync_delay_3;
reg  i_data_en_delay_3;
     //乘法操作
always@(posedge clk or posedge rst)
begin
```

```
    if(rst == 1'b1)
    begin
        mult_r_for_y_18b <= 18'd0;
        mult_r_for_cb_18b <= 18'd0;
        mult_r_for_cr_18b <= 18'd0;
    end
    else begin
        mult_r_for_y_18b <= rgb_r * para_0183_10b;
        mult_r_for_cb_18b <= rgb_r * para_0101_10b;
        mult_r_for_cr_18b <= rgb_r * para_0439_10b;
    end
end

always@(posedge clk or posedge rst)
begin
    if(rst == 1'b1)
    begin
        mult_g_for_y_18b <= 18'd0;
        mult_g_for_cb_18b <= 18'd0;
        mult_g_for_cr_18b <= 18'd0;
    end
    else begin
        mult_g_for_y_18b <= rgb_g * para_0614_10b;
        mult_g_for_cb_18b <= rgb_g * para_0338_10b;
        mult_g_for_cr_18b <= rgb_g * para_0399_10b;
    end
end

always@(posedge clk or posedge rst)
begin
    if(rst == 1'b1)
    begin
        mult_b_for_y_18b <= 18'd0;
        mult_b_for_cb_18b <= 18'd0;
        mult_b_for_cr_18b <= 18'd0;
    end
    else begin
        mult_b_for_y_18b <= rgb_b * para_0062_10b;
        mult_b_for_cb_18b <= rgb_b * para_0439_10b;
        mult_b_for_cr_18b <= rgb_b * para_0040_10b;
        end
end
     //加法操作
always@(posedge clk or posedge rst)
begin
    if(rst == 1'b1)
    begin
        add_y_0_18b <= 18'd0;
        add_cb_0_18b <= 18'd0;
        add_cr_0_18b <= 18'd0;
        add_y_1_18b <= 18'd0;
        add_cb_1_18b <= 18'd0;
        add_cr_1_18b <= 18'd0;
    end
    else begin
```

```
            add_y_0_18b <= mult_r_for_y_18b + mult_g_for_y_18b;
            add_y_1_18b <= mult_b_for_y_18b + para_16_18b;
            add_cb_0_18b <= mult_b_for_cb_18b + para_128_18b;
            add_cb_1_18b <= mult_r_for_cb_18b + mult_g_for_cb_18b;
            add_cr_0_18b <= mult_r_for_cr_18b + para_128_18b;
            add_cr_1_18b <= mult_g_for_cr_18b + mult_b_for_cr_18b;
        end
    end
        //y + cb + cr
    assign  sign_cb = (add_cb_0_18b >= add_cb_1_18b);
    assign  sign_cr = (add_cr_0_18b >= add_cr_1_18b);
    always@(posedge clk or posedge rst)
    begin
        if(rst == 1'b1)
        begin
            result_y_18b <= 18'd0;
            result_cb_18b <= 18'd0;
            result_cr_18b <= 18'd0;
        end
        else begin
            result_y_18b <= add_y_0_18b + add_y_1_18b;
            result_cb_18b <= sign_cb ? (add_cb_0_18b - add_cb_1_18b) : 18'd0;
            result_cr_18b <= sign_cr ? (add_cr_0_18b - add_cr_1_18b) : 18'd0;
        end
    end

    always@(posedge clk or posedge rst)
    begin
        if(rst == 1'b1)
        begin
            y_tmp <= 10'd0;
            cb_tmp <= 10'd0;
            cr_tmp <= 10'd0;
        end
        else begin
            y_tmp <= result_y_18b[17:8] + {9'd0,result_y_18b[7]};
            cb_tmp <= result_cb_18b[17:8] + {9'd0,result_cb_18b[7]};
            cr_tmp <= result_cr_18b[17:8] + {9'd0,result_cr_18b[7]};
        end
    end
        //输出
    assign  ycbcr_y =(y_tmp[9:8] ==2'b00) ? y_tmp [7:0] : 8'hFF;
    assign  ycbcr_cb=(cb_tmp[9:8]==2'b00) ? cb_tmp[7:0] : 8'hFF;
    assign  ycbcr_cr=(cr_tmp[9:8]==2'b00) ? cr_tmp[7:0] : 8'hFF;

    always@(posedge clk or posedge rst)
    begin
        if(rst == 1'b1)
        begin
            i_h_sync_delay_1 <= 1'b0;
            i_v_sync_delay_1 <= 1'b0;
            i_data_en_delay_1 <= 1'b0;
            i_h_sync_delay_2 <= 1'b0;
            i_v_sync_delay_2 <= 1'b0;
            i_data_en_delay_2 <= 1'b0;
```

```
            i_h_sync_delay_3 <= 1'b0;
            i_v_sync_delay_3 <= 1'b0;
            i_data_en_delay_3 <= 1'b0;
            ycbcr_hs <= 1'b0;
            ycbcr_vs <= 1'b0;
            ycbcr_de <= 1'b0;
        end
        else begin
            i_h_sync_delay_1 <= rgb_hs;
            i_v_sync_delay_1 <= rgb_vs;
            i_data_en_delay_1 <= rgb_de;
            i_h_sync_delay_2 <= i_h_sync_delay_1;
            i_v_sync_delay_2 <= i_v_sync_delay_1;
            i_data_en_delay_2 <= i_data_en_delay_1;
            i_h_sync_delay_3 <= i_h_sync_delay_2;
            i_v_sync_delay_3 <= i_v_sync_delay_2;
            i_data_en_delay_3 <= i_data_en_delay_2;
            ycbcr_hs <= i_h_sync_delay_3;
            ycbcr_vs <= i_v_sync_delay_3;
            ycbcr_de <= i_data_en_delay_3;
        end
    end
    endmodule
```

2．彩色转灰度显示顶层模块

例 17.2 是本例的顶层模块，共例化了 5 个子模块：时钟产生模块（pll）、DVP 接口数据传输模块（dvp_capture）、摄像头初始化模块（ov5640_init）、控制模块（sdram_ctrl）、TFT 显示驱动模块（tft_yuv_driver）。这 5 个子模块，除了 TFT 显示驱动模块（tft_yuv_driver）与上例有所不同，其余模块与上例一致，故本例只把顶层模块和 tft_yuv_driver 显示驱动模块给出，其他模块源代码可参考上例。

【例 17.2】 彩色转灰度显示顶层模块。

```
module ov5640_sdram_tft_yuv(
       input        clk,
       input        rst_n,
       input         key,
       //SDRAM 控制端口
       output        sdram_clk,
       output        sdram_cke,
       output        sdram_cs_n,sdram_we_n,
       output        sdram_cas_n,sdram_ras_n,
       output[1:0]   sdram_dqm,
       output[1:0]   sdram_ba,
       output[12:0]  sdram_addr,
       inout[15:0]   sdram_dq,
       //CMOS 接口
       output        camera_sclk,
       inout         camera_sdat,
       input         camera_vsync,
       input         camera_href,
       input         camera_pclk,
       output        camera_xclk,
       input [7:0]   camera_data,
```

```
        output        camera_rst_n,
        output        camera_pwdn,
        //TFT接口
        output[23:0] tft_rgb,     //TFT数据输出
        output        tft_hs,      //TFT行同步信号
        output        tft_vs,      //TFT场同步信号
        output        tft_clk,     //TFT像素时钟
        output        tft_de       //TFT数据使能
          );
  wire clk_sdr_ctrl;
  wire clk_50m;
  wire clk_24m;
  wire clk_disp;                              //9MHz
  assign camera_xclk = clk_24m;
  pll  u1(
        .inclk0(clk),
        .c0(clk_sdr_ctrl),
        .c1(sdram_clk),
        .c2(clk_50m),
        .c3(clk_24m),
        .c4(clk_disp));
  localparam RGB = 0;
  localparam JPEG = 1;
  parameter IMAGE_WIDTH  = 480;          //图片宽度
  parameter IMAGE_HEIGHT = 272;          //图片高度(≤720)
  parameter IMAGE_FLIP   = 0;            //0: 不翻转，1: 上下翻转
  parameter IMAGE_MIRROR = 1;            //0: 不镜像，1: 左右镜像
      //摄像头初始化配置
  wire Init_Done;
  ov5640_init
      #(.IMAGE_TYPE(RGB),
        .IMAGE_WIDTH(IMAGE_WIDTH),
        .IMAGE_HEIGHT(IMAGE_HEIGHT),
        .IMAGE_FLIP(IMAGE_FLIP),
        .IMAGE_MIRROR(IMAGE_MIRROR))
      U2(.clk(clk_50m),
        .clr(rst_n),
        .init_done(Init_Done),
        .camera_rst(camera_rst_n),
        .camera_pwdn(camera_pwdn),
        .i2c_sclk(camera_sclk),
        .i2c_sdat(camera_sdat));
        //摄像头图像输出
  wire fifo_aclr;
  wire fifo_wrreq;
  wire [15:0] fifo_wrdata;
  dvp_capture u3(
        .clr(Init_Done),
        .pclk(camera_pclk),
        .vsync(camera_vsync),
```

```
        .href(camera_href),
        .data(camera_data),
        .imagestate(fifo_aclr),
        .datavalid(fifo_wrreq),
        .datapixel(fifo_wrdata),
        .xaddr( ),
        .yaddr( ));
wire [15:0] RGB_DATA;
wire DataReq;
sdram_ctrl u4(                        //HOST Side
        .CTRL_CLK(clk_sdr_ctrl),      //输入参考时钟，默认 100M
        .RESET_N(rst_n),              //复位输入，低电平复位
        //FIFO 写入端口 1
        .WR1_DATA(fifo_wrdata),       //写入端口 1 的数据输入端，16bit
        .WR1(fifo_wrreq),             //写入端口 1 的写使能端，高电平写入
        .WR1_ADDR(0),                 //写入端口 1 的写起始地址
        .WR1_MAX_ADDR(IMAGE_WIDTH * IMAGE_HEIGHT),
        //写入端口 1 的写入最大地址
        .WR1_LENGTH(256),             //一次性写入数据长度
        .WR1_LOAD(fifo_aclr),         //写入端口 1 清零请求，高电平清零写入地址和 fifo
        .WR1_CLK(camera_pclk),        //写入端口 1  fifo 写入时钟
        .WR1_FULL(),                  //写入端口 1  fifo 写满信号
        .WR1_USE(),                   //写入端口 1  fifo 已经写入的数据长度
        //FIFO 读出端口 1
        .RD1_DATA(RGB_DATA),          //读出端口 1 的数据输出端，16bit
        .RD1(DataReq),                //读出端口 1 的读使能端，高电平读出
        .RD1_ADDR(0),                 //读出端口 1 的读起始地址
        .RD1_MAX_ADDR(IMAGE_WIDTH * IMAGE_HEIGHT), //读出端口 1 的读出最大地址
        .RD1_LENGTH(256),             //一次性读出数据长度
        .RD1_LOAD(!rst_n),            //读出端口 1 清零请求，高电平清零读出地址和 fifo
        .RD1_CLK(clk_disp),           //读出端口 1  fifo 读取时钟
        .RD1_EMPTY(),                 //读出端口 1  fifo 读空信号
        .RD1_USE(),                   //读出端口 1  fifo 还可以读取的数据长度
        //SDRAM 端口
        .SA(sdram_addr),              //SDRAM 地址线，
        .BA(sdram_ba),                //SDRAM bank 地址线
        .CS_N(sdram_cs_n),            //SDRAM 片选信号
        .CKE(sdram_cke),              //SDRAM 时钟使能
        .RAS_N(sdram_ras_n),          //SDRAM 行选中信号
        .CAS_N(sdram_cas_n),          //SDRAM 列选中信号
        .WE_N(sdram_we_n),            //SDRAM 写请求信号
        .DQ(sdram_dq),                //SDRAM 双向数据总线
        .DQM(sdram_dqm));             //SDRAM 数据总线高低字节屏蔽信号
tft_yuv_driver  u5(
        .clk(clk_disp),
        .clr(rst_n),
        .key(key),
        .data(RGB_DATA),
        .datareq(DataReq),
        .h_addr( ),
```

```
        .v_addr( ),
        .tft_hs(tft_hs),
        .tft_vs(tft_vs),
        .tft_data(tft_rgb),
        .tft_de(tft_de),
        .tft_pclk(tft_clk));
endmodule
```

3. TFT 显示驱动模块

TFT 显示驱动模块（tft_yuv_driver）除产生 TFT 屏的显示时序（HS、VS、DE）外，增加了按键选择模块，用于在彩色显示和灰度显示间进行切换；还增加了例化 RGB 转灰度模块（rgb_to_ycbcr），并将数据送至 TFT 显示。

【例 17.3】 彩色转换灰度显示的 TFT 驱动模块。

```
`include "tft_parameter_cfg.v"
module tft_yuv_driver(
        input clk,
        input clr,
        input  key,                  //彩色变灰度切换按键
        input [15:0] data,
        output datareq,
        output [11:0] h_addr,v_addr,
        output reg tft_hs,tft_vs,
        output reg [23:0] tft_data,
        output reg tft_de,
        output tft_pclk);
wire hcount_ov, vcount_ov;
//-------------内部寄存器定义-----------------
reg[11:0] hcount_r;          //行扫描计数器
reg[11:0] vcount_r;          //场扫描计数器
assign tft_pclk = clk;
assign datareq = tft_de;
parameter hdat_begin=`H_Sync_Time+`H_Back_Porch+`H_Left_Border - 1'b1;
parameter hdat_end=`H_Total_Time-`H_Right_Border-`H_Front_Porch - 1'b1;
parameter vdat_begin=`V_Sync_Time+`V_Back_Porch+`V_Top_Border-1'b1;
parameter vdat_end=`V_Total_Time-`V_Bottom_Border-`V_Front_Porch-1'b1;
assign h_addr = tft_de?(hcount_r - hdat_begin):12'd0;
assign v_addr = tft_de?(vcount_r - vdat_begin):12'd0;
    //行扫描
assign hcount_ov = (hcount_r >= `H_Total_Time - 1);
always@(posedge clk or negedge clr)
    if(!clr) hcount_r <= 0;
    else if(hcount_ov)   hcount_r <= 0;
    else  hcount_r <= hcount_r + 1'b1;
    //场扫描
assign vcount_ov = (vcount_r >= `V_Total_Time - 1);
always@(posedge clk or negedge clr)
    if(!clr) vcount_r <= 0;
    else if(hcount_ov) begin if(vcount_ov)    vcount_r <= 0;
        else  vcount_r <= vcount_r + 1'd1;end
    else vcount_r <= vcount_r;
```

```
always@(posedge clk)
    tft_de <= ((hcount_r >= hdat_begin)&&(hcount_r < hdat_end))
                &&((vcount_r >= vdat_begin)&&(vcount_r < vdat_end));
always@(posedge clk)
    begin
    tft_hs <= (hcount_r > `H_Sync_Time - 1);
    tft_vs <= (vcount_r > `V_Sync_Time - 1);
    tft_data <= (tft_de)?{video_r,video_g,video_b}:1'b0;
    end
//----------------------------------------------
wire  key_1_o, key_1_fall;
reg  key_1_1q,key_1_2q,key_1_3q,key_1_4q;
reg[1:0]  data_sel;
off_glitch  u6(
        .clk(clk),
        .glitch_width(200),
        .data_in(key),
        .data_out(key_1_o));
always@ (posedge clk)
    begin
        key_1_1q <= key_1_o;
        key_1_2q <= key_1_1q;
        key_1_3q <= key_1_2q;
        key_1_4q <= key_1_3q;
    end
assign key_1_fall = (!key_1_3q) && key_1_4q;
always@(posedge clk or negedge clr)
  begin
    if(!clr)  data_sel <= 2'b0;
    else if(key_1_fall)  data_sel <= data_sel + 1'b1;
  end
reg  vga_out_hs_sel,vga_out_vs_sel;
reg[7:0]  vga_out_r_sel,vga_out_g_sel,vga_out_b_sel ;
always @ (*)                    //彩色显示/灰度显示按键切换
  begin
    if(!clr)  begin
          vga_out_r_sel  = 8'b0;
          vga_out_g_sel  = 8'b0;
          vga_out_b_sel  = 8'b0;  end
      else  begin
        case  (data_sel)
        2'b00,2'b10: begin          //显示彩色视频
              vga_out_hs_sel = tft_hs;
              vga_out_vs_sel = tft_vs;
              vga_out_r_sel  = {data[15:11],3'b0};
              vga_out_g_sel  = {data[10:5],2'b0} ;
              vga_out_b_sel  = {data[4:0],3'b0};
              end
        2'b01,2'b11: begin          //显示灰度视频
              vga_out_hs_sel = ycbcr_hs;
```

```
                    vga_out_vs_sel = ycbcr_vs;
                    vga_out_r_sel  = ycbcr_y;
                    vga_out_g_sel  = ycbcr_y;
                    vga_out_b_sel  = ycbcr_y;  end
               endcase
            end
       end
     assign vga_out_hs = vga_out_hs_sel;
     assign vga_out_vs = vga_out_vs_sel;
     assign video_r = vga_out_r_sel;
     assign video_g  = vga_out_g_sel;
     assign video_b  = vga_out_b_sel;
     wire [7:0]  video_r,video_g,video_b;
     wire[7:0]  ycbcr_y;
     rgb_to_ycbcr m0(                    //RGB 数据转 YUV 数据
              .clk(clk),
              .rst(~clr),
              .rgb_r({data[15:11],3'd0}),
              .rgb_g({data[10:5],2'd0}),
              .rgb_b({data[4:0],3'd0}),
              .rgb_hs(tft_hs),
              .rgb_vs(tft_vs),
              .rgb_de(tft_de),
              .ycbcr_y(ycbcr_y),
              .ycbcr_cb( ),
              .ycbcr_cr( ),
              .ycbcr_hs(ycbcr_hs),
              .ycbcr_vs(ycbcr_vs),
              .ycbcr_de(ycbcr_de));
endmodule
```

17.3 下载与验证

本例的引脚锁定与上例相同，对本例进行编译并生成配置文件.sof，连接目标板电源线和JTAG 线，下载配置文件到 FPGA 芯片，比较彩色显示和灰度显示效果。

第 18 章 OV5640摄像头的Sobel边缘检测与TFT显示

18.1 任务与要求

本例在上例OV5640摄像头的视频采集和TFT显示并实现彩色图像转化成灰度图像的基础上，加入Sobel边缘检测算法，从而实现对图像传感器所采集视频的实时边缘检测。

18.2 原理与实现

18.2.1 图像边缘检测

1. 边缘检测

边缘是指其周围像素灰度急剧变化的那些像素的集合，是图像最基本的特征，也是图像分割的重要依据。图像通过边缘检测（Edge Detection）可以大幅度减少数据量，并剔除无关信息，保留图像最基本的结构属性，可用于图像识别等应用。

边缘点是图像中灰度跳变剧烈的点，可以通过考察图像每个像素在某个邻域内灰度的变化，采用边缘一阶或二阶导数来检测边缘。具体可以计算梯度图像，将梯度图像中较亮的那一部分提取出来就是边缘部分。图像的边缘有方向和幅度两个属性，沿边缘方向像素变化平缓，垂直于边缘方向像素变化剧烈，边缘上的这种变化可以用微分算子检测出来。

边缘检测算子有Sobel、Canny、Prewitt、Laplacian、Roberts等多种，其中Sobel是比较常用的边缘检测算子，其对灰度渐变和噪声较多的图像处理较好。Sobel算子属于一阶导数，其检测算法的实现是利用3×3个上下左右相邻的像素点进行计算的，根据上下左右像素点的值计算出图像的水平和垂直的亮度梯度，如果这个梯度值大于设定的阈值，那么这个像素点就是边缘部分，否则就认为该像素点不是图像的边缘部分。

2. Sobel检测算子

Sobel算子根据像素点上下、左右邻点灰度加权差，在边缘处达到极值这一现象检测边缘，对噪声具有平滑作用，能提供较为精确的边缘方向信息。图18.1所示是Sobel水平梯度算子，图18.2所示为Sobel垂直梯度算子。

-1	0	1
-2	0	2
-1	0	1

图 18.1 Sobel 水平梯度算子

1	2	1
0	0	0
-1	-2	-1

图 18.2 Sobel 垂直梯度算子

算子包含两组 3×3 的矩阵，将其与图像像素的亮度值做平面卷积，即可分别得出横向及纵向的亮度差分值（亮度梯度值）。如果以 A 表示像素的亮度，G_x 和 G_y 分别表示横向及纵向边缘检测的图像灰度梯度值，则其计算公式如下

$$G_x=\begin{bmatrix}-1 & 0 & +1\\ -2 & 0 & +2\\ -1 & 0 & +1\end{bmatrix}*A\text{；}\quad G_y=\begin{bmatrix}+1 & +2 & +1\\ 0 & 0 & 0\\ -1 & -2 & -1\end{bmatrix}*A \tag{18-1}$$

求取横向和纵向灰度梯度值 G_x、G_y 的平方根，作为该点总的灰度梯度值

$$G=\sqrt{{G_x}^2+{G_y}^2} \tag{18-2}$$

通常情况下，可用式（18-3）作为平方根的近似值

$$G=|G_{\mathrm{x}}|+|G_{\mathrm{y}}| \tag{18-3}$$

可设定一个阈值（Threshold），如果梯度 G 大于某一阈值，则认为该点（x，y）为边缘点。在本例中 G 的值超过阈值后置为全 1，否则置为全 0。

注：8bits 位宽的图像灰度值，其最大值为 255，如超过该值，直接取 255。

Sobel 算子边缘检测的优点是计算简单、速度快，很适合用 FPGA 器件实现该算法。由于只采用了 2 个方向的模板，只能检测水平和垂直方向的边缘，因此对于纹理较为复杂的图像，其边缘检测效果不是很理想；此外，该算法认为凡灰度差分值大于或等于阈值的像素点都是边缘点，会造成误判，因为许多噪声点的灰度差分值也很大。

18.2.2 Sobel 边缘检测的实现

1. Sobel 边缘检测

本例中为简化计算，把 Sobel 算子进行了简化，调整如下

$$G_x=\begin{bmatrix}-1 & 0 & +1\\ -1 & 0 & +1\\ -1 & 0 & +1\end{bmatrix}*P\quad;\quad G_y=\begin{bmatrix}+1 & +1 & +1\\ 0 & 0 & 0\\ -1 & -1 & -1\end{bmatrix}*P \tag{18-4}$$

如图 18.3 所示，假定 p_{11} 到 p_{33} 为 3×3 的图像窗口的 9 个像素点。

p_{11}	p_{12}	p_{13}
p_{21}	p_{22}	p_{23}
p_{31}	p_{32}	p_{33}

图 18.3 3×3 图像窗口

横向和纵向梯度值 G_x、G_y 分别为

$$G_x=|(p_{13}+p_{23}+p_{33})-(p_{11}+p_{21}+p_{31})| \tag{18-5}$$

$$G_y = \left|(p_{11} + p_{12} + p_{13}) - (p_{31} + p_{32} + p_{33})\right| \tag{18-6}$$

总的梯度值采用近似值

$$G = \left|G_x\right| + \left|G_y\right| \tag{18-7}$$

2. Sobel 边缘检测模块

用 Verilog HDL 编程实现上面的 Sobel 运算，由于采用了 3×3 矩阵窗口，因此需要使用 line buffer 来缓存 3 行数据，缓存深度为 1 行数据的宽度。进行 sobel 算子运算时，依次从 line buffer 中读出 3 行数据，然后分别寄存两级就得到 3×3 矩阵运算中所需的全部数据。例 18.1 是 Sobel 边缘检测模块源代码。

【例 18.1】 Sobel 边缘检测模块源代码。

```
module sobel(
        input             rst,
        input             pclk,
        input[7:0]        threshold,
        input             ycbcr_hs,
        input             ycbcr_vs,
        input             ycbcr_de,
        input[7:0]        data_in,
        output reg[7:0]   data_out,
        output reg        data_flag,
        output            sobel_hs,
        output            sobel_vs,
        output            sobel_de);
reg[7:0]  p11,p12,p13;
reg[7:0]  p21,p22,p23;
reg[7:0]  p31,p32,p33;
wire[7:0]  p1,p2,p3;
reg[9:0]  x1,x3, y1,y3;
reg[9:0]  abs_x,abs_y;
reg[10:0] abs_g;
reg[8:0] hs_buf,vs_buf;
reg[8:0] de_buf;

linebuffer_Wapper
       # (.no_of_lines(3),
          .samples_per_line(478),
          .data_width(8))
     m1 (.ce(1'b1),
          .wr_clk(pclk),
          .wr_en(ycbcr_de),
          .wr_rst(rst),
          .data_in(data_in),
          .rd_en(ycbcr_de),
          .rd_clk(pclk),
          .rd_rst(rst),
          .data_out({p3,p2,p1}));
always@(posedge pclk)
begin
    p11 <= p1; p21 <= p2; p31 <= p3;
    p12 <= p11;p22 <= p21;p32 <= p31;
```

```
    p13 <= p12;p23 <= p22;p33 <= p32;
end
always@(posedge pclk)
begin
    x1 <= {2'b00,p11} + {2'b00,p31} + {1'b0,p21,1'b0};
    x3 <= {2'b00,p13} + {2'b00,p33} + {1'b0,p23,1'b0};
    y1 <= {2'b00,p11} + {2'b00,p13} + {1'b0,p12,1'b0};
    y3 <= {2'b00,p31} + {2'b00,p33} + {1'b0,p32,1'b0};
end
//采用绝对值的方式计算sobel梯度值
always@(posedge pclk)
begin
    abs_x <= (x1 > x3) ? x1 - x3 : x3 - x1;
    abs_y <= (y1 > y3) ? y1 - y3 : y3 - y1;
    abs_g <= abs_x + abs_y;
end
//将梯度值abs_g和阈值对比，产生黑白的二值化图像
always@(posedge pclk)
begin
    data_out <= (abs_g > threshold) ? 8'h00 : 8'hff;
    data_flag <= (abs_g > threshold) ? 1'b0 : 1'b1;
end

always@(posedge pclk or posedge rst)
begin
  if (rst)
  begin  hs_buf <= 9'd0; vs_buf <= 9'd0; de_buf <= 9'd0; end
  else  begin
    hs_buf <= {hs_buf[7:0], ycbcr_hs};
    vs_buf <= {vs_buf[7:0], ycbcr_vs};
    de_buf <= {de_buf[7:0], ycbcr_de}; end
end
assign sobel_hs = hs_buf[8] ;
assign sobel_vs = vs_buf[8] ;
assign sobel_de = de_buf[8] ;
endmodule
```

3. TFT 显示驱动模块

例 18.2 是带边缘检测的 TFT 显示驱动模块。

【例 18.2】　带边缘检测的 TFT 显示驱动模块。

```
`include "tft_parameter_cfg.v"
module tft_yuv_sobel(
       input clk,
       input clr,
       input  key,            //彩色变灰度切换按键
       input [15:0] data,
       output datareq,
       output [11:0] h_addr,v_addr,
       output reg tft_hs,tft_vs,
       output reg [23:0] tft_data,
       output reg tft_de,
       output tft_pclk);
```

```
wire hcount_ov, vcount_ov;
//----------------内部寄存器定义----------------
reg [11:0] hcount_r;     //行扫描计数器
reg [11:0] vcount_r;     //场扫描计数器
assign tft_pclk = clk;
assign datareq = tft_de;
parameter hdat_begin=`H_Sync_Time+`H_Back_Porch+`H_Left_Border - 1'b1;
parameter hdat_end=`H_Total_Time-`H_Right_Border-`H_Front_Porch - 1'b1;
parameter vdat_begin=`V_Sync_Time+`V_Back_Porch+`V_Top_Border-1'b1;
parameter vdat_end=`V_Total_Time-`V_Bottom_Border-`V_Front_Porch-1'b1;
assign h_addr = tft_de?(hcount_r - hdat_begin):12'd0;
assign v_addr = tft_de?(vcount_r - vdat_begin):12'd0;
    //行扫描
assign hcount_ov = (hcount_r >= `H_Total_Time - 1);
always@(posedge clk or negedge clr)
    if(!clr)hcount_r <= 0;
    else if(hcount_ov)   hcount_r <= 0;
    elsehcount_r <= hcount_r + 1'b1;
    //场扫描
assign vcount_ov = (vcount_r >= `V_Total_Time - 1);
always@(posedge clk or negedge clr)
    if(!clr)vcount_r <= 0;
    else if(hcount_ov) begin if(vcount_ov)    vcount_r <= 0;
        elsevcount_r <= vcount_r + 1'd1;end
    else vcount_r <= vcount_r;
always@(posedge clk)
    tft_de <= ((hcount_r >= hdat_begin)&&(hcount_r < hdat_end))
                &&((vcount_r >= vdat_begin)&&(vcount_r < vdat_end));
always@(posedge clk)begin
    tft_hs <= (hcount_r > `H_Sync_Time - 1);
    tft_vs <= (vcount_r > `V_Sync_Time - 1);
    tft_data <= (tft_de)?{video_r,video_g,video_b}:1'b0;
    end
//------------------------------------------
wire  key_1_o, key_1_fall;
reg  key_1_1q,key_1_2q,key_1_3q,key_1_4q;
reg[1:0]  data_sel;

off_glitch u6(
          .clk(clk),
          .glitch_width(200),
          .data_in(key),
          .data_out(key_1_o));
 always@ (posedge clk)
  begin
        key_1_1q <= key_1_o;
        key_1_2q <= key_1_1q;
        key_1_3q <= key_1_2q;
        key_1_4q <= key_1_3q;
  end
   assign key_1_fall = (!key_1_3q) && key_1_4q;
   always@(posedge clk or negedge clr)
```

```
    begin
       if(!clr)  data_sel <= 2'b0;
       else if(key_1_fall) data_sel <= data_sel + 1'b1;
    end
 reg  vga_out_hs_sel,vga_out_vs_sel;
 reg[7:0]  vga_out_r_sel,vga_out_g_sel,vga_out_b_sel;
 wire sobel_hs,sobel_vs,sobel_de;
 wire[7:0]  sobel_out;

 always @ (*)
   begin
      if(!clr)
         begin
             vga_out_hs_sel = 1'b0;
             vga_out_vs_sel = 1'b0;
             vga_out_r_sel  = 8'b0;
             vga_out_g_sel  = 8'b0;
             vga_out_b_sel  = 8'b0;
         end
      else  begin
         case (data_sel)
         2'b00:                   //显示彩色视频
                begin
                vga_out_hs_sel = tft_hs;
                vga_out_vs_sel = tft_vs;
                vga_out_r_sel  = {data[15:11],3'b0};
                vga_out_g_sel  = {data[10:5],2'b0} ;
                vga_out_b_sel  = {data[4:0],3'b0};
                end
         2'b01:                   //彩色视频的边缘检测
               begin
               vga_out_hs_sel = sobel_hs;
               vga_out_vs_sel = sobel_vs;
               if(sobel_de)  begin
                 if(data_flag)  begin
                     vga_out_r_sel = 7'b1111111;
                     vga_out_g_sel = 7'b1111111;
                     vga_out_b_sel = 7'b1111111;  end
                  else  begin
                     vga_out_r_sel = {data[15:11],3'b0};
                     vga_out_g_sel = {data[10:5],2'b0};
                     vga_out_b_sel = {data[4:0],3'b0};  end
                  end
                  else  begin
                     vga_out_r_sel  = 7'b0;
                     vga_out_g_sel  = 7'b0;
                     vga_out_b_sel  = 7'b0;  end
                   end
          2'b10: begin           //显示灰度视频
               vga_out_hs_sel = ycbcr_hs;
               vga_out_vs_sel = ycbcr_vs;
               vga_out_r_sel  = ycbcr_y;
```

```
                    vga_out_g_sel  = ycbcr_y;
                    vga_out_b_sel  = ycbcr_y;
                    end
            2'b11: begin          //灰度视频的边缘检测
                    vga_out_hs_sel = sobel_hs;
                    vga_out_vs_sel = sobel_vs;
                    if(sobel_de)  begin
                        vga_out_r_sel  = sobel_out;
                        vga_out_g_sel  = sobel_out;
                        vga_out_b_sel  = sobel_out;  end
                         else  begin
                          vga_out_r_sel  = 7'b0;
                          vga_out_g_sel  = 7'b0;
                          vga_out_b_sel  = 7'b0;  end
                     end
             endcase  end
  end
assign vga_out_hs = vga_out_hs_sel;
assign vga_out_vs = vga_out_vs_sel;
assign video_r  = vga_out_r_sel;
assign video_g  = vga_out_g_sel;
assign video_b  = vga_out_b_sel;
wire [7:0]  video_r,video_g,video_b;
wire[7:0]  ycbcr_y;
rgb_to_ycbcr u7(
             .clk(clk),
             .rst(~clr),
             .rgb_r({data[15:11],3'd0}),
             .rgb_g({data[10:5],2'd0}),
             .rgb_b({data[4:0],3'd0}),
             .rgb_hs(tft_hs),
             .rgb_vs(tft_vs),
             .rgb_de(tft_de),
             .ycbcr_y(ycbcr_y),
             .ycbcr_cb( ),
             .ycbcr_cr( ),
             .ycbcr_hs(ycbcr_hs),
             .ycbcr_vs(ycbcr_vs),
             .ycbcr_de(ycbcr_de));
sobel u8(
             .rst(~clr),
             .pclk(clk),
             .threshold(8'd40),
             .ycbcr_hs(ycbcr_hs),
             .ycbcr_vs(ycbcr_vs),
             .ycbcr_de(ycbcr_de),
             .data_in(ycbcr_y),
             .data_out(sobel_out),
             .data_flag(data_flag),
             .sobel_hs(sobel_hs),
             .sobel_vs(sobel_vs),
             .sobel_de(sobel_de));
```

```
endmodule
```

本例的顶层模块与例 17.2 一样，其余子模块也与上例一致，故本例只把 Sobel 边缘检测模块和带边缘检测的 TFT 显示驱动模块 tft_yuv_sobel 源代码给出，其他模块源代码可参考上例。

18.3 下载与验证

本例的引脚锁定与上例相同，对工程进行编译并生成配置文件.sof，连接目标板电源线和 JTAG 线，下载.sof 文件到 FPGA 芯片。如图 18.1、图 18.2 和图 18.3 所示分别是 TFT 彩色视频采集与显示、彩色视频边缘检测效果和灰度视频边缘检测效果，可以改变例 18.2 中 sobel 模块例化时的边缘检测的阈值，观察其效果有无改变。

图 18.1 TFT 彩色视频采集与显示

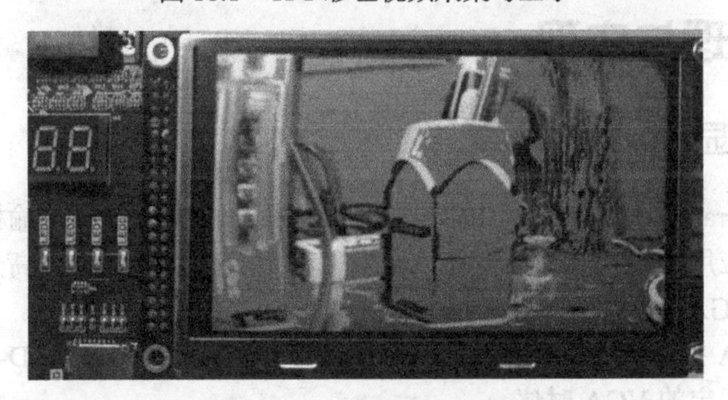

图 18.2 TFT 彩色视频边缘检测效果

图 18.3 TFT 灰度视频边缘检测效果

第 19 章 VGA彩条显示

19.1 任务与要求

本例用FPGA器件控制VGA显示器实现彩条信号的显示。

19.2 原理与实现

19.2.1 VGA显示原理与时序

VGA（Video Graphics Array）是IBM在1987年推出的一种视频传输标准，并迅速在彩色显示领域得到广泛应用，后来其他厂商在 VGA 基础上扩充使其支持更高分辨率，这些扩充的模式被称为Super VGA，简称SVGA。

VGA分为VGA接口和VGA协议。VGA接口为15针接头，也称D-SUB接口；VGA协议则重点在于其中规定的VGA时序。

1. VGA接口

主机与显示设备间通过VGA接口（也称D-SUB接口）连接，主机的显示信息，通过显卡中的数模转换器转变为R、G、B三基色信号和行、场同步信号并通过VGA接口传输到显示设备中。VGA 接口是一个 15 针的梯形插头，传输的是模拟信号，其外形和信号定义如图 19.1 所示，共有15个针孔，分3排，每排5个，引脚号标识如图中所示，其中的6、7、8、10引脚为接地端；1、2、3引脚分别接红、绿、蓝信号；13引脚接行同步信号；14引脚接场同步信号。

实际中，一般只需控制三基色信号（R、G、B）、行同步（HS）和场同步信号（VS）这 5 个信号端即可。

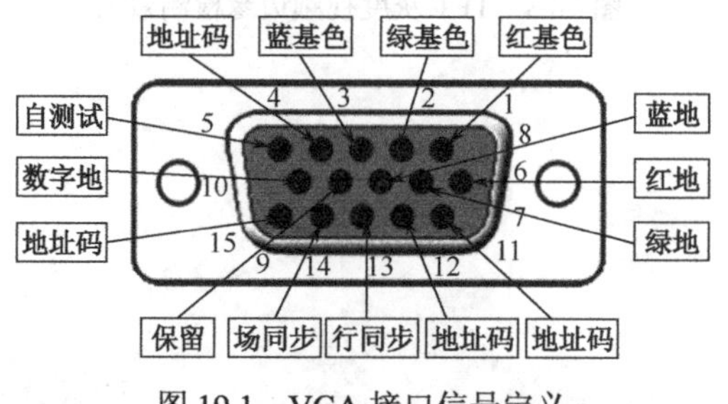

图19.1　VGA接口信号定义

2. C4_MB 开发板的 VGA 接口电路

C4_MB 上的 VGA 接口通过 18 位信号线与 FPGA 连接，其连接电路如图 19.2 所示，从图中可以看出，此电路采用电阻网络实现简单的 D/A 转换，红、绿、蓝三基色信号分别为 5、6、5 位，能实现 2^{16}（65536）种颜色显示。

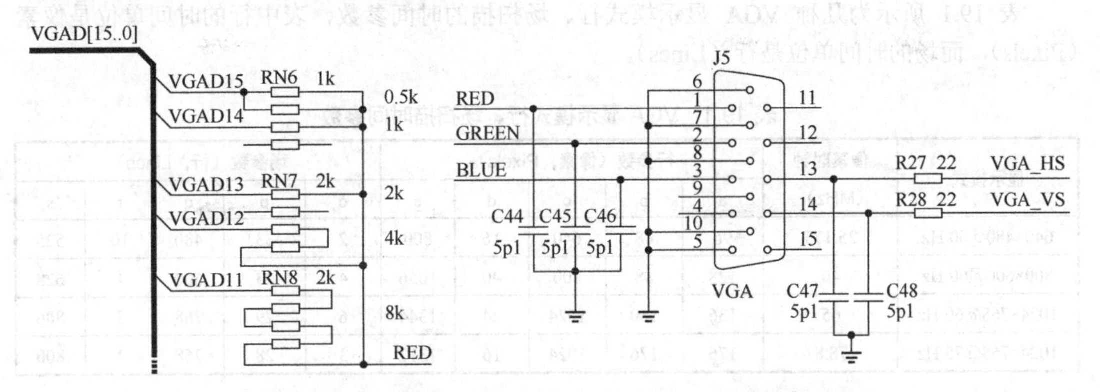

图 19.2　C4_MB 的 65536 色 VGA 接口与 FPGA 间连接电路

3. VGA 时序

CRT（Cathode Ray Tube）显示器的原理是采用光栅扫描方式，即轰击荧光屏的电子束在 CRT 显示器上从左到右、从上到下做有规律的移动，其水平移动受水平同步信号 HSYNC 控制，垂直移动受垂直同步信号 VSYNC 控制。扫描方式多采用逐行扫描。完成一行扫描的时间称为水平扫描时间，其倒数称为行频率；完成一帧（整屏）扫描的时间称为垂直扫描时间，其倒数称为场频，又称刷新率。

VGA 显示的时序与 TFT 相同，参见图 13.3 和表 13.2。图 19.3 所示为 VGA 行场扫描的时序图，与图 13.3 类似，从图中能看出行周期信号、场周期信号各时间段：

a：行同步头段，即行消隐段；

b：行后沿（Back Porch）段，行同步头结束与行有效视频信号开始之间的时间间隔；

c：行有效显示区间段；

d：行前沿（Front Porch）段，有效视频显示结束与下一个同步头开始之间的时间间隔；

e：行周期，包括 a、b、c、d 段；

o：场同步头段，即场消隐段；

p：场后沿（Back Porch）段；

q：场有效显示区间段；

r：场前沿（Front Porch）段；

s：场周期，包括 o、p、q、r 段。

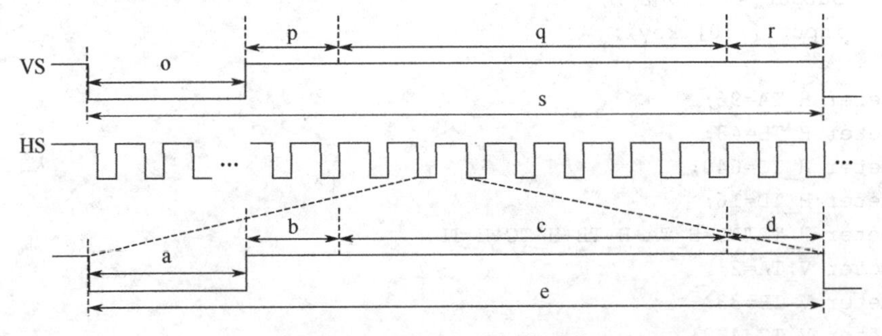

图 19.3　VGA 行场扫描时序

低电平有效信号指示了上一行的结束和新一行的开始。随之而来的是行扫后沿，这期间的

RGB 输入是无效的，紧接着是行显示区间，这期间的 RGB 信号将在显示器上逐点显示出来。最后是持续特定时间的行显示前沿，这期间的 RGB 信号也是无效的。场同步信号的时序完全类似，只不过场同步脉冲指示某一帧的结束和下一帧的开始，消隐期长度的单位不再是像素，而是行数。

表 19.1 所示为几种 VGA 显示模式行、场扫描的时间参数，表中行的时间单位是像素（Pixels），而场的时间单位是行（Lines）。

表 19.1 VGA 显示模式行、场扫描时间参数

显示模式	像素时钟（MHz）	行参数（像素，Pixels）					场参数（行，Lines）				
		a	b	c	d	e	o	p	q	r	s
640×480@60 Hz	25.175	96	48	640	16	800	2	33	480	10	525
800×600@60 Hz	40	128	88	800	40	1056	4	23	600	1	628
1024×768@60 Hz	65	136	160	1024	24	1344	6	29	768	3	806
1024×768@75 Hz	78.8	176	176	1024	16	1312	3	28	768	1	800

19.2.2 VGA 彩条信号发生器

1. VGA 彩条信号发生器顶层设计

三基色信号 R、G、B 只用 1bit 表示可显示 8 种颜色。表 19.2 所示为这 8 种颜色对应的编码。例 19.1 的彩条信号发生器可产生横彩条、竖彩条和棋盘格等 VGA 彩条信号，例中的显示时序数据基于标准 VGA 显示模式（640×480@60 Hz）计算得出，像素时钟频率采用 25.200 MHz。

表 19.2 VGA 颜色编码

颜色	黑	蓝	绿	青	红	品	黄	白
R	0	0	0	0	1	1	1	1
G	0	0	1	1	0	0	1	1
B	0	1	0	1	0	1	0	1

【例 19.1】 VGA 彩条信号发生器顶层代码。

```
/*key: 彩条选择信号，为“00”时显示竖彩条，为“01”时横彩条，其他情况显示棋盘格；*/
module color(
        input clk50m,                    //50MHz 时钟
        output  vga_hs,                  //行同步信号
        output  vga_vs,                  //场同步信号
        output[4:0] vga_r,
        output[5:0] vga_g,
        output[4:0] vga_b,
        input [1:0] key);

parameter H_TA=96;
parameter H_TB=48;
parameter H_TC=640;
parameter H_TD=16;
parameter H_TOTAL=H_TA+H_TB+H_TC+H_TD;
parameter V_TA=2;
parameter V_TB=33;
parameter V_TC=480;
parameter V_TD=10;
parameter V_TOTAL=V_TA+V_TB+V_TC+V_TD;
```

```
reg[2:0] rgb,rgbx,rgby;
reg[9:0] h_cont,v_cont;
wire vga_clk;

assign vga_r={5{rgb[2]}};
assign vga_g={6{rgb[1]}};
assign vga_b={5{rgb[0]}};

always@(posedge vga_clk)                    //行计数
begin
  if(h_cont==H_TOTAL-1) h_cont<=0;
  else h_cont<=h_cont+1'b1;
end
always@(negedge vga_hs)                     //场计数
begin
  if(v_cont==V_TOTAL-1)  v_cont<=0;
  else v_cont<=v_cont+1'b1;
end

assign vga_hs=(h_cont > H_TA-1);   //产生行同步信号
assign vga_vs=(v_cont > V_TA-1);   //产生场同步信号

always@(*)         //竖彩条
begin
  if (h_cont<=H_TA+H_TB+80-1)       rgbx<=3'b000; //黑
  else if(h_cont<=H_TA+H_TB+160-1) rgbx<=3'b001; //蓝
  else if(h_cont<=H_TA+H_TB+240-1) rgbx<=3'b010; //绿
  else if(h_cont<=H_TA+H_TB+320-1) rgbx<=3'b011; //青
  else if(h_cont<=H_TA+H_TB+400-1) rgbx<=3'b100; //红
  else if(h_cont<=H_TA+H_TB+480-1) rgbx<=3'b101; //品
  else if(h_cont<=H_TA+H_TB+560-1) rgbx<=3'b110; //黄
  else rgbx<=3'b111;        //白
end

always@(*)         //横彩条
begin
  if(v_cont<=V_TA+V_TB+60-1)        rgby<=3'b000;
  else if(v_cont<=V_TA+V_TB+120-1) rgby<=3'b001;
  else if(v_cont<=V_TA+V_TB+180-1) rgby<=3'b010;
  else if(v_cont<=V_TA+V_TB+240-1) rgby<=3'b011;
  else if(v_cont<=V_TA+V_TB+300-1) rgby<=3'b100;
  else if(v_cont<=V_TA+V_TB+360-1) rgby<=3'b101;
  else if(v_cont<=V_TA+V_TB+420-1) rgby<=3'b110;
  else rgby<=3'b111;
end

always @(*)
begin
  case(key[1:0])                          //按键选择条纹类型
  2'b00: rgb<=rgbx;                       //显示竖彩条
  2'b01: rgb<=rgby;                       //显示横彩条
  2'b10: rgb<=(rgbx ^ rgby);              //显示棋盘格
  2'b11: rgb<=(rgbx ~^ rgby);             //显示棋盘格
  endcase
end
```

```
vga_clk u1(
        .inclk0 (clk50m),
        .c0 (vga_clk)               //用锁相环产生25.2MHz像素时钟
            );
endmodule
```

2．用 IP 核 altpll 来产生 25.2MHz 时钟信号

例 19.1 中的像素时钟（vga_clk）用 Quartus 的锁相环 IP 核 altpll 来产生，其标准值为 25.175MHz，本例中采用 25.2MHz，产生过程如下。

（1）打开 IP Catalog，在 Basic Functions 目录下找到 altpll 宏模块，双击该模块，出现图 19.4 所示的 Save IP Variation 对话框，在其中将 altpll 模块命名为 vga_clk，选择其语言类型为 Verilog。

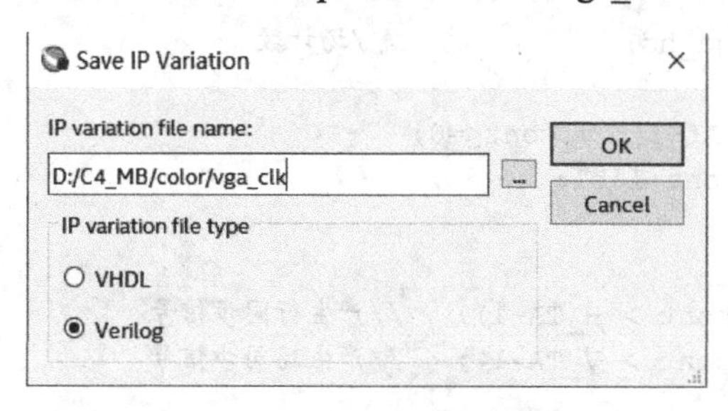

图 19.4 altpll 模块命名

（2）启动 MegaWizard Plug-In Manager，对 altpll 模块进行参数设置。如图 19.5 所示为选择芯片和设置输入时钟的页面，芯片选择 Cyclone IV E 系列，输入时钟 inclk0 的频率设置为 50MHz，其他保持默认状态。

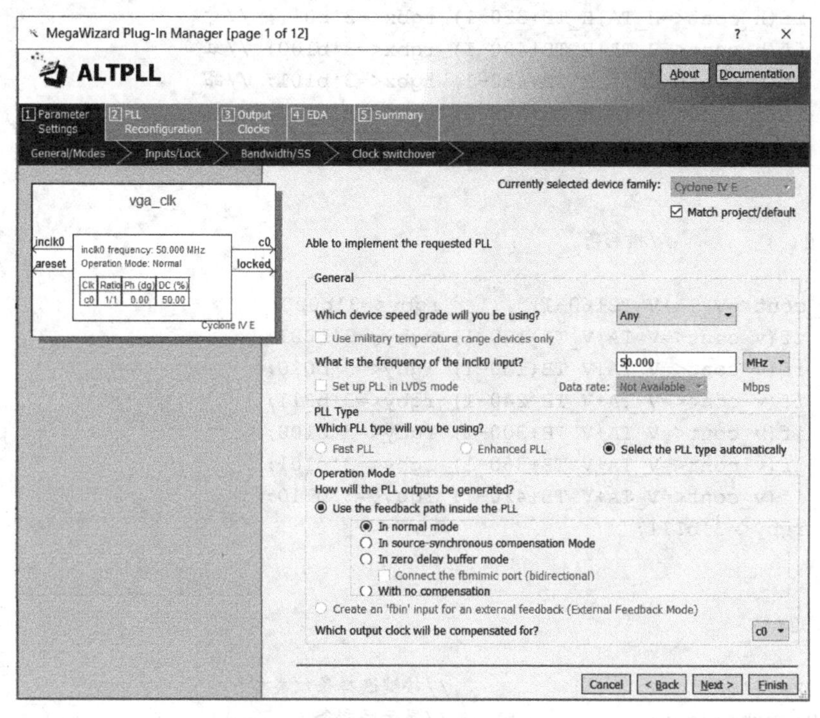

图 19.5 选择芯片和设置输入时钟

（3）图 19.6 所示为锁相环的端口设置页面，为了简便，没有勾选任何端口，因此，只有输入时钟端口（inclk0）和输出时钟端口（c0）。

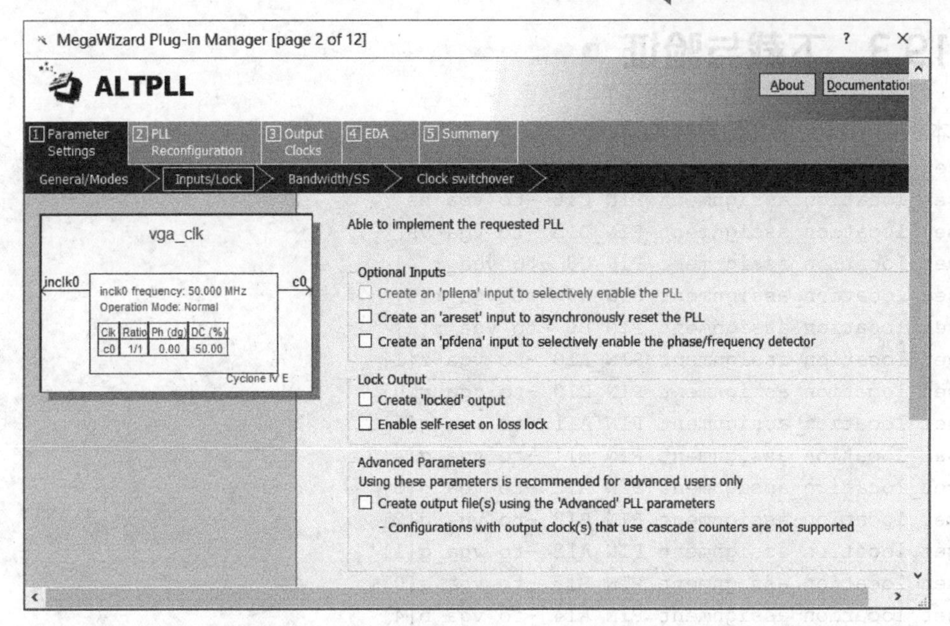

图 19.6 锁相环端口设置页面

（4）图 19.7 所示为输出时钟信号 c0 设置页面，对输出时钟信号 c0 进行设置。在 Enter output clock frequency 后面输入所需得到的时钟频率，本例输入 25.2000MHz，其他设置保持默认状态即可。

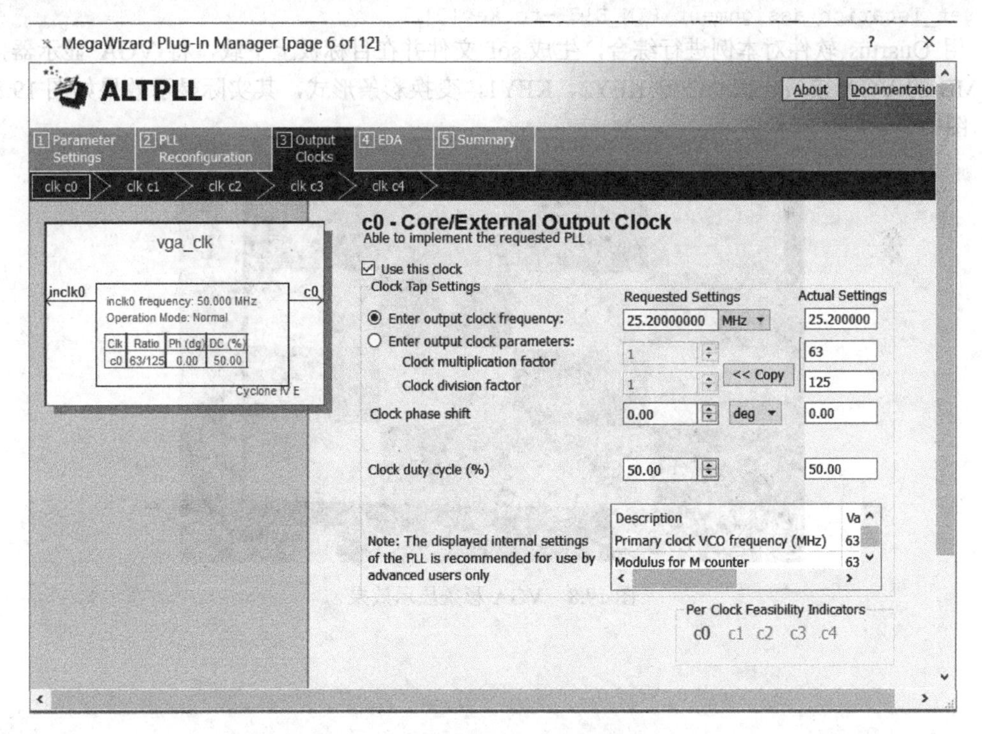

图 19.7 输出时钟信号 c0 设置

（5）其余设置步骤连续单击 Next 按钮跳过即可，最后单击 Finish 按钮，完成定制。

（6）找到例化模板文件 vga_clk_inst.v，参考其内容例化刚生成的 vga_clk.v 文件，在顶层文件中调用定制好的 pll 模块。

19.3 下载与验证

本例的引脚约束文件内容如下：

```
set_location_assignment PIN_E1 -to clk50m
set_location_assignment PIN_C16 -to vga_hs
set_location_assignment PIN_D15 -to vga_vs
set_location_assignment PIN_C8 -to vga_r[4]
set_location_assignment PIN_A9 -to vga_r[3]
set_location_assignment PIN_B9 -to vga_r[2]
set_location_assignment PIN_A10 -to vga_r[1]
set_location_assignment PIN_B10 -to vga_r[0]
set_location_assignment PIN_A11 -to vga_g[5]
set_location_assignment PIN_B11 -to vga_g[4]
set_location_assignment PIN_A12 -to vga_g[3]
set_location_assignment PIN_B12 -to vga_g[2]
set_location_assignment PIN_A13 -to vga_g[1]
set_location_assignment PIN_B13 -to vga_g[0]
set_location_assignment PIN_A14 -to vga_b[4]
set_location_assignment PIN_B14 -to vga_b[3]
set_location_assignment PIN_A15 -to vga_b[2]
set_location_assignment PIN_B16 -to vga_b[1]
set_location_assignment PIN_C15 -to vga_b[0]
set_location_assignment PIN_E16 -to key[1]
set_location_assignment PIN_E15 -to key[0]
```

用 Quartus 软件对本例进行综合，生成.sof 文件并在目标板上下载，将 VGA 显示器接到 C4_MB 的 VGA 接口，按动按键 KEY2、KEY1，变换彩条形式，其实际显示效果如图 19.8 所示，图中显示的是棋盘格。

图 19.8　VGA 彩条显示效果

第 20 章

VGA 图像显示

20.1 任务与要求

用 FPGA 器件控制 VGA 显示器实现图像的显示，图像数据存放在 FPGA 的片内 ROM 中。

20.2 原理与实现

VGA 显示可以采用 RGB888、RGB565 两种模式，RGB565 模式使用 16 位数据来表示一个像素点的红、绿、蓝分量，既能满足显示效果，同时又减少了图像数据量，节省了存储空间，故本例采用此模式。图 20.1 所示为本例 VGA 图像显示控制框图，显示图像的 R、G、B 数据预先存储在 FPGA 的片内 ROM 中，只要按照 VGA 时序要求，给 VGA 显示器上对应的点赋值，就可以显示出完整的图像。

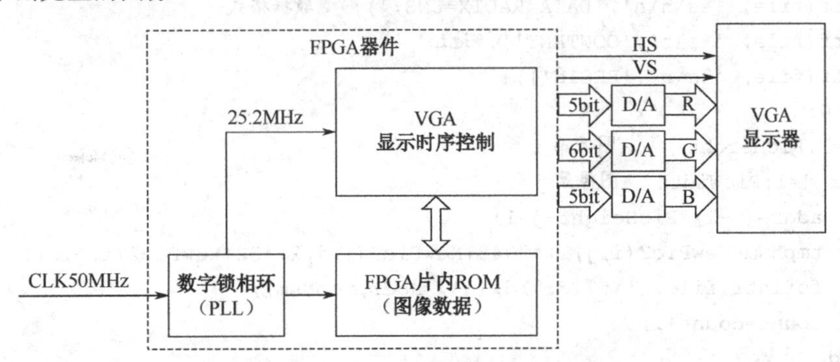

图 20.1　VGA 图像显示控制框图

1. VGA 图像数据的获取

图像选择标准图像 LENA，文件格式为.jpg，图像数据通过编写 MATLAB 程序得到，其代码如例 20.1 所示，该程序将 lena.jpg 图像的尺寸压缩为 110×110 点，然后得到 110×110 个像素点的 R、G、B 三基色数据，并将数据写入 ROM 存储器初始化文件.mif 文件中（本例中为 lena16.mif）。采用 RGB565 模式的 LENA 图像的显示效果，与用真彩显示的图像效果比较，直观感受没有很大的区别，如图 20.2 所示。

图 20.2 采用 RGB565 模式的 LENA 图像显示效果

【例 20.1】 把 lena.jpg 图像压缩为 110×110 点，得到 RGB565 格式数据并存入 lena16.mif 文件。

```
clear;
InputPic=imread('D:\C4_MB\vga\m\lena.jpg');
OutputPic='D:\C4_MB\vga\m\lena16';
% [width,leth,b]=size(Sp);
PicWidth=110;
PicHeight=110;
N=PicWidth*PicHeight;
NewPic1=imresize(InputPic,[PicHeight,PicWidth]);%转换为指定像素
NewPic2(:,:,1)=bitshift(NewPic1(:,:,1),-3); %取图像R高5位
NewPic2(:,:,2)=bitshift(NewPic1(:,:,2),-2); %取图像G高6位
NewPic2(:,:,3)=bitshift(NewPic1(:,:,3),-3); %取图像B高5位
NewPic2=uint16(NewPic2);
file=fopen([OutputPic,[num2str(PicWidth),num2str(PicHeight)],'.mif'],'wt');
%写入mif文件文件头
fprintf(file, '%s\n','WIDTH=16;');           %位宽
fprintf(file, '%s\n\n','DEPTH=12100;');      %深度 110*110
fprintf(file, '%s\n','ADDRESS_RADIX=UNS;'); %地址格式
fprintf(file, '%s\n\n','DATA_RADIX=UNS;');  %数据格式
fprintf(file, '%s\t','CONTENT');%地址
fprintf(file, '%s\n','BEGIN');%
count=0;
for i=1:PicHeight     %图像第i行
   for j=1:PicWidth  %图像第j列
      addr=(i-1)*PicHeight+j-1;
      tmpNum=NewPic2(i,j,1)*2048+NewPic2(i,j,2)*32+NewPic2(i,j,3);
      fprintf(file, '\t%1d:%1d;\n', addr,tmpNum);
      count=count+1;
   end
end
fprintf(file, '%s\n','END;');%
fclose(file);
msgbox(num2str(count));
```

2. VGA图像显示顶层源程序

显示模式采用标准 VGA 模式（640×480@60Hz），例 20.2 是其 Verilog HDL 源程序，程序

中含图像位置移动控制部分，可控制图像在屏幕范围内成 45° 角移动，撞到边缘后变向，类似于屏保的显示效果。

【例 20.2】 VGA 图像的显示与移动。

```
`timescale 1ns / 1ps
module vga(
        input clk50m,            //输入时钟 50MHz
        input reset,             //复位信号
        input switch,            //=1 表示开关打开，显示动态图
        output wire vga_hs,      //行同步信号
        output wire vga_vs,      //场同步信号
        output reg[4:0] vga_r,
        output reg[5:0] vga_g,
        output reg[4:0] vga_b
        );
//----显示分辨率 640*480，像素时钟 25.2MHz，图片大小 110*110------
parameter H_SYNC_END   = 96;     //行同步脉冲结束时间
parameter V_SYNC_END   = 2;      //列同步脉冲结束时间
parameter H_SYNC_TOTAL = 800;    //行扫描总像素单位
parameter V_SYNC_TOTAL = 525;    //列扫描总像素单位
parameter H_SHOW_START = 139;
    //显示区行开始像素点 139=行同步脉冲结束时间+行后沿脉冲
parameter V_SHOW_START = 35;
    //显示区列开始像素点 35=列同步脉冲结束时间+列后沿脉冲
parameter PIC_LENGTH = 110;      //图片长度（横坐标像素）
parameter PIC_WIDTH  = 110;      //图片宽度（纵坐标像素）
//-----------以下是动态显示初始化--------------
reg [9:0] x0, y0 ;             //记录图片左上角的实时坐标（像素）
reg [1:0] direction;           //运动方向：01 右下，10 左上，00 右上，11 左下
parameter AREA_X=640;
parameter AREA_Y=480;
wire vga_clk,clk50hz;
wire [13:0] address;           //位数要超过图片像素
wire [11:0] addr_x,addr_y;
wire[15:0] q;
reg [12:0] x_cnt,y_cnt;

assign addr_x=(x_cnt>=H_SHOW_START+x0&&x_cnt<
(H_SHOW_START+PIC_LENGTH+x0))?(x_cnt-H_SHOW_START-x0):1000;
assign addr_y=(y_cnt>=V_SHOW_START+y0&&y_cnt<
(V_SHOW_START+PIC_WIDTH+y0))?(y_cnt-V_SHOW_START-y0):900;
assign address=(addr_x<PIC_LENGTH&&addr_y<PIC_WIDTH)?
(PIC_LENGTH*addr_y+addr_x):PIC_LENGTH*PIC_WIDTH+1;         //48010

always@(posedge clk50hz, negedge reset)
  begin
  if(~reset) begin  x0<='d100; y0<='d50; direction<=2'b01; end
  else if(switch==0)
     begin x0<=AREA_X-PIC_LENGTH-1; y0<= AREA_Y-PIC_WIDTH-1; end
  else begin
    case(direction)
    2'b00:begin
      y0<=y0-1;x0<=x0+1;
      if (x0==AREA_X-PIC_LENGTH-1 && y0!=1)  direction<=2'b10;
      else if(x0!=AREA_X-PIC_LENGTH-1 && y0==1)  direction<=2'b01;
```

```
        else if(x0==AREA_X-PIC_LENGTH-1 && y0==1)  direction<=2'b11;
        end
      2'b01:begin  y0<=y0+1;x0<=x0+1;
        if (x0==AREA_X-PIC_LENGTH-1 && y0!=AREA_Y-PIC_WIDTH-1 )
          direction<=2'b11;
        else if (x0!=AREA_X-PIC_LENGTH-1 && y0==AREA_Y-PIC_WIDTH-1)
          direction<=2'b00;
        else if (x0==AREA_X-PIC_LENGTH-1 && y0==AREA_Y-PIC_WIDTH-1)
          direction<=2'b10;
        end
      2'b10:begin  y0<=y0-1;x0<=x0-1;
        if (x0==1 && y0!=1)  direction<=2'b00;
        else if (x0!=1 && y0==1 )  direction<=2'b11;
        else if (x0==1 && y0==1 )  direction<=2'b01;
        end
      2'b11:begin  y0<=y0+1;x0<=x0-1;
        if (x0==1 && y0!=AREA_Y-PIC_WIDTH-1)  direction<=2'b01;
        else if (x0!=1 && y0==AREA_Y-PIC_WIDTH-1)  direction<=2'b10;
        else if (x0==1 && y0==AREA_Y-PIC_WIDTH-1)  direction<=2'b00;
        end
      endcase
    end
    end
    always@(posedge vga_clk, negedge reset)
    begin
      if(~reset) begin vga_r<='d0; vga_g<='d0; vga_b<='d0; end
      else begin vga_r<=q[15:11];  vga_g<=q[10:5]; vga_b<=q[4:0]; end
    end
//--------------水平扫描--------------------
     always@(posedge vga_clk, negedge reset)
     begin
         if(~reset) x_cnt <= 'd0;
         else if (x_cnt == H_SYNC_TOTAL-1) x_cnt <= 'd0;
         else  x_cnt <= x_cnt + 1'b1;
       end
 assign vga_hs=(x_cnt<=H_SYNC_END-1)?1'b0:1'b1; //行同步信号
//---------------垂直扫描-------------------------
    always@(posedge vga_clk, negedge reset)
    begin
         if(~reset) y_cnt <= 'd0;
         else if (x_cnt == H_SYNC_TOTAL-1)
           begin
           if( y_cnt <V_SYNC_TOTAL-1)  y_cnt <= y_cnt + 1'b1;
            else  y_cnt <= 'd0;
           end
    end
assign vga_vs=(y_cnt<=V_SYNC_END-1)?1'b0:1'b1; //场同步信号

vga_rom u1(
           .address(address),
           .clock(vga_clk),
      .q(q));
vga_clk u2(
           .inclk0 (clk50m ),
           .c0 (vga_clk));
```

```
clk_div  #(50)  u3(            //产生 50Hz 时钟
         .clk(clk50m),
         .clr(reset),
         .clk_out(clk50hz));
endmodule
```

clk_div 子模块源代码见例 1.2，25.2MHz 像素时钟信号（vga_clk）采用 IP 核 altpll 产生，其过程前例已做了介绍。

3. ROM 模块的定制

LENA 图像的数据存储在 ROM 中，定制 ROM 模块的主要步骤如下。

（1）在 Quartus Prime 主界面，打开 IP Catalog，在 Basic Functions 的 On Chip Memory 目录下找到 ROM:1-PORT 模块，双击该模块，出现 Save IP Variation 对话框（见图 20.3），将 ROM 模块命名为 vga_rom，选择其语言类型为 Verilog。

（2）如图 20.4 所示是设置 ROM 数据宽度和深度的界面，选择数据宽度为 16，深度为 16 384；选择实现 ROM 模块的结构为 Auto，同时选择读和写用同一个时钟信号。

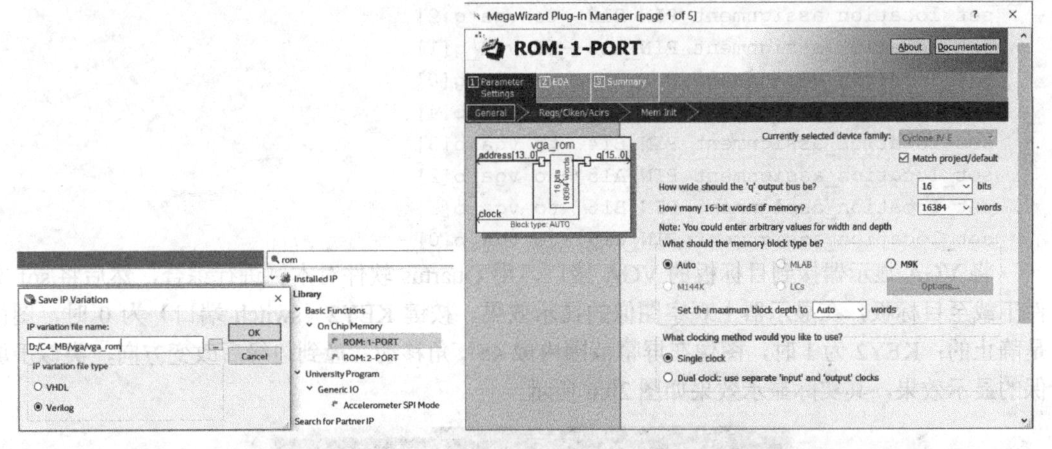

图 20.3 ROM 模块命名　　　图 20.4 设置 ROM 模块的数据宽度和深度

（3）在图 20.5 所示的界面中指定 ROM 模块的初始化数据文件，将存储 LENA 图像数据的 lena16.mif 文件的路径指示给 ROM 模块，最后单击 Finish 按钮，完成定制过程。

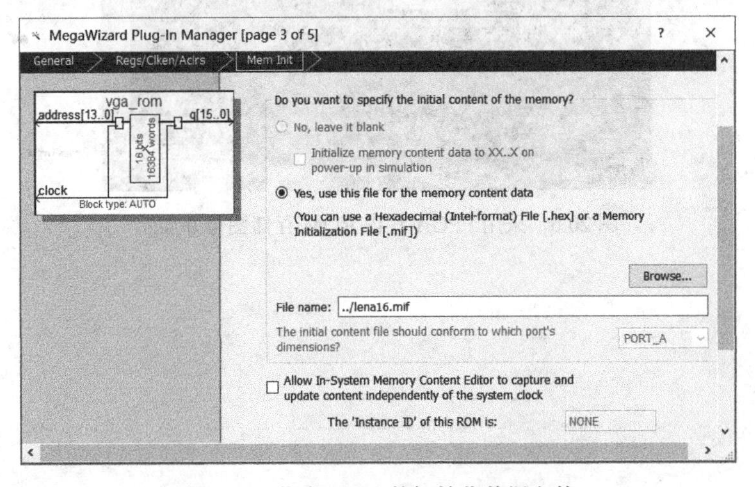

图 20.5 指定 ROM 的初始化数据文件

（4）找到例化模板文件 vga_rom_inst.v，参考其内容例化刚生成的 vga_rom.v 文件，在顶层文件中调用该模块。

20.3 下载与验证

本例的引脚约束文件内容如下：

```
set_location_assignment PIN_E1 -to clk50m
set_location_assignment PIN_E15 -to reset
set_location_assignment PIN_E16 -to switch
set_location_assignment PIN_C16 -to vga_hs
set_location_assignment PIN_D15 -to vga_vs
set_location_assignment PIN_C8 -to vga_r[4]
set_location_assignment PIN_A9 -to vga_r[3]
set_location_assignment PIN_B9 -to vga_r[2]
set_location_assignment PIN_A10 -to vga_r[1]
set_location_assignment PIN_B10 -to vga_r[0]
set_location_assignment PIN_A11 -to vga_g[5]
set_location_assignment PIN_B11 -to vga_g[4]
set_location_assignment PIN_A12 -to vga_g[3]
set_location_assignment PIN_B12 -to vga_g[2]
set_location_assignment PIN_A13 -to vga_g[1]
set_location_assignment PIN_B13 -to vga_g[0]
set_location_assignment PIN_A14 -to vga_b[4]
set_location_assignment PIN_B14 -to vga_b[3]
set_location_assignment PIN_A15 -to vga_b[2]
set_location_assignment PIN_B16 -to vga_b[1]
set_location_assignment PIN_C15 -to vga_b[0]
```

将 VGA 显示器接到目标板的 VGA 接口，用 Quartus 软件对本例进行综合，然后将.sof 文件下载至目标板，在显示器上观察图像的显示效果。按键 KEY2（switch 端口）为 0 时，图像是静止的；KEY2 为 1 时，图像在屏幕范围内成 45°角移动，撞到边缘后改变方向，类似于屏保的显示效果，其实际显示效果如图 20.6 所示。

图 20.6 采用 FPGA 片内 ROM 存储图像并显示

第 21 章 OV5640 摄像头的视频采集与 VGA 显示

21.1　任务与要求

采用 FPGA 控制 OV5640 摄像头，使其输出 1024×768 分辨率的图像和视频，接收后存入外部 SDRAM 芯片缓存，然后将视频数据输出至 VGA 显示器显示，本例与案例 16 的区别在于显示终端不同。

21.2　原理与实现

本例与案例 16 相似，一些模块可以通用。参照案例 16 对 OV5640 摄像头参数进行设置，通过 DVP 接口和 FPGA 连接实现视频数据的采集，在 FPGA 内部接收到数据后进行 8bit 到 16bit 的合并转换，转换后的图像数据存入外部 SDRAM 芯片中，产生 VGA 时序驱动 VGA 显示器，读取 SDRAM 中的图像数据，最终在 VGA 上显示。

1. 顶层模块

编写 I²C 模块、摄像头驱动模块、SDRAM 模块、读/写帧程序模块及 VGA 显示驱动模块，在顶层模块中对各模块进行例化，例 21.1 是顶层模块源代码。

【例 21.1】　OV5640 视频采集与 VGA 显示的顶层模块源代码。

```
module ov5640_sdram_vga(
        input           clk,
        input           key1,
        inout           cmos_scl,           //CMOS 串行时钟
        inout           cmos_sda,           //CMOS 串行数据
        input           cmos_vsync,         //CMOS 帧同步
        input           cmos_href,          //CMOS 行同步
        input           cmos_pclk,          //CMOS 像素时钟信号
        output          cmos_xclk,          //CMOS 外部时钟
        input [7:0]     cmos_db,            //CMOS 数据
        output          cmos_rst_n,         //CMOS 复位
        output          cmos_pwdn,          //CMOS power down
        output          vga_out_hs,         //VGA 行同步信号
```

```
        output              vga_out_vs,         //VGA场同步信号
        output[4:0]         vga_out_r,          //VGA red
        output[5:0]         vga_out_g,          //VGA green
        output[4:0]         vga_out_b,          //VGA blue
        output              sdram_clk,          //SDRAM时钟信号
        output              sdram_cke,          //SDRAM时钟使能
        output              sdram_cs_n,         //SDRAM片选信号
        output              sdram_we_n,         //SDRAM写使能
        output              sdram_cas_n,        //SDRAM column address strobe
        output              sdram_ras_n,        //SDRAM row address strobe
        output[1:0]         sdram_dqm,          //SDRAM数据使能
        output[1:0]         sdram_ba,           //SDRAM bank address
        output[12:0]        sdram_addr,         //SDRAM地址
        inout[15:0]         sdram_dq            //SDRAM数据
            );
parameter MEM_DATA_BITS   =16;                 //外部存储器数据宽度
parameter ADDR_BITS       =24;                 //外部存储器地址宽度
parameter BUSRT_BITS      =10;                 //外部存储器burst宽度
wire[BUSRT_BITS - 1:0]   rd_burst_len,wr_burst_len;
wire[ADDR_BITS - 1:0]    rd_burst_addr,wr_burst_addr;
wire[MEM_DATA_BITS-1:0]  rd_burst_data,wr_burst_data;
wire[15:0]  read_data,write_data;
wire  ext_mem_clk;                             //外部存储器时钟
wire  video_clk;                               //视频像素时钟
wire[15:0]  vout_data, cmos_16bit_data;
wire[1:0]  write_addr_index,read_addr_index;
wire[9:0]  lut_index;
wire[31:0]  lut_data;

wire[4:0]  vga_out_r_sel,vga_out_b_sel ;
wire[5:0]  vga_out_g_sel ;
assign vga_out_hs_sel = hs;
assign vga_out_vs_sel = vs;
assign vga_out_r_sel  = vout_data[15:11];
assign vga_out_g_sel  = vout_data[10:5] ;
assign vga_out_b_sel  = vout_data[4:0]  ;
assign vga_out_hs = vga_out_hs_sel;
assign vga_out_vs = vga_out_vs_sel;
assign vga_out_r  = vga_out_r_sel ;
assign vga_out_g  = vga_out_g_sel ;
assign vga_out_b  = vga_out_b_sel ;
reg  rst_n;
reg [15:0]    cnt   = 16'b0;
always@ (posedge video_clk)
  begin
    if(cnt == 16'hffff)  cnt <= cnt;
    else cnt <= cnt + 1'b1;
  end
always@ (posedge video_clk)
  begin
    if(cnt == 16'b1)  rst_n <= 1'b0;
    else if(cnt == 16'hfff)  rst_n <= 1'b1;
  end

assign sdram_clk = ext_mem_clk;
```

```
assign cmos_rst_n = 1'b1;
assign cmos_pwdn = 1'b0;
assign write_en = cmos_16bit_wr;
assign write_data = {cmos_16bit_data[4:0],cmos_16bit_data[10:5],cmos_16bit_data[15:11]};

sys_pll u1(             //产生 CMOS 传感器时钟和 SDRAM 控制器时钟
        .inclk0(clk),
        .c0(cmos_xclk),
        .c1(ext_mem_clk));
video_pll u2(           //产生视频像素时钟
        .inclk0(clk),
        .c0(video_clk));

i2c_config u4(          //I2C 主控制器
        .rst(~rst_n),
        .clk(clk),
        .clk_div_cnt(16'd500),
        .i2c_addr_2byte(1'b1),
        .lut_index(lut_index),
        .lut_dev_addr(lut_data[31:24]),
        .lut_reg_addr(lut_data[23:8]),
        .lut_reg_data(lut_data[7:0]),
        .error(  ),
        .done(  ),
        .i2c_scl(cmos_scl),
        .i2c_sda(cmos_sda));

lut_ov5640_rgb565_1024_768 u5(       //配置查找表
        .lut_index(lut_index),
        .lut_data(lut_data));

cmos_8_16bit u6(            //CMOS 传感器 8 位转换 16 位
        .rst(~rst_n),
        .pclk(cmos_pclk),
        .pdata_i(cmos_db),
        .de_i(cmos_href),
        .pdata_o(cmos_16bit_data),
        .hblank(  ),
        .de_o(cmos_16bit_wr));

cmos_write_req_gen u7(            //CMOS 传感器控制
        .rst(~rst_n),
        .pclk(cmos_pclk),
        .cmos_vsync(cmos_vsync),
        .write_req(write_req),
        .write_addr_index(write_addr_index),
        .read_addr_index(read_addr_index),
        .write_req_ack(write_req_ack));

vga_timing u8(              //产生 VGA 显示时序
        .video_clk(video_clk),
        .rst(~rst_n),
        .read_req(read_req),
        .read_req_ack(read_req_ack),
        .read_en(read_en),
```

```
        .read_data(read_data),
        .hs(hs),
        .vs(vs),
        .de(de),
        .vout_data(vout_data));

frame_read_write u9(                    //视频帧数据读写控制
        .rst(~rst_n),
        .mem_clk(ext_mem_clk),
        .rd_burst_req(rd_burst_req),
        .rd_burst_len(rd_burst_len),
        .rd_burst_addr(rd_burst_addr),
        .rd_burst_data_valid(rd_burst_data_valid),
        .rd_burst_data(rd_burst_data),
        .rd_burst_finish(rd_burst_finish),
        .read_clk(video_clk),
        .read_req(read_req),
        .read_req_ack(read_req_ack),
        .read_finish( ),
        .read_addr_0(24'd0),              //第 1 帧地址
        .read_addr_1(24'd2073600),        //第 2 帧地址
        .read_addr_2(24'd4147200),
        .read_addr_3(24'd6220800),
        .read_addr_index(read_addr_index),
        .read_len(24'd786432),           //帧尺寸
        .read_en(read_en),
        .read_data(read_data),
        .wr_burst_req(wr_burst_req),
        .wr_burst_len(wr_burst_len),
        .wr_burst_addr(wr_burst_addr),
        .wr_burst_data_req(wr_burst_data_req),
        .wr_burst_data(wr_burst_data),
        .wr_burst_finish(wr_burst_finish),
        .write_clk(cmos_pclk),
        .write_req(write_req),
        .write_req_ack(write_req_ack),
        .write_finish( ),
        .write_addr_0(24'd0),
        .write_addr_1(24'd2073600),
        .write_addr_2(24'd4147200),
        .write_addr_3(24'd6220800),
        .write_addr_index(write_addr_index),
        .write_len(24'd786432),          //帧尺寸
        .write_en(write_en),
        .write_data(write_data));

sdram_core u10(         //SDRAM控制器
        .rst(~rst_n),
        .clk(ext_mem_clk),
        .rd_burst_req(rd_burst_req),
        .rd_burst_len(rd_burst_len),
        .rd_burst_addr(rd_burst_addr),
        .rd_burst_data_valid(rd_burst_data_valid),
        .rd_burst_data(rd_burst_data),
        .rd_burst_finish(rd_burst_finish),
```

```
        .wr_burst_req(wr_burst_req),
        .wr_burst_len(wr_burst_len),
        .wr_burst_addr(wr_burst_addr),
        .wr_burst_data_req(wr_burst_data_req),
        .wr_burst_data(wr_burst_data),
        .wr_burst_finish(wr_burst_finish),
        .sdram_cke(sdram_cke),
        .sdram_cs_n(sdram_cs_n),
        .sdram_ras_n(sdram_ras_n),
        .sdram_cas_n(sdram_cas_n),
        .sdram_we_n(sdram_we_n),
        .sdram_dqm(sdram_dqm),
        .sdram_ba(sdram_ba),
        .sdram_addr(sdram_addr),
        .sdram_dq(sdram_dq));
endmodule
```

2. 8bit 到 16bit 的转换模块

在 FPGA 内部接收到数据后需进行 8bit 到 16bit 的合并转换，转换后的图像数据存入外部 SDRAM 芯片中，例 21.2 是 8bit 到 16bit 的转换模块源代码。

【例 21.2】　8bit 到 16bit 的转换模块源代码。

```
module cmos_8_16bit(
        input            rst,
        input            pclk,
        input[7:0]       pdata_i,
        input            de_i,
        output reg[15:0] pdata_o,
        output reg       hblank,
        output reg       de_o);
reg[7:0] pdata_i_d0;
reg[11:0] x_cnt;
always@(posedge pclk)
begin  pdata_i_d0 <= pdata_i;end
always@(posedge pclk or posedge rst)
begin
  if(rst) x_cnt <= 12'd0;
  else if(de_i)  x_cnt <= x_cnt + 12'd1;
  else  x_cnt <= 12'd0;
end
always@(posedge pclk or posedge rst)
begin
  if(rst)  de_o <= 1'b0;
  else if(de_i&&x_cnt[0])  de_o<=1'b1;
  else  de_o <= 1'b0;
end
always@(posedge pclk or posedge rst)
begin
  if(rst)  hblank <= 1'b0;
  else  hblank <= de_i;
end
always@(posedge pclk or posedge rst)
```

```
begin
  if(rst) pdata_o <= 16'd0;
  else if(de_i&&x_cnt[0])  pdata_o<={pdata_i_d0,pdata_i};
  else  pdata_o <= 16'd0;
end
endmodule
```

3. VGA时序模块

例21.3是产生VGA时序的源代码。

【例21.3】 VGA时序模块。

```
module vga_timing
#(parameter DATA_WIDTH = 16)                              //视频数据宽度
(         input                     video_clk,            //像素时钟信号
          input                     rst,
          output reg                read_req,             //开始读一帧数据
          input                     read_req_ack,         //读请求确认
          output                    read_en,              //读数据使能
          input[DATA_WIDTH-1:0] read_data,                //读数据
          output                    hs,                   //行同步
          output                    vs,                   //场同步
          output                    de,                   //视频数据有效
          output[DATA_WIDTH-1:0] vout_data                //视频数据
          );
wire video_hs,video_vs,video_de;
reg video_hs_d0,video_vs_d0,video_de_d0;
reg video_hs_d1,video_vs_d1,video_de_d1;

reg[DATA_WIDTH - 1:0]  vout_data_r;
assign read_en = video_de;
assign hs = video_hs_d1;
assign vs = video_vs_d1;
assign de = video_de_d1;
assign vout_data = vout_data_r;
always@(posedge video_clk or posedge rst)
begin
    if(rst == 1'b1)
    begin
        video_hs_d0 <= 1'b0;
        video_vs_d0 <= 1'b0;
        video_de_d0 <= 1'b0;
    end
    else
    begin
        video_hs_d0 <= video_hs;
        video_vs_d0 <= video_vs;
        video_de_d0 <= video_de;
        video_hs_d1 <= video_hs_d0;
        video_vs_d1 <= video_vs_d0;
        video_de_d1 <= video_de_d0;
    end
```

```
end

always@(posedge video_clk or posedge rst)
begin
    if(rst == 1'b1)  vout_data_r <= {DATA_WIDTH{1'b0}};
    else if(video_de_d0)  vout_data_r <= read_data;
    else  vout_data_r <= {DATA_WIDTH{1'b0}};
end

always@(posedge video_clk or posedge rst)
begin
    if(rst == 1'b1)  read_req <= 1'b0;
    else if(video_vs_d0 & ~video_vs)  read_req <= 1'b1;
          //场同步边沿，包括上升沿和下降沿
    else if(read_req_ack)  read_req <= 1'b0;
end

tft_timing i0(
        .clk(video_clk),
        .rst(rst),
        .hs(video_hs),
        .vs(video_vs),
        .de(video_de),
        .rgb_r( ),
        .rgb_g( ),
        .rgb_b( ));
endmodule
```

上面的 tft_timing 子模块产生行、场时序信号，与 TFT 液晶通用，其源代码参见例 13.2，VGA 显示分辨率模式选择为 1024×768 像素模式，像素时钟为 65MHz，因此在 video_define.v 文件中选择显示模式如下：

```
`define  VIDEO_1024_768
```

4．时钟模块

采用两个 altpll 锁相环模块产生系统各级时钟和像素时钟频率，输入时钟 inclk0 的频率为 50 MHz，SDRAM 芯片主时钟的频率为 100MHz，OV5640 像素时钟的频率为 24MHz，VGA 显示器像素时钟的频率为 65MHz。

限于篇幅，本例的其他模块不再详述，具体可参考本例的工程文件。

21.3 下载与验证

VGA 接口和 CMOS 摄像头的引脚分配、锁定如下（SDRAM 引脚的分配可参照前面的案例）：

```
set_location_assignment PIN_A14 -to vga_out_b[4]
set_location_assignment PIN_B14 -to vga_out_b[3]
set_location_assignment PIN_A15 -to vga_out_b[2]
set_location_assignment PIN_B16 -to vga_out_b[1]
set_location_assignment PIN_C15 -to vga_out_b[0]
set_location_assignment PIN_A11 -to vga_out_g[5]
set_location_assignment PIN_B11 -to vga_out_g[4]
```

```
set_location_assignment PIN_A12 -to vga_out_g[3]
set_location_assignment PIN_B12 -to vga_out_g[2]
set_location_assignment PIN_A13 -to vga_out_g[1]
set_location_assignment PIN_B13 -to vga_out_g[0]
set_location_assignment PIN_C16 -to vga_out_hs
set_location_assignment PIN_C8 -to vga_out_r[4]
set_location_assignment PIN_A9 -to vga_out_r[3]
set_location_assignment PIN_B9 -to vga_out_r[2]
set_location_assignment PIN_A10 -to vga_out_r[1]
set_location_assignment PIN_B10 -to vga_out_r[0]
set_location_assignment PIN_D15 -to vga_out_vs
set_location_assignment PIN_D9 -to lcd_de
set_location_assignment PIN_C3 -to cmos_db[7]
set_location_assignment PIN_E5 -to cmos_db[6]
set_location_assignment PIN_F2 -to cmos_db[5]
set_location_assignment PIN_F3 -to cmos_db[4]
set_location_assignment PIN_M1 -to cmos_db[3]
set_location_assignment PIN_D4 -to cmos_db[2]
set_location_assignment PIN_G5 -to cmos_db[1]
set_location_assignment PIN_F5 -to cmos_db[0]
set_location_assignment PIN_D1 -to cmos_href
set_location_assignment PIN_D5 -to cmos_pclk
set_location_assignment PIN_C6 -to cmos_scl
set_location_assignment PIN_D6 -to cmos_sda
set_location_assignment PIN_F6 -to cmos_vsync
set_location_assignment PIN_D3 -to cmos_xclk
set_location_assignment PIN_F1 -to cmos_rst_n
set_location_assignment PIN_G2 -to cmos_pwdn
```

对本例进行编译和下载，如图 21.1 所示为本例的实际显示效果。

图 21.1　OV5640 摄像头视频采集及 VGA 显示效果

第 22 章 OV5640 摄像头的 Sobel 边缘检测与 VGA 显示

22.1 任务与要求

本例在 OV5640 摄像头视频采集及 VGA 显示的基础上，加入 Sobel 边缘检测算法，从而实现对输入图像进行实时的边缘检测，并用 VGA 显示结果。

22.2 原理与实现

Sobel 边缘检测的原理与实现方法在案例 18 中已做了介绍，在 OV5640 摄像头采集的彩色视频数据的基础上，首先将 RGB 彩色图像转换为黑白图像，然后对灰度信息通过 Sobel 算子的运算，进行边缘检测。由于采用了 3×3 矩阵窗口，因此需要使用 line buffer 来缓存 3 行数据，缓存深度为 1 行数据的宽度。进行 Sobel 算子运算时，依次从 line buffer 中读出 3 行数据，然后分别寄存两级就得到了 3×3 矩阵运算中所需的全部数据。

顶层模块在例 21.1 程序的基础上增加了例 22.1 所示的内容，其余内容与例 21.1 相同，为节省篇幅，此处只给出增加部分的内容。

【例 22.1】　OV5640 摄像头的 Sobel 边缘检测与 VGA 显示源代码（在例 21.1 的基础上增加）。

```
module ov5640_sdram_vga_sobel(
        input           clk,
        input           key1,
        inout           cmos_scl,           //cmos 串行时钟
        inout           cmos_sda,           //cmos 串行数据
        input           cmos_vsync,         //cmos 帧同步
        input           cmos_href,          //cmos 行同步
        input           cmos_pclk,          //cmos 像素时钟信号
        output          cmos_xclk,          //cmos 外部时钟
        input [7:0]     cmos_db,            //cmos 数据
        output          cmos_rst_n,         //cmos 复位
        output          cmos_pwdn,          //cmos power down
```

```
        output              vga_out_hs,             //vga 行同步信号
        output              vga_out_vs,             //vga 场同步信号
        output[4:0]         vga_out_r,              //vga red
        output[5:0]         vga_out_g,              //vga green
        output[4:0]         vga_out_b,              //vga blue
        output              sdram_clk,              //SDRAM 时钟信号
        output              sdram_cke,              //SDRAM 时钟使能
        output              sdram_cs_n,             //SDRAM 片选信号
        output              sdram_we_n,             //SDRAM 写使能
        output              sdram_cas_n,            //SDRAM column address strobe
        output              sdram_ras_n,            //SDRAM row address strobe
        output[1:0]         sdram_dqm,              //SDRAM 数据使能
        output[1:0]         sdram_ba,               //SDRAM bank address
        output[12:0]        sdram_addr,             //SDRAM 地址
        inout[15:0]         sdram_dq                //SDRAM 数据
            );
...
/*--------//以下几行内容注释掉------------
wire[4:0]  vga_out_r_sel,vga_out_b_sel ;
wire[5:0]  vga_out_g_sel ;
assign vga_out_hs_sel = hs;
assign vga_out_vs_sel = vs;
assign vga_out_r_sel  = vout_data[15:11];
assign vga_out_g_sel  = vout_data[10:5];
assign vga_out_b_sel  = vout_data[4:0];  */
//------在例 21.1 基础上增加如下内容----------
wire[7:0] ycbcr_y;
wire ycbcr_hs,ycbcr_vs,ycbcr_de;
wire key_1_o,key_1_fall;
reg key_1_1q,key_1_2q,key_1_3q,key_1_4q;
reg[1:0] data_sel;
off_glitch i1(
        .clk(video_clk),
        .glitch_width(200),
        .data_in(key1),
        .data_out(key_1_o));
always @(posedge video_clk)
  begin
    key_1_1q <= key_1_o;
    key_1_2q <= key_1_1q;
    key_1_3q <= key_1_2q;
    key_1_4q <= key_1_3q;
  end
assign key_1_fall = (!key_1_3q) && key_1_4q;
always@(posedge video_clk or negedge rst_n)
  begin
    if(!rst_n)  data_sel <= 2'b0;
    else if(key_1_fall) data_sel<=data_sel+1'b1;
  end
always @(*)
```

```
begin
  if(!rst_n)  begin
            vga_out_hs_sel = 1'b0;
            vga_out_vs_sel = 1'b0;
            vga_out_r_sel  = 5'b0;
            vga_out_g_sel  = 6'b0;
            vga_out_b_sel  = 5'b0;
end
else  begin
   case(data_sel)
      2'b00: begin                          //彩色视频显示
            vga_out_hs_sel = hs;
            vga_out_vs_sel = vs;
            vga_out_r_sel  = vout_data[15:11];
            vga_out_g_sel  = vout_data[10:5];
            vga_out_b_sel  = vout_data[4:0];  end
      2'b01: begin                          //彩色 sobel 边缘检测
            vga_out_hs_sel = sobel_hs;
            vga_out_vs_sel = sobel_vs;
            if(sobel_de) begin
               if(data_flag) begin
                    vga_out_r_sel = 5'b11111;
                    vga_out_g_sel = 6'b111111;
                    vga_out_b_sel = 5'b11111;  end
                else   begin
                    vga_out_r_sel = vout_data[15:11];
                    vga_out_g_sel = vout_data[10:5];
                    vga_out_b_sel = vout_data[4:0];  end
                end
                else   begin
                      vga_out_r_sel = 5'b0;
                      vga_out_g_sel = 5'b0;
                      vga_out_b_sel = 5'b0;  end
                 end
      2'b10: begin                      //灰度显示
                vga_out_hs_sel = ycbcr_hs;
                vga_out_vs_sel = ycbcr_vs;
                vga_out_r_sel  = ycbcr_y[7:3];
                vga_out_g_sel  = ycbcr_y[7:2];
                vga_out_b_sel  = ycbcr_y[7:3]; end
      2'b11: begin                      //灰度 sobel 边缘检测
                vga_out_hs_sel = sobel_hs;
                vga_out_vs_sel = sobel_vs;
                if(sobel_de)  begin
                    vga_out_r_sel = sobel_out[7:3];
                    vga_out_g_sel = sobel_out[7:2];
                    vga_out_b_sel = sobel_out[7:3];  end
                else  begin
                    vga_out_r_sel = 5'b0;
                    vga_out_g_sel = 5'b0;
```

```
                        vga_out_b_sel = 5'b0; end
      end  endcase
    end    end
reg vga_out_hs_sel,vga_out_vs_sel;
reg[4:0] vga_out_r_sel,vga_out_b_sel;
reg[5:0] vga_out_g_sel;

wire sobel_hs,sobel_vs,sobel_de;
wire[7:0] sobel_out;
rgb_to_ycbcr i2(
            .clk(video_clk),
            .rst(~rst_n),
            .rgb_r({vout_data[15:11],3'd0}),
            .rgb_g({vout_data[10:5],2'd0}),
            .rgb_b({vout_data[4:0],3'd0}),
            .rgb_hs(hs),
            .rgb_vs(vs),
            .rgb_de(de),
            .ycbcr_y(ycbcr_y),
            .ycbcr_cb( ),
            .ycbcr_cr( ),
            .ycbcr_hs(ycbcr_hs),
            .ycbcr_vs(ycbcr_vs),
            .ycbcr_de(ycbcr_de));
sobel i3(
            .rst(~rst_n),
            .pclk(video_clk),
            .threshold(8'd40),
            .ycbcr_hs(ycbcr_hs),
            .ycbcr_vs(ycbcr_vs),
            .ycbcr_de(ycbcr_de),
            .data_in(ycbcr_y),
            .data_out(sobel_out),
            .data_flag(data_flag),
            .sobel_hs(sobel_hs),
            .sobel_vs(sobel_vs),
            .sobel_de(sobel_de));
endmodule
```

22.3 下载与验证

进行引脚的分配和锁定，然后编译工程，生成配置文件.sof，连接目标板电源线和 JTAG 线，下载配置文件至 FPGA 芯片。图 22.1、图 22.2 和图 22.3 所示分别为视频灰度显示效果、彩色视频边缘检测效果和灰度视频边缘检测效果。

图 22.1　视频采集及灰度显示

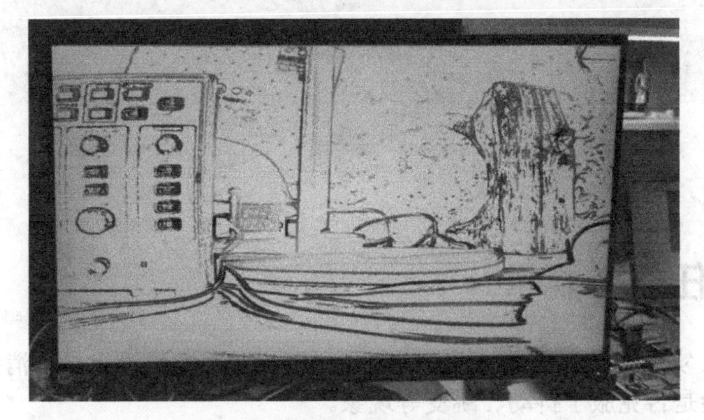

图 22.2　彩色视频边缘检测效果

图 22.3　灰度视频边缘检测效果

第 23 章 按键消抖

23.1 任务与要求

采用FPGA实现按键消抖并标识上升沿和下降沿，在数码管上显示消抖后的按键按下的次数，以查验是否克服了抖动、跳变等现象。

23.2 原理与实现

1. 按键消抖的原理

按键作为基本的人机输入外设，是很多电子设计中的常用配置。由于机械特性，在按键按下和松开时，其输入值是有抖动的，产生抖动的次数及间隔时间均不可预测，无论按下去时多么平稳，都难以避免抖动，因此必须设计按键消抖电路，如图23.1所示。

按键消抖方式有多种，本例采用软件消抖方式，即用FPGA计时实现消抖。设计一个计数器，当按键输入有变化时，计时器清零，否则就累加，直至一个预定值（例如20ms，一般情况下抖动的毛刺间隔不会超过20ms），就认为按键已稳定，此时可输出没有抖动的按键值。此外由于在很多地方需要用到按键下降沿或上升沿的检测，因此该按键消抖电路也集成了上升沿和下降沿检测的功能，如图23.1所示。

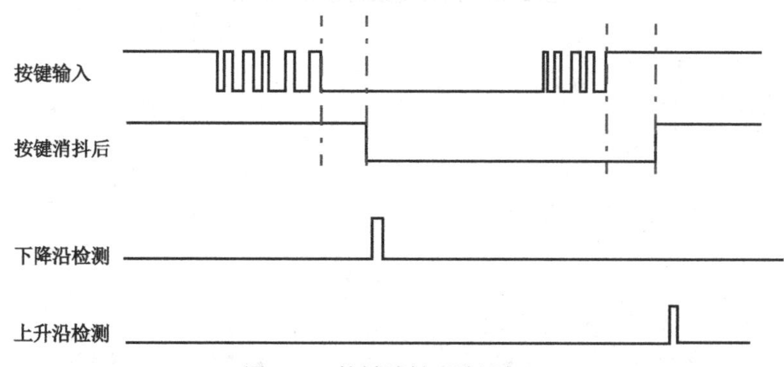

图23.1　按键消抖及边沿标识

2. 按键消抖电路的实现

本例的按键消抖主要包含边沿检测电路、计数器模块和状态机按键消抖电路三部分，各电路的作用及实现方法如下。

（1）边沿检测电路：检测上升沿和下降沿，一般设置两个移位寄存器，用其存储两个连续时钟上升沿到来时采集到的输入键值，并对键值进行比较即可判断出上升沿和下降沿，比如01，表示检测到下降沿（先是1，后是0）；10，表示检测到上升沿（先是0，后是1）。

（2）计数器模块：主要实现20ms计数功能及计数器使能，用一个always过程块实现。

（3）状态机按键消抖电路：设置4个状态实现按键消抖，其状态转移图如图23.2所示。

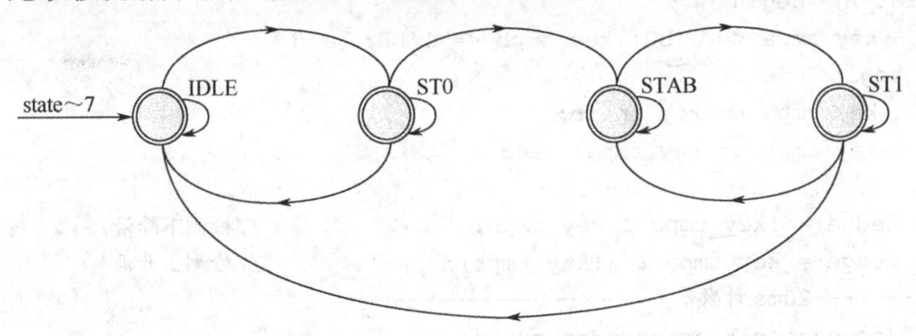

图23.2 状态转移图

IDLE表示未有按键按下时的状态，如果检测到下降沿则状态进入按键按下消抖状态ST0，并使能计数器，否则继续保持在IDLE状态。

在ST0状态时，如果20ms尚未计满就有上升沿到来，则认为此时还处在按键抖动过程中，状态回到IDLE并使计数器清0；如果20ms计满还未有上升沿到来，则认为按键已稳定，进入按键稳定状态STAB并将计数器清0。

进入按键稳定状态STAB后，如果检测到上升沿则进入按键释放消抖状态ST1，否则保持在当前状态。

进入ST1状态后，如果20ms尚未计满就检测到下降沿，则认为此时还处在按键释放的抖动过程中，状态回到STAB并使计数器清0；如果20ms计满还未有下降沿到来，则状态进入IDLE并将计数器清0，等待下一次按键被按下。

按键消抖的源代码如例23.1所示。

【例23.1】 按键消抖源代码。

```
module key_debounce(
        input clk,                      //50MHz 时钟输入
        input rst_n,                    //复位
        input key_in,                   //按键输入
        output reg key_out,             //消抖后按键信号
        output reg key_pos,             //检测到上升沿
        output reg key_neg);            //检测到下降沿
localparam   IDLE = 4'b0001,            //状态编码，采用一位热码编码
             ST0  = 4'b0010,            //按键按下，进入消抖状态
             STAB = 4'b0100,            //按键按下稳定状态
             ST1  = 4'b1000;            //释放按键状态
reg [3:0]state;
reg [19:0]cnt;
reg en_cnt;                             //计数使能信号
//-----------边沿检测电路--------------------
reg key_in_sa,key_in_sb;
always@(posedge clk, negedge rst_n)
  if(!rst_n) begin  key_in_sa <= 1'b0; key_in_sb <= 1'b0; end
```

```
    else begin
        key_in_sa <= key_in;
        key_in_sb <= key_in_sa;
    end
  reg key_tmpa,key_tmpb;
  wire pedge,nedge;
  reg cnt_full;                                         //计数满标志信号
  //用寄存器存储两个连续时钟上升沿输入信号电平状态
  always@(posedge clk, negedge rst_n)
    if(!rst_n)  begin
          key_tmpa <= 1'b0; key_tmpb <= 1'b0;  end
    else begin
          key_tmpa <= key_in_sb;
          key_tmpb <= key_tmpa;  end

  assign nedge = !key_tmpa & key_tmpb;                  //检测下降沿
  assign pedge = key_tmpa & (!key_tmpb);                //检测上升沿
  //-----------20ms计数器---------------------
  always@(posedge clk or negedge rst_n)
    if(!rst_n)  cnt <= 20'd0;
    else if(en_cnt)  cnt <= cnt + 1'b1;
    else  cnt <= 20'd0;
  always@(posedge clk or negedge rst_n)
    if(!rst_n)  cnt_full <= 1'b0;
    else if(cnt == 20'd999_999)                         //达到20ms
               cnt_full <= 1'b1;
    else  cnt_full <= 1'b0;
  //-----------状态机按键消抖------------------
  always@(posedge clk, negedge rst_n)
    if(!rst_n)begin
       en_cnt <= 1'b0;
       state <= IDLE;
       key_pos <= 1'b0;
       key_neg <= 1'b0;
       key_out <= 1'b1;
    end
    else begin
       case(state)
          IDLE:                                         //起始状态
             begin  key_neg <= 1'b0;key_pos <= 1'b0;
             if(nedge) begin
                   state <= ST0;
                   en_cnt <= 1'b1;  end
                else  state <= IDLE;
             end
          ST0:                                          //检测到按键按下，进入消抖状态
             if(cnt_full)begin
                key_neg <= 1'b1;
                key_out <= 1'b0;
                en_cnt <= 1'b0;
                state <= STAB;
             end
```

```
            else if(pedge)begin
                state <= IDLE;
                en_cnt <= 1'b0;
            end
            else  state <= ST0;
        STAB:               //进入按键稳定状态
            begin
                key_neg <= 1'b0;key_pos <= 1'b0;
                if(pedge)begin
                    state <= ST1;
                    en_cnt <= 1'b1; end
                else state <= STAB;
            end
        ST1:                //按键释放状态
            if(cnt_full)begin
                key_pos <= 1'b1;
                key_out <= 1'b1;
                state <= IDLE;
                en_cnt <= 1'b0;
            end
            else if(nedge)begin
                en_cnt <= 1'b0;
                state <= STAB; end
            else state <= ST1;
        default:
            begin
                state <= IDLE;
                en_cnt <= 1'b0;
                key_pos <= 1'b0;
                key_neg <= 1'b0;
                key_out <= 1'b1;
            end
    endcase
  end
endmodule
```

3．顶层设计

例 23.2 是按键消抖顶层源代码，其中例化了按键消抖模块，并用数码管显示消抖后的按键按下的次数，用一个数码管显示，故数满 16 次后循环。

【例 23.2】 按键消抖顶层设计。

```
`timescale 1 ns/1 ps
module key_top(
       input clk50m,                //50MHz 时钟信号
       input rst_n,
       input  key_in,               //按键输入
       output wire[6:0] seg,        //数码管 7 段显示
       output seg_sel,
       output  key_pos,             //检测到上升沿并标识
       output  key_neg,             //检测到下降沿并标识
       output key_out);             //按键输出

key_debounce u1(
```

```
        .clk(clk50m),                //时钟信号
        .rst_n(rst_n),               //复位
        .key_in(key_in),             //按键输入
        .key_out(key_out),
        .key_pos(key_pos),
        .key_neg(key_neg));
reg[3:0] cnt;
reg [1:0] q;
always@(negedge key_out or negedge rst_n)
begin
  if(!rst_n)  cnt <= 4'd0;
  else cnt <= cnt + 1'b1;
end
assign seg_sel=1'b0;
seg4_7 u2(                           //数码管译码，seg4_7译码子模块源代码见例2.2
         .hex(cnt),
         .g_to_a(seg));
endmodule
```

23.3 下载与验证

23.3.1 按键消抖电路的仿真

Quartus II 软件采用第三方仿真软件 ModelSim 进行仿真，在安装 Quartus Prime 18.1 时，匹配 ModelSim-INTEL FPGA STARTER EDITION 10.5b 版仿真器，也可以使用功能更强的 ModelSim SE 进行仿真，本例采用 ModelSim STARTER 对按键消抖电路进行仿真，其过程如下。

1. 建立 Quartus Prime 和 Modelsim 的链接

如果是第一次使用 ModelSim-Altera，需建立 Quartus Prime 和 ModelSim 间的链接。

在 Quartus Prime 主界面执行菜单“Tools→Options”命令，弹出“Options”对话框，在“Options”对话框的 Category 栏中选中 EDA Tool Options，在右边的 ModelSim-Altera 栏中指定其安装路径，本例中为 C:\intelFPGA\18.1\modelsim_ase\win32aloem，如图 23.3 所示。

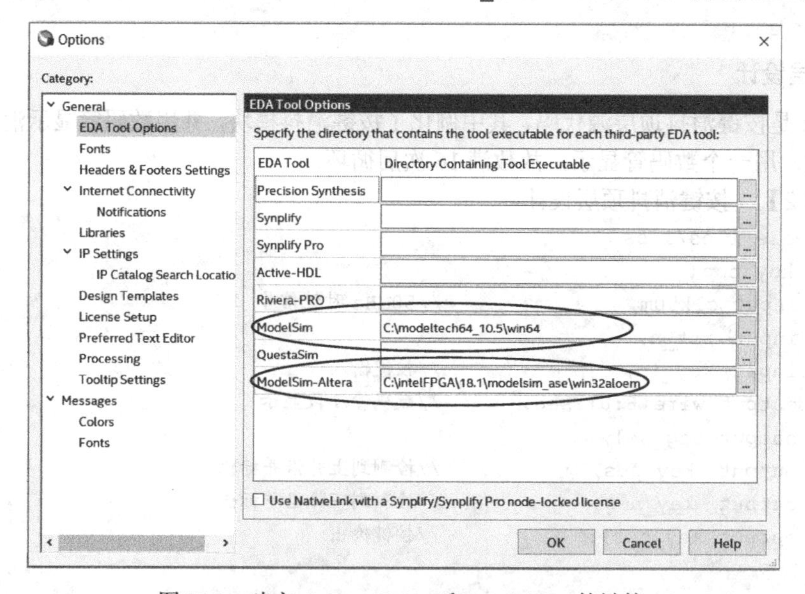

图 23.3 建立 Quartus Prime 和 ModelSim 的链接

2．设置仿真文件的格式和目录

ModelSim-Altera 的时序仿真中需要用到 Verilog HDL 或 VHDL 输出网表文件(.vo 或.vho)、传输延迟文件（.sdo），这些文件会在 Quartus Prime 完全编译后生成，ModelSim 会自动调用上述文件，将延时信息通过波形图展示出来，实现时序仿真。

上述文件的格式和路径需要在 Quartus Prime 软件中进行设置。在 Quartus Prime 主界面中选择菜单 Assignments→Settings，弹出 Settings 对话框，选中 Category 栏中的 Simulation 项，在其右侧出现的如图 23.4 所示的 Simulation 界面中进行设置。在 Tool name 中选择 ModelSim-Altera；在 Format for output netlist 中选择 Verilog HDL；在 Output directory 处指定网表文件的输出路径，.vo 文件存放的默认路径为当前工程目录下的 simulation\modelsim。

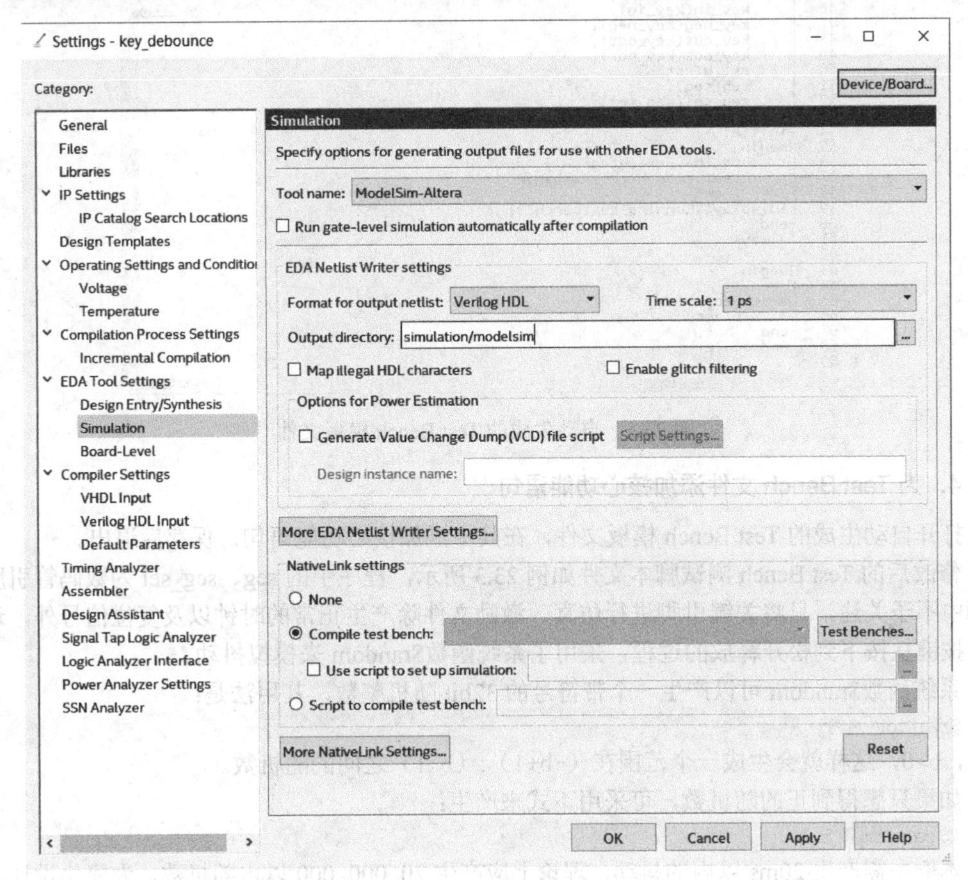

图 23.4　设置仿真文件的格式和路径

3．建立测试脚本（Test Bench）

Test Bench 测试脚本可以自己写，也可以由 Quartus Prime 自动生成，不过生成的只是模板，核心功能语句还需自己添加。

在 Quartus Prime 主界面中选择菜单 Processing→Start→Start Test Bench Template Writer，自动生成 Test Bench 模板文件。图 23.5 所示为自动生成的 Test Bench 模板文件的内容，该文件后缀为.vt，在当前工程所在的 key_debounce\simulation\modelsim 目录下可找到。

注：Test Bench 的输出为待测试模块的输入，即测试脚本是为待测试模块产生激励信号的。因此，Test Bench 的 input 为 reg 变量，输出为 wire 变量。

```
key_top.vt*
26
27  `timescale 1 ps/ 1 ps
28  module key_top_vlg_tst();
29  // constants
30  // general purpose registers
31  reg eachvec;
32  // test vector input registers
33  reg clk50m;
34  reg key_in;
35  reg rst_n;
36  // wires
37  wire key_neg;
38  wire key_out;
39  wire key_pos;
40  wire [6:0]  seg;
41  wire seg_sel;
42  // assign statements (if any)
43  key_top i1 (
44  // port map - connection between master ports and signals/registers
45      .clk50m(clk50m),
46      .key_in(key_in),
47      .key_neg(key_neg),
48      .key_out(key_out),
49      .key_pos(key_pos),
50      .rst_n(rst_n),
51      .seg(seg),
52      .seg_sel(seg_sel)
53  );
54  initial
55  begin
56  // code that executes only once
57  // insert code here --> begin
58  // --> end
59  $display("Running testbench");
60  end
61  always
62
63  begin
64
65  @eachvec;
66  // --> end
67  end
68  endmodule
69
```

图 23.5　自动生成的 Test Bench 模板文件

4．为 Test Bench 文件添加核心功能语句

打开自动生成的 Test Bench 模板文件，在其中添加核心功能语句，保存后退出。

修改后的 Test Bench 测试脚本文件如例 23.3 所示，程序中的 seg、seg_sel 为数码管引脚，本例中不予关注，只将关键引脚进行仿真。激励文件除产生正常的时钟以及复位信号外，还模拟了按键从按下到松开释放的过程，采用了系统函数$random 来模拟抖动。

系统函数$random 可以产生一个带符号的 32bit 随机整数，其用法是：

```
$random % b
```

其中，b>0，这样就会生成一个范围在（-b+1）:（b-1）之间的随机数。

如果只想得到正的随机数，可采用下式来产生：

```
{$random} % b
```

本例中需产生 20ms 以内的抖动，理论上应产生 20_000_000 以内随机数，为简化设计，本例只产生 16 位的随机数，数的范围为 0～65535。例 23.3 中模拟了 50 次按下抖动，抖动间隔为 0~65535ns；之后按键 key_in 保持 0 值，持续 50ms；然后模拟释放抖动，按键 key_in 赋值 1，持续 50ms。

【例 23.3】　按键消抖电路的 Test Bench 测试脚本文件。

```
`timescale 1 ns/1 ns
`define clk_period  20
module key_top_vlg_tst();
reg eachvec;
reg clk50m;
reg rst_n;
reg key_in;
wire key_out;
wire key_neg;
wire key_pos;
key_top  i1(
```

```
        .clk50m(clk50m),
        .rst_n(rst_n),
        .key_in(key_in),
        .key_out(key_out),
        .key_neg(key_neg),
        .key_pos(key_pos),
        .seg( ),
        .seg_sel( ));
initial clk50m= 1;
always #(`clk_period/2) clk50m = ~clk50m;
initial begin
        rst_n = 1'b0;
        #(`clk_period*10) rst_n = 1'b1;
        #(`clk_period*10 + 1); end
reg[15:0] keyrand;
initial begin
        key_in = 1'b1;press_key;
        #10000;press_key;
        #10000;press_key;
        #10000;$stop;
        end
task press_key;
  begin
     repeat(50) begin                    //模拟50次按下抖动
        keyrand = {$random}%65536;       //0~65535;
        #keyrand key_in = ~key_in; end
        key_in = 0; #25000000;           //保持0值50ms
     repeat(50) begin                    //模拟50次释放抖动
        keyrand = {$random}% 65536;      //0~65535;
        #keyrand key_in = ~key_in;end
        key_in = 1; #25000000;           //保持1值50ms
  end
endtask
endmodule
```

5. Test Bench 进一步的设置

还需对 Test Bench 做进一步的设置。在 Quartus Prime 主界面选择菜单 Assignments→Settings，弹出 Settings 对话框，选中 EDA Tool Settings 下的 Simulation 项，对其进行设置。单击 Compile test bench 栏右边的 Test Benches 按钮，出现 Test Benches 对话框，单击 New 按钮，出现 New Test Bench Settings 对话框，在其中填写 Test bench name 为 key_top_vlg_tst，同时，Top level module in test bench 也填写为 key_top_vlg_tst；Test bench and simulation files 选择 D:\C4_MB\key_debounce\simulation\modelsim\ key_top.vt，并将其加载（Add），上述设置过程如图 23.6 所示。

6. 启动仿真，观察仿真结果

选择菜单 Tools→Run EDA Simulation Tool→RTL Simulation…启动对按键消抖电路的 RTL 级仿真。命令执行后，系统自动打开 ModelSim-Altera 主界面和相应的窗口，如结构（Structure）、命令（Transcript）、目标（Objects）、波形（Wave）等窗口，其中，Wave 窗口显示的仿真输出波形如图 23.7 所示，可以看到 key_out 消除了按键的抖动，key_pos 和 key_neg 能正确指示按键上升沿和下降沿；从图 23.8 所示的局部展开图中可以看出，每一个抖动时间均不一样，本例在激励代码中通过引入任务（task）和系统函数$random 较好地模拟了按键抖动过程。

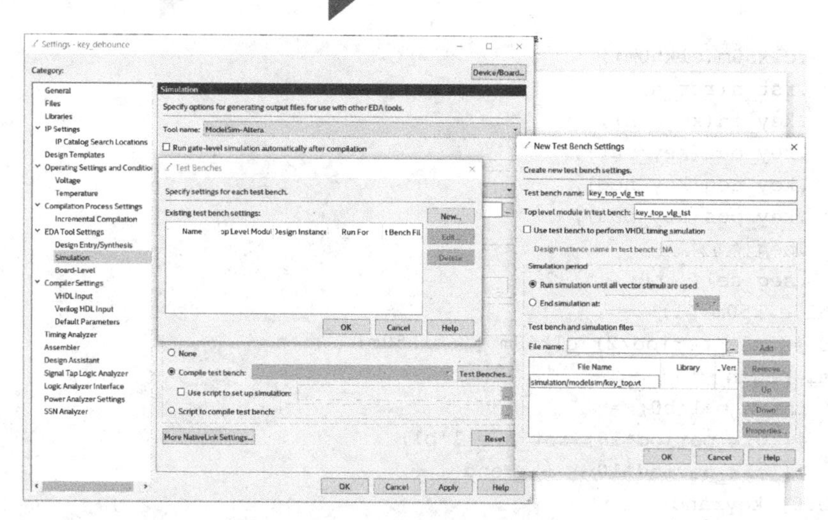

图 23.6 对 Test Bench 进一步设置

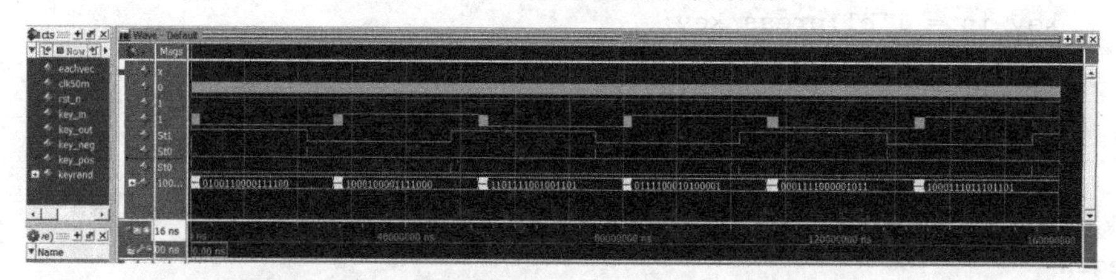

图 23.7 按键消抖电路 RTL 级仿真输出波形图

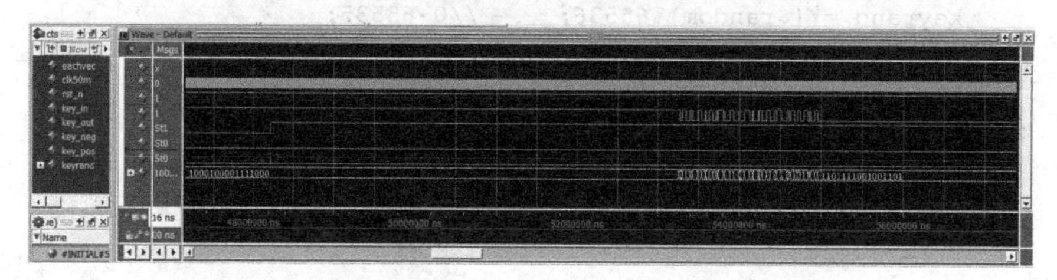

图 23.8 按键消抖电路 RTL 级仿真输出波形图（局部展开）

23.3.2 下载与验证代码

将本例基于 C4_MB 目标板进行下载，引脚约束文件（.qsf）内容如下：

```
set_location_assignment PIN_E1 -to clk50m
set_location_assignment PIN_E15 -to rst_n
set_location_assignment PIN_E16 -to key_in
set_location_assignment PIN_G15 -to key_out
set_location_assignment PIN_F16 -to key_pos
set_location_assignment PIN_F15 -to key_neg
set_location_assignment PIN_B8 -to seg[6]
set_location_assignment PIN_A7 -to seg[5]
set_location_assignment PIN_B6 -to seg[4]
set_location_assignment PIN_B5 -to seg[3]
set_location_assignment PIN_A6 -to seg[2]
set_location_assignment PIN_A8 -to seg[1]
set_location_assignment PIN_B7 -to seg[0]
set_location_assignment PIN_B1 -to seg_sel
```

将设计下载至目标板，按动 KEY2 按键，按动的次数在数码管上显示，查验有无跳变现象，是否克服了按键抖动。

第 24 章

标准 PS/2 键盘

24.1 任务与要求

用 FPGA 控制标准 PS/2 键盘，识别 PS/2 按键编码并显示键值。

24.2 原理与实现

1. 标准 PS/2 键盘物理接口的定义

PS/2 键盘接口标准是由 IBM 在 1987 年提出的，该标准定义了 84-101 键的键盘，主机和键盘之间采用 6 引脚 mini-DIN 连接器连接，采用双向串行通信协议进行通信。标准 PS/2 键盘 mini-DIN 连接器及其引脚定义见表 24.1。6 个引脚中只使用了 4 个，其中，第 3 脚接地，第 4 脚接+5V 电源，第 2 脚和第 6 脚保留，第 1 脚为 Data（数据），第 5 脚为 Clock（时钟），Data 与 Clock 这 2 个引脚采用了集电极开路设计，因此，标准 PS/2 键盘与接口相连时，这 2 个引脚要接一个上拉电阻方可工作。

表 24.1 PS/2 接口及引脚定义

标准 PS/2 键盘 mini-DIN 连接器		引脚号	名称	功能
5 6 / 3 4 / 1 2	6 5 / 4 3 / 2 1	1	Data	数据
		2	N.C	未用
		3	GND	电源地
		4	VCC	+5 V 电源
		5	Clock	时钟信号
插头（Plug）	插座（Socket）	6	N.C	未用

2. 标准 PS/2 接口时序及通信协议

PS/2 接口与主机之间的通信采用双向同步串行协议。PS/2 接口的 Data 与 Clock 这 2 个引脚都是集电极开路的，平时为高电平。数据从 PS/2 设备发送到主机或从主机发送到 PS/2 设备，时钟都是 PS/2 设备产生的；主机对时钟控制有优先权，即主机想发送控制指令给 PS/2 设备时，可以拉低时钟线至少 100 μs，然后再下拉数据线，传输完成后释放时钟线为高。

当 PS/2 设备准备发送数据时，首先检查 Clock 是否为高电平。如果 Clock 为低电平，则认为主机抑制了通信，此时它缓冲数据直到获得总线的控制权；如果 Clock 为高电平，PS/2 则开始向主机发送数据，数据发送按帧进行。

PS/2 键盘接口时序和数据格式如图 24.1 所示。数据位在 Clock 为高电平时准备好，在 Clock 下降沿被主机读入。数据帧格式为：1 个起始位（逻辑 0）；8 个数据位，低位在前；1 个奇校验位；1 个停止位（逻辑 1）；1 个应答位（仅用在主机对设备的通信中）。

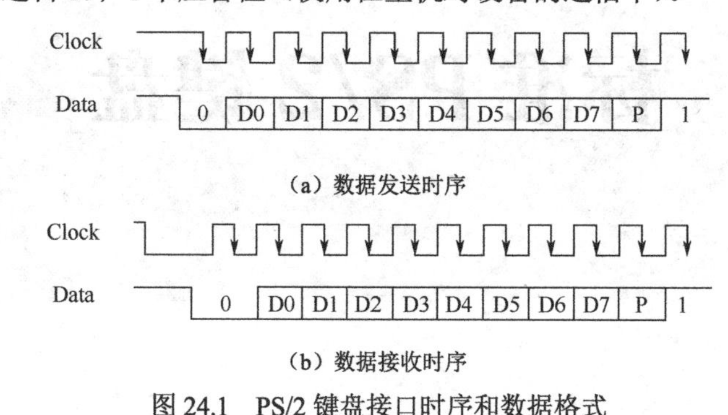

图 24.1　PS/2 键盘接口时序和数据格式

3. PS/2 键盘扫描码

现在 PC 使用的 PS/2 键盘都默认采用第二套扫描码集，扫描码有两种不同的类型：通码（make code）和断码（break code）。当一个键被按下或持续按住时，键盘将该键的通码发送给主机；当一个键被释放时，键盘将该键的断码发送给主机。每个键都有自己唯一的通码和断码。

通码都只有 1 字节宽，但也有少数“扩展按键”的通码是 2 字节或 4 字节宽。根据通码字节数，可将按键分为如下 3 类：

- 第 1 类按键，通码为 1 字节，断码为 0xF0+通码形式。如 A 键，其通码为 0x1C，断码为 0xF0 0x1C。
- 第 2 类按键，通码为 2 字节 0xE0 + 0xXX 形式，断码为 0xE0+0xF0+0xXX 形式。如 Right Ctrl 键，其通码为 0xE0 0x14，断码为 0xE0 0xF0 0x14。
- 第 3 类特殊按键有两个：Print Screen 键通码为 0xE0 0x12 0xE0 0x7C，断码为 0xE0 0xF0 0x7C 0xE0 0xF0 0x12；Pause 键通码为 0xEl 0x14 0x77 0xEl 0xF0 0x14 0xF0 0x77，断码为空。

PS/2 键盘中 0～9 十个数字键和 26 个英文字母键对应的通码、断码如表 24.2 所示。

表 24.2　PS/2 键盘中 0～9 十个数字键和 26 个英文字母键对应的通码、断码

键	通　码	断　码	键	通　码	断　码
A	1C	F0 1C	S	1B	F0 1B
B	32	F0 32	T	2C	F0 2C
C	21	F0 21	U	3C	F0 3C
D	23	F0 23	V	2A	F0 2A
E	24	F0 24	W	1D	F0 1D
F	2B	F0 2B	X	22	F0 22
G	34	F0 34	Y	35	F0 35
H	33	F0 33	Z	1A	F0 1A
I	43	F0 43	0	45	F0 45
J	3B	F0 3B	1	16	F0 16

续表

键	通 码	断 码	键	通 码	断 码
K	42	F0 42	2	1E	F0 1E
L	4B	F0 4B	3	26	F0 26
M	3A	F0 3A	4	25	F0 25
N	31	F0 31	5	2E	F0 2E
O	44	F0 44	6	36	F0 36
P	4D	F0 4D	7	3D	F0 3D
Q	15	F0 15	8	3E	F0 3E
R	2D	F0 2D	9	46	F0 46

4. PS/2 键盘扫描及显示电路设计

例 24.1 描述了 PS/2 键盘键值扫描电路并把键值通过数码管显示出来，限于篇幅，仅识别 26 个英文字母。

【例 24.1】 PS/2 键盘键值扫描及显示电路。

```
`timescale 1ns / 1ps
module ps2(
    input clk50m,                    //50MHz 时钟信号
    input reset,                     //复位信号
    inout ps2_clk,                   //PS/2 时钟信号
    inout ps2_dat,                   //PS/2 数据信号
    output reg[5:0] seg_cs,
    output[6:0] ps2_seg
        );

wire neg_ps2_clk;                    //ps2_clk 下降沿标志位
reg ps2_clk_r0,ps2_clk_r1,ps2_clk_r2; //ps2_clk 状态寄存器
always @ (posedge clk50m, negedge reset)
 begin
 if(!reset) begin
        ps2_clk_r0 <= 1'b0;
        ps2_clk_r1 <= 1'b0;
        ps2_clk_r2 <= 1'b0;
    end
 else begin                                   //锁存键盘时钟信号状态
        ps2_clk_r0 <= ps2_clk;                //以 PS/2 键盘的时钟作为主时钟
        ps2_clk_r1 <= ps2_clk_r0;
        ps2_clk_r2 <= ps2_clk_r1;
    end
end
assign neg_ps2_clk = (~ps2_clk_r1) & ps2_clk_r2;
      //先高后低，检测 PS/2 键盘时钟信号的下降沿
reg[7:0] ps2_byte;          //接收来自 PS/2 的 1 字节数据寄存器
reg[7:0] temp_data;         //当前接收数据寄存器
reg[3:0] num;               //计数器
reg[15:0] temp_data16;
always @ (posedge clk50m,negedge reset)
begin
 if(!reset) begin
```

```
            num <= 4'd0;
            temp_data <= 8'd0;
            temp_data16 <= 16'd0;
        end
    else if(neg_ps2_clk) begin   //检测到ps2_clk的下降沿
            case (num)
                4'd0:   begin
                            num <= num+1'b1;key_f <= 1'b0;
                        end
                4'd1:   begin
                            num <= num+1'b1;
                            temp_data[0] <= ps2_dat; //bit0
                        end
                4'd2:   begin
                            num <= num+1'b1;
                            temp_data[1] <= ps2_dat; //bit1
                        end
                4'd3:   begin
                            num <= num+1'b1;
                            temp_data[2] <= ps2_dat; //bit2
                        end
                4'd4:   begin
                            num <= num+1'b1;
                            temp_data[3] <= ps2_dat; //bit3
                        end
                4'd5:   begin
                            num <= num+1'b1;
                            temp_data[4] <= ps2_dat; //bit4
                        end
                4'd6:   begin
                            num <= num+1'b1;
                            temp_data[5] <= ps2_dat; //bit5
                        end
                4'd7:   begin
                            num <= num+1'b1;
                            temp_data[6] <= ps2_dat; //bit6
                        end
                4'd8:   begin
                            num <= num+1'b1;
                            temp_data[7] <= ps2_dat; //bit7
                        end
                4'd9:   begin
                            num <= num+1'b1;            //奇偶校验位，不做处理
                        end
                4'd10: begin
                            num <= 4'd0;                //num清零
                            temp_data16<={temp_data16[7:0],temp_data};
                            ps2_byte<= temp_data;    //锁存当前键值
                            key_f <= 1'b1;
                        end
```

```
                default: ;
                endcase
        end
end

reg ps2_state;              //键盘当前状态，ps2_state=1 表示有键被按下
reg key_f;                  //离键标志位，接收到数据 8'hf0 该位置 1
reg[7:0] ps2_asc;           //键值的 ASCII 码
reg[3:0] ps2_tmp;

always @ (posedge clk50m, negedge reset)
begin
if(!reset) begin
        ps2_state <= 1'b0;
        ps2_asc <= 8'h0;
    end
else if(key_f == 1'b1)
begin
if((temp_data16[15:8]== 8'hf0)||(temp_data16[7:0]== 8'hf0))
begin
ps2_asc <= 8'h0;             //收到离键动作
ps2_state <= 1'b0;
end
else begin
 case (ps2_byte)            //键值转换为 ASCII 码（十六进制），此处只处理字母
     8'h1c: ps2_asc <= 8'h41; //A
     8'h32: ps2_asc <= 8'h42; //B
     8'h21: ps2_asc <= 8'h43; //C
     8'h23: ps2_asc <= 8'h44; //D
     8'h24: ps2_asc <= 8'h45; //E
     8'h2b: ps2_asc <= 8'h46; //F
     8'h34: ps2_asc <= 8'h47; //G
     8'h33: ps2_asc <= 8'h48; //H
     8'h43: ps2_asc <= 8'h49; //I
     8'h3b: ps2_asc <= 8'h4a; //J
     8'h42: ps2_asc <= 8'h4b; //K
     8'h4b: ps2_asc <= 8'h4c; //L
     8'h3a: ps2_asc <= 8'h4d; //M
     8'h31: ps2_asc <= 8'h4e; //N
     8'h44: ps2_asc <= 8'h4f; //O
     8'h4d: ps2_asc <= 8'h50; //P
     8'h15: ps2_asc <= 8'h51; //Q
     8'h2d: ps2_asc <= 8'h52; //R
     8'h1b: ps2_asc <= 8'h53; //S
     8'h2c: ps2_asc <= 8'h54; //T
     8'h3c: ps2_asc <= 8'h55; //U
     8'h2a: ps2_asc <= 8'h56; //V
     8'h1d: ps2_asc <= 8'h57; //W
     8'h22: ps2_asc <= 8'h58; //X
     8'h35: ps2_asc <= 8'h59; //Y
```

```
     8'h1a: ps2_asc <= 8'h5a; //Z
     default:ps2_asc <= 8'h0;
     endcase
     ps2_state  <= 1'b1;
     end
end
else ps2_state  <= 1'b0;
end

wire clkcsc;           //数码管片选时钟，250Hz
reg[1:0] state;
parameter    S0=2'b01,S1=2'b10;
always @(posedge clkcsc, negedge reset)
begin
  if(!reset)
       begin
       state<=S0; seg_cs <= 6'b111110;
       end
  else if(ps2_state == 1'b1)
  case(state)            //驱动两个数码管显示当前按键的键值
  S0: begin
      state<=S1;  seg_cs <=6'b111110;ps2_tmp<=ps2_asc[3:0];
      end
  S1: begin
       state<=S0;  seg_cs <=6'b111101;ps2_tmp<=ps2_asc[7:4];
      end
  endcase
  else begin  seg_cs <=6'b111110;  end
end

clk_div  #(250)  u1(                //产生数码管片选时钟（250Hz）
           .clk(clk50m),
           .clr(1),
           .clk_out(clkcsc));
seg4_7 u2(                          //数码管译码
      .hex(ps2_tmp),
      .g_to_a(ps2_seg));
endmodule
```

clk_div 子模块源代码见例 1.2，seg4_7 数码管译码子模块源代码见例 2.3。

24.3 下载与验证

本例的引脚约束文件（.qsf）内容如下：

```
set_location_assignment PIN_E1 -to clk50m
set_location_assignment PIN_E15 -to reset
set_location_assignment PIN_E8 -to ps2_clk
set_location_assignment PIN_E7 -to ps2_dat
set_location_assignment PIN_B8 -to ps2_seg[6]
set_location_assignment PIN_A7 -to ps2_seg[5]
```

```
set_location_assignment PIN_B6 -to ps2_seg[4]
set_location_assignment PIN_B5 -to ps2_seg[3]
set_location_assignment PIN_A6 -to ps2_seg[2]
set_location_assignment PIN_A8 -to ps2_seg[1]
set_location_assignment PIN_B7 -to ps2_seg[0]
set_location_assignment PIN_A4 -to seg_cs[5]
set_location_assignment PIN_B4 -to seg_cs[4]
set_location_assignment PIN_A3 -to seg_cs[3]
set_location_assignment PIN_B3 -to seg_cs[2]
set_location_assignment PIN_A2 -to seg_cs[1]
set_location_assignment PIN_B1 -to seg_cs[0]
```

将 PS/2 键盘连接至目标板的扩展接口，需连接 PS/2 接口中的 4 根线，分别是 ps2_clk 时钟信号、ps2_dat 数据信号、电源（+5V）和地线（GDN），按动键盘上的英文字母，可自动识别按键并将按键的通码在数码管上显示出来，如图 24.2 所示，此时显示的是 B 键键值的 ASCII 码（十六进制）。

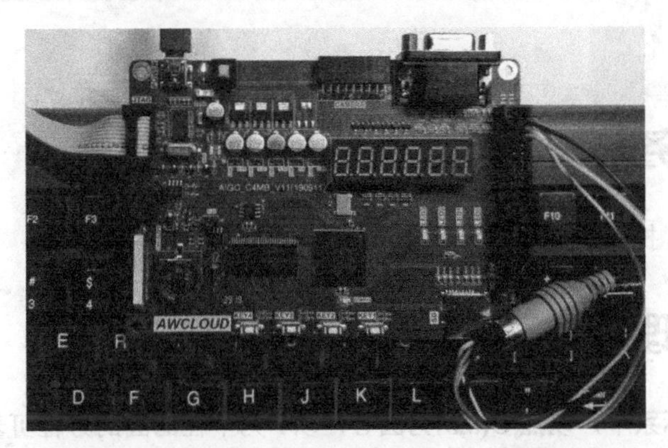

图 24.2 PS/2 键盘连接至目标板显示按键键值的 ASCII 码（十六进制）

第 25 章

TFT 显示色环

25.1 任务与要求

木例使用 FPGA 控制 TFT 液晶屏，实现彩色圆环形状的显示。

25.2 原理与实现

在平面直角坐标系中，以点 $O(a,b)$为圆心，以 r 为半径的圆的方程可表示为

$$(x-a)^2+(y-b)^2=r^2 \tag{25-1}$$

本例在液晶屏中央显示圆环形状，如图 25.1 所示，假设圆的直径为 80（r=40）个像素点，圆内的颜色为蓝色，圆外的颜色是白色，则如何区分各像素点是圆内还是圆外呢？如果把像素点的坐标位置表示为(x,y)，则有

$$(x-a)^2+(y-b)^2<r^2 \tag{25-2}$$

显然，满足式（25-2）的像素点在圆内，而不满足式（25-2）（即满足$(x-a)^2+(y-b)^2 \geqslant r^2$）的像素点在圆外。

那在本例中怎么实现公式$(x-a)^2+(y-b)^2<r^2$呢？

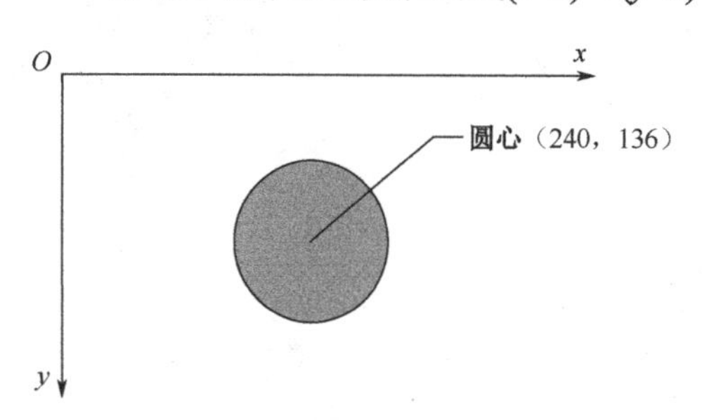

图 25.1　圆内点和圆外点的判断

本例 TFT 液晶屏采用 480×272 显示模式，TFT 的分辨率为 480×272，故在图 25.1 中，若将左上角像素点作为原点，其坐标为(0,0)，则右下角像素点的坐标为(480,272)。圆心在屏幕的中心，故圆心的坐标(a,b)为(240,136)。r 为圆的半径，x 和 y 表示像素点的坐标。

例 25.1 是 TFT 圆环显示源码，在本例中，用行时钟计数器 h_cnt 和场时钟计数器 v_cnt 来表示 x 和 y，即 x=h_cnt- H_ST，y=v_cnt- V_ST；用变量 dist 表示像素点与圆心之间距离的平方，则有：

dist=(x-a)*(x-a)+(y-b)*(y-b)=(h_cnt-H_ST-240)*(h_cnt-H_ST-240)+(v_cnt-V_ST-136)*(v_cnt-V_ST-136)。

例 25.1 中显示 3 层圆环，分别如下。

- 蓝色圆环：dist <= 1600（单位为像素）；
- 绿色圆环：dist <= 4900；
- 红色圆环：dist <= 10000；
- 白色区域：在显示区域中，除了以上色环区域，就是白色区域；
- 非显示区域：显示区域之外的，就是非显示区域。

【例 25.1】 TFT 色环显示源码。

```
/*  TFT 屏采用 480×272@60Hz 显示模式，像素时钟频率为 9MHz  */
module tft_cir_disp(
     input  clk50m,
     input  clr,
     output reg  lcd_hs,
     output reg  lcd_vs,
     output   lcd_de,
/* lcd_de: TFT 数据使能信号，在显示有效区域，该信号有效（高电平），显示数据可以输入；在非有效区域，该信号关闭（低电平），以禁止像素数据输入，避免影响到消隐  */
     output reg[7:0]  lcd_r,
     output reg[7:0]  lcd_g,
     output reg[7:0]  lcd_b,
/* lcd_r，lcd_g，lcd_b 分别是 TFT 的红色、绿色、蓝色分量数据，都是 8 位宽度；本例中没有驱动 TFT 背光控制信号，一般不会影响 TFT 屏的显示  */
     output lcd_dclk
     );
parameter   H_TOTAL  =  525;     //定义 480×272@60Hz 显示模式参数
parameter   V_TOTAL  =  286;
parameter   H_SYN    =  41;
parameter   V_SYN    =  2;
parameter   H_ST     =  43;
parameter   H_END    =  523;
parameter   V_ST     =  12;
parameter   V_END    =  284;

reg[12:0]   h_cnt,v_cnt;
reg   hs_de,vs_de;
reg[19:0]    dist;
wire  disp_area;
wire  end_cnt_h,add_cnt_v,end_cnt_v;
reg[7:0]  cnt0;
wire  add_cnt0,end_cnt0;
reg[15:0]  cnt1;
wire  add_cnt1,end_cnt1;

pll  u1
      (.inclk0(clk50m),
      .c0(lcd_dclk)            //产生 9MHz 像素时钟
      );
assign lcd_de    = hs_de & vs_de;

always @(posedge lcd_dclk, negedge clr)
begin
   if(!clr) begin  h_cnt <= 0;  end
   else begin  if(end_cnt_h)  h_cnt <= 0;
               else  h_cnt <= h_cnt + 1;
```

```
          end
    end
    assign end_cnt_h = h_cnt == H_TOTAL -1;
        //h_cnt为行时钟计数器，计满525个像素点清零，重新计数
    always @(posedge lcd_dclk, negedge clr)
    begin
       if(!clr)  begin  v_cnt <= 0;  end
       else if(add_cnt_v)  begin
          if(end_cnt_v)  v_cnt <= 0;
          else  v_cnt <= v_cnt + 1;
          end
    end
    assign add_cnt_v = end_cnt_h;
    assign end_cnt_v = add_cnt_v && v_cnt == V_TOTAL - 1;
        /*   v_cnt为场时钟计数器，加1条件是计满525像素（即为一行的时间），
             结束条件为计满286行  */
    always @(posedge lcd_dclk, negedge clr)
    begin
       if(!clr)  begin  lcd_hs <= 1'b0;  end
       else if(end_cnt_h)  begin  lcd_hs <= 1'b0;  end
       else if( h_cnt == H_SYN-1)
              begin  lcd_hs <= 1'b1;  end
    end
    always @(posedge lcd_dclk, negedge clr)
    begin
          if(!clr) begin hs_de <= 1'b0;  end
          else if( h_cnt == H_ST-1)
                begin  hs_de <= 1'b1;  end
          else if( h_cnt == H_END-1)
                begin  hs_de <= 1'b0;  end
    end

    always @(posedge lcd_dclk, negedge clr)
    begin
       if(!clr)  begin lcd_vs <= 1'b0;  end
       else if(add_cnt_v && v_cnt == V_SYN-1 )
          begin  lcd_vs <= 1'b1;  end
          else if(end_cnt_v) begin  lcd_vs <= 1'b0;  end
    end
    always @ (posedge lcd_dclk, negedge clr)
    begin
       if(!clr)  begin  vs_de <= 1'b0;  end
       else if(add_cnt_v && v_cnt == V_ST-1)
          begin  vs_de <= 1'b1;  end
       else if(add_cnt_v && v_cnt ==V_END-1)
          begin  vs_de <= 1'b0;  end
    end
    assign  disp_area = hs_de && vs_de;
    always @(*)
    begin
       dist=(h_cnt- H_ST - 240) *(h_cnt- H_ST- 240)
            +(v_cnt- V_ST-136) *(v_cnt- V_ST - 136);
    end
    always @(posedge lcd_dclk, negedge clr)
    begin
```

```
    if(!clr)begin  lcd_r <= 0; lcd_g <= 0;lcd_b <= 0; end
    else if(disp_area) begin
      if(dist<1601)
           begin lcd_r <= 0;lcd_g <= 0;lcd_b <=8'hff; end
      else if(dist<4901)
           begin lcd_r <= 0; lcd_g <=8'hff; lcd_b <= 0; end
      else if(dist<10001)
           begin lcd_r <= 8'hff; lcd_g <= 0;lcd_b <= 0; end
      else begin  lcd_r <= 8'hff; lcd_g <= 8'hff;lcd_b <= 8'hff; end
      end
    else begin  lcd_r <= 0;lcd_g <= 0;lcd_b <= 0;  end
end
endmodule
```

25.3 下载与验证

4.3 寸 TFT 液晶屏显示模式为 480×272@60Hz，像素时钟为 9MHz，像素时钟用锁相环 IP 核实现，c0 时钟端口的设置页面如图 25.2 所示，可以看到其倍频系数为 9，分频系数为 50。

TFT 模块用 40 针接口和 FPGA 目标板上的扩展口 J15 相连，FPGA 的引脚分配和锁定如下：

```
set_location_assignment PIN_E1 -to clk50m
set_location_assignment PIN_E15 -to clr
set_location_assignment PIN_J11 -to lcd_b[7]
set_location_assignment PIN_G16 -to lcd_b[6]
set_location_assignment PIN_K10 -to lcd_b[5]
set_location_assignment PIN_K9 -to lcd_b[4]
set_location_assignment PIN_G11 -to lcd_b[3]
set_location_assignment PIN_F14 -to lcd_b[2]
set_location_assignment PIN_F13 -to lcd_b[1]
set_location_assignment PIN_F11 -to lcd_b[0]
set_location_assignment PIN_D14 -to lcd_g[7]
set_location_assignment PIN_F10 -to lcd_g[6]
set_location_assignment PIN_C14 -to lcd_g[5]
set_location_assignment PIN_E11 -to lcd_g[4]
set_location_assignment PIN_D12 -to lcd_g[3]
set_location_assignment PIN_D11 -to lcd_g[2]
set_location_assignment PIN_C11 -to lcd_g[1]
set_location_assignment PIN_E10 -to lcd_g[0]
set_location_assignment PIN_D9 -to lcd_r[7]
set_location_assignment PIN_C9 -to lcd_r[6]
set_location_assignment PIN_E9 -to lcd_r[5]
set_location_assignment PIN_F9 -to lcd_r[4]
set_location_assignment PIN_F7 -to lcd_r[3]
set_location_assignment PIN_E8 -to lcd_r[2]
set_location_assignment PIN_D8 -to lcd_r[1]
set_location_assignment PIN_E7 -to lcd_r[0]
set_location_assignment PIN_J12 -to lcd_dclk
set_location_assignment PIN_K11 -to lcd_de
set_location_assignment PIN_J13 -to lcd_hs
set_location_assignment PIN_J14 -to lcd_vs
```

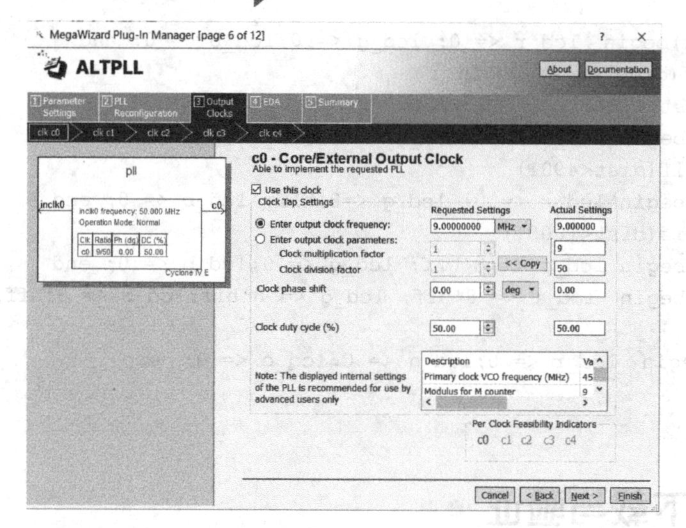

图 25.2　产生 9MHz 像素时钟 c0 设置页面

编译成功后，生成配置文件.sof，连接目标板电源线和 JTAG 线，下载配置文件.sof 至 FPGA 目标板，圆环的显示效果如图 25.3 所示。

图 25.3　4.3 寸 TFT 屏（480×272）圆环显示效果

第 26 章 TFT 显示动态矩形

26.1 任务与要求

本例使用 TFT 液晶屏实现动态矩形显示效果。

26.2 原理与实现

本例通过 FPGA 控制 TFT 液晶屏显示矩形动画，矩形的宽从 2 变化到 600（单位为像素，以下省略），矩形的高从 2 变化到 400，矩形由小逐渐变大，实现动态显示效果。

例 26.1 是 TFT 动态矩形显示源码。

【例 26.1】 TFT 动态矩形显示源码。

```
module tft_rec_dyn(
     input  clk50m,
     input  clr,
     output reg  lcd_hs,
     output reg  lcd_vs,
     output  lcd_de,
     output reg[7:0]  lcd_r,
     output reg[7:0]  lcd_g,
     output reg[7:0]  lcd_b,
     output lcd_dclk
      );
parameter   H_TOTAL  =  525;
parameter   V_TOTAL  =  286;
parameter   H_SYN    =  41;
parameter   V_SYN    =  2;
parameter   H_ST     =  43;
parameter   H_END    =  523;
parameter   V_ST     =  12;
parameter   V_END    =  284;

reg[12:0]   h_cnt, v_cnt;
reg   hs_de,vs_de;
```

```
wire  disp_area;
wire  end_cnt_h,add_cnt_v,end_cnt_v;
reg[7:0]  cnt0;
wire  add_cnt0,end_cnt0,add_cnt1,end_cnt1;
reg[15:0]  cnt1;

pll  u1
      (.inclk0(clk50m),
       .c0(lcd_dclk)              //产生TFT像素时钟9MHz
       );
assign lcd_de    = hs_de & vs_de;

always @(posedge lcd_dclk, negedge clr)
begin
   if(!clr) begin  h_cnt <= 0;  end
   else begin  if(end_cnt_h)  h_cnt <= 0;
               else  h_cnt <= h_cnt + 1;
        end
end
assign end_cnt_h = h_cnt == H_TOTAL -1;
        //h_cnt为行时钟计数器，计满525像素清零，重新计数
always @(posedge lcd_dclk, negedge clr)
begin
   if(!clr)  begin  v_cnt <= 0;  end
   else if(add_cnt_v)  begin
        if(end_cnt_v)  v_cnt <= 0;
        else  v_cnt <= v_cnt + 1;
        end
end
assign add_cnt_v = end_cnt_h;
assign end_cnt_v = add_cnt_v && v_cnt == V_TOTAL - 1;
     /*v_cnt为场时钟计数器，加1条件是计满525像素（即为一行的时间），
       结束条件为计满286行*/
always @ (posedge lcd_dclk, negedge clr)
begin
   if(!clr)  begin  lcd_hs <= 1'b0;  end
   else if(end_cnt_h)  begin  lcd_hs <= 1'b0;  end
   else if( h_cnt == H_SYN-1)
          begin  lcd_hs <= 1'b1;  end
end
always @(posedge lcd_dclk, negedge clr)
begin
      if(!clr) begin hs_de <= 1'b0;  end
      else if( h_cnt == H_ST-1)
            begin  hs_de <= 1'b1;  end
      else if( h_cnt == H_END-1)
            begin  hs_de <= 1'b0;  end
end

always @(posedge lcd_dclk, negedge clr)
begin
   if(!clr)  begin lcd_vs <= 1'b0;  end
   else if(add_cnt_v && v_cnt == V_SYN-1 )
      begin  lcd_vs <= 1'b1;  end
      else if(end_cnt_v) begin  lcd_vs <= 1'b0;  end
```

```
end
always @(posedge lcd_dclk, negedge clr)
begin
   if(!clr)  begin  vs_de <= 1'b0;  end
   else if(add_cnt_v && v_cnt == V_ST-1)
      begin  vs_de <= 1'b1;  end
   else if(add_cnt_v && v_cnt ==V_END-1)
      begin  vs_de <= 1'b0;  end
end
assign disp_area = hs_de && vs_de;
assign blue_area = (h_cnt >= H_ST+240-h) && (h_cnt<H_ST+240+h)
     && (v_cnt >= V_ST + 136-v) && (v_cnt<V_ST+136+v);

   reg[30:0]   h,v;
always @(posedge lcd_dclk, negedge clr)
begin
   if(!clr)  begin  h<=1;  end
   else if(end_cnt_v && h<300) begin  h<=h+2;  end
end
always @(posedge lcd_dclk, negedge clr)
begin
   if(!clr)  begin  v<=1;  end
   else if(end_cnt_v && v<200)  begin  v<=v+1;  end
end
always @(posedge lcd_dclk, negedge clr)
begin
   if(!clr)  begin  lcd_r <= 0;lcd_g <= 0;lcd_b <= 0;  end
   else if(disp_area) begin
         if(blue_area)
            begin  lcd_r <= 0;lcd_g <= 0;lcd_b <=8'hff;  end
         else begin  lcd_r <= 8'hff; lcd_g <= 8'hff;lcd_b <= 8'hff;
           end
         end
   else begin  lcd_r <= 0;lcd_g <= 0;lcd_b <= 0;  end
end
endmodule
```

26.3 下载与验证

TFT 液晶屏显示模式设置为 480×272@60Hz，像素时钟为 9MHz，9MHz 像素时钟用锁相环 IP 核实现（锁相环 IP 核设置可参考图 25.2）。

TFT 模块用 40 针接口和 FPGA 目标板上的扩展口 J15 相连，FPGA 的引脚分配和锁定如下：

```
set_location_assignment PIN_E1 -to clk50m
set_location_assignment PIN_E15 -to clr
set_location_assignment PIN_J11 -to lcd_b[7]
set_location_assignment PIN_G16 -to lcd_b[6]
set_location_assignment PIN_K10 -to lcd_b[5]
set_location_assignment PIN_K9  -to lcd_b[4]
set_location_assignment PIN_G11 -to lcd_b[3]
set_location_assignment PIN_F14 -to lcd_b[2]
set_location_assignment PIN_F13 -to lcd_b[1]
set_location_assignment PIN_F11 -to lcd_b[0]
```

```
set_location_assignment PIN_D14 -to lcd_g[7]
set_location_assignment PIN_F10 -to lcd_g[6]
set_location_assignment PIN_C14 -to lcd_g[5]
set_location_assignment PIN_E11 -to lcd_g[4]
set_location_assignment PIN_D12 -to lcd_g[3]
set_location_assignment PIN_D11 -to lcd_g[2]
set_location_assignment PIN_C11 -to lcd_g[1]
set_location_assignment PIN_E10 -to lcd_g[0]
set_location_assignment PIN_D9 -to lcd_r[7]
set_location_assignment PIN_C9 -to lcd_r[6]
set_location_assignment PIN_E9 -to lcd_r[5]
set_location_assignment PIN_F9 -to lcd_r[4]
set_location_assignment PIN_F7 -to lcd_r[3]
set_location_assignment PIN_E8 -to lcd_r[2]
set_location_assignment PIN_D8 -to lcd_r[1]
set_location_assignment PIN_E7 -to lcd_r[0]
set_location_assignment PIN_J12 -to lcd_dclk
set_location_assignment PIN_K11 -to lcd_de
set_location_assignment PIN_J13 -to lcd_hs
set_location_assignment PIN_J14 -to lcd_vs
```

编译成功后，生成配置文件.sof，连接目标板电源线和JTAG线，下载配置文件.sof至FPGA目标板，查看实际显示效果。

第 27 章

乐曲演奏

27.1　任务与要求

本例采用 FPGA 驱动扬声器发声构成乐曲演奏电路，乐曲选择《梁祝》片段，曲谱如图 27.1 所示。

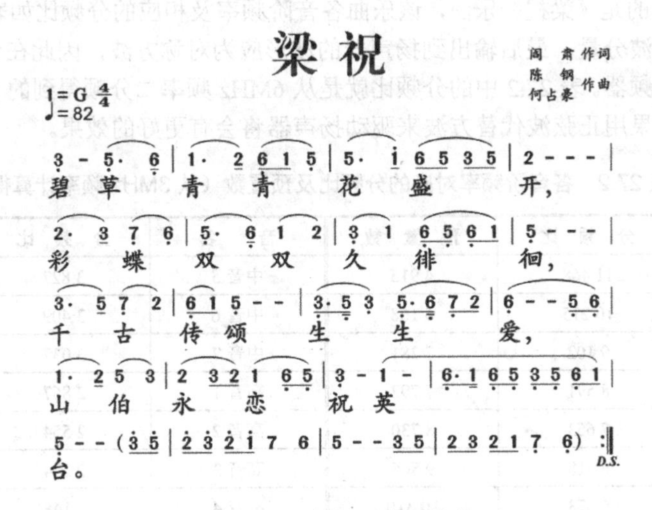

图 27.1　《梁祝》片段曲谱

27.2　原理与实现

乐曲演奏的原理是这样的：组成乐曲的每个音符的频率值（音调）及其持续的时间（音长）是乐曲能连续演奏所需的两个基本数据，因此，只要控制输出到扬声器的激励信号的频率的高低和持续时间，就可以使扬声器发出连续的乐曲声。首先看一下如何控制音调的高低变化。

1. 音调的控制

频率的高低决定了音调的高低。音乐的十二平均率规定：每两个八度音（如简谱中的中音

1与高音1）之间的频率相差1倍。在两个八度音之间，又可分为12个半音，每两个半音的频率比为$\sqrt[12]{2}$。另外，音名A（简谱中的低音6）的频率为440Hz，音名B到C之间、E到F之间为半音，其余为全音。由此，可以计算出简谱中从低音1至高音1之间每个音名对应的频率如表27.1所示。

表27.1 简谱中的音名与频率的关系

音　名	频　率/Hz	音　名	频　率/Hz	音　名	频　率/Hz
低音1	261.6	中音1	523.3	高音1	1 046.5
低音2	293.7	中音2	587.3	高音2	1 174.7
低音3	329.6	中音3	659.3	高音3	1 319.5
低音4	349.2	中音4	699.5	高音4	1 396.9
低音5	392	中音5	784	高音5	1 568
低音6	440	中音6	880	高音6	1 760
低音7	493.9	中音7	987.8	高音7	1 975.5

所有不同频率的信号都是从同一个基准频率分频得到的。由于音阶频率多为非整数，而分频系数又不能为小数，故必须将计算得到的分频数四舍五入取整。若基准频率过低，则由于分频比太小，四舍五入取整后的误差较大；若基准频率过高，虽然误差变小，但分频数将变大。实际的设计综合考虑这两方面的因素，在尽量减小频率误差的前提下取合适的基准频率。本例中选取6MHz为基准频率。若无6MHz的时钟频率，则可以先分频得到6 MHz（或者近似 6MHz），或者换一个新的基准频率。实际上，只要各音名间的相对频率关系不变，C作1与D作1演奏出的音乐听起来都不会走调。

本例需要演奏的是《梁祝》乐曲，该乐曲各音阶频率及相应的分频比如表27.2所示。为了减小输出的偶次谐波分量，最后输出到扬声器的波形应为对称方波，因此在到达扬声器之前，有一个二分频的分频器。表27.2中的分频比就是从6MHz频率二分频得到的3MHz频率基础上计算得出来的。如果用正弦波代替方波来驱动扬声器将会有更好的效果。

表27.2 各音阶频率对应的分频比及预置数（从3MHz频率计算得出）

音　名	分 频 比	预 置 数	音　名	分 频 比	预 置 数
低音1	11 468	4 915	中音5	3 827	12 556
低音2	10 215	6 168	中音6	3 409	12 974
低音3	9 102	7 281	中音7	3 037	13 346
低音4	8 591	7 792	高音1	2 867	13 516
低音5	7 653	8 730	高音2	2 554	13 829
低音6	6 818	9 565	高音3	2 274	14 109
低音7	6 073	10 310	高音4	2 148	14 235
中音1	5 736	10 647	高音5	1 913	14 470
中音2	5 111	11 272	高音6	1 705	14 678
中音3	4 552	11 831	高音7	1 519	14 864
中音4	4 289	12 094	休止符	0	16 383

从表27.2可以看出，最大的分频系数为11 468，故采用14位二进制计数器分频可满足需要。在表27.2中，除给出了分频比外，还给出了对应于各个音阶频率时计数器不同的预置数。对于不同的分频系数，只要加载不同的预置数即可；对于乐曲中的休止符，只要将分频系数设为0，即初始值为$2^{14}-1=16383$即可，此时扬声器将不会发声。采用加载预置数实现分频的方法比采用反馈复零法节省资源，实现起来也容易一些。

2. 音长的控制

音符的持续时间根据乐曲的速度及每个音符的节拍数来确定。本例演奏的《梁祝》片段，最短的音符为四分音符，如果将全音符的持续时间设为 1s，则只需要再提供一个 4Hz 的时钟频率即可产生四分音符的时长。

3. 乐曲演奏

图 27.2 所示是乐曲演奏电路的原理框图，其中，乐谱产生电路用来控制音乐的音调和音长。控制音调通过设置计数器的预置数来实现，预置不同的数值就可以使计数器产生不同频率的信号，从而产生不同的音调。控制音长是通过控制计数器预置数的停留时间来实现的，预置数停留的时间越长，该音符演奏的时间就越长。每个音符的演奏时间都是 0.25s 的整数倍，对于节拍较长的音符，如二分音符，在记谱时将该音名连续记录两次即可。

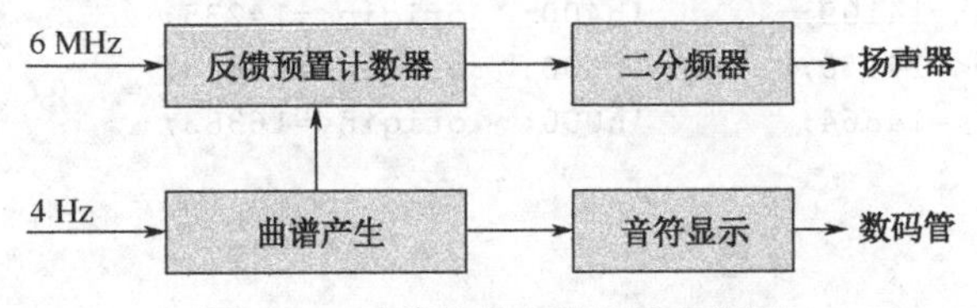

图 27.2 乐曲演奏电路的原理框图

音符显示电路用来显示乐曲演奏时对应的音符，可用数码管显示。为使演奏能循环进行，需另外设置一个时长计数器，当乐曲演奏完成时，保证能自动从头开始演奏。演奏电路的描述如例 27.1 所示。

【例 27.1】 《梁祝》乐曲演奏电路。

```
`timescale 1ns / 1ps
module song(
    input clk50m,                    //输入时钟 50MHz
    output reg spk,                  //输出至扬声器的信号，本例中为方波
    output reg[2:0] seg_cs,          //数码管片选信号
    output[6:0] seg_7s               //用数码管显示音符
      );

wire clk_6mhz;                       //用于产生各种音阶频率的基准频率
clk_div  #(6_250_000)  u1(           //得到 6.25MHz 时钟信号
         .clk(clk50m),
         .clr(1),
         .clk_out(clk_6mhz)
           );

wire clk_4hz;                        //用于控制音长（节拍）的时钟频率
clk_div  #(4)  u2(                   //得到 4Hz 时钟信号
         .clk(clk50m),
         .clr(1),
         .clk_out(clk_4hz));

reg[13:0] divider,origin;
reg carry;
always @(posedge clk_6mhz)           //通过置数，改变分频比
begin
    if(divider==16383)
    begin divider<=origin;carry<=1;end
 else  begin divider<=divider+1;carry<=0; end
end
```

```
always @(posedge carry)
begin spk<=~spk;end                         //2分频得到方波信号

always @(posedge clk_4hz)
  begin  case({high,med,low})               //根据不同的音符，预置分频比
 'h001:   origin<=4915;        'h002:  origin<=6168;
 'h003:   origin<=7281;        'h004:  origin<=7792;
 'h005:   origin<=8730;        'h006:  origin<=9565;
 'h007:   origin<=10310;       'h010:  origin<=10647;
 'h020:   origin<=11272;       'h030:  origin<=11831;
 'h040:   origin<=12094;       'h050:  origin<=12556;
 'h060:   origin<=12974;       'h070:  origin<=13346;
 'h100:   origin<=13516;       'h200:  origin<=13829;
 'h300:   origin<=14109;       'h400:  origin<=14235;
 'h500:   origin<=14470;       'h600:  origin<=14678;
 'h700:   origin<=14864;       'h000:  origin<=16383;
endcase
end

reg[7:0] counter;
reg[3:0] high,med,low,num;
always @(posedge clk_4hz)
begin
if(counter==134)      counter<=0;      //计时，以实现循环演奏
else                  counter<=counter+1;
case(counter)
0:begin  {high,med,low}<='h003;   seg_cs<=3'b110;  end      //低音3
1:begin  {high,med,low}<='h003;   seg_cs<=3'b110;  end      //持续4个节拍
2:begin  {high,med,low}<='h003; seg_cs<=3'b110;  end
3:begin  {high,med,low}<='h003; seg_cs<=3'b110;  end
4:begin  {high,med,low}<='h005;   seg_cs<=3'b110;  end      //低音5
5:begin  {high,med,low}<='h005;   seg_cs<=3'b110;  end      //持续3个节拍
6:begin  {high,med,low}<='h005; seg_cs<=3'b110;  end
7:begin  {high,med,low}<='h006;   seg_cs<=3'b110;  end      //低音6
8:begin  {high,med,low}<='h010;   seg_cs<=3'b101;  end      //中音1
9:begin  {high,med,low}<='h010;   seg_cs<=3'b101;  end      //持续3个节拍
10:begin {high,med,low}<='h010; seg_cs<=3'b101;  end
11:begin {high,med,low}<='h020; seg_cs<=3'b101;  end        //中音2
12:begin {high,med,low}<='h006;   seg_cs<=3'b110;  end      //低音6
13:begin {high,med,low}<='h010; seg_cs<=3'b101;  end
14:begin {high,med,low}<='h005; seg_cs<=3'b110;  end
15:begin {high,med,low}<='h005; seg_cs<=3'b110;  end
16:begin {high,med,low}<='h050; seg_cs<=3'b101;  end        //中音5
17:begin {high,med,low}<='h050; seg_cs<=3'b101;  end
18:begin {high,med,low}<='h050; seg_cs<=3'b101;  end
19:begin {high,med,low}<='h100; seg_cs<=3'b011;  end        //高音1
20:begin {high,med,low}<='h060; seg_cs<=3'b101;  end
21:begin {high,med,low}<='h050; seg_cs<=3'b101;  end
22:begin {high,med,low}<='h030; seg_cs<=3'b101;  end
23:begin {high,med,low}<='h050; seg_cs<=3'b101;  end
24:begin {high,med,low}<='h020; seg_cs<=3'b101;  end
25:begin {high,med,low}<='h020; seg_cs<=3'b101;  end
26:begin {high,med,low}<='h020; seg_cs<=3'b101;  end
27:begin {high,med,low}<='h020; seg_cs<=3'b101;  end
28:begin {high,med,low}<='h020; seg_cs<=3'b101;  end
```

```
29:begin {high,med,low}<='h020; seg_cs<=3'b101;  end
30:begin {high,med,low}<='h000; seg_cs<=3'b110;  end
31:begin  {high,med,low}<='h000; seg_cs<=3'b110;  end
32:begin  {high,med,low}<='h020; seg_cs<=3'b101;  end
33:begin  {high,med,low}<='h020; seg_cs<=3'b101;  end
34:begin  {high,med,low}<='h020; seg_cs<=3'b101;  end
35:begin  {high,med,low}<='h030; seg_cs<=3'b101;  end
36:begin  {high,med,low}<='h007; seg_cs<=3'b110;  end
37:begin  {high,med,low}<='h007; seg_cs<=3'b110;  end
38:begin  {high,med,low}<='h006; seg_cs<=3'b110;  end
39:begin  {high,med,low}<='h006; seg_cs<=3'b110;  end
40:begin  {high,med,low}<='h005; seg_cs<=3'b110;  end
41:begin  {high,med,low}<='h005; seg_cs<=3'b110;  end
42:begin  {high,med,low}<='h005; seg_cs<=3'b110;  end
43:begin  {high,med,low}<='h006; seg_cs<=3'b110;  end
44:begin  {high,med,low}<='h010; seg_cs<=3'b101;  end
45:begin  {high,med,low}<='h010; seg_cs<=3'b101;  end
46:begin  {high,med,low}<='h020; seg_cs<=3'b101;  end
47:begin  {high,med,low}<='h020; seg_cs<=3'b101;  end
48:begin  {high,med,low}<='h003; seg_cs<=3'b110;  end
49:begin  {high,med,low}<='h003; seg_cs<=3'b110;  end
50:begin  {high,med,low}<='h010; seg_cs<=3'b101;  end
51:begin  {high,med,low}<='h010; seg_cs<=3'b101;  end
52:begin  {high,med,low}<='h006; seg_cs<=3'b110;  end
53:begin  {high,med,low}<='h005; seg_cs<=3'b110;  end
54:begin  {high,med,low}<='h006; seg_cs<=3'b110;  end
55:begin  {high,med,low}<='h010; seg_cs<=3'b101;  end
56:begin  {high,med,low}<='h005; seg_cs<=3'b110;  end
57:begin  {high,med,low}<='h005; seg_cs<=3'b110;  end
58:begin  {high,med,low}<='h005; seg_cs<=3'b110;  end
59:begin  {high,med,low}<='h005; seg_cs<=3'b110;  end
60:begin  {high,med,low}<='h005; seg_cs<=3'b110;  end
61:begin  {high,med,low}<='h005; seg_cs<=3'b110;  end
62:begin  {high,med,low}<='h005; seg_cs<=3'b110;  end
63:begin  {high,med,low}<='h005; seg_cs<=3'b110;  end
64:begin  {high,med,low}<='h030; seg_cs<=3'b101;  end
65:begin  {high,med,low}<='h030; seg_cs<=3'b101;  end
66:begin  {high,med,low}<='h030; seg_cs<=3'b101;  end
67:begin  {high,med,low}<='h050; seg_cs<=3'b101;  end
68:begin  {high,med,low}<='h007; seg_cs<=3'b110;  end
69:begin  {high,med,low}<='h007; seg_cs<=3'b110;  end
70:begin  {high,med,low}<='h020; seg_cs<=3'b101;  end
71:begin  {high,med,low}<='h020; seg_cs<=3'b101;  end
72:begin  {high,med,low}<='h006; seg_cs<=3'b110;  end
73:begin  {high,med,low}<='h010; seg_cs<=3'b101;  end
74:begin  {high,med,low}<='h005; seg_cs<=3'b110;  end
75:begin  {high,med,low}<='h005; seg_cs<=3'b110;  end
76:begin  {high,med,low}<='h005; seg_cs<=3'b110;  end
77:begin  {high,med,low}<='h005; seg_cs<=3'b110;  end
78:begin  {high,med,low}<='h000; seg_cs<=3'b110;  end
79:begin  {high,med,low}<='h000; seg_cs<=3'b110;  end
80:begin  {high,med,low}<='h003; seg_cs<=3'b110;  end
81:begin  {high,med,low}<='h005; seg_cs<=3'b110;  end
82:begin  {high,med,low}<='h005; seg_cs<=3'b110;  end
83:begin  {high,med,low}<='h003; seg_cs<=3'b110;  end
```

```
84:begin  {high,med,low}<='h005;  seg_cs<=3'b110;  end
85:begin  {high,med,low}<='h006;  seg_cs<=3'b110;  end
86:begin  {high,med,low}<='h007;  seg_cs<=3'b110;  end
87:begin  {high,med,low}<='h020;  seg_cs<=3'b101;  end
88:begin  {high,med,low}<='h006;  seg_cs<=3'b110;  end
89:begin  {high,med,low}<='h006;  seg_cs<=3'b110;  end
90:begin  {high,med,low}<='h006;  seg_cs<=3'b110;  end
91:begin  {high,med,low}<='h006;  seg_cs<=3'b110;  end
92:begin  {high,med,low}<='h006;  seg_cs<=3'b110;  end
93:begin  {high,med,low}<='h006;  seg_cs<=3'b110;  end
94:begin  {high,med,low}<='h005;  seg_cs<=3'b110;  end
95:begin  {high,med,low}<='h006;  seg_cs<=3'b110;  end
96:begin  {high,med,low}<='h010;  seg_cs<=3'b101;  end
97:begin  {high,med,low}<='h010;  seg_cs<=3'b101;  end
98:begin  {high,med,low}<='h010;  seg_cs<=3'b101;  end
99:begin  {high,med,low}<='h020;  seg_cs<=3'b101;  end
100:begin  {high,med,low}<='h050;  seg_cs<=3'b101;  end
101:begin  {high,med,low}<='h050;  seg_cs<=3'b101;  end
102:begin  {high,med,low}<='h030;  seg_cs<=3'b101;  end
103:begin  {high,med,low}<='h030;  seg_cs<=3'b101;  end
104:begin  {high,med,low}<='h020;  seg_cs<=3'b101;  end
105:begin  {high,med,low}<='h020;  seg_cs<=3'b101;  end
106:begin  {high,med,low}<='h030;  seg_cs<=3'b101;  end
107:begin  {high,med,low}<='h020;  seg_cs<=3'b101;  end
108:begin  {high,med,low}<='h010;  seg_cs<=3'b101;  end
109:begin  {high,med,low}<='h010;  seg_cs<=3'b101;  end
110:begin  {high,med,low}<='h006;  seg_cs<=3'b110;  end
111:begin  {high,med,low}<='h005;  seg_cs<=3'b110;  end
112:begin  {high,med,low}<='h003;  seg_cs<=3'b110;  end
113:begin  {high,med,low}<='h003;  seg_cs<=3'b110;  end
114:begin  {high,med,low}<='h003;  seg_cs<=3'b110;  end
115:begin  {high,med,low}<='h003;  seg_cs<=3'b110;  end
116:begin  {high,med,low}<='h010;  seg_cs<=3'b101;  end
117:begin  {high,med,low}<='h010;  seg_cs<=3'b101;  end
118:begin  {high,med,low}<='h010;  seg_cs<=3'b101;  end
119:begin  {high,med,low}<='h010;  seg_cs<=3'b101;  end
120:begin  {high,med,low}<='h006;  seg_cs<=3'b110;  end
121:begin  {high,med,low}<='h010;  seg_cs<=3'b101;  end
122:begin  {high,med,low}<='h006;  seg_cs<=3'b110;  end
123:begin  {high,med,low}<='h005;  seg_cs<=3'b110;  end
124:begin  {high,med,low}<='h003;  seg_cs<=3'b110;  end
125:begin  {high,med,low}<='h005;  seg_cs<=3'b110;  end
126:begin  {high,med,low}<='h006;  seg_cs<=3'b110;  end
127:begin  {high,med,low}<='h010;  seg_cs<=3'b101;  end
127:begin  {high,med,low}<='h005;  seg_cs<=3'b110;  end
128:begin  {high,med,low}<='h005;  seg_cs<=3'b110;  end
129:begin  {high,med,low}<='h005;  seg_cs<=3'b110;  end
130:begin  {high,med,low}<='h005;  seg_cs<=3'b110;  end
131:begin  {high,med,low}<='h005;  seg_cs<=3'b110;  end
132:begin  {high,med,low}<='h005;  seg_cs<=3'b110;  end
133:begin  {high,med,low}<='h000;  seg_cs<=3'b110;  end
134:begin  {high,med,low}<='h000;  seg_cs<=3'b110;  end
default:begin  {high,med,low}<='h000;seg_cs<=3'b110;  end
endcase
end
```

```
always @(*)
begin
   case(seg_cs)              //根据不同的音符，预置分频比
   'b110:    num<=low;
   'b101:    num<=med;
   'b011:    num<=high;
   default:num<=4'b0000;
endcase
end
seg4_7 u3(                   //数码管译码,音符显示
      .hex(num),
      .g_to_a(seg_7s)
      );
endmodule
```

clk_div 子模块源代码见例 1.2，数码管显示译码子模块 seg4_7 源代码见例 2.3。

27.3 下载与验证

引脚约束文件内容如下：

```
set_location_assignment PIN_E1 -to clk50m
set_location_assignment PIN_J1 -to spk
set_location_assignment PIN_B3 -to seg_cs[2]
set_location_assignment PIN_A2 -to seg_cs[1]
set_location_assignment PIN_B1 -to seg_cs[0]
set_location_assignment PIN_B8 -to seg_7s[6]
set_location_assignment PIN_A7 -to seg_7s[5]
set_location_assignment PIN_B6 -to seg_7s[4]
set_location_assignment PIN_B5 -to seg_7s[3]
set_location_assignment PIN_A6 -to seg_7s[2]
set_location_assignment PIN_A8 -to seg_7s[1]
set_location_assignment PIN_B7 -to seg_7s[0]
```

本例基于 C4_MB 目标板进行验证，spk 端口接至 J1 引脚，此引脚接蜂鸣器，下载后可听到乐曲声音，同时将演奏发音相对应的高、中、低音音符用 3 个数码管显示出来，实现动态演奏。

第 28 章

RTC实时时钟

28.1 任务与要求

本例用 Verilog HDL 编程直接控制 RTC 芯片 DS1302，实现实时时钟功能。本例与案例 5 的区别在于，案例 5 采用 Nios II 处理器核控制 RTC 芯片，本例则不借助任何 IP 核实现实时时钟的显示。

28.2 原理与实现

RTC 芯片 DS1302 在案例 5 中已做过介绍，此处不再详述。本例用 Verilog HDL 编程直接控制 DS1302 芯片，故有必要对 DS1302 芯片的读/写操作时序做更为深入的了解。

1. DS1302 芯片的读/写操作时序

DS1302 芯片的写操作的时序如图 28.1 所示，第 1 字节是访问寄存器的地址，第 2 字节是写数据，每字节都是从 LSB 开始发送，至最高位传送结束。在写操作的时候，都是上升沿有效，且 CE（/RST）信号必须置高。

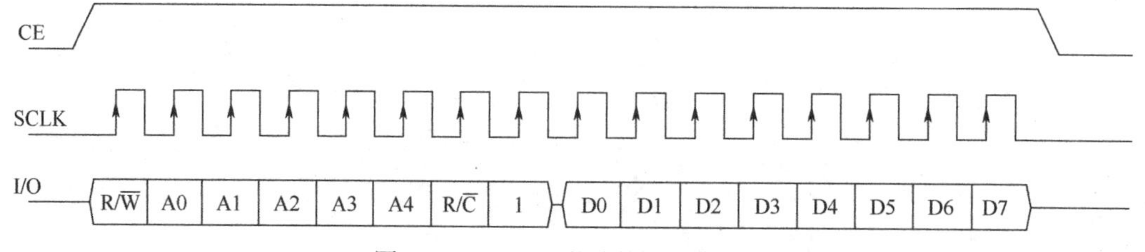

图 28.1 DS1302 芯片的写操作时序

DS1302 芯片的读操作的时序如图 28.2 所示，基本上和写操作的时序图相同，区别在第 2 字节时读数据的动作，第 2 字节读数据开始时，SCLK 信号都是下降沿有效，每个字节都是从 LSB 开始读入的，至最高位读取结束。读操作时 CE（/RST）信号同样必须拉高。

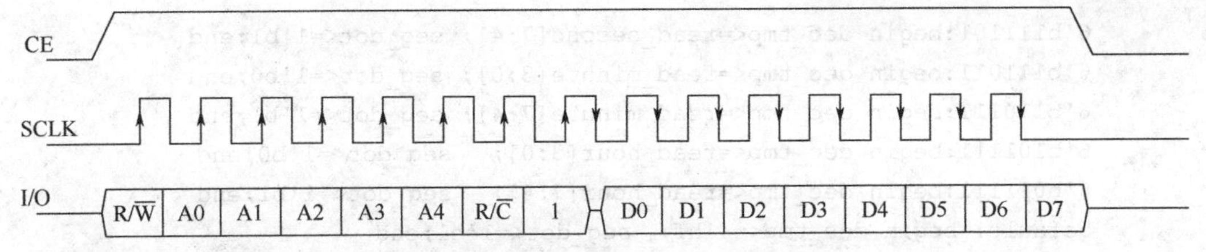

图 28.2　DS1302 芯片的读操作时序

2．命令格式和寄存器

无论是读操作还是写操作，在时序图中，第 1 字节都是访问寄存器的地址，该字节数据的格式如图 28.3 所示。图 28.3 中，BIT7 固定为 1；BIT6 表示是访问寄存器本身，还是访问 RAM 空间；BIT5～BIT1 是寄存器 RAM 空间的地址；BIT0 表示访问寄存器是写操作，还是读操作。

7	6	5	4	3	2	1	0
1	RAM / C̄K̄	A4	A3	A2	A1	A0	RD / W̄R̄

图 28.3　DS1302 芯片的首字节格式

3．顶层模块

例 28.1 是 RTC 实时时钟顶层模块，其中例化了 RTC 控制模块（ds1302_ctrl.v）。

【例 28.1】　RTC 实时时钟顶层模块。

```
module rtc_top(
       input      clk,
       input      reset,
       output     rtc_scl,
       output     rtc_ce,
       inout      rtc_sda,
       output reg[5:0] seg_sel=6'b111110,
       output reg  seg_dot,
       output [6:0] seg_data
        );
wire[7:0] read_second,read_minute,read_hour;
wire[7:0] read_date,read_month,read_week,read_year;

clk_div  #(1000)  u1(           //数码管片选时钟1kHz
           .clk(clk),
           .clr(1),
           .clk_out(clk_seg));

reg[3:0] dec_tmp;
always@(posedge clk_seg)        //数码管片选驱动
begin
if (~reset) begin seg_sel<=6'b111110; end
else begin
seg_sel[5:0] <= {seg_sel[4:0],seg_sel[5]}; end
end
always @(*)
begin
case (seg_sel)
   6'b111110:begin dec_tmp<=read_second[3:0]; seg_dot<=1'b1;end
```

```
    6'b111101:begin dec_tmp<=read_second[7:4]; seg_dot<=1'b1;end
    6'b111011:begin dec_tmp<=read_minute[3:0]; seg_dot<=1'b0;end
    6'b110111:begin dec_tmp<=read_minute[7:4]; seg_dot<=1'b1;end
    6'b101111:begin dec_tmp<=read_hour[3:0];   seg_dot<=1'b0;end
    6'b011111:begin dec_tmp<=read_hour[7:4];   seg_dot<=1'b1;end
    default: begin dec_tmp<=4'hf;  seg_dot<=1'b1;end
  endcase
  end

  seg4_7 u2(                          //数码管 7 段译码显示
      .hex(dec_tmp),
      .g_to_a(seg_data));

  ds1302_ctrl u3(
      .rst(~reset),
      .clk(clk),
      .ds1302_ce(rtc_ce),
      .ds1302_sclk(rtc_scl),
      .ds1302_io(rtc_sda),
      .read_second(read_second),
      .read_minute(read_minute),
      .read_hour(read_hour),
      .read_date(read_date),
      .read_month(read_month),
      .read_week(read_week),
      .read_year(read_year));
  endmodule
```

上面程序中的 clk_div 子模块源代码见例 1.2，数码管显示译码子模块 seg4_7 源代码见例 2.3，其余子模块的源代码在下面给出。

4．子模块

【例 28.2】 RTC 控制模块（ds1302_ctrl.v）。

```
module ds1302_ctrl(
            input       clk,
            input       rst,
            output      ds1302_ce,
             output     ds1302_sclk,
            inout       ds1302_io,
            output[7:0] read_second,
            output[7:0] read_minute,
            output[7:0] read_hour,
            output[7:0] read_date,
            output[7:0] read_month,
            output[7:0] read_week,
            output[7:0] read_year);
localparam S_IDLE    = 0;
localparam S_READ    = 1;
localparam S_WRITE   = 2;
localparam S_READ_CH = 3;
localparam S_WRITE_CH =4;
```

```
localparam S_WAIT     = 5;
reg[2:0] state,next_state;
reg write_time_req,read_time_req;
reg write_time_req_latch;
reg[7:0] write_second_reg,write_minute_reg,write_hour_reg;
reg[7:0] write_date_reg,write_month_reg,write_week_reg,write_year_reg;

assign CH = read_second[7];
ds1302 i0(
            .rst(rst),
            .clk(clk),
            .ds1302_ce(ds1302_ce),
            .ds1302_sclk(ds1302_sclk),
            .ds1302_io(ds1302_io),
            .write_time_req(write_time_req),
            .write_time_ack(write_time_ack),
            .write_second(write_second_reg),
            .write_minute(write_minute_reg),
            .write_hour(write_hour_reg),
            .write_date(write_date_reg),
            .write_month(write_month_reg),
            .write_week(write_week_reg),
            .write_year(write_year_reg),
            .read_time_req(read_time_req),
            .read_time_ack(read_time_ack),
            .read_second(read_second),
            .read_minute(read_minute),
            .read_hour(read_hour),
            .read_date(read_date),
            .read_month(read_month),
            .read_week(read_week),
            .read_year(read_year));

always@(posedge clk)
begin
  if(write_time_ack)  write_time_req <= 1'b0;
  else if(state == S_WRITE_CH)  write_time_req <= 1'b1;
end
always@(posedge clk)
begin
  if(read_time_ack)   read_time_req <= 1'b0;
  else if(state==S_READ||state==S_READ_CH)  read_time_req<=1'b1;
end
always@(posedge clk or posedge rst)
begin
  if(rst)  state <= S_IDLE;
  else state <= next_state;
end
always@(posedge clk or posedge rst)
begin
```

```
  if(rst)
  begin
     write_second_reg <= 8'h00;
     write_minute_reg <= 8'h00;
     write_hour_reg <= 8'h00;
     write_date_reg <= 8'h00;
     write_month_reg <= 8'h00;
     write_week_reg <= 8'h00;
     write_year_reg <= 8'h00;
  end
  else if(state == S_WRITE_CH)
  begin
     write_second_reg <= 8'h01;
     write_minute_reg <= 8'h10;
     write_hour_reg <= 8'h13;
     write_date_reg <= 8'h13;
     write_month_reg <= 8'h12;
     write_week_reg <= 8'h02;
     write_year_reg <= 8'h16;
  end
end

always@(*)
begin
  case(state)
     S_IDLE: next_state <= S_READ_CH;
     S_READ_CH:
         if(read_time_ack)
             next_state <= CH ? S_WRITE_CH : S_READ;
         else next_state <= S_READ_CH;
     S_WRITE_CH:
         if(write_time_ack)
             next_state <= S_WAIT;
         else next_state <= S_WRITE_CH;
     S_WAIT: next_state <= S_READ;
     S_READ:
         if(read_time_ack) next_state <= S_IDLE;
         else next_state <= S_READ;
     default: next_state <= S_IDLE;
  endcase
end
endmodule
```

【例 28.3】 ds1302 模块源代码。

```
module ds1302(
       input          rst,
       input          clk,
       output         ds1302_ce,
       output         ds1302_sclk,
       inout          ds1302_io,
       input          write_time_req,
```

```
        output            write_time_ack,
        input[7:0]        write_second,
        input[7:0]        write_minute,
        input[7:0]        write_hour,
        input[7:0]        write_date,
        input[7:0]        write_month,
        input[7:0]        write_week,
        input[7:0]        write_year,
        input             read_time_req,
        output            read_time_ack,
        output reg[7:0] read_second,
        output reg[7:0] read_minute,
        output reg[7:0] read_hour,
        output reg[7:0] read_date,
        output reg[7:0] read_month,
        output reg[7:0] read_week,
        output reg[7:0] read_year
        );
localparam S_IDLE    =  0;
localparam S_WR_WP   =  1;
localparam S_WR_SEC  =  2;
localparam S_WR_MIN  =  3;
localparam S_WR_HOUR =  4;
localparam S_WR_MON  =  5;
localparam S_WR_WEEK =  6;
localparam S_WR_YEAR =  7;
localparam S_RD_SEC  =  8;
localparam S_RD_MIN  =  9;
localparam S_RD_HOUR = 10;
localparam S_RD_MON  = 11;
localparam S_RD_WEEK = 12;
localparam S_RD_YEAR = 13;
localparam S_RD_DATE = 15;
localparam S_ACK     = 14;
localparam S_WR_DATE = 16;

reg[4:0] state, next_state;
reg[7:0] read_addr,write_addr,write_data;
wire[7:0] read_data;
reg cmd_write,cmd_read;
assign write_time_ack= (state == S_ACK);
assign read_time_ack = (state == S_ACK);
always@(posedge clk or posedge rst)
begin
  if(rst)  cmd_write <= 1'b0;
  else if(cmd_write_ack)  cmd_write <= 1'b0;
  else
     case(state)
         S_WR_WP,S_WR_SEC,S_WR_MIN,S_WR_HOUR,
         S_WR_DATE,S_WR_MON,S_WR_WEEK,S_WR_YEAR:
```

```
            cmd_write <= 1'b1;
        endcase
end
always@(posedge clk or posedge rst)
begin
  if(rst) cmd_read <= 1'b0;
  else if(cmd_read_ack)   cmd_read <= 1'b0;
  else
      case(state)
            S_RD_SEC,S_RD_MIN,S_RD_HOUR,S_RD_DATE,
            S_RD_MON,S_RD_WEEK,S_RD_YEAR:    cmd_read <= 1'b1;
      endcase
end
always@(posedge clk or posedge rst)
begin
  if(rst)  read_second<=8'h00;
  else if(state==S_RD_SEC&&cmd_read_ack) read_second<=read_data;
end
always@(posedge clk or posedge rst)
begin
  if(rst)  read_minute <= 8'h00;
  else if(state == S_RD_MIN && cmd_read_ack)  read_minute <= read_data;
end
always@(posedge clk or posedge rst)
begin
  if(rst)  read_hour <= 8'h00;
  else if(state == S_RD_HOUR && cmd_read_ack)  read_hour <= read_data;
end
always@(posedge clk or posedge rst)
begin
  if(rst)  read_date <= 8'h00;
  else if(state==S_RD_DATE&&cmd_read_ack) read_date<=read_data;
end
always@(posedge clk or posedge rst)
begin
  if(rst) read_month <= 8'h00;
  else if(state == S_RD_MON && cmd_read_ack)  read_month <= read_data;
end
always@(posedge clk or posedge rst)
begin
  if(rst)  read_week <= 8'h00;
  else if(state==S_RD_WEEK&&cmd_read_ack) read_week<=read_data;
end
always@(posedge clk or posedge rst)
begin
  if(rst)  read_year<=8'h00;
  else if(state==S_RD_YEAR&&cmd_read_ack) read_year<=read_data;
end

always@(posedge clk or posedge rst)
```

```
begin
  if(rst)  read_addr <= 8'h00;
  else
     case(state)
             S_RD_SEC:    read_addr <= 8'h81;
             S_RD_MIN:    read_addr <= 8'h83;
             S_RD_HOUR:   read_addr <= 8'h85;
             S_RD_DATE:   read_addr <= 8'h87;
             S_RD_MON:    read_addr <= 8'h89;
             S_RD_WEEK:   read_addr <= 8'h8b;
             S_RD_YEAR:   read_addr <= 8'h8d;
         default:read_addr <= read_addr;
     endcase
end
always@(posedge clk or posedge rst)
begin
 if(rst)
     begin write_addr <= 8'h00;write_data <= 8'h00; end
 else
     case(state)
         S_WR_WP:
         begin   write_addr <= 8'h8e;
                 write_data <= 8'h00;end
         S_WR_SEC:
             begin   write_addr <= 8'h80;
                 write_data <= write_second;end
         S_WR_MIN:
             begin write_addr <= 8'h82;
                 write_data <= write_minute;end
         S_WR_HOUR:
             begin   write_addr <= 8'h84;
                 write_data <= write_hour;end
         S_WR_DATE:
             begin   write_addr <= 8'h86;
                 write_data <= write_date;end
         S_WR_MON:
             begin   write_addr <= 8'h88;
                 write_data <= write_month;end
         S_WR_WEEK:
             begin   write_addr <= 8'h8a;
                 write_data <= write_week;end
         S_WR_YEAR:
             begin   write_addr <= 8'h8c;
                 write_data <= write_year;end
         default:
             begin write_addr <= 8'h00;
                 write_data <= 8'h00;end
     endcase
 end
```

```
always@(posedge clk or posedge rst)
begin
  if(rst) state <= S_IDLE;
  else state <= next_state;
end
always@(*)
begin
  case(state)
     S_IDLE:
          if(write_time_req) next_state <= S_WR_WP;
          else if(read_time_req)   next_state <= S_RD_SEC;
          else  next_state <= S_IDLE;
     S_WR_WP:
          if(cmd_write_ack) next_state <= S_WR_SEC;
          else  next_state <= S_WR_WP;
     S_WR_SEC:
          if(cmd_write_ack) next_state <= S_WR_MIN;
          else  next_state <= S_WR_SEC;
     S_WR_MIN:
          if(cmd_write_ack) next_state <= S_WR_HOUR;
          else  next_state <= S_WR_MIN;
     S_WR_HOUR:
          if(cmd_write_ack) next_state <= S_WR_DATE;
          else  next_state <= S_WR_HOUR;
     S_WR_DATE:
          if(cmd_write_ack) next_state <= S_WR_MON;
          else  next_state <= S_WR_DATE;
     S_WR_MON:
          if(cmd_write_ack) next_state <= S_WR_WEEK;
          else  next_state <= S_WR_MON;
     S_WR_WEEK:
          if(cmd_write_ack) next_state <= S_WR_YEAR;
          else  next_state <= S_WR_WEEK;
     S_WR_YEAR:
          if(cmd_write_ack) next_state <= S_ACK;
          else  next_state <= S_WR_YEAR;
     S_RD_SEC:
          if(cmd_read_ack) next_state <= S_RD_MIN;
          else  next_state <= S_RD_SEC;
     S_RD_MIN:
          if(cmd_read_ack) next_state <= S_RD_HOUR;
          else  next_state <= S_RD_MIN;
     S_RD_HOUR:
          if(cmd_read_ack) next_state <= S_RD_DATE;
          else  next_state <= S_RD_HOUR;
     S_RD_DATE:
          if(cmd_read_ack) next_state <= S_RD_MON;
          else  next_state <= S_RD_DATE;
     S_RD_MON:
          if(cmd_read_ack) next_state <= S_RD_WEEK;
```

```
            else  next_state <= S_RD_MON;
        S_RD_WEEK:
            if(cmd_read_ack) next_state <= S_RD_YEAR;
            else  next_state <= S_RD_WEEK;
        S_RD_YEAR:
            if(cmd_read_ack) next_state <= S_ACK;
            else  next_state <= S_RD_YEAR;
        S_ACK:    next_state <= S_IDLE;
        default: next_state <= S_IDLE;
    endcase
end
ds1302_tx i1(
            .clk(clk),
            .rst(rst),
            .ds1302_ce(ds1302_ce),
            .ds1302_sclk(ds1302_sclk),
            .ds1302_io(ds1302_io),
            .cmd_read(cmd_read),
            .cmd_write(cmd_write),
            .cmd_read_ack(cmd_read_ack),
            .cmd_write_ack(cmd_write_ack),
            .read_addr(read_addr),
            .write_addr(write_addr),
            .read_data(read_data),
            .write_data(write_data));
endmodule
```

【例 28.4】 ds1302_io 模块源代码。

```
module ds1302_tx(
            input           clk,
            input           rst,
            output          ds1302_ce,
            output          ds1302_sclk,
            inout           ds1302_io,
            input           cmd_read,
            input           cmd_write,
            output          cmd_read_ack,
            output          cmd_write_ack,
            input[7:0]       read_addr,
            input[7:0]       write_addr,
            output reg[7:0] read_data,
            input[7:0]       write_data);
localparam S_IDLE         =  0;
localparam S_CE_HIGH       = 1;
localparam S_READ         =  2;
localparam S_READ_ADDR     = 3;
localparam S_READ_DATA     = 4;
localparam S_WRITE        =  5;
localparam S_WRITE_ADDR    = 6;
localparam S_WRITE_DATA    = 7;
localparam S_CE_LOW       =  8;
```

```
localparam S_ACK        =  9;

reg[3:0] state, next_state;
reg[19:0] delay_cnt;
reg wr_req,CS_reg,wr_ack_d0;
reg[7:0] send_data;
wire[7:0] data_rec;
reg ds1302_io_dir;
assign ds1302_io = ~ds1302_io_dir ? MOSI : 1'bz;
assign MISO = ds1302_io;
assign ds1302_sclk = DCLK;
assign cmd_read_ack = (state == S_ACK);
assign cmd_write_ack = (state == S_ACK);
always@(posedge clk or posedge rst)
begin
  if(rst) state <= S_IDLE;
  else  state <= next_state;
end
always@(*)
begin
  case(state)
     S_IDLE:
         if(cmd_read || cmd_write)    next_state <= S_CE_HIGH;
         else  next_state <= S_IDLE;
     S_CE_HIGH:
         if(delay_cnt == 20'd255)
             next_state <= cmd_read ? S_READ : S_WRITE;
         else  next_state <= S_CE_HIGH;
     S_READ:   next_state <= S_READ_ADDR;
     S_READ_ADDR:
         if(wr_ack) next_state <= S_READ_DATA;
         else  next_state <= S_READ_ADDR;
     S_READ_DATA:
         if(wr_ack) next_state <= S_ACK;
         else  next_state <= S_READ_DATA;
     S_WRITE:    next_state <= S_WRITE_ADDR;
     S_WRITE_ADDR:
         if(wr_ack)   next_state <= S_WRITE_DATA;
         else    next_state <= S_WRITE_ADDR;
     S_WRITE_DATA:
         if(wr_ack)   next_state <= S_ACK;
         else    next_state <= S_WRITE_DATA;
     S_ACK:           next_state <= S_CE_LOW;
     S_CE_LOW:
         if(delay_cnt == 20'd255) next_state <= S_IDLE;
         else    next_state <= S_CE_LOW;
     default:next_state <= S_IDLE;
  endcase
end
always@(posedge clk or posedge rst)
```

```
begin
  if(rst) delay_cnt <= 20'd0;
  else if(state == S_CE_HIGH || state == S_CE_LOW)
          delay_cnt <= delay_cnt + 20'd1;
  else delay_cnt <= 20'd0;
end
always@(posedge clk or posedge rst)
begin
  if(rst) wr_req <= 1'b0;
  else if(wr_ack) wr_req <= 1'b0;
  else if(state==S_READ_ADDR||state==S_READ_DATA||state==S_WRITE_ADDR||
        state==S_WRITE_DATA) wr_req <= 1'b1;
end

always@(posedge clk or posedge rst)
begin
  if(rst)  ds1302_io_dir<=1'b0;
  else  ds1302_io_dir<=(state==S_READ_DATA);
end
always@(posedge clk or posedge rst)
begin
  if(rst)  CS_reg <= 1'b0;
  else if(state==S_CE_HIGH)   CS_reg <= 1'b1;
  else if(state==S_CE_LOW)         CS_reg <= 1'b0;
end
always@(posedge clk or posedge rst)
begin
  if(rst)  read_data <= 8'h00;
  else if(state == S_READ_DATA && wr_ack)
       read_data <= {data_rec[0],data_rec[1],data_rec[2],
       data_rec[3], data_rec[4],data_rec[5],data_rec[6],data_rec[7]};
end

always@(posedge clk or posedge rst)
begin
  if(rst)  send_data <= 8'h00;
  else if(state == S_READ_ADDR)
      send_data <= {1'b1,read_addr[1],read_addr[2],read_addr[3],
      read_addr[4],read_addr[5],read_addr[6],1'b1};
  else if(state == S_WRITE_ADDR)
      send_data <= {1'b0,write_addr[1],write_addr[2],write_addr[3],
      write_addr[4],write_addr[5],write_addr[6],1'b1};
  else if(state == S_WRITE_DATA)
      send_data <= {write_data[0],write_data[1],write_data[2],write_data[3],
      write_data[4],write_data[5],write_data[6],write_data[7]};
end
spi_master i2(
      .sys_clk(clk),
      .rst(rst),
      .nCS(ds1302_ce),
```

```
        .DCLK(DCLK),
        .MOSI(MOSI),
        .MISO(MISO),
        .CPOL(1'b0),
        .CPHA(1'b0),
        .nCS_ctrl(CS_reg),
        .clk_div(16'd50),
        .wr_req(wr_req),
        .wr_ack(wr_ack),
        .data_in(send_data),
        .data_out(data_rec));
endmodule
```

【例 28.5】 spi_master 模块源代码。

```
module spi_master(
            input          sys_clk,
            input          rst,
            output         nCS,        //片选(SPI 模式)
            output         DCLK,       //SPI 时钟
            output         MOSI,       //SPI 数据输出
            input          MISO,       //SPI 数据输入
            input          CPOL,
            input          CPHA,
            input          nCS_ctrl,
            input[15:0]    clk_div,
            input          wr_req,
            output         wr_ack,
            input[7:0]     data_in,
            output[7:0]    data_out);
localparam   IDLE              = 0;
localparam   DCLK_EDGE         = 1;
localparam   DCLK_IDLE         = 2;
localparam   ACK               = 3;
localparam   LAST_HALF_CYCLE   = 4;
localparam   ACK_WAIT          = 5;
reg  DCLK_reg;
reg[7:0]  MOSI_shift,MISO_shift;
reg[2:0]  state,next_state;
reg[15:0]  clk_cnt;
reg[4:0]  clk_edge_cnt;
assign MOSI = MOSI_shift[7];
assign DCLK = DCLK_reg;
assign data_out = MISO_shift;
assign wr_ack = (state == ACK);
assign nCS = nCS_ctrl;
always@(posedge sys_clk or posedge rst)
begin
  if(rst)  state <= IDLE;
  else  state <= next_state;
end
always@(*)
begin
  case(state)
```

```
    IDLE:
        if(wr_req == 1'b1)   next_state <= DCLK_IDLE;
        else  next_state <= IDLE;
    DCLK_IDLE:
        if(clk_cnt == clk_div)   next_state <= DCLK_EDGE;
        else  next_state <= DCLK_IDLE;
    DCLK_EDGE:
        //1个SPI字包括16个时钟边沿
        if(clk_edge_cnt == 5'd15) next_state <= LAST_HALF_CYCLE;
        else  next_state <= DCLK_IDLE;
    LAST_HALF_CYCLE:          //最后1位数据
        if(clk_cnt == clk_div)  next_state <= ACK;
        else  next_state <= LAST_HALF_CYCLE;   //发送1字节结束
    ACK:  next_state <= ACK_WAIT;                 //等待1个时钟周期
    ACK_WAIT:  next_state <= IDLE;
    default:  next_state <= IDLE;
  endcase
end

always@(posedge sys_clk or posedge rst)
begin
  if(rst)  DCLK_reg <= 1'b0;
  else if(state == IDLE)  DCLK_reg <= CPOL;
  else if(state == DCLK_EDGE)
     DCLK_reg <= ~DCLK_reg;
end
//SPI时钟等待计数器
always@(posedge sys_clk or posedge rst)
begin
  if(rst)  clk_cnt <= 16'd0;
  else if(state == DCLK_IDLE || state == LAST_HALF_CYCLE)
     clk_cnt <= clk_cnt + 16'd1;
  else  clk_cnt <= 16'd0;
end
//SPI时钟边沿计数器
always@(posedge sys_clk or posedge rst)
begin
  if(rst)  clk_edge_cnt <= 5'd0;
  else if(state==DCLK_EDGE) clk_edge_cnt<=clk_edge_cnt+5'd1;
  else if(state == IDLE)  clk_edge_cnt <= 5'd0;
end
//SPI数据输出
always@(posedge sys_clk or posedge rst)
begin
  if(rst)  MOSI_shift <= 8'd0;
  else if(state == IDLE && wr_req)  MOSI_shift <= data_in;
  else if(state == DCLK_EDGE)
     if(CPHA == 1'b0 && clk_edge_cnt[0] == 1'b1)
         MOSI_shift <= {MOSI_shift[6:0],MOSI_shift[7]};
     else if(CPHA==1'b1&&(clk_edge_cnt!=5'd0&&clk_edge_cnt[0]==1'b0))
         MOSI_shift <= {MOSI_shift[6:0],MOSI_shift[7]};
end
```

```
//SPI 数据输入
always@(posedge sys_clk or posedge rst)
begin
  if(rst)  MISO_shift <= 8'd0;
  else if(state == IDLE && wr_req)  MISO_shift <= 8'h00;
  else if(state == DCLK_EDGE)
     if(CPHA == 1'b0 && clk_edge_cnt[0] == 1'b0)
         MISO_shift <= {MISO_shift[6:0],MISO};
     else if(CPHA == 1'b1 && (clk_edge_cnt[0] == 1'b1))
         MISO_shift <= {MISO_shift[6:0],MISO};
end
endmodule
```

28.3 下载与验证

对控制 DS1302 的 3 个引脚锁定如下：

```
set_location_assignment PIN_K2 -to rtc_rst_n
set_location_assignment PIN_J2 -to rtc_scl
set_location_assignment PIN_K1 -to rtc_sda
```

数码管端口分配如下：

```
set_location_assignment PIN_A5 -to seg_duan[7]
set_location_assignment PIN_B8 -to seg_duan[6]
set_location_assignment PIN_A7 -to seg_duan[5]
set_location_assignment PIN_B6 -to seg_duan[4]
set_location_assignment PIN_B5 -to seg_duan[3]
set_location_assignment PIN_A6 -to seg_duan[2]
set_location_assignment PIN_A8 -to seg_duan[1]
set_location_assignment PIN_B7 -to seg_duan[0]
set_location_assignment PIN_B1 -to seg_wei[5]
set_location_assignment PIN_A2 -to seg_wei[4]
set_location_assignment PIN_B3 -to seg_wei[3]
set_location_assignment PIN_A3 -to seg_wei[2]
set_location_assignment PIN_B4 -to seg_wei[1]
set_location_assignment PIN_A4 -to seg_wei[0]
```

连接目标板电源线和 JTAG 线，将配置文件.sof 下载至目标板，可观察到目标板的数码管显示时、分、秒时间信息，如图 28.4 所示。

图 28.4 RTC 时钟实际显示效果

第 29 章

UART 串口通信

29.1　任务与要求

本例用 Verilog HDL 语言编程实现 UART 串口通信，在 PC 的 USB 口与目标板的 UART 串口间实现信息传输。

29.2　原理与实现

1．UART 串行接口

UART（Universal Asynchronous Receiver Transmitter）即通用异步收发器，是一种异步通信协议，只需要两条信号线（发送信号 txd 和接收信号 rxd），即可实现全双工通信。实现 UART 通信的接口规范和总线标准包括 RS232、RS449、RS423、RS422 和 RS485 等，这些接口标准规定了通信口的电气特性、传输速率、连接特性，可在物理层面实现异步串口通信。

串口通信可采用的电平包括 TTL、LVTTL 和 RS232 电平，其中 TTL 电平+5V 为逻辑 1，0V 为逻辑 0；LVTTL 电平一般采用+3.3V 表示逻辑 1，0V 为逻辑 0；RS232 电平是一种负逻辑电平，它定义+3～+15V 为低电平，而-15～-3V 为高电平。

2．UART 传输协议

UART 是异步通信方式，发送方和接收方分别有各自独立的时钟，传输的速率由双方约定，使用起止式异步协议。起止式异步协议的特点是一个字符一个字符地进行传输，字符之间没有固定的时间间隔要求，每个字符都以起始位开始，以停止位结束。UART 传输帧格式如图 29.1 所示，每个字符的前面都有一个起始位（低电平），字符本身由 7～8 位数据位组成，接着是 1 位校验位（也可以没有校验位），最后是 1 位（或 1.5 位、2 位）停止位，停止位后面是不定长度的空闲位。停止位和空闲位都规定为高电平，这样就保证了起始位开始处一定有一个下降沿。从图 29.1 可看出，这种格式是靠起始位和停止位来实现字符的界定或同步的，故称为起止式协议。

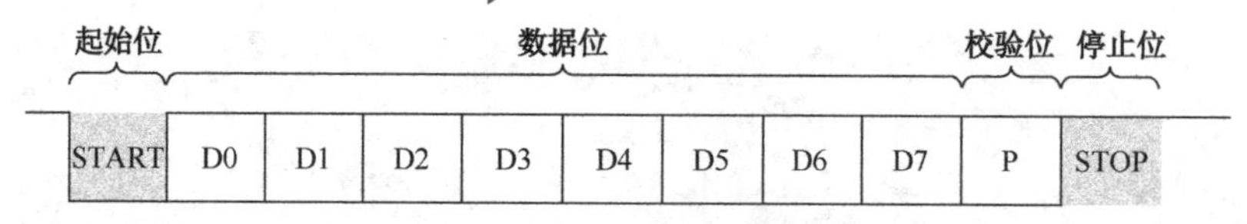

图 29.1 UART 传输的帧格式

UART 数据发送实际上就是按照图 29.1 所示的格式将寄存器中的并行数据转换为串行数据，为其加上起始位和停止位，以一定的传输速率发送出去。传输速率通常用波特率表示，波特率是指每秒钟传输的数据位数，其单位是每秒比特数（bit/s），常用的波特率有 9 600 bit/s，14 400 bit/s，19 200 bit/s，38 400 bit/s，115 200 bit/s 等，在本例中，选择的传输速率为 115 200 bit/s。

数据接收的首要任务是能够正确检测到数据的起始位，起始位是一位 0，因为空闲位都为高电平，所以当接收信号突然变为低电平时，告诉接收端将有数据传送。一个字符接收完毕后，对数据进行校验（若数据包含奇偶校验位），最后检测停止位，以确认数据接收完毕。

数据传输开始后，接收端不断检测传输线，看是否有起始位到来。当收到一系列的 1 之后，检测到一个下降沿，说明起始位出现。但是，由于传输中有可能会产生毛刺，接收端极有可能将毛刺误认为是起始位，所以要对检测到的下降沿进行判别。可采用如下方法：取接收端的时钟频率是发送频率的 16 倍频，当检测到一个下降沿后，在接下来的 16 个周期内检测数据线上 0 的个数，若 0 的个数超过一定个数（比如 8 个或 10 个，根据实际情况设置），则认为是起始位到来；否则认为起始位并没有到来，继续检测传输线，等待起始位。

在检测到起始位后，还要确定起始位的中间点位置，由于检测起始位采取 16 倍频，因此计数器计到 8 的时刻即是起始位的中间点位置，在随后的数据位接收中，应恰好在每一位的中间点采样，这样可提高接收的可靠性。接收数据位时可采取与发送数据相同的时钟频率，如果是 8 位数据位、1 位停止位，则需要采样 9 次。UART 接收示意图如图 29.2 所示。最后，接收端将停止位去掉，如果需要，还应进行串并转换，完成一个字符的接收。

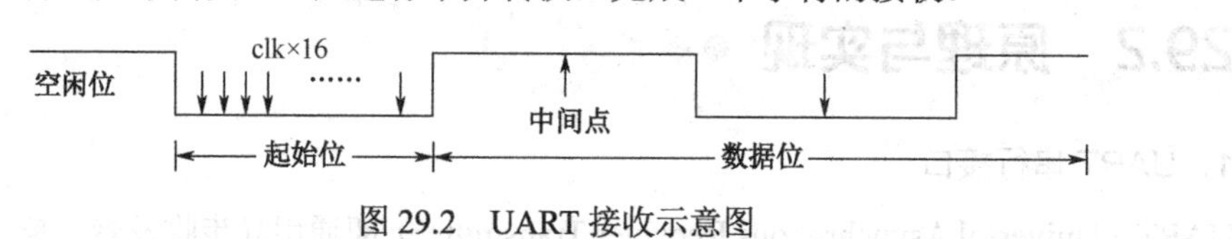

图 29.2 UART 接收示意图

由上述工作过程可看到，异步通信是按字符传输的，每传输一个字符，就用起始位来通知收方，以此来重新核对收发双方的同步。若接收设备和发送设备两者的时钟频率略有偏差，也不会因偏差的累积而导致错位，加之字符之间的空闲位也为这种偏差提供了一种缓冲，所以异步串行通信的可靠性较高。但由于要在每个字符的前后加上起始位和停止位这样一些附加位，使得传输效率变低，只有约 80%。因此，起止协议一般用在数据传输速率较低的场合。在高速传送数据时，一般要采用同步协议。

3. UART 串口通信顶层模块

例 29.1 为顶层模块 uart_top，其中例化了发送模块 uart_tx（例 29.2）和接收模块 uart_rx（例 29.3），在顶层模块中每隔 1 秒循环发送“HELLO WORLD! \r\n”共 15 字节的数据；uart_tx 模块将此数据按字节发出；接收模块 uart__rx 将收到的数据解析出来，数据中无校验位，传输速率（波特率）采用 115 200 bit/s。

【例 29.1】 UART 顶层模块。

```
`timescale 1ns / 1ps
module uart_top(
            input          clk,
            input          rst_n,
            input          uart_rx,
```

```
        output          uart_tx
            );
parameter               CLK_FRE = 50;    //50MHz
localparam              IDLE =  0;
localparam              SEND =  1;
localparam              WAIT =  2;
reg[7:0]  tx_data,tx_str;
reg tx_data_valid;
reg[7:0]  tx_cnt;
wire[7:0]  rx_data;
reg[31:0]  wait_cnt;
reg[3:0]  state;

assign rx_data_ready = 1'b1;                 //接收数据总是使能
always@(posedge clk or negedge rst_n)
begin
    if(rst_n == 1'b0)
    begin
        wait_cnt <= 32'd0;
        tx_data <= 8'd0;
        state <= IDLE;
        tx_cnt <= 8'd0;
        tx_data_valid <= 1'b0;
    end
    else
    case(state)
        IDLE:  state <= SEND;
        SEND:
        begin
            wait_cnt <= 32'd0;
            tx_data <= tx_str;
            if(tx_data_valid==1'b1&&tx_data_ready==1'b1&&tx_cnt<8'd15)
              //发送 15 字节的数据
            begin
            tx_cnt <= tx_cnt + 8'd1;                         //数据发送计数器
            end
            else if(tx_data_valid && tx_data_ready)   //完成最后 1 字节数据发送
            begin
                tx_cnt <= 8'd0;
                tx_data_valid <= 1'b0;
                state <= WAIT;
            end
            else if(~tx_data_valid)
            begin   tx_data_valid <= 1'b1;   end
        end
        WAIT:
        begin
            wait_cnt <= wait_cnt + 32'd1;
            if(rx_data_valid == 1'b1)
            begin
```

```
                    tx_data_valid <= 1'b1;
                    tx_data <= rx_data;
                end
                else if(tx_data_valid && tx_data_ready)
                begin
                    tx_data_valid <= 1'b0;
                end
                else if(wait_cnt >= CLK_FRE * 10000000)    //等待1秒
                    state <= SEND;
            end
            default:state <= IDLE;
        endcase
    end
    always@(*)                    //发送"HELLO WORLD! \r\n"
    begin
     case(tx_cnt)
            8'd0 :  tx_str <= "H";
            8'd1 :  tx_str <= "E";
            8'd2 :  tx_str <= "L";
            8'd3 :  tx_str <= "L";
            8'd4 :  tx_str <= "O";
            8'd5 :  tx_str <= " ";
            8'd6 :  tx_str <= "W";
            8'd7 :  tx_str <= "O";
            8'd8 :  tx_str <= "R";
            8'd9 :  tx_str <= "L";
            8'd10:  tx_str <= "D";
            8'd11:  tx_str <= "!";
            8'd12:  tx_str <= " ";
            8'd13:  tx_str <= "\r";
            8'd14:  tx_str <= "\r";
            8'd15:  tx_str <= "\n";
            default:tx_str <= 8'd0;
     endcase
    end

    uart_rx
    #(.CLK_FRE(CLK_FRE),.BAUD_RATE(115200))
            u1(
            .clk(clk),
            .rst_n(rst_n),
            .rx_data(rx_data),
            .rx_data_valid(rx_data_valid),
            .rx_data_ready(rx_data_ready),
            .rx_pin(uart_rx));

    uart_tx  #(.CLK_FRE(CLK_FRE),.BAUD_RATE(115200))
         u2( .clk(clk),
            .rst_n(rst_n),
            .tx_data(tx_data),
```

```
            .tx_data_valid(tx_data_valid),
            .tx_data_ready(tx_data_ready),
            .tx_pin(uart_tx));
endmodule
```

4. UART 串口通信发送模块

数据发送模块 uart_tx 采用状态机实现，其状态机视图如图 29.3 所示，上电后进入 S_IDLE 空闲状态，如果有发送请求，进入发送起始位状态 S_START，起始位发送完成后进入发送数据位状态 S_SEND_BYTE，数据位发送完成后进入发送停止位状态 S_STOP，停止位发送完成后又进入空闲状态。

在数据发送模块中，从顶层模块写入的数据直接传递给寄存器 tx_reg，并通过 tx_reg 寄存器模拟串口传输协议采用状态机方式进行数据传送。uart_tx 发送模块的源代码见例 29.2。

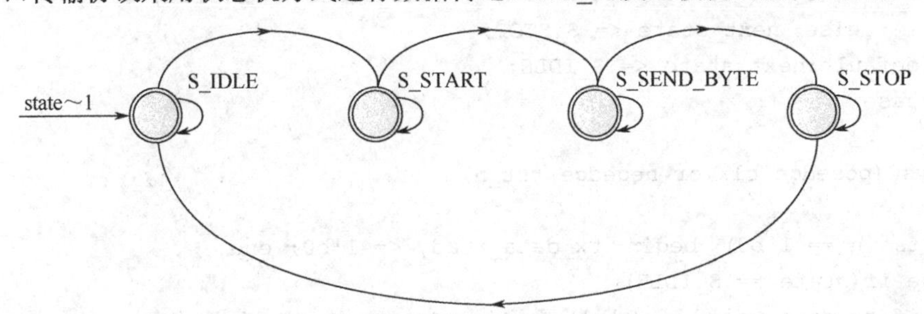

图 29.3　发送模块状态机视图

【例 29.2】　uart_tx 发送模块。

```
module uart_tx
   #(parameter CLK_FRE = 50,                           //50MHz 时钟频率
     parameter BAUD_RATE = 115200)                     //波特率
       (input            clk,                          //输入时钟
        input            rst_n,                        //异步复位信号
        input[7:0]       tx_data,                      //发送的数据
        input            tx_data_valid,
        output reg       tx_data_ready,
        output           tx_pin                        //串行发送
        );
localparam              CYCLE = CLK_FRE * 1000000 / BAUD_RATE;
localparam           S_IDLE      = 1;                  //状态机编码
localparam           S_START     = 2;                  //起始位
localparam           S_SEND_BYTE = 3;                  //数据位
localparam           S_STOP      = 4;                  //停止位
reg[2:0]  state,next_state;
reg[15:0]  cycle_cnt;
reg[2:0]  bit_cnt;
reg[7:0]  tx_data_latch;
reg  tx_reg;
assign tx_pin = tx_reg;
always@(posedge clk or negedge rst_n)
begin
  if(rst_n == 1'b0)   state <= S_IDLE;
  else  state <= next_state;
end
always@(*)
begin
```

```
    case(state)
      S_IDLE:
          if(tx_data_valid == 1'b1)    next_state <= S_START;
          else  next_state <= S_IDLE;
      S_START:
          if(cycle_cnt == CYCLE - 1)   next_state <= S_SEND_BYTE;
          else  next_state <= S_START;
      S_SEND_BYTE:
          if(cycle_cnt == CYCLE - 1  && bit_cnt == 3'd7)
              next_state <= S_STOP;
          else  next_state <= S_SEND_BYTE;
      S_STOP:
          if(cycle_cnt == CYCLE - 1)   next_state <= S_IDLE;
          else  next_state <= S_STOP;
      default:next_state <= S_IDLE;
    endcase
  end
  always@(posedge clk or negedge rst_n)
  begin
    if(rst_n == 1'b0)  begin  tx_data_ready <= 1'b0; end
    else if(state == S_IDLE)
        if(tx_data_valid == 1'b1)    tx_data_ready <= 1'b0;
        else  tx_data_ready <= 1'b1;
    else if(state == S_STOP && cycle_cnt == CYCLE - 1)
            tx_data_ready <= 1'b1;
  end

  always@(posedge clk or negedge rst_n)
  begin
    if(rst_n == 1'b0)
        begin  tx_data_latch <= 8'd0; end
    else if(state == S_IDLE && tx_data_valid == 1'b1)
            tx_data_latch <= tx_data;
  end
  always@(posedge clk or negedge rst_n)
  begin
    if(rst_n == 1'b0)  begin  bit_cnt <= 3'd0; end
    else if(state == S_SEND_BYTE)
        if(cycle_cnt == CYCLE - 1)   bit_cnt <= bit_cnt + 3'd1;
        else  bit_cnt <= bit_cnt;
    else  bit_cnt <= 3'd0;
  end
  always@(posedge clk or negedge rst_n)
  begin
    if(rst_n == 1'b0)   cycle_cnt <= 16'd0;
    else if((state==S_SEND_BYTE&&cycle_cnt==CYCLE-1)||next_state!=state)
        cycle_cnt <= 16'd0;
    else  cycle_cnt <= cycle_cnt + 16'd1;
  end
  always@(posedge clk or negedge rst_n)
  begin
    if(rst_n == 1'b0)  tx_reg <= 1'b1;
```

```
    else
       case(state)
           S_IDLE,S_STOP:tx_reg <= 1'b1;
           S_START:tx_reg <= 1'b0;
           S_SEND_BYTE:tx_reg <= tx_data_latch[bit_cnt];
           default:tx_reg <= 1'b1;
       endcase
  end
  endmodule
```

5. UART 串口通信接收模块

数据接收模块 uart_rx 仍采用状态机实现，其状态机视图如图 29.4 所示，S_IDLE 状态为空闲状态，如果信号 rx_pin 有下降沿到来，则认为是串口的起始位，进入状态 S_START，等一个 BIT 时间起始位结束后进入数据位接收状态 S_REC_BYTE，接收完 8 位数据后进入 S_STOP 状态，在 S_STOP 没有等待一个 BIT 周期，只等待了半个 BIT 时间，这是因为如果等待了一个周期，可能会错过下一个数据的起始位判断，最后进入 S_DATA 状态，将接收到的数据送到其他模块。uart_rx 接收模块的源代码见例 29.3。

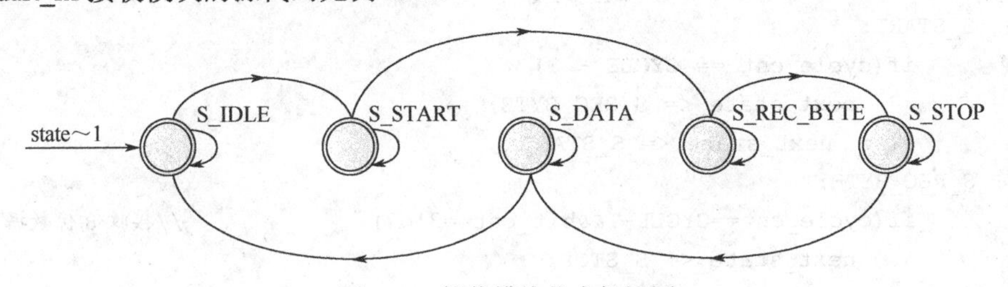

图 29.4 接收模块状态机视图

【例 29.3】 uart_rx 接收模块。

```
module uart_rx
   #(parameter CLK_FRE = 50,              //50MHz 时钟频率
     parameter BAUD_RATE = 115200)       //波特率
       (input          clk,              //输入时钟
        input          rst_n,            //异步复位信号
        output reg[7:0] rx_data,         //串行数据
        output reg     rx_data_valid,
        input          rx_data_ready,
        input          rx_pin            //串行接收
          );
localparam        CYCLE = CLK_FRE * 1000000/BAUD_RATE;
localparam        S_IDLE     = 1;       //状态机编码
localparam        S_START    = 2;       //起始位
localparam        S_REC_BYTE = 3;
localparam        S_STOP     = 4;       //停止位
localparam        S_DATA     = 5;

reg[2:0]  state,next_state;
reg  rx_d0,rx_d1;
reg[7:0]  rx_bits;                       //暂存接收数据
reg[15:0]  cycle_cnt;
reg[2:0]  bit_cnt;
assign rx_negedge = rx_d1 && ~rx_d0;
```

```
always@(posedge clk or negedge rst_n)
begin
  if(rst_n == 1'b0)  begin  rx_d0 <= 1'b0;rx_d1 <= 1'b0; end
  else  begin  rx_d0 <= rx_pin;rx_d1 <= rx_d0; end
end
always@(posedge clk or negedge rst_n)
begin
  if(rst_n == 1'b0)  state <= S_IDLE;
  else  state <= next_state;
end

always@(*)
begin
  case(state)
      S_IDLE:
          if(rx_negedge)  next_state <= S_START;
          else  next_state <= S_IDLE;
      S_START:
          if(cycle_cnt == CYCLE - 1)
              next_state <= S_REC_BYTE;
          else  next_state <= S_START;
      S_REC_BYTE:
          if(cycle_cnt==CYCLE-1&&bit_cnt==3'd7)                //接收8位数据
              next_state <= S_STOP;
          else  next_state <= S_REC_BYTE;
      S_STOP:
          if(cycle_cnt == CYCLE/2 - 1)
              next_state <= S_DATA;
          else  next_state <= S_STOP;
      S_DATA:
          if(rx_data_ready)  next_state <= S_IDLE;             //数据接收完成
          else  next_state <= S_DATA;
      default:next_state <= S_IDLE;
  endcase
end

always@(posedge clk or negedge rst_n)
begin
  if(rst_n == 1'b0)  rx_data_valid <= 1'b0;
  else if(state == S_STOP && next_state != state)
        rx_data_valid <= 1'b1;
  else if(state == S_DATA && rx_data_ready)   rx_data_valid <= 1'b0;
end
always@(posedge clk or negedge rst_n)
begin
  if(rst_n == 1'b0)  rx_data <= 8'd0;
  else if(state == S_STOP && next_state != state)
        rx_data <= rx_bits;
end
```

```
always@(posedge clk or negedge rst_n)
begin
  if(rst_n == 1'b0)   begin   bit_cnt <= 3'd0;end
  else if(state == S_REC_BYTE)
      if(cycle_cnt == CYCLE - 1) bit_cnt <= bit_cnt + 3'd1;
      else  bit_cnt <= bit_cnt;
  else  bit_cnt <= 3'd0;
end

always@(posedge clk or negedge rst_n)
begin
  if(rst_n == 1'b0)  cycle_cnt <= 16'd0;
  else if((state==S_REC_BYTE&&cycle_cnt==CYCLE-1)||next_state!=state)
        cycle_cnt <= 16'd0;
  else  cycle_cnt <= cycle_cnt + 16'd1;
end
always@(posedge clk or negedge rst_n)
begin
  if(rst_n == 1'b0)  rx_bits <= 8'd0;
  else if(state == S_REC_BYTE && cycle_cnt == CYCLE/2 - 1)
        rx_bits[bit_cnt] <= rx_pin;
  else  rx_bits <= rx_bits;
end
endmodule
```

29.3　下载与验证

本例的引脚约束如下：

```
set_location_assignment PIN_E1 -to clk
set_location_assignment PIN_E15 -to rst_n
set_location_assignment PIN_M2 -to uart_rx
set_location_assignment PIN_G1 -to uart_tx
```

（1）将本例综合并下载至 C4_MB 目标板，C4_MB 目标板上采用了 PL2303 芯片实现 RS232-USB 之间的接口转换。PL2303 器件内置 USB 控制器、USB 收发器、振荡器和带有全部调制解调器控制信号的 UART，只需外接几只电容就可实现 USB 信号与 RS232 信号的转换，可嵌入到各种设备中。该器件作为 USB/RS232 双向转换器，一方面从主机接收 USB 数据并将其转换为 RS232 格式发送给外设；另一方面从 RS232 外设接收数据转换为 USB 数据格式传送回主机，这些工作全部由器件自动完成。

PL2303 器件需要驱动，故首先要安装驱动程序，正确安装驱动后在计算机的设备管理器中应如图 29.5 所示，出现 Prolific USB-to-Serial Comm Port 等字样。

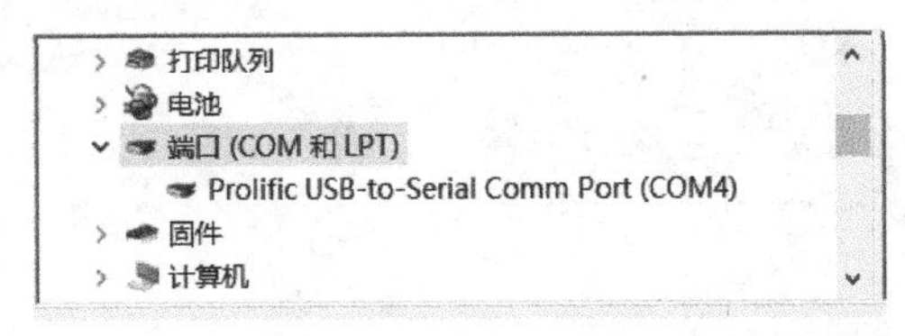

图 29.5　安装串口驱动程序

（2）打开串口调试软件，端口选择 COM4（根据实际情况选择），波特率设置为 115 200，检验位选 None，数据位选 8，停止位选 1，然后单击“打开串口”按钮。

（3）将 PC 的 USB 口和目标板的串口（也是电源口）相连，下载 FPGA 配置数据，FPGA 向 PC 发送字符串 HELLO WORLD!，串口调试软件正常显示，如图 29.6 所示。在串口调试软件内键入任意字符串，单击“发送”按钮，FPGA 收到后会再次转发该字符串到 PC 显示器进行显示。

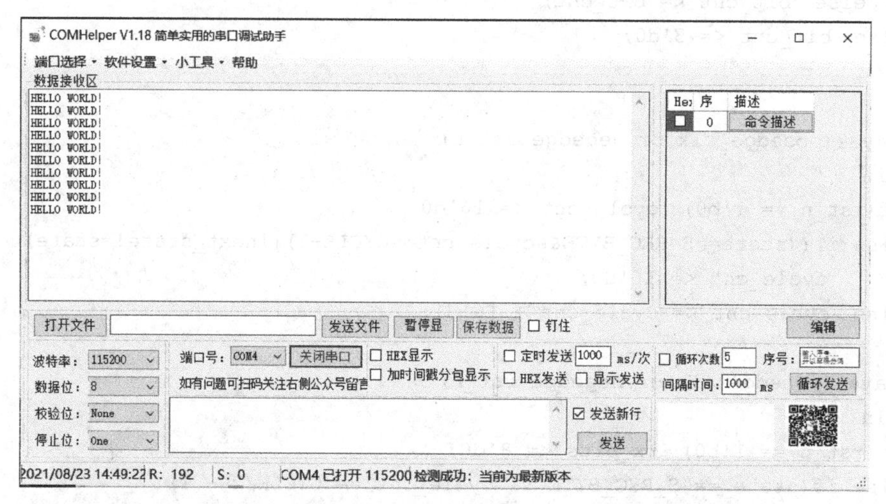

图 29.6 FPGA 通过 UART 串口向 PC 发送字符串 HELLO WORLD!

第 30 章

PWM 驱动蜂鸣器

30.1 任务与要求

脉宽调制（Pulse Width Modulation，PWM）广泛应用于调光电路、无级调速、电机驱动、逆变电路、蜂鸣器驱动等。本例给出 PWM 信号的实现方法，并用 PWM 信号驱动蜂鸣器实现音乐演奏，音乐选择《我的祖国》片段，其曲谱如图 30.1 所示。

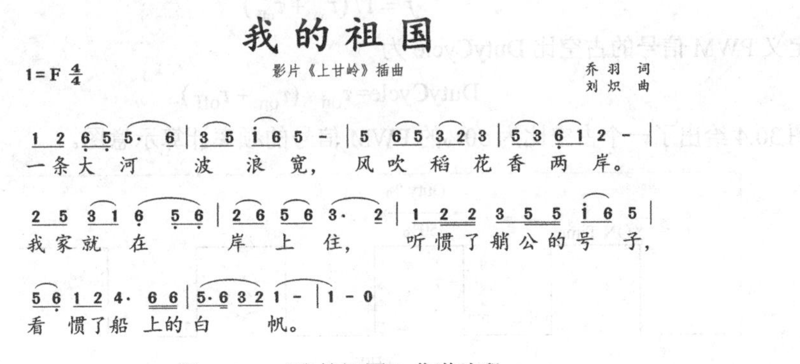

图 30.1 《我的祖国》曲谱片段

本例与第 25 章案例的区别在于本例采用 PWM 信号驱动蜂鸣器，使输出的乐曲音量可调，另外在实现的方法上也不同。

30.2 原理与实现

1. PWM 信号

1）PWM 信号

脉宽调制（Pulse Width Modulation，PWM）是一种模拟控制方式，根据载荷的变化来调制晶体管基极或 MOS 管栅极的偏置，以改变晶体管或 MOS 管的导通时间，也可以理解为通过调节占空比来调节信号、能量的变化。

脉宽调制信号是一连串频率固定的脉冲信号，每个脉冲的宽度都可能不同。这种数字信号在通过一个简单的低通滤波器后，被转化为模拟电压信号，电压的大小跟一定区间内的平均脉冲宽度成正比。图 30.2 所示为一个 PWM 信号波形，图中占空比（duty cycle，dc）为脉冲宽度和脉冲周期之比，即 $dc = \tau_{on} / (\tau_{on} + \tau_{off})$。

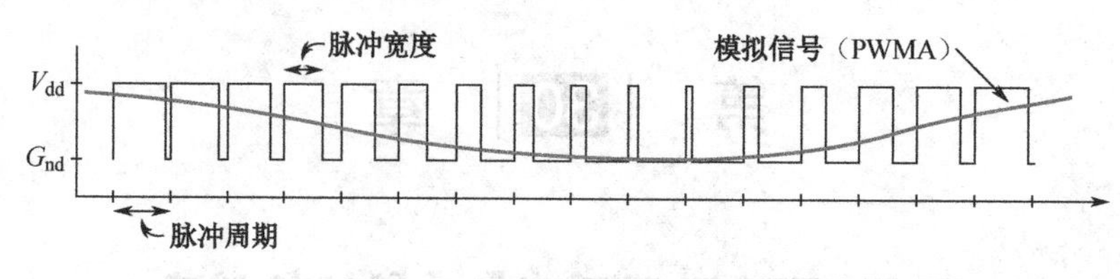

图 30.2 PWM 信号波形图

低通滤波器 3dB 频率要比 PWM 信号频率低一个数量级，这样 PWM 频率上的信号能量才能从输入信号中过滤出来。例如，要得到一个最高频率为 5kHz 的音频信号，那么 PWM 信号的频率至少应为 50kHz 或者更高。通常，考虑到模拟信号的保真度，PWM 信号的频率越高越好。图 30.3 所示为 PWM 信号滤波之后输出模拟电压的过程示意图，可以看到滤波器输出信号幅度与 V_{dd} 的比值等于 PWM 信号的占空比。

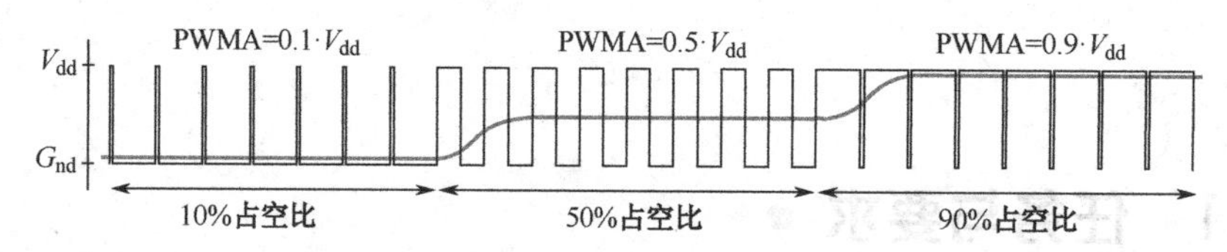

图 30.3 PWMA 与 V_{dd} 的比值等于占空比

2）PWM 波形产生原理

定义 PWM 信号的频率 f 为

$$f = 1 / (\tau_{on} + \tau_{off}) \tag{30-1}$$

定义 PWM 信号的占空比 DutyCycle 为

$$\text{DutyCycle} = \tau_{on} / (\tau_{on} + \tau_{off}) \tag{30-2}$$

图 30.4 给出了一个占空比为 50%的 PWM 信号的频率计算示意图。

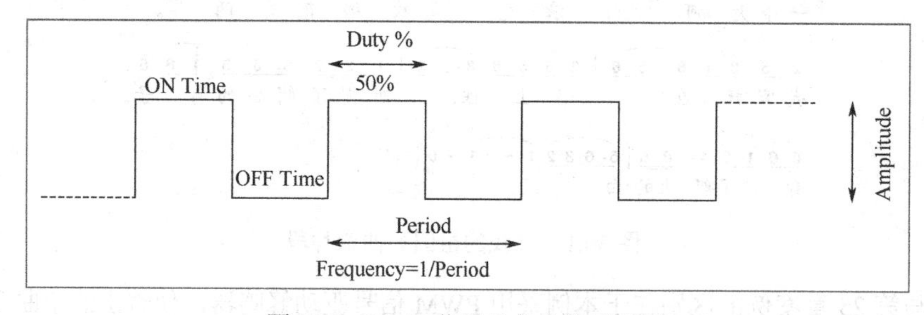

图 30.4 PWM 信号及各参数示意图

令系统时钟频率为 f_0，故 τ_{on} 和 τ_{off} 可以由系统时钟的计数来表示，即

$$\tau_{on} = M / f_0 \text{，} \quad \tau_{off} = N / f_0 \tag{30-3}$$

式中，M、N 为计数个数，即系统脉冲个数，从而进一步有 PWM 信号频率

$$f = f_0 / (M + N) \tag{30-4}$$

占空比为

$$\text{DutyCycle} = M / (M + N) \tag{30-5}$$

由此可知，在 M 与 N 总和的数值确定时，PWM 信号的频率也唯一确定，与此同时，调整在总和中的比重，即可调节 PWM 信号的占空比。

根据该原理，使用 clk_n 表示 M 与 N 的总和，用于控制信号频率，用 pwm_n 表示 M 的计数值，用于控制占空比，并使用按键控制以上两个数值的增减。产生 PWM 波形的 Verilog HDL 源代码如例 30.1 所示。

【例 30.1】 PWM 波形产生源代码（占空比键控可调）。

```
module pwm_gen(
    input clk,clr,
    input sound_up,sound_down,          //按键调节占空比
    input fre_up,fre_down,              //按键调节频率
    input[31:0] clk_n,                  //控制 PWM 的频率
    input[31:0] pwm_n,                  //控制占空比
    output reg  pwm_out
     );

reg [31:0] count;
always@(posedge clk)
begin
   if(~clr||sound_up||sound_down||fre_up||fre_down)
     begin pwm_out <= 1; count=0;end
   else begin
     if(pwm_n ==0)  pwm_out <= 1'b0;
     else if(pwm_n==clk_n) pwm_out<=1'b1;
     else begin
        if(count<pwm_n)
          begin pwm_out<=1'b1;count=count+1; end
        else if(count==pwm_n)
          begin pwm_out<=1'b0;count=count+1; end
        else if(count== clk_n)
          begin pwm_out<= 1'b1;count<=0; end
        else  count<=count+1;
     end  end
end
endmodule
```

3）用 PWM 驱动蜂鸣器

如何让蜂鸣器发声，只需往蜂鸣器的引脚输出连续的高低变化电平即可。以 C4_MB 开发板来说，其蜂鸣器电路如图 30.5 所示，图中有个 PNP 型三极管，当基极为高电平时截止，也就是高电平的发射极 VT7 无法导通到集电极使蜂鸣器发声；当基极为低电平时导通，此时高电平的发射极 VT7 可以导通到集电极使蜂鸣器发声。

要让蜂鸣器发出的音量变化，只要用 PWM 信号改变基极的脉冲宽度即可；而要发出不同频率的声音，只需要改变 PWM 信号的频率即可。

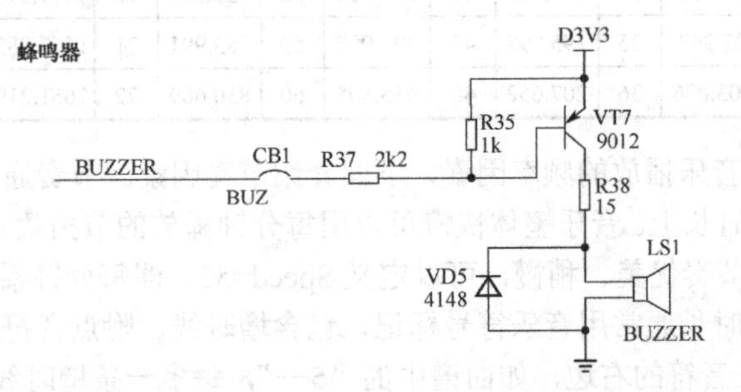

图 30.5 C4_MB 开发板的蜂鸣器电路

2. PWM音乐演奏电路

1）乐理简介

此处结合钢琴介绍影响音乐播放的因素。钢琴素有“乐器之王”的美称，由88个琴键（52个白键，36个黑键）组成，相邻两个按键音构成半音，从左至右又可根据音调大致分为低音区、中音区和高音区，如图30.6所示。

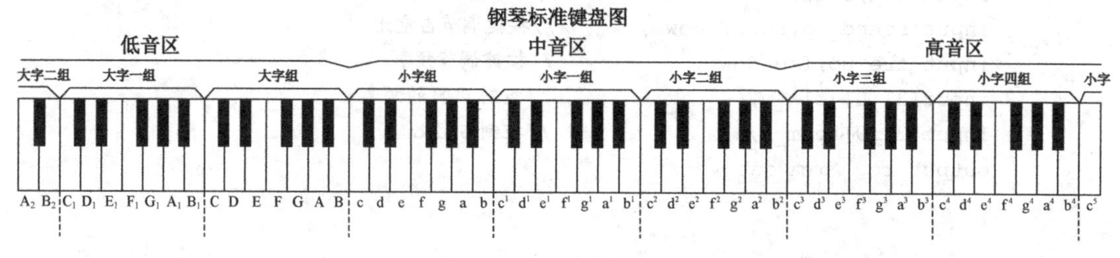

图30.6 钢琴标准键盘图

图中每个虚线隔档内有12个按键（7个白键，5个黑键），若定义键盘中最中间虚线隔档内最左侧的白键发Do音，那么该隔档内其他6个白键即依次为Re、Mi、Fa、Sol、La、Si。从这里可以看出发音的规律，即Do、Re、Mi或Sol、La、Si相邻之间距离两个半音，而Mi、Fa或者Si、高音Do之间只隔了一个半音。当需要定义其他按键发Do音时，只需要根据此规律，即可找到其他音对应的按键。以本节开头的简谱《我的祖国》为例，该谱左上角定义了Do音的位置为F，即表示钢琴键盘中最中间虚线隔档内标识为f的白键发Do音。

钢琴的每个按键都能发出一种固定频率的声音，声音的频率范围从最低的27.500Hz到最高4186.009Hz。表30.1所示为钢琴88个键对应声音的频率，当需要播放某个音符时，只需要产生该频率的PWM波即可。显然，1（Do）与i（高音Do）相差了12个半音，当需要发出右边相邻隔档内同位置的键盘音时，可以产生当前位置往后12个位置所对应频率的声音。

表30.1 钢琴各键对应频率

音名	键号	频率	键号	频率	键号	频率	键号	频率	键号	频率	键号	频率	键号	频率	键号	频率
A	1	27.500	13	55.000	25	110.000	37	220.000	49	440.000	61	880.000	73	1760.000	85	3520.000
#A（bB）	2	29.135	14	58.270	26	116.541	38	233.082	50	466.164	62	932.328	74	1864.655	86	3729.310
B	3	30.868	15	61.735	27	123.471	39	246.942	51	493.883	63	987.767	75	1975.533	87	3951.066
C	4	32.703	16	65.406	28	130.813	40	261.626	52	523.251	64	1046.502	76	2093.005	88	4186.009
#C（bD）	5	34.648	17	69.296	29	138.591	41	277.183	53	554.365	65	1108.731	77	2217.461		
D	6	36.708	18	73.416	30	146.832	42	293.665	54	587.330	66	1174.659	78	2349.318		
#D（bE）	7	38.891	19	77.782	31	155.563	43	311.127	55	622.254	67	1244.508	79	2489.016		
E	8	41.203	20	82.407	32	164.814	44	329.628	56	659.255	68	1318.510	80	2637.020		
F	9	43.654	21	87.307	33	174.614	45	349.228	57	698.456	69	1396.913	81	2793.826		
#F（bG）	10	46.249	22	92.499	34	184.997	46	369.994	58	739.989	70	1479.978	82	2959.955		
G	11	48.999	23	97.999	35	195.998	47	391.995	59	783.991	71	1567.982	83	3135.963		
#G（bA）	12	51.913	24	103.826	36	207.652	48	415.305	60	830.609	72	1661.219	84	3322.438		

以上介绍了影响音乐播放的频率因素，下面介绍节奏因素。节奏通常表现在音乐整体的快慢及单个音符播放的时长上。音乐整体快慢可以用每分钟播放的节拍数（Speed）来衡量，以《我的祖国》为例，该曲节奏优美、稍慢，可以定义Speed=52，即每分钟播放52个节拍。

单个音符播放的时长通常用音乐符号标记，包含增时线、附点音符、减时线。

- 增时线：写在音符的右边，如曲谱中的“5—”，每多一条增时线，表示增加一拍。
- 附点音符：在音符的右边加“•”，如曲谱中的第五个音符“5•”，表示增加当前音符时长的一半，即 1.5 拍。

- 减时线：写在音符的下边，每多增一条减时线，表示缩短为原音符时长的一半，如曲谱中音符“1”及“2”分别表示时长为 0.5 拍和 0.25 拍。

通过以上分析可知，读懂《我的祖国》乐谱的关键在于知道该曲的曲调为 F，播放速度为每分钟 52 拍左右，每个音符代表的频率以及相对时长（拍）。

2）乐谱转换

根据以上乐谱原理，就可以将乐谱文件转换为硬件可读的标记，并写入.mif 文件。一是要将钢琴键的浮点频率转换为控制 PWM 信号频率的（M+N）的值；二是记录每个音符（1～7）；三是记录每个音符所在虚线的位置（用 1～5 标志，其中 3 表示最中间的虚线）；四是记录每个音符持续的时间（拍数）。以产生占空比为 50%的 PWM 波为例，其他占空比以此为基础推导，转换方法如下。

（1）钢琴频率转换。

由于实际使用中大多用不了 88 个频率，所以只取中间 5 个虚线内按键（60 个）对应的频率，以产生占空比为 50%（后文中其他占空比以此为基础推导）的 PWM 波为例，系统时钟频率设定为 50MHz（后文中其他时钟以此时钟为基础推导），得出此条件下计算出的（$M+N$）/2 值为 FrequenceNum。该值的意义是在系统时钟为 50MHz 时，每计数 FrequenceNum 时，翻转一次 PWM 输出（PWM=～PWM），可以得到频率为该 FrequenceNum 值对应的实际钢琴键频率、占空比为 50%的 PWM 信号。

例 30.2 为将钢琴实际频率转换计数值并保存为.mif 文件的 MATLAB 源代码，代码中的 WrMIF 函数如例 30.3 所示。

【例 30.2】 钢琴频率转换为对应时钟计数值.mif 文件的 MATLAB 源代码。

```
% frequece=0;
load PianoFrequence;   %共 88 个频率
%中央 C 频率为序号 40，取上下各 2 个 8 度，共 60 个频率
PianoFrequence60=PianoFrequence(16:75);%
%%对应于 50M 时钟，需要的分频计数为 50M/2f
FreNum=round(50e6./(2*PianoFrequence60));
nBin=floor(log2(max(FreNum)))+1;
if (mod(nBin,4)~=0)
   nHex=floor(nBin/4)+1;
else
   nHex=nBin/4;
end
tmpriHex=cell(1,length(FreNum));
for i=1:length(FreNum)
tmpriHex{i}=dec2hex(FreNum(i),nHex);
end
WrMIF('PianoFrequence60',tmpriHex)
```

【例 30.3】 WrMIF 函数源代码。

```
function WrMIF(FileName,a) %%%FileName is a string ,a must be a cell.
CurrentFolder = pwd;% 'D:\MatlabFile\FFT'
file=fopen([CurrentFolder,'\',FileName,'.mif'],'w');
Depth=length(a);
Width=length(a{1})*4;
fprintf(file,['WIDTH=', num2str(Width),';\n']);%转换为十六进制
fprintf(file,['DEPTH=',num2str(Depth),';\n']);
fprintf(file,'ADDRESS_RADIX=UNS;\n');
```

```
fprintf(file,'DATA_RADIX=HEX;\n\n');
fprintf(file,'CONTENT BEGIN\n');
for i=1:Depth
fprintf(file,'    %d:%s;\n',i-1,a{i});
end
fprintf(file,'END;');
fclose(file);
```

运行以上程序可以将钢琴频率转换为50MHz时钟下的计数值，文件名为“PianoFrequence60.mif”，该文件内容如下：

```
WIDTH=20;
DEPTH=60;
ADDRESS_RADIX=UNS;
DATA_RADIX=HEX;
CONTENT BEGIN
    0:5D514;         20:1D64A;         40:09422;
    1:58143;         21:1BBE4;         41:08BD1;
    2:5322D;         22:1A2FA;         42:083F8;
    3:4E783;         23:18B76;         43:07C90;
    4:4A10C;         24:17544;         44:07592;
    5:45E8A;         25:16051;         45:06EF9;
    6:41FC1;         26:14C8B;         46:068BF;
    7:3E481;         27:139E1;         47:062DE;
    8:3AC93;         28:12843;         48:05D51;
    9:377C9;         29:117A2;         49:05814;
    10:345F5;        30:107F1;         50:05323;
    11:316ED;        31:0F920;         51:04E78;
    12:2EA89;        32:0EB25;         52:04A11;
    13:2C0A3;        33:0DDF2;         53:045E9;
    14:29917;        34:0D17D;         54:041FC;
    15:273C3;        35:0C5BB;         55:03E48;
    16:25086;        36:0BAA2;         56:03AC9;
    17:22F45;        37:0B029;         57:0377D;
    18:20FE1;        38:0A646;         58:0345F;
    19:1F240;        39:09CF1;         59:0316F;
END;
```

注：.mif文件的格式应一个数据一行，此处为节省篇幅分栏显示。

（2）音乐文件转换。

由于FPGA不可直接处理浮点数，且单个音符可能出现小数拍的情况，故而将单个音符持续的拍数放大1000倍，即0.125拍记录为125。分别用E、MusicalNotation以及Time表示音阶的高低、音符以及对应的时长。《我的祖国》片段共计57个有效音符，使用MATLAB将上述3种数据分别写入3个.mif文件，源代码如例30.4。

【例30.4】 音乐文件转换的MATLAB源代码。

```
%musical notation 我的祖国
load MusicMyCountry
%MusicalNotation;   %%音符
%E;%%低2个8度为1，依次为12345
%Time;%1拍对应时长为1000
data={'E','MusicalNotation','Time'};
for j=1:3
```

```
    %eval( 'E');把字符串转为变量名
    TmpV=eval( data{j});
nBin=floor(log2(max(TmpV)))+1;
if (mod(nBin,4)~=0)
    nHex=floor(nBin/4)+1;
else
    nHex=nBin/4;
end
tmpriHex=cell(1,length(TmpV));
for i=1:length(TmpV)
tmpriHex{i}=dec2hex(TmpV(i),nHex);
end
% WrCOE(data{j},tmpriHex);
WrMIF(data{j},tmpriHex);
end
```

运行上面的程序，将简谱内容转换为 3 个.mif 音乐文件，分别命名为 E.mif、MusicalNotation.mif 及 Time.mif，此 3 个文件内容分别如下。

① E.mif 文件内容：

```
WIDTH=4;
DEPTH=57;
ADDRESS_RADIX=UNS;
DATA_RADIX=HEX;
CONTENT BEGIN
    0:3;
    1:3;
    2:2;
    3:2;
    4:3;
    5:3;
    6:3;
    7:3;
    8:4;
    9:3;
    10:3;
    11:3;
    12:3;
    13:3;
    14:3;
    15:3;
    16:3;
    17:3;
    18:3;
    19:2;
    20:3;
    21:3;
    22:3;
    23:3;
    24:3;
    25:3;
    26:2;
    27:2;
    28:2;
    29:3;
    30:3;
    31:3;
    32:3;
    33:3;
    34:3;
    35:3;
    36:3;
    37:3;
    38:3;
    39:3;
    40:3;
    41:4;
    42:3;
    43:3;
    44:3;
    45:2;
    46:3;
    47:3;
    48:3;
    49:3;
    50:3;
    51:3;
    52:3;
    53:3;
    54:3;
    55:3;
    56:3;
END;
```

② MusicalNotation.mif 文件内容：

```
WIDTH-4;
DEPTH=57;
ADDRESS_RADIX=UNS;
DATA_RADIX=HEX;
CONTENT BEGIN
```

```
    0:1;
    1:2;
    2:6;
    3:5;
    4:5;
    5:6;
    6:3;
    7:5;
    8:1;
    9:6;
    10:5;
    11:5;
    12:6;
    13:5;
    14:3;
    15:2;
    16:3;
    17:5;
    18:3;
    19:6;
    20:1;
    21:2;
    22:2;
    23:5;
    24:3;
    25:1;
    26:6;
    27:5;
    28:6;
    29:2;
    30:6;
    31:5;
    32:6;
    33:3;
    34:2;
    35:1;
    36:2;
    37:2;
    38:3;
    39:5;
    40:5;
    41:1;
    42:6;
    43:5;
    44:5;
    45:6;
    46:1;
    47:2;
    48:4;
    49:6;
    50:6;
    51:5;
    52:6;
    53:3;
    54:2;
    55:1;
    56:1;
END;
```

③ Time.mif 文件内容：

```
WIDTH=12;
DEPTH=57;
ADDRESS_RADIX=UNS;
DATA_RADIX=HEX;
CONTENT BEGIN
    0:1F4;
    1:1F4;
    2:1F4;
    3:1F4;
    4:5DC;
    5:1F4;
    6:1F4;
    7:1F4;
    8:1F4;
    9:1F4;
    10:7D0;
    11:3E8;
    12:1F4;
    13:1F4;
    14:1F4;
    15:1F4;
    16:3E8;
    17:1F4;
    18:1F4;
    19:1F4;
    20:1F4;
    21:7D0;
    22:1F4;
    23:1F4;
    24:1F4;
    25:1F4;
    26:3E8;
    27:1F4;
    28:1F4;
    29:1F4;
    30:1F4;
    31:1F4;
    32:1F4;
    33:5DC;
    34:1F4;
    35:1F4;
    36:0FA;
    37:0FA;
    38:1F4;
    39:0FA;
    40:0FA;
    41:1F4;
    42:1F4;
    43:3E8;
    44:1F4;
    45:1F4;
    46:1F4;
    47:1F4;
    48:5DC;
    49:0FA;
    50:0FA;
    51:2EE;
    52:0FA;
    53:1F4;
    54:1F4;
    55:7D0;
    56:3E8;
END;
```

3）音乐电路实现

为了比较不同占空比下的音乐效果，使用按键调节占空比（复位时默认占空比为 50%），通过按键在默认占空比下进行加减操作，改变占空比。

$$DutyCycle(实际) = DutyCycle(按键输入值) * FrequenceNum(50MHz)/50 \qquad (30\text{-}6)$$

由于每个音符的持续时长放大了1000倍，在Verilog HDL实现时，需要将其还原到实际大小，因此

$$Time(实际) = Time(1000倍) * 50MHz * 60/1000/Speed \qquad (30\text{-}7)$$

将演奏过程写成音乐演奏PWM信号产生模块，其Verilog HDL源代码如例30.5所示。

【例30.5】 音乐演奏PWM产生模块。

```
`timescale 1ns / 1ps
/*
常见调号对应表
调名      Tone
bB         34
C          24
F          29
G          31
D          26
A          33
E          28
B          35
#F         30
#C         25
*/
module music_pwm_gen(
        input  clk,rst,
        input wire[6:0] DutyCycle,   //0-100
        input wire[3:0] E,            //音阶高度，值为1-5，从低16阶，到高16阶
        input wire[3:0] MusicalNotation,
        input wire[11:0] Time,
        output reg Busy,
        output reg PwmOut);
parameter Tone=29;                    //F调
parameter Speed=52;                   //舒缓的，每分钟52拍，常在0-200
parameter clkCnt=100_000_000;
wire[19:0] FrequenceNum;
//此为100MHz的时钟频率对应的结果，若要换时钟NewFN=OldFN*Newclk/100MHz
wire[21:0] DutyCycleCnt,FrequenceCnt;
wire[31:0] TimeCnt;
reg[21:0] cnt1;                       //记录DutyCycleCnt
reg[31:0] cnt3;                       //记录TimeCnt
assign DutyCycleCnt=DutyCycle*(FrequenceNum>>1)/50;   //该值受主时钟影响
assign FrequenceCnt=FrequenceNum; //该值受主时钟影响
assign TimeCnt=Time*3000_000/Speed;
                //Time*clkCnt*60/Speed/1000  该值受主时钟影响
//通常有DutyCycleCnt<FrequenceCnt<<TimeCnt<cnt
wire [3:0] MusicalInterval[7:0];          //音程，指Do到re的音程为2
wire [5:0] PianoFrequence60Addra;
assign  MusicalInterval[1]=0,
       MusicalInterval[2]=2,
       MusicalInterval[3]=4,
       MusicalInterval[4]=5,
```

```
        MusicalInterval[5]=7,
        MusicalInterval[6]=9,
        MusicalInterval[7]=11;

always@(posedge clk)
begin
  if(~rst) begin  cnt1<=0;cnt3<=0;PwmOut <= 1;Busy <=0;end
  else
  if(DutyCycle==0)  begin PwmOut<=0;Busy<=1;end
          //此时不再具有播放功能，不再继续读谱
  else if(DutyCycle==100)  begin PwmOut <= 1;Busy <=1;end
          //此时不再具有播放功能，不再继续读谱
  else begin
     if (cnt1==DutyCycleCnt-1&&cnt3!=TimeCnt-1)
             begin PwmOut<=~PwmOut; cnt1<=cnt1+1; cnt3<=cnt3+1;end
     else if(cnt1==FrequenceCnt-1&&cnt3!=TimeCnt-1)
             begin PwmOut<=~PwmOut; cnt1<=0; cnt3<=cnt3+1;end
     else if(cnt3==TimeCnt-1) begin cnt3<=0;Busy <=0;end
             //PwmOut <= ~PwmOut;
     else begin cnt1<=cnt1+1;cnt3<=cnt3+1;Busy<=1;end
     end
end

assign PianoFrequence60Addra=Tone+MusicalInterval[MusicalNotation]+(E-3)*12;
PianoFrequence60 u10(
        .address(PianoFrequence60Addra),
        .clock(clk),
        .q(FrequenceNum));
endmodule
```

在音乐演奏电路顶层设计中，设计了按键控制输出信号占空比，调用 clk_div 子模块得到 5kHz 的数码管片选时钟，以及 5Hz 的按键检测时钟，调用 bin2dec 和 seg4_7 模块，将当前信号占空比用 3 位数码管进行显示。例 30.6 给出了 PWM 驱动蜂鸣器的音乐演奏电路的顶层设计源代码。

【例 30.6】 PWM 驱动蜂鸣器音乐演奏电路的顶层设计源代码。

```
`timescale 1ns / 1ps
/* 常见调号对应表
调名      Tone
bB        34
C         24
F         29
G         31
D         26
A         33
E         28
B         35
#F        30
#C        25  */
module buzzer(
        input wire clk50m, sys_rst,
        input wire boost,          //快速调节占空比 0-100
```

```
        input wire down,up,          //慢速调节占空比
        output wire [6:0] seg1,
        output reg [2:0] seg_cs,
        output wire led,buzzer
          );
reg [6:0] DutyCycle=50;
wire clk_button,clkcsc;
reg [5:0] MusicAddra=0;
wire [3:0] spoE,spoMusicalNotation;
wire [11:0] spoMusicTime;
wire [19:0] spoPianoFrequence60;
wire [7:0] DPin='b00100000;
wire [11:0] dec_data_tmp;       //用于存储 4 位十进制数，每 4 个二进制位表示一个十进制位
reg [3:0]dec_tmp1;
wire busy;
assign led=busy;

always @(posedge clk_button)
begin
   if(~sys_rst)  DutyCycle<=50;
   else begin
   if(~boost) begin
   if(DutyCycle>80) begin DutyCycle<=0;end
   else begin DutyCycle<=DutyCycle+20;end
   end
   else if(~up) begin
   if(DutyCycle>98) begin DutyCycle<=1;end
   else begin DutyCycle<=DutyCycle+1;end
   end
   else if(~down) begin
   if(DutyCycle==1) begin DutyCycle<=99;end
   else begin DutyCycle<=DutyCycle-1;end
   end end
end

always @(posedge clk50m)
begin
   if(~sys_rst) MusicAddra<=0;
   else
   if(~busy&&MusicAddra!=56)
         begin MusicAddra<=MusicAddra+1;end
   else if(~busy&&MusicAddra==56) begin MusicAddra<=0;end
end
//生成各种时钟
clk_div  #(1000)  u1(            //片选时钟 1000
         .clk(clk50m),
         .clr(1),
         .clk_out(clkcsc));
clk_div  #(5)  u2(               //按键扫描时钟,每秒钟检测 5 次
         .clk(clk50m),
```

```
                .clr(1),
                .clk_out(clk_button));
//二进制结果转换为3位十进制数（12位二进制表示），源代码见例31.3
bin2dec u3(
            .data_bin(DutyCycle),
            .data_dec(dec_data_tmp)
            );
//数码管驱动
always@(posedge clkcsc) //or seg_cs
begin
if (~sys_rst) seg_cs<=3'b110;
else
seg_cs[2:0] <= {seg_cs[1:0],seg_cs[2]};  //
case (seg_cs)
    3'b110:begin dec_tmp1<=dec_data_tmp[3:0];end
    3'b101:begin dec_tmp1<=dec_data_tmp[7:4]; end
    3'b011:begin dec_tmp1<=dec_data_tmp[11:8];end
   default: begin dec_tmp1<=dec_data_tmp[3:0];end
endcase
end
seg4_7 u4(                          //数码管译码
    .hex(dec_tmp1),
    .g_to_a(seg1));
music_pwm_gen  #(29,52) u5(
          .clk(clk50m),
          .rst(sys_rst),
          .DutyCycle(DutyCycle),
          .E(spoE),
          .MusicalNotation(spoMusicalNotation),
          .Time(spoMusicTime),
          .Busy(busy),
          .PwmOut(buzzer));
E u6(
          .address(MusicAddra),
          .clock(clk50m),
          .q(spoE));
Time u7(
          .address(MusicAddra),
          .clock(clk50m),
          .q(spoMusicTime));
MusicalNotation u8(
          .address(MusicAddra),
          .clock(clk50m),
          .q(spoMusicalNotation));
endmodule
```

在Quartus软件中调用单端口ROM IP核（ROM:1-PORT）设计4个ROM存储器，分别命名为PianoFrequence60（数据宽度为20，深度为64），E（数据宽度为4，深度为64），Time（数据宽度为12，深度为64），MusicalNotation（数据宽度为4，深度为64）来存储前面生成的.mif文件，需注意ROM模块的数据宽度（WIDTH）和深度（DEPTH）定义应与上面.mif文件中的宽度和深度保持一致。

30.3 下载与验证

引脚约束文件内容如下：

```
set_location_assignment PIN_E1 -to clk50m
set_location_assignment PIN_E15 -to sys_rst
set_location_assignment PIN_J1 -to buzzer
set_location_assignment PIN_G15 -to led
set_location_assignment PIN_M15 -to down
set_location_assignment PIN_M16 -to up
set_location_assignment PIN_E16 -to boost
set_location_assignment PIN_B3 -to seg_cs[2]
set_location_assignment PIN_A2 -to seg_cs[1]
set_location_assignment PIN_B1 -to seg_cs[0]
set_location_assignment PIN_B8 -to seg1[6]
set_location_assignment PIN_A7 -to seg1[5]
set_location_assignment PIN_B6 -to seg1[4]
set_location_assignment PIN_B5 -to seg1[3]
set_location_assignment PIN_A6 -to seg1[2]
set_location_assignment PIN_A8 -to seg1[1]
set_location_assignment PIN_B7 -to seg1[0]
```

基于C4_MB目标板进行验证，spk端口接至J1引脚，此引脚接蜂鸣器，下载后可听到乐曲声音。驱动蜂鸣器的PWM信号的占空比用3个数码管显示，KEY1按键用作复位，KEY2按键能快速改变占空比，每按一次占空比的值增加200（占空比值的变化范围为010～990）；KEY3、KEY4按键每按一次占空比分别增加和减少10。改变占空比比较乐曲音量的变化。

第 31 章 PWM信号驱动步进电机

31.1 任务与要求

本例用 PWM 信号驱动步进电机，步进电机的型号为 17HS8401NTB 型 2 相 4 线，本例的目的在于掌握用 PWM 信号驱动步进电机的方式方法。

31.2 原理与实现

1. 步进电机

步进电机是将电脉冲信号转变为角位移或线位移的开环控制电机，是现代数字程序控制系统中的主要执行元件，应用广泛。在非超载的情况下，电机的转速、停止的位置只取决于脉冲信号的频率和脉冲数，而不受负载变化的影响，当步进驱动器接收到一个脉冲信号，它就驱动步进电机按设定的方向转动一个固定的角度，称为“步距角”，它的旋转是以固定的角度一步一步运行的。可以通过控制脉冲个数来控制角位移量，从而达到准确定位的目的；同时可以通过控制脉冲频率来控制电机转动的速度和加速度，从而达到调速的目的。

本例选择 17HS8401NTB 型 2 相 4 线步进电机为驱动对象，该电机外形如图 31.1 所示，其步进角为 1.8°，也就是说运转一圈需要 200 个脉冲。要想使步进电机运转，必须有配套的步进电机驱动器，本例使用普菲德 TB6600 型驱动器（其外形如图 31.2 所示），该驱动器有 6 组输入/输出，其端口及功能如表 31.1 所示。

图 31.1　17HS8401NTB 型步进电机外形

图 31.2　TB6600 型驱动器外形

表31.1 TB6600型驱动器端口及功能表

序　号	端　口	功　能
1	ENA+/ENA-	控制电机是否处于锁定状态，低电平为锁定状态
2	DIR+/DIR-	控制电机转动方向
3	PUL+/PUL-	PMW信号输入
4	A+/A-	电机A相输入线
5	B+/B-	电机B相输入线
6	VCC/GND	供电电压（9～42v）
7	SW6～1	细分数设置。细分数越大，电机速度越慢。角速度w=kf/m，k为常数

将步进电机、驱动器和C4_MB目标板进行连接，实物连接如图31.3所示，采用PWM信号驱动，当调高信号频率时，电机转速也随之变快，需注意的是调节占空比并不影响电机转速。

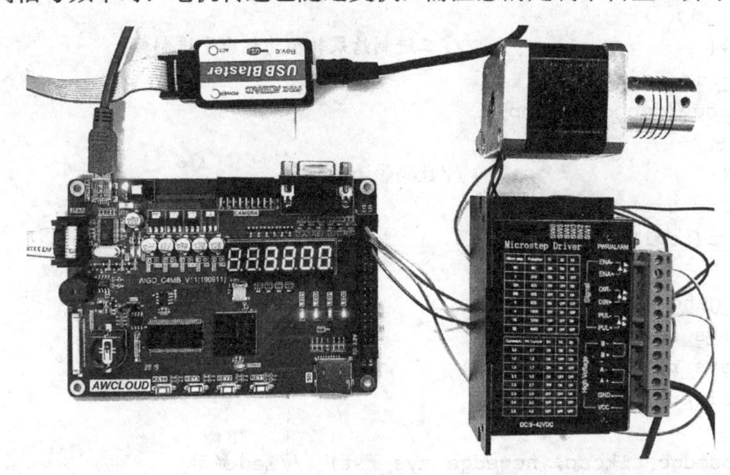

图31.3　实物连接图

2. 变速启停步进电机控制

在实际中常需要控制步进电机的运转角度（等价于运转步数），本例给出变速启停步进电机控制源代码，为了防止电机启动和突然停止过程中由于惯性导致电机失步，进而导致角度控制产生误差，本例中除预留了控制电机运转步数的接口，还在电机启停时加入了加速和减速的过程。本例的顶层Verilog HDL源代码如例31.1所示。

【例31.1】　变速启停步进电机Verilog HDL顶层源代码。

```
`timescale 1ns / 1ps
/*此程序默认电机驱动细分数为32，电机每转一圈需要6400个step，最高信号频率为32kHz*/
`timescale 1ns / 1ps
module pwm_motor(
   input sys_clk,               //50MHz输入时钟
   input wire sys_rst,
   input wire [1:0] sw,
   output reg[3:0] seg_cs,     //数码管位选信号
   output wire [6:0] seg1,     //数码管段选信号
   output wire pul,            //输出电机转动信号
   output ena,   //电机锁定信号，高电平取消锁定，引线不接时默认锁定
   output dir    //控制电机旋转方向，高电平时顺时针旋转，低电平时逆时针旋转
   );
 wire clkcsc;
 wire clk_button;
 wire [15:0] data_bin;       //数据缓存
```

```
 reg [3:0] dec_tmp;
 wire [15:0] dec_data_tmp;
   //用于存储4位十进制数，每4个二进制位表示1个十进制位
 assign dir=sw[1];
 assign ena=sw[0];
reg [27:0] step_tmp;
reg [15:0] freq_tmp;
parameter STEP=6400*40;
parameter FREQ=32000;          //单位Hz
assign data_bin=FREQ/10;       //显示输出pwm频率
clk_div  #(5000)  u1(          //产生5kHz数码管位选时钟
              .clk(sys_clk),
              .clr(1),
              .clk_out(clkcsc)
              );
bin2dec u4(                    //二进制结果转换为相应十进制数
     .data_bin(data_bin),
     .data_dec(dec_data_tmp)
     );
seg4_7 u5(                     //数码管译码
     .hex(dec_tmp),
     .g_to_a(seg1)
       );
motor_pwm_genc #(STEP) u6(
     .clk(sys_clk),
     .rst(sys_rst),
     .signal(pul)
       );
always@(posedge clkcsc, negedge sys_rst)  //led显示
begin
  if(~sys_rst)
   begin seg_cs <= 4'b1110;
        dec_tmp<=dec_data_tmp[3:0];  end
  else  begin
       seg_cs[3:0] = {seg_cs[2:0],seg_cs[3]};
   if(seg_cs == 4'b1110)
     begin dec_tmp<=dec_data_tmp[3:0]; end
    else if(seg_cs == 4'b1101)
     begin dec_tmp<=dec_data_tmp[7:4]; end
    else if(seg_cs == 4'b1011)
     begin dec_tmp<=dec_data_tmp[11:8]; end
    else  dec_tmp<=dec_data_tmp[15:12];
end  end
endmodule
```

其中，clk_div 子模块源代码见例 1.2，数码管译码子模块 seg4_7 源代码见例 2.3，motor_pwm_gene 子模块源代码如例 31.2 所示，bin2dec 子模块源代码见例 31.3。

【例 31.2】 变速启停 PWM 信号产生模块源代码。

```
`timescale 1ns / 1ps
module  motor_pwm_gene(
     input clk,
     input rst,
     output reg signal
       );
wire[31:0 ] pwm_n,clk_n ;
```

```
parameter [27:0] STEP=2000;  //控制步进电机的步数,每步需要一个脉冲信号
reg [27:0] step_tmp;
reg [15:0] fre_tmp;      /*控制电机运转信号频率（频率越大，速度越快，
                    经实际测试 32 细分情况下，频率在 32kHz 内均可稳定工作*/
integer i;
reg [31:0] count;
reg [2:0] state;
always@(*)
begin
  case(state)
  0:begin step_tmp<=6400*1;fre_tmp<=500;end      //加减速控制
  1:begin step_tmp<=6400*2;fre_tmp<=2000;end
  2:begin step_tmp<=6400*5;fre_tmp<=20000;end
  3:begin step_tmp<=STEP-6400*16;fre_tmp<=32000;end
  4:begin step_tmp<=6400*5;fre_tmp<=15000;end
  5:begin step_tmp<=6400*2;fre_tmp<=4000;end
  6:begin step_tmp<=6400*1;fre_tmp<=1000;end
  7:begin step_tmp<=0;end
  endcase
end

assign clk_n=100_000000/fre_tmp;
assign pwm_n= clk_n>>1;
always@(posedge clk, negedge rst)
begin
   if(~rst)  begin count=0;i=0; state<=0;end
   else
      begin
      if(i<step_tmp)
      begin
      signal=(( count>=100 )&&( count<=100 +pwm_n))?1:0;
      if (count== clk_n)  begin count<=0;i<=i+1;end
      else  count<=count+1;
      end
      else  begin
      if(state!=7) begin state<=state+1; i<=0;end
      end  end
end
endmodule
```

bin2dec 子模块用于将二进制数转化为 8421BCD 码，其源代码如例 31.3 所示，该模块最多可实现 40 位二进制数转化为其对应的 8421BCD 码数值，本例中实现的是 16 位二进制数的转化。需要指出的是，bin2dec 模块中含有多个除法操作，并直接用除法操作符“/”实现，这样会导致耗用的 FPGA 资源非常多，假如对其直接用 Quartus 软件进行综合，会发现耗用的 LE 单元超过 6000 个之多，即使将输入数据的位宽缩小至本例所需的 16 位，仍需耗用 1427 个 LE 单元。有学者提出了 Double_dabble（全称为 Double-Dabble Binary-to-BCD Conversion Algorithm）算法，专门用于二进制数转为 8421BCD 码，其耗用的 LE 单元大大减少，可参考本书例 34.3 给出的源代码实现。

【例 31.3】 二进制数转 8421BCD 码子模块。

```
`timescale 1ns / 1ps
module bin2dec(
        input [39:0] data_bin,     //最多可实现 40 位二进制数转化
        output wire [31:0] data_dec
            );
```

```
wire[3:0] m10,m1,k100,k10,k1,hund,ten;
assign m10=data_bin/10_000_000;
assign m1=(data_bin-m10*10_000_000)/1_000_000;
assign k100=(data_bin-m10*10_000_000-m1*1_000_000)/100_000;
assign k10=(data_bin-m10*10_000_000-m1*1_000_000-k100*100_000)/10_000;
assign k1=(data_bin-m10*10_000_000-m1*1_000_000-
          k100*100_000-k10*1_0000)/1000;
assign hund=(data_bin-m10*10_000_000-m1*1_000_000-
          k100*100_000-k10*1_0000-k1*1000)/100;
assign ten=(data_bin-m10*10_000_000-m1*1_000_000-
          k100*100_000-k10*1_0000-k1*1000-hund*100)/10;
assign data_dec=data_bin+m10*257_324_345+m1*16888327+
          948576*k100+55536*k10+3096*k1+156*hund+6*ten;
endmodule
```

31.3 下载与验证

本例的引脚约束如下：

```
set_location_assignment PIN_E1 -to sys_clk
set_location_assignment PIN_M15 -to sys_rst
set_location_assignment PIN_D8 -to pul
set_location_assignment PIN_F7 -to ena
set_location_assignment PIN_E9 -to dir
set_location_assignment PIN_B8 -to seg1[6]
set_location_assignment PIN_A7 -to seg1[5]
set_location_assignment PIN_B6 -to seg1[4]
set_location_assignment PIN_B5 -to seg1[3]
set_location_assignment PIN_A6 -to seg1[2]
set_location_assignment PIN_A8 -to seg1[1]
set_location_assignment PIN_B7 -to seg1[0]
set_location_assignment PIN_A3 -to seg_cs[3]
set_location_assignment PIN_B3 -to seg_cs[2]
set_location_assignment PIN_A2 -to seg_cs[1]
set_location_assignment PIN_B1 -to seg_cs[0]
set_location_assignment PIN_E16 -to sw[1]
set_location_assignment PIN_E15 -to sw[0]
```

应使KEY4（sys_rst）按键为低，系统复位并赋初值，此后KEY1按键（ena）为低时，电机启动运转，并历经低速、加速和减速等过程；KEY2按键（dir）控制电机运转的方向。

第 32 章 超声波测距

32.1 任务与要求

由于超声波指向性强，能量损耗慢，在介质中传播的距离较远，因而经常用于距离的测量，如测距仪和公路上的超声测速等。超声波测距易于实现，并且在测量精度方面能达到工业实用的要求，成本也相对便宜，在机器人、自动驾驶等方面得到了广泛的应用。HC-SR04 超声波测距模块可提供 2-400cm 的距离测量范围，性能稳定，精度较高。本例将使用该模块实现超声波测距。

32.2 原理与实现

（1）超声波测速原理

超声波发射器向某一方向发射超声波，在发射时刻的同时开始计时，超声波在空气中传播，途中碰到障碍物返回，超声波接收器收到反射波就立即停止计时，传播时间共计为 t（s）。声波在空气中的传播速度为 340m/s，易得到发射点距障碍物的距离（S）为

$$S = 340 \times t / 2 = 170t(\text{m}) \tag{32-1}$$

超声波测距的原理就是利用声波在空气传播的稳定不变的特性及发射和接收回波的时间差来实现测距。

（2）HC-SR04 超声波测距模块

HC-SR04 超声波模块可提供 2～400cm 的非接触式距离测量功能，测距精度可高达 3mm，其电气参数如表 32.1 所示。

表 32.1 HC-SR04 超声波测距模块电气参数

电气参数	HC-SR04 超声波模块
工作电压/工作电流	DC 5V/15mA
工作频率	40Hz
最远射程/最近射程	4μm/2cm
测量角度	15
输入触发信号	10s 的高电平信号
输出回响信号	输出 TTL 电平信号

图32.1所示HC-SR超声波测距模块实物图（正、反面），其接口共4个引脚：电源（+5V），触发信号输入（Trig）、回响信号输出（Echo）、地线（GND）。

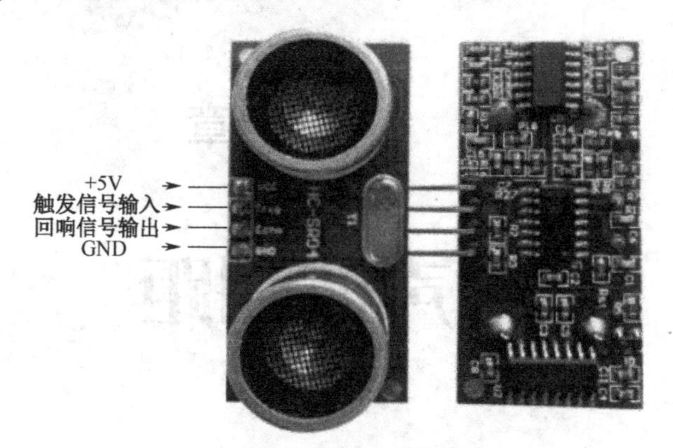

图32.1 HC-SR超声波测距模块实物

HC-SR超声波模块工作时序如图32.2所示，从图中可看出其工作过程如下：初始化时将Trig和Echo端口都置低，首先向Trig端发送至少10 μs的高电平脉冲，模块自动向外发送8个40kHz的方波脉冲，然后进入等待，捕捉Echo端输出上升沿，捕捉到上升沿的同时，打开定时器开始计时，再次等待捕捉Echo的下降沿，当捕捉到下降沿，读出计时器的时间，此为超声波在空气中传播的时间，按照式（32-1）即可算出距离。

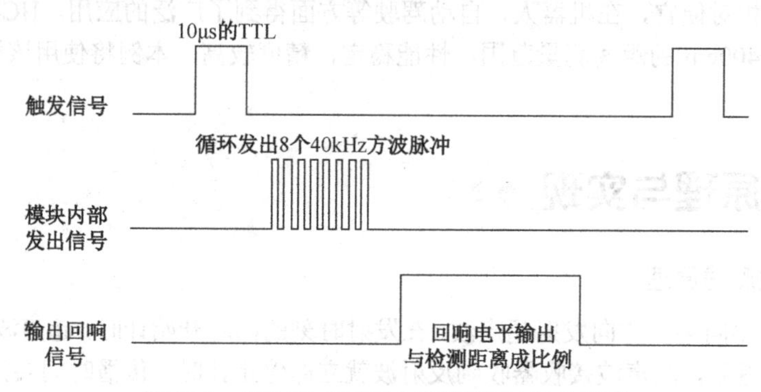

图32.2 HC-SR超声波测距模块工作时序图

3. 超声波测距顶层设计

超声波测距是通过测量时间差来实现测距，FPGA通过检测超声波测距的Echo端口电平变化控制计时的开始和停止。当检测到Echo信号上升沿时开始计时，检测到Echo信号下降沿时停止计时。本例的顶层设计源代码如例32.1所示。

【例32.1】 超声波测距顶层设计源代码。

```
`timescale 1ns / 1ps
module ultrasound(
    input clk50m,                    //50MHz 时钟
    input wire sys_rst,
    input echo,                      //回响信号，高电平持续时间为 t,距离=340*t/2
    output reg[3:0] seg_cs,          //数码管位选信号
    output wire [6:0] seg,           //数码管段选信号
    output wire trig                 //发送一个持续时间超过 10us 的高电平
      );
reg [23:0] count;
reg [23:0] distance;
```

```
wire  [15:0] data_bin;                //数据缓存
reg echo_reg1,echo_reg2;
wire [1:0] state;
wire[15:0] dec_data_tmp;              //用于存储 4 位十进制数
assign  data_bin=17*distance/5000;
assign  state={echo_reg2,echo_reg1};
always@(posedge clk50m, negedge sys_rst)
begin
   if(~sys_rst)
   begin
      echo_reg1 <= 0;
      echo_reg2 <= 0;
      count <= 0;
      distance <= 0;
      end
   else
     begin
      echo_reg1 <= echo;              //当前脉冲
      echo_reg2 <= echo_reg1;         //后一个脉冲
     case(state)
     2'b01:begin  count=count+1;  end
     2'b11:begin  count=count+1;  end
     2'b10:begin  distance=count;  end
     2'b00:begin  count=0;  end
     endcase
     end
end
sig_prod u1(
            .clk(clk50m),
            .rst(sys_rst),
            .trig(trig)
            );
clk_div  #(5000)  u2(                 //产生 5kHz 数码管位选时钟
            .clk(clk50m),
            .clr(sys_rst),
            .clk_out(clkcsc)
            );
bin2dec u3(                           //二进制数结果转换为相应十进制数
            .data_bin(data_bin),
            .data_dec(dec_data_tmp)
            );
seg4_7 u4(                            //数码管译码
            .hex(dec_tmp),
            .g_to_a(seg)
            );
wire clkcsc;
reg [3:0] dec_tmp;
always@(posedge clkcsc, negedge sys_rst)
begin
  if(~sys_rst)
```

```
      begin seg_cs<=4'b1110; dec_tmp<=4'hf;  end
    else  begin
         seg_cs[3:0] = {seg_cs[2:0],seg_cs[3]};
         if(seg_cs == 4'b1110)
           begin  dec_tmp<=dec_data_tmp[3:0]; end      //12'h000;
         else if(seg_cs==4'b1101)
           begin  dec_tmp<=dec_data_tmp[7:4]; end      //12'h000;
         else if(seg_cs ==4'b1011)
           begin  dec_tmp<=dec_data_tmp[11:8];  end    //12'h000;
         else  dec_tmp<=dec_data_tmp[15:12];
         end
end
endmodule
```

调用 clk_div 模块产生数码管位选时钟，其源代码见例 1.2。bin2dec 和 seg4_7 两个模块实现将测距结果以十进制形式显示在数码管上，其中 seg4_7 数码管译码子模块源代码见例 2.3，bin2dec 子模块源代码见例 31.3。

sig_prod 模块用于产生控制信号，其源代码如例 32.2 所示。该模块产生一个持续 10μs 以上的高电平（本例高电平持续时间为 20μs）；为防止发射信号对回响信号产生影响，通常两次测量间隔控制在 60ms 以上，本例的测量间隔设置为 100ms。

【例 32.2】 超声波控制信号产生子模块。

```
module sig_prod(
            input  clk,
            input  rst,
            output wire  trig);
parameter [11:0]  PWM_N=1000;                 //高电平持续 20us
parameter [23:0]  CLK_N=5_000_000;            //两次测量间隔 100ms
reg [23:0] count;
always@(posedge clk, negedge rst)
begin
   if(~rst)  begin count=0;end
   else if(count==CLK_N)  count<=0;
   else  count<=count+1;
end
assign trig= (( count>=100 )&&( count<=100 +PWM_N))?1:0;
endmodule
```

32.3 下载与验证

引脚约束如下：

```
set_location_assignment PIN_E1 -to clk50m
set_location_assignment PIN_E15 -to sys_rst
set_location_assignment PIN_E8 -to echo
set_location_assignment PIN_E7 -to trig
set_location_assignment PIN_B8 -to seg[6]
set_location_assignment PIN_A7 -to seg[5]
set_location_assignment PIN_B6 -to seg[4]
set_location_assignment PIN_B5 -to seg[3]
set_location_assignment PIN_A6 -to seg[2]
set_location_assignment PIN_A8 -to seg[1]
```

```
set_location_assignment PIN_B7 -to seg[0]
set_location_assignment PIN_A3 -to seg_cs[3]
set_location_assignment PIN_B3 -to seg_cs[2]
set_location_assignment PIN_A2 -to seg_cs[1]
set_location_assignment PIN_B1 -to seg_cs[0]
```

将本例基于 C4_MB 目标板进行下载和验证，其实际显示效果如图 32.3 所示，HC-SR 超声波模块连接在目标板的扩展接口，用 4 个数码管显示距离，其单位是毫米（mm）。

图 32.3　超声波测距的实际显示效果

第 33 章 FIR滤波器

33.1 任务与要求

本例使用Verilog HDL设计实现FIR滤波器，基于MATLAB设计并仿真FIR滤波器的性能，下载至FPGA实际验证其滤波效果。

本例要设计的FIR滤波器参数如下：

- 低通滤波，采样频率为500kHz；
- 通带截止频率为10kHz；
- 阻带截止频率为30kHz。

33.2 原理与实现

1. FIR滤波器的参数设计

在信号处理领域中，对于信号处理的实时性、快速性的要求越来越高。而在许多信息处理过程中，如对信号的过滤、检测、预测等，都要广泛地用到滤波器。数字滤波器具有稳定性高、精度高、设计灵活、实现方便等突出的优点，避免了模拟滤波器所无法克服的电压漂移、温度漂移和难以去噪等问题，用数字技术实现滤波器的功能越来越受到人们的注意和广泛的应用，其中FIR滤波器能在设计任意幅频特性的同时保证严格的线性相位特性，在语音处理、数据传输中应用广泛。

1）FIR滤波器

FIR（Finite Impulse Response）滤波器即有限冲激响应滤波器，又称为非递归型滤波器，它可以在保证任意幅频特性的同时具有严格的线性相频特性，同时其单位抽样响应是有限长的，因而滤波器是稳定的系统。FIR滤波器在通信、图像处理、模式识别等领域都有着广泛的应用。本例主要从FIR滤波器的原理、MATLAB仿真以及硬件实现3个方面介绍。

数字滤波器的基本构成如图33.1所示，首先通过模数转换（Analog Digital converter，ADC）将模拟信号通过采样转换为数字信号，然后通过数字滤波器完成信号处理，最后再通过数模转换（Digital Analog converter，DAC）将滤波后的数字信号转换为模拟信号输出。

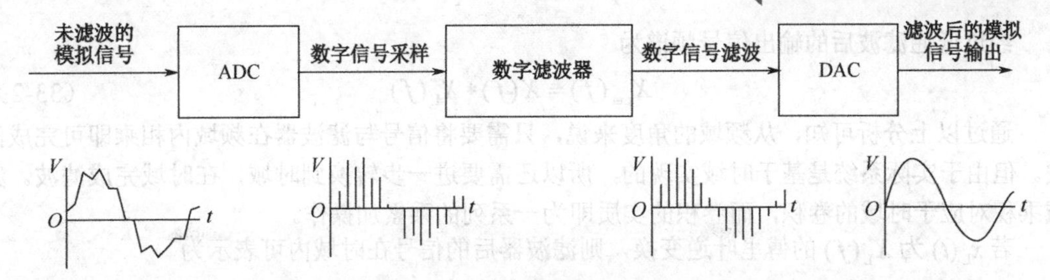

图 33.1 数字滤波器的基本构成

假设低频传输信号 $x_S(t)=\sin(2\pi f_0 t)$（$f_0=5\text{kHz}$）受到高频噪声信号 $x_N(t)=\sin(2\pi f_1 t)$（$f_1=20\text{kHz}$）干扰，图 33.2 所示为原始传输信号与叠加噪声后的信号时域图。

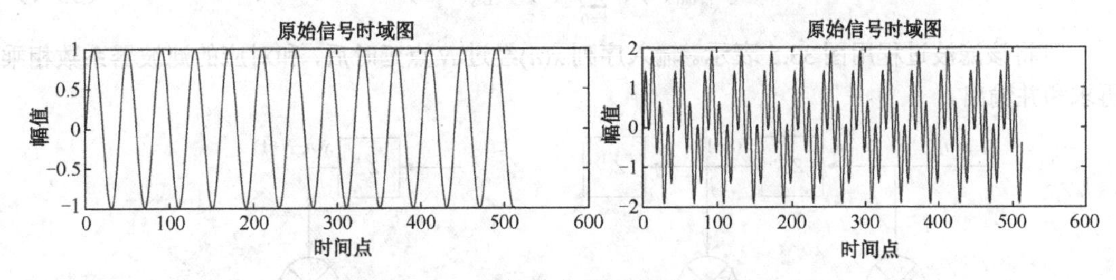

图 33.2 叠加噪声前后信号时域图

原始传号的傅里叶变换为 $X_S(f)$，噪声信号的傅里叶变换为 $X_N(f)$，则含噪信号的傅里叶变换可表示为

$$X(f)=X_S(f)+X_N(f) \tag{33-1}$$

如图 31.3 所示为含噪声信号频谱图，分析频谱图可知，要想滤除高频干扰信号，只需要将该频谱与一个低通频谱相乘即可。

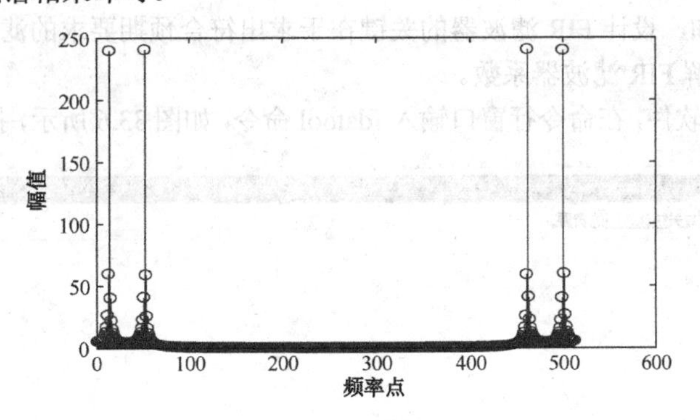

图 33.3 含噪声信号频谱图

假设该低通频谱为 $X_L(f)$，其频谱如图 33.4 所示。

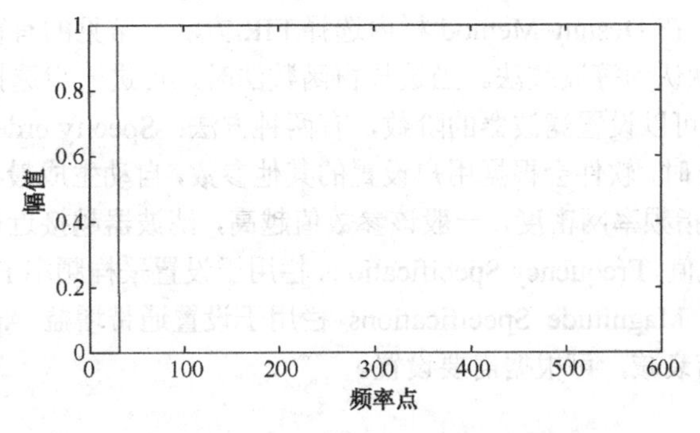

图 33.4 理想低通滤波器频谱图

经过低通滤波后的输出信号频谱为

$$X_{\text{out}}(f) = X(f) * X_{\text{L}}(f) \tag{33-2}$$

通过以上分析可知，从频域的角度来说，只需要将信号与滤波器在频域内相乘即可完成滤波。但由于实际系统是基于时域实现的，所以还需要进一步转换到时域，在时域完成滤波。频域乘积对应于时域的卷积，而卷积的实质即为一系列的乘累加操作。

若 $x_{\text{L}}(t)$ 为 $X_{\text{L}}(f)$ 的傅里叶逆变换，则滤波器后的信号在时域内可表示为

$$x_{\text{out}}(t) = x(t) \otimes x_{\text{L}}(t) \tag{33-3}$$

在离散情况下，上述滤波过程可表示为乘累加的形式。长度为N的滤波输出表达如下

$$x_{\text{out}}(n) = \sum_{k=0}^{N-1} x(n) \times x_{\text{L}}(k-n) \tag{33-4}$$

可将该滤波过程用图33.5表示。输入序列 $x(n)$ 经过 N 点延时后，和对应的滤波器系数相乘再求和并输出。

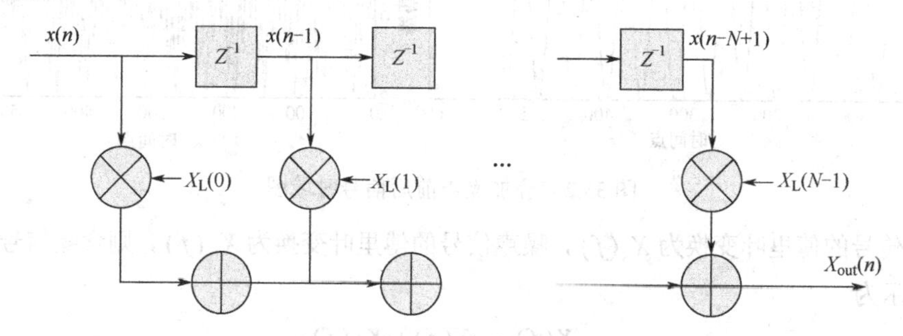

图33.5 FIR滤波过程示意图

2. 基于MATLAB设计FIR滤波器参数

由上述内容可知，设计FIR滤波器的关键在于求出符合预期要求的滤波器系数。这里采用MATLAB工具箱求解FIR滤波器系数。

打开MATLAB软件，在命令行窗口输入fdatool命令，如图33.6所示，打开滤波器设计工具。

图33.6 打开MATLAB软件中的滤波器设计工具箱

图33.7所示为滤波器设计工具箱界面，在Response Type栏内选择滤波器的种类，有低通、高通、带通、带阻等。在Design Method栏内选择FIR方法，常见的有窗函数法、最小均方误差法、等波纹法等，默认为等波纹法。当选择窗函数法时，可进一步选择汉明窗、凯塞窗等类型。在Filtter Order中可以设置滤波器的阶数，有两种方法：Specify order为个人自定义阶数，当选择Minimum order时，软件会根据用户设置的其他参数，自动生成最小的阶数要求。Options栏的Density Factor是指频率网密度，一般该参数值越高，滤波器越接近理想状态，滤波器复杂度也越高，通常取默认值。Frequency Specifications栏用于设置采样频率Fs、通带截止频率Fpass以及阻带截止频率等。Magnitude Specifications栏用于设置通带增益Apass（通常采用默认值1dB），Astop是指阻带衰减，可根据需要设置。

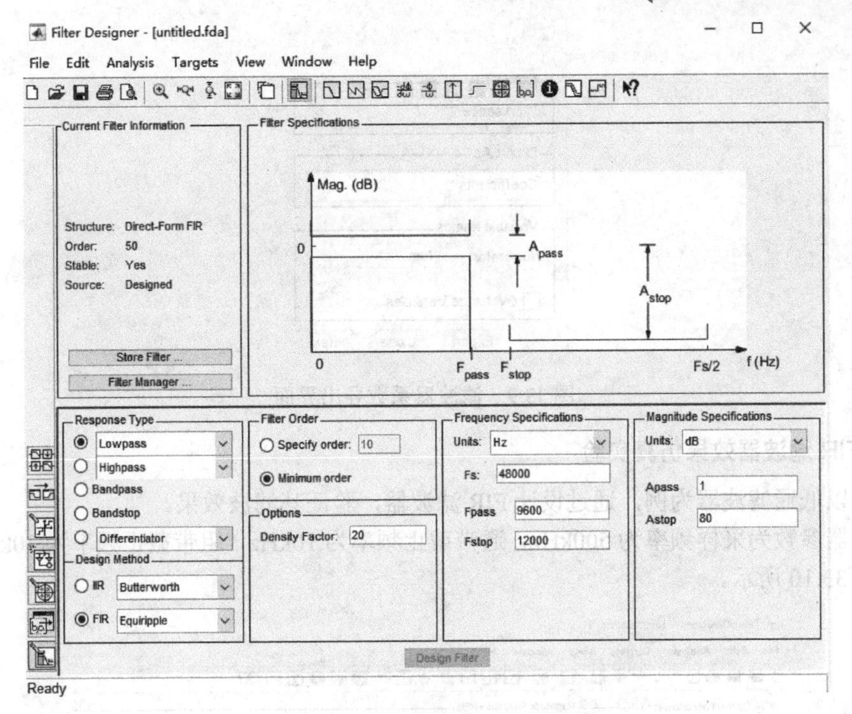

图 33.7 滤波器设计工具箱界面

当设置好参数后，单击 Design Filtter 按钮即可完成滤波器设计。该滤波器频率响应会在 Magnitude Response 中显示，滤波器设计参数及其频率响应曲线如图 33.8 所示。

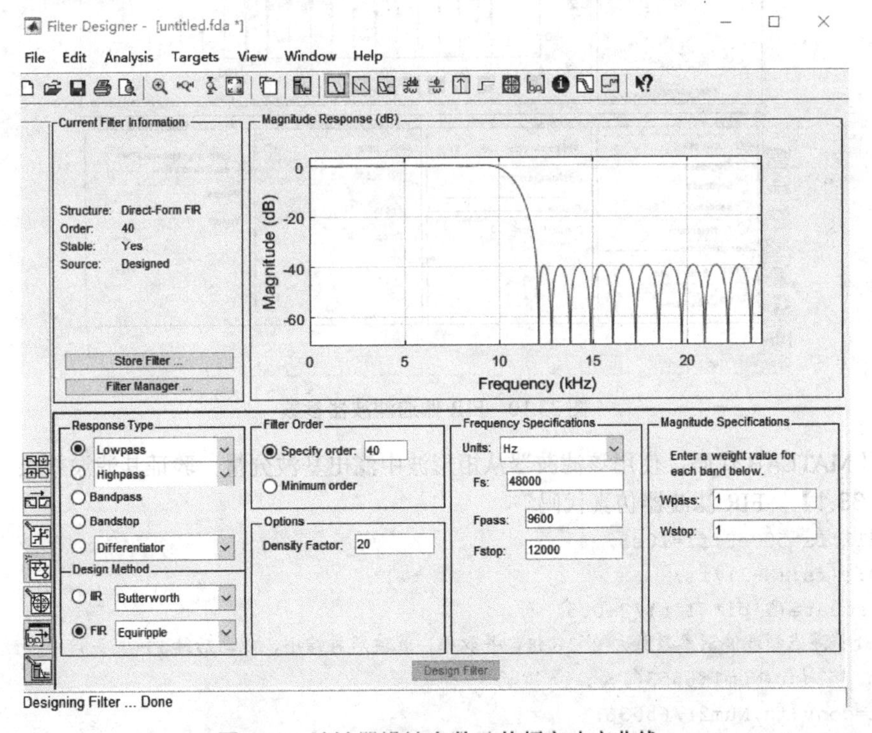

图 33.8 滤波器设计参数及其频率响应曲线

此时，单击 File 菜单栏中的 Export…按钮，弹出图 33.9 所示的滤波器系数导出界面，自定义系数名称后，单击 Export 按钮，将系数导出至 MATLAB 软件工作区。

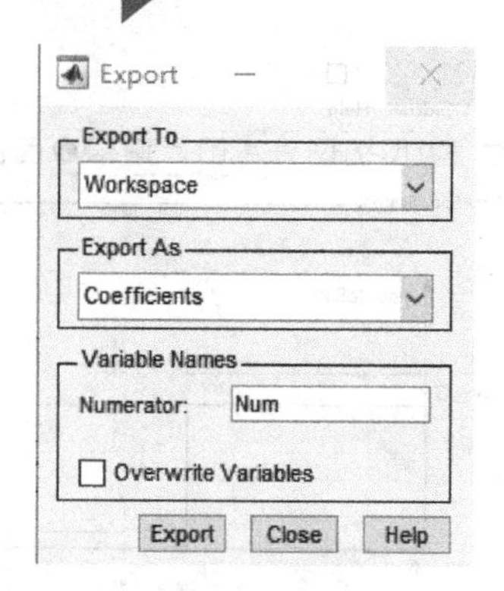

图 33.9 滤波器系数导出界面

3. FIR 滤波器效果仿真实验

本例以低通滤波器为例，通过设计 FIR 滤波器，验证其滤波效果。

滤波器参数为采样频率为 500kHz，通带截止频率为 10kHz，阻带截止频率为 30kHz，具体参数如图 33.10 所示。

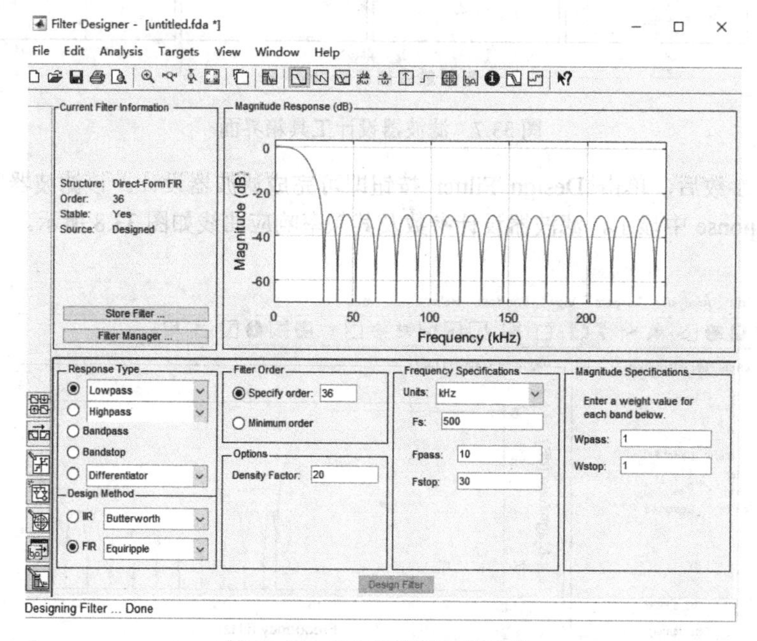

图 33.10 FIR 低通滤波器参数

编写 MATLAB 代码，使用该滤波器从矩形波中滤出基波分量，验证其滤波效果。

【例 33.1】 FIR 滤波器仿真代码。

```
N=512;fs=500e3;f1=10e3;
t=0:1/fs:(N-1)/fs;
in=square(2*pi*f1*t)/2+0.5;
%此处将浮点型滤波器参数放大 2^16 倍，并取整，滤波后再缩小，以与后续 FPGA 设计中一致。
Num2=floor(Num1*65536);
out=conv(in,Num2)/65536;
figure;
subplot(2,1,1);
plot(in);
xlabel('滤波前');
subplot(2,1,2);
```

```
plot(out);
xlabel('滤波后');
```

信号输入为频率为 10KHz 的方波，采用 FIR 低通滤波后，输出波形为 10KHz 的正弦波，滤波效果较好。代码执行结果如图 33.11 所示。

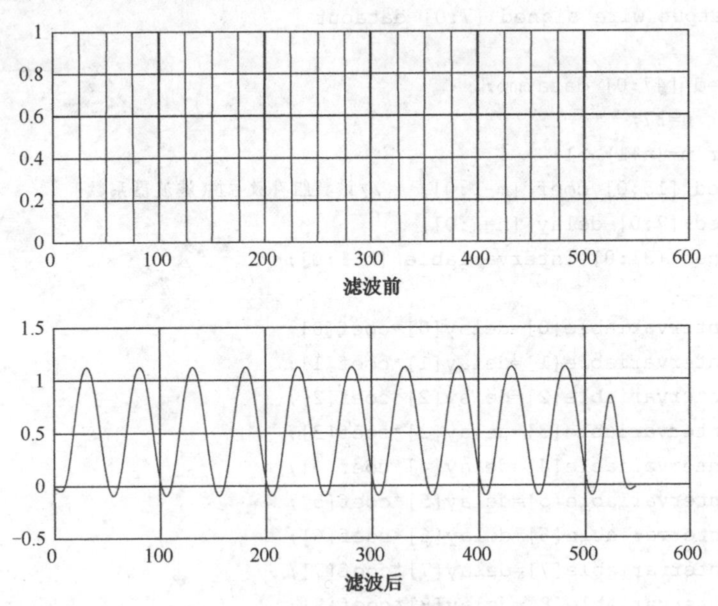

图 33.11 代码执行结果

2. FIR 滤波器的 FPGA 实现

1）AD/DA 模块

如图 33.12 所示为所用的 AD/DA 模块，型号为 AN108。该模块的数模转换电路由 AD9708 高速 DA 芯片、7 阶巴特沃斯低通滤波器、幅度调节电路和信号输出接口组成。AD9708 是 8 位，125MSPS 的 DA 转换芯片，内置 1.2V 参考电压；7 阶巴特沃斯低通滤波器的带宽为 40MHz；信号输出范围为-5V～5V（10V_{pp}）。

该模块的模数转换电路由 AD 芯片 AD9280、衰减电路和信号输入接口组成。AD9280 是 8 位，最大采样率为 32MSPS 的 AD 芯片。信号输入范围为-5V～5V（10V_{pp}）。信号在进入 AD 芯片前，使用衰减电路将信号幅度降为 0～2V。

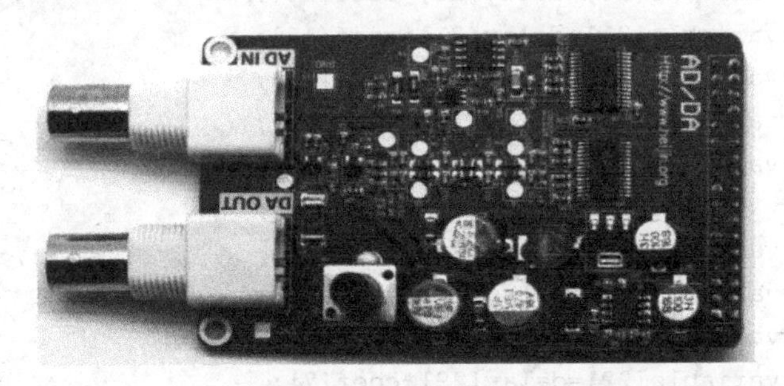

图 33.12 AD/DA 模块

2. FIR 滤波器的 FPGA 实现

将 MATLAB 中求得的 FIR 滤波器系数放大 65 536（2^{16}）倍后保存在数组中，由于该系数具有对称性，故而只需要存储一半的数据（代码中的变量名为 coef）。

【例 33.2】 FIR 滤波器的 Verilog HDL 实现源代码。

```
`timescale 1ns / 1ps
```

```
module myfir(
       input clk,
       input rst,
       input wire signed [7:0] datain,
       output wire signed [7:0] dataout
          );
reg signed [47:0] datatmp;
parameter n=37;
parameter m=(n+1)>>1;
reg signed [15:0] coef [m-1:0];   //该数组存放 FIR 滤波器系数
reg signed [7:0] delay [n-1:0];
wire signed [31:0] intervariable [n-1:0];

assign intervariable[0]=delay[0]*coef[0];
assign intervariable[1]=delay[1]*coef[1];
assign intervariable[2]=delay[2]*coef[2];
assign intervariable[3]=delay[3]*coef[3];
assign intervariable[4]=delay[4]*coef[4];
assign intervariable[5]=delay[5]*coef[5];
assign intervariable[6]=delay[6]*coef[6];
assign intervariable[7]=delay[7]*coef[7];
assign intervariable[8]=delay[8]*coef[8];
assign intervariable[9]=delay[9]*coef[9];
assign intervariable[10]=delay[10]*coef[10];
assign intervariable[11]=delay[11]*coef[11];
assign intervariable[12]=delay[12]*coef[12];
assign intervariable[13]=delay[13]*coef[13];
assign intervariable[14]=delay[14]*coef[14];
assign intervariable[15]=delay[15]*coef[15];
assign intervariable[16]=delay[16]*coef[16];
assign intervariable[17]=delay[17]*coef[17];
assign intervariable[18]=delay[18]*coef[18];
assign intervariable[19]=delay[19]*coef[17];
assign intervariable[20]=delay[20]*coef[16];
assign intervariable[21]=delay[21]*coef[15];
assign intervariable[22]=delay[22]*coef[14];
assign intervariable[23]=delay[23]*coef[13];
assign intervariable[24]=delay[24]*coef[12];
assign intervariable[25]=delay[25]*coef[11];
assign intervariable[26]=delay[26]*coef[10];
assign intervariable[27]=delay[27]*coef[9];
assign intervariable[28]=delay[28]*coef[8];
assign intervariable[29]=delay[29]*coef[7];
assign intervariable[30]=delay[30]*coef[6];
assign intervariable[31]=delay[31]*coef[5];
assign intervariable[32]=delay[32]*coef[4];
assign intervariable[33]=delay[33]*coef[3];
assign intervariable[34]=delay[34]*coef[2];
assign intervariable[35]=delay[35]*coef[1];
assign intervariable[36]=delay[36]*coef[0];
```

```
always@(posedge clk or negedge  rst)
begin
  if(~rst) begin
    coef[0]<=-16'd1225;coef[1]<=-16'd471;coef[2]<=-16'd492;
    coef[3]<=-16'd454; coef[4]<=-16'd343;coef[5]<=-16'd151;
    coef[6]<=16'd128;  coef[7]<=16'd495;  coef[8]<=16'd944;
    coef[9]<=16'd1462;coef[10]<=16'd2032;coef[11]<=16'd2631;
    coef[12]<=16'd3232;coef[13]<=16'd3807;coef[14]<=16'd4326;
    coef[15]<=16'd4762;coef[16]<=16'd5093;coef[17]<=16'd5298;
    coef[18]<=16'd5368;
end
    else begin
datatmp<=intervariable[0]+intervariable[1]+intervariable[2]+
          intervariable[3]+intervariable[4]+intervariable[5]+
          intervariable[6]+intervariable[7]+intervariable[8]+
          intervariable[9]+intervariable[10]+intervariable[11]+
          intervariable[12]+intervariable[13]+intervariable[14]+
          intervariable[15]+intervariable[16]+intervariable[17]+
          intervariable[18]+intervariable[19]+intervariable[20]+
          intervariable[21]+intervariable[22]+intervariable[23]+
          intervariable[24]+intervariable[25]+intervariable[26]+
          intervariable[27]+intervariable[28]+intervariable[29]+
          intervariable[30]+intervariable[31]+intervariable[32]+
          intervariable[33]+intervariable[34]+intervariable[35]+
          intervariable[36];
    end
end

assign dataout=datatmp>>>16;
always@(posedge clk or negedge  rst )
begin
  if(~rst) begin
    delay[0]<=8'd0;delay[1]<=8'd0;delay[2]<=8'd0;delay[3]<=8'd0;
    delay[4]<=8'd0;delay[5]<=8'd0;delay[6]<=8'd0;delay[7]<=8'd0;
    delay[8]<=8'd0;delay[9]<=8'd0;delay[10]<=8'd0;delay[11]<=8'd0;
    delay[12]<=8'd0;delay[13]<=8'd0;delay[14]<=8'd0;delay[15]<=8'd0;
    delay[16]<=8'd0;delay[17]<=8'd0;delay[18]<=8'd0;delay[19]<=8'd0;
    delay[20]<=8'd0;delay[21]<=8'd0;delay[22]<=8'd0;delay[23]<=8'd0;
    delay[24]<=8'd0;delay[25]<=8'd0;delay[26]<=8'd0;delay[27]<=8'd0;
    delay[28]<=8'd0;delay[29]<=8'd0;delay[30]<=8'd0;delay[31]<=8'd0;
    delay[32]<=8'd0;delay[33]<=8'd0;delay[34]<=8'd0;delay[35]<=8'd0;
    delay[36]<=8'd0;
  end
  else begin
    delay[0]<=delay[1];delay[1]<=delay[2];delay[2]<=delay[3];
    delay[3]<=delay[4];delay[4]<=delay[5];delay[5]<=delay[6];
    delay[6]<=delay[7];delay[7]<=delay[8];delay[8]<=delay[9];
    delay[9]<=delay[10];delay[10]<=delay[11];delay[11]<=delay[12];
    delay[12]<=delay[13];delay[13]<=delay[14];delay[14]<=delay[15];
```

```
    delay[15]<=delay[16];delay[16]<=delay[17];delay[17]<=delay[18];
    delay[18]<=delay[19];delay[19]<=delay[20];delay[20]<=delay[21];
    delay[21]<=delay[22];delay[22]<=delay[23];delay[23]<=delay[24];
    delay[24]<=delay[25];delay[25]<=delay[26];delay[26]<=delay[27];
    delay[27]<=delay[28];delay[28]<=delay[29];delay[29]<=delay[30];
    delay[30]<=delay[31];delay[31]<=delay[32];delay[32]<=delay[33];
    delay[33]<=delay[34];delay[34]<=delay[35];delay[35]<=delay[36];
    delay[36]<=datain;
  end
end
endmodule
```

3. FIR滤波器顶层设计

FIR 滤波器顶层源代码如例 33.3 所示，调用 clk_div 模块产生数码管片选时钟（5kHz）、AD/DA 模块时钟（500kHz）及按键检测时钟（5Hz）；用 myfir 模块实现信号滤波。

【例 33.3】 FIR 滤波器顶层源代码。

```
module fir_top(
        input clk50m,
        input sys_rst,
        input wire[7:0] ad_data,       //AD模块输入
        output wire[7:0] da_data,      //输出到DA模块
        output wire da_clk,ad_clk      //AD,DA模块时钟
         );
wire signed[7:0] firin,firout;
assign ad_clk=da_clk;
assign da_data=firout+10;
assign firin=ad_data-128;

clk_div  #(500000) u1(                 //产生AD,DA模块时钟500KHz信号
          .clk(clk50m),
          .clr(1),
          .clk_out(da_clk)
            );
myfir #(37) u2(
          .clk(da_clk),
          .rst(sys_rst),
          .datain(firin),
          .dataout(firout)
            );
endmodule
```

clk_div 子模块源代码见例 1.2。

33.3 下载与验证

引脚约束如下：

```
set_location_assignment PIN_E1 -to clk50m
set_location_assignment PIN_E15 -to sys_rst
set_location_assignment PIN_J14 -to ad_clk
set_location_assignment PIN_E8  -to da_clk
```

```
set_location_assignment PIN_F7 -to da_data[7]
set_location_assignment PIN_F9 -to da_data[6]
set_location_assignment PIN_E9 -to da_data[5]
set_location_assignment PIN_C9 -to da_data[4]
set_location_assignment PIN_D9 -to da_data[3]
set_location_assignment PIN_E10 -to da_data[2]
set_location_assignment PIN_C11 -to da_data[1]
set_location_assignment PIN_D11 -to da_data[0]
set_location_assignment PIN_J13 -to ad_data[7]
set_location_assignment PIN_J12 -to ad_data[6]
set_location_assignment PIN_J11 -to ad_data[5]
set_location_assignment PIN_G16 -to ad_data[4]
set_location_assignment PIN_K10 -to ad_data[3]
set_location_assignment PIN_K9 -to ad_data[2]
set_location_assignment PIN_G11 -to ad_data[1]
set_location_assignment PIN_F14 -to ad_data[0]
```

基于C4_MB目标板进行下载和验证，其实际滤波效果如图33.13所示，图中的输入为10kHz的方波信号，经FIR滤波器在输出端得到了10kHz的正弦波，从方波中滤掉奇数次谐波，只保留基波信号，当然这属于定性测量，如果要定量测得滤波器性能指标，应采用更为具体的测量方法。

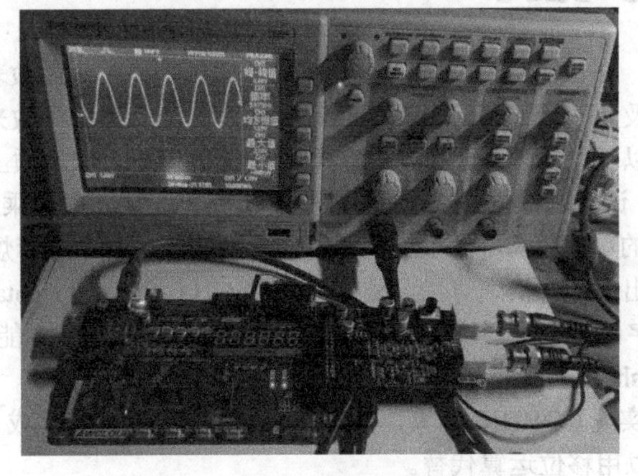

图 33.13 FIR 滤波效果定性测量

第 34 章 CORDIC 运算

34.1 任务与要求

三角函数的计算，在计算机普及之前，人们通常通过查找三角函数表来计算任意角度的三角函数值。计算机普及后，计算机可以利用级数展开，比如，泰勒级数来逼近三角函数，只要项数取得足够多就能以任意精度来逼近函数值。所有这些逼近方法本质上都是用多项式函数来近似计算三角函数的，计算过程中必然涉及大量浮点运算。在缺乏硬件乘法器的简单设备上（比如没有浮点运算单元的单片机），用这些方法来计算三角函数会非常麻烦。为了解决此问题，J.Volder 于 1959 年提出了一种快速算法，称为 CORDIC（Coordinate Rotation Digital Computer）算法，即坐标旋转数字计算方法，该算法只利用移位和加、减运算，就能得出常用三角函数值，如 sin、cos、sinh、cosh 等。

本例基于 FPGA 实现 CORDIC 运算，将复杂的三角函数运算转化成 FPGA 擅长的加、减和乘法，而乘法运算可以用移位运算代替。

34.2 原理与实现

1. CORDIC 算法的原理

如图 34.1 所示，假设在直角坐标系中有一个点 P_1（x_1，y_1），将点 P_1 绕原点旋转 θ 角后得到点 P_2（x_2，y_2）。

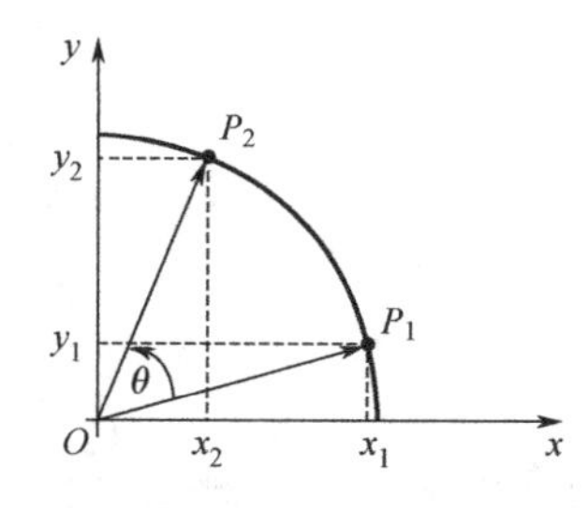

图 34.1 CORDIC 算法原理

于是可以得到 P_1 和 P_2 的关系为

$$\begin{cases} x_2 = x_1\cos\theta - y_1\sin\theta = \cos\theta(x_1 - y_1\tan\theta) \\ y_2 = y_1\cos\theta - x_1\sin\theta = \cos\theta(y_1 - x_1\tan\theta) \end{cases} \tag{34-1}$$

转化为矩阵形式为

$$\begin{bmatrix} x_2 \\ y_2 \end{bmatrix} = \cos\theta * \begin{bmatrix} 1 & -\tan\theta \\ \tan\theta & 1 \end{bmatrix} * \begin{bmatrix} x_1 \\ y_1 \end{bmatrix} \tag{34-2}$$

根据以上公式，当已知一个点 P_1 的坐标，并已知该点 P_1 旋转的角度 θ，则可以根据上述公式求得目标点 P_2 的坐标。为了兼顾顺时针旋转的情形，可以设置一个标志，记为 flag，其值为 1，表示逆时针旋转，其值为–1 时，表示顺时针旋转。以上矩阵可改写为

$$\begin{bmatrix} x_2 \\ y_2 \end{bmatrix} = \cos\theta * \begin{bmatrix} 1 & -\text{flag} * \tan\theta \\ \text{flag} * \tan\theta & 1 \end{bmatrix} * \begin{bmatrix} x_1 \\ y_1 \end{bmatrix} \tag{34-3}$$

容易归纳出以下通项公式

$$\begin{bmatrix} x_{n+1} \\ y_{n+1} \end{bmatrix} = \cos\theta_n * \begin{bmatrix} 1 & -\text{flag}_n * \tan\theta_n \\ \text{flag}_n * \tan\theta_n & 1 \end{bmatrix} * \begin{bmatrix} x_n \\ y_n \end{bmatrix} \tag{34-4}$$

为了简化计算过程，可以令旋转的初始位置为 0 度，旋转半径为 1，则 x_n 和 y_n 的值即为旋转后余弦值和正弦值。并规定每次旋转的角度为特定值，即

$$\begin{cases} x_0 = 1 \\ y_0 = 0 \\ \tan\theta_n = \dfrac{1}{2^n} \end{cases} \tag{34-5}$$

通过迭代可以得出

$$\begin{aligned} &\begin{bmatrix} x_{n+1} \\ y_{n+1} \end{bmatrix} \\ &= \cos\theta_n * \begin{bmatrix} 1 & -\text{flag}_n * \tan\theta_n \\ \text{flag}_n * \tan\theta_n & 1 \end{bmatrix} * \begin{bmatrix} x_n \\ y_n \end{bmatrix} \\ &= \cos\theta_n * \begin{bmatrix} 1 & -\text{flag}_n * \tan\theta_n \\ \text{flag}_n * \tan\theta_n & 1 \end{bmatrix} * \cos\theta_{n-1} * \begin{bmatrix} 1 & -\text{flag}_{n-1} * \tan\theta_{n-1} \\ \text{flag}_{n-1} * \tan\theta_{n-1} & 1 \end{bmatrix} * \begin{bmatrix} x_{n-1} \\ y_{n-1} \end{bmatrix} \\ &= \cos\theta_n * \begin{bmatrix} 1 & -\text{flag}_n * \tan\theta_n \\ \text{flag}_n * \tan\theta_n & 1 \end{bmatrix} * \dots * \begin{bmatrix} 1 \\ 0 \end{bmatrix} \\ &= \prod_{i=0}^{n}\cos\theta_i * \prod_{i=0}^{n} \begin{bmatrix} 1 & -\text{flag}_i * \tan\theta_i \\ \text{flag}_i * \tan\theta_i & 1 \end{bmatrix} * \begin{bmatrix} 1 \\ 0 \end{bmatrix} \\ &\xrightarrow{\text{令} K = \prod_{i=0}^{n}\cos\theta_i} = \prod_{i=0}^{n} \begin{bmatrix} 1 & -\text{flag}_i / 2^i \\ \text{flag}_i / 2^i & 1 \end{bmatrix} * \begin{bmatrix} K \\ 0 \end{bmatrix} \end{aligned} \tag{34-6}$$

分析以上推导过程，可知只要在 FPGA 中存储适当数量的角度值，即可以通过反复迭代完成正余弦函数计算。从公式中可以看出，计算结果的精度受 K 的值以及迭代次数的影响。下面分析计算精度与迭代次数之间的关系。

可以证明 K 的值随着 n 的变大逐渐收敛。图 34.2 为 K 值随迭代次数的收敛情况，从中可以看出迭代 10 次，即有很好的收敛效果，K 值收敛于 0.607252935。

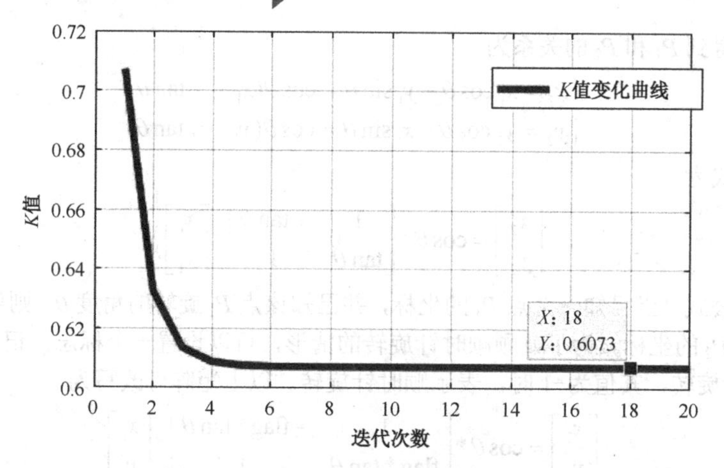

图 34.2 K 值随着迭代次数的变化曲线

使用 MATLAB 软件模拟使用 CORDIC 算法完成的角度逼近情况，如图 34.3 所示。从图中可以看出，当迭代次数超过 15 次时，该算法可以很好地逼近待求角度。

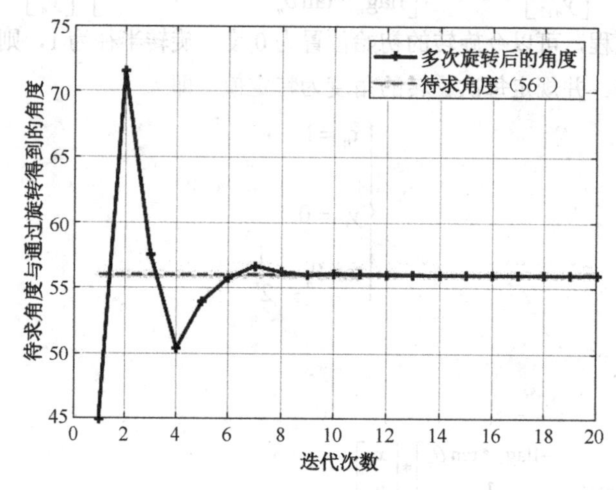

图 34.3 使用 CORDIC 算法实现角度逼近

综上可知，当迭代次数超过 15 次时，计算的精度基本可以得到满足。

2. 用 FPGA 实现 CORDIC 运算

1）输入角度象限的划分

三角函数值都可以转化到 0～90°范围内计算，所以考虑对输入的角度进行预处理，进行初步的范围划分，分为 4 个象限，如表 34.1 所示，然后再将其转化到 0～90°范围内进行计算。

表 34.1 角度范围划分

划分象限（quarant）	象　限
00	第一象限
01	第二象限
10	第三象限
11	第四象限

2）定点数处理

由于 FPGA 综合时只能对定点数进行计算，所以要进行数值的扩大，从而导致结果也扩大。因此，要进行后处理，使数值变为原始的结果。

本例采用拨码开关作为角度值输入，使用数码管作为输出显示，由于计算结果有正负，故用 1 位数码管作为正负标志，A 表示结果为正，F 表示结果为负，剩余的 5 位数码管作为数值结果显示。为了使计算结果能精确到 0.0001 位，即只在数码管最后 1 位有误差，本文采用 20 次迭代。

首先根据以下计算公式，使用 MATLAB 软件计算出 20 个特定角度值并放大 232 倍，如表 34.2 所示。

$$\theta_n = \arctan\frac{1}{2^n} \tag{34-7}$$

表 34.2　20 个特定旋转角

n	角度值（度）	*n*	角度值（度）
0	45	10	0.055952892
1	26.56505118	11	0.027976453
2	14.03624347	12	0.013988227
3	7.125016349	13	0.006994114
4	3.576334375	14	0.003497057
5	1.789910608	15	0.001748528
6	0.89517371	16	0.000874264
7	0.447614171	17	0.000437132
8	0.2238105	18	0.000218566
9	0.111905677	19	0.000109283

3）溢出及出错处理

实际编程时，当输入的角度转换到第一象限后较小时（小于 5°）或者较大时（大于 85°）计算结果会溢出。通过 MATLAB 仿真，发现当待测角度较小时，旋转过程中会出现负角情况，即计算出的 y_n 值为负，如图 34.4 所示。

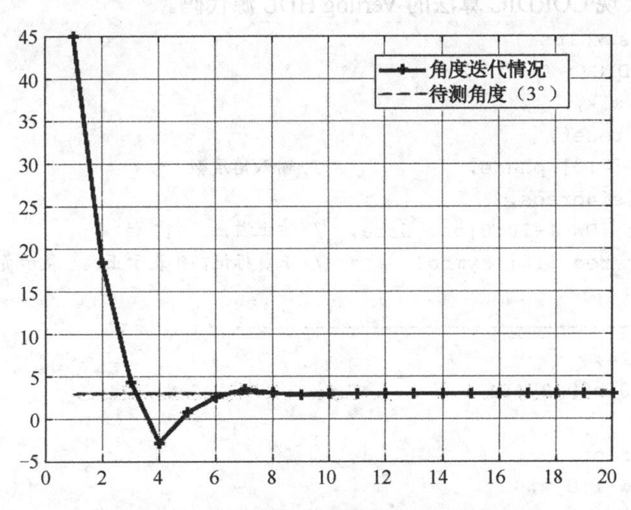

图 34.4　待测角为 3 度时的角度迭代情况

针对以上问题，通过在计算过程中加入特别判定语句，人为调整计算过程解决此问题，代码如下所示（同样，当角度较大时，x_n 也会出现类似情况，也需人为调整）：

```
if ((phase_tmp[DW-1]==0&&phase_tmp<=phase_reg)||phase_tmp[DW-1]==1)
  //小角度<5 度,容易旋转至第四象限, 即 y 为负数
  begin
if(phase_tmp[DW-1]==1)  x<=x+((~y+1)>>i);  else  x<=x-(y>>i);
```

图 34.5 所示为待测角为 0° 时的角度旋转过程。放大最后的迭代结果细节发现，该迭代曲线以小于 0° 的方式趋近 0° 。即表示，最终还是以负值作为近似 0°，从而导致计算结果出错。同样的问题也会出现在 90° 、180° 等位置。

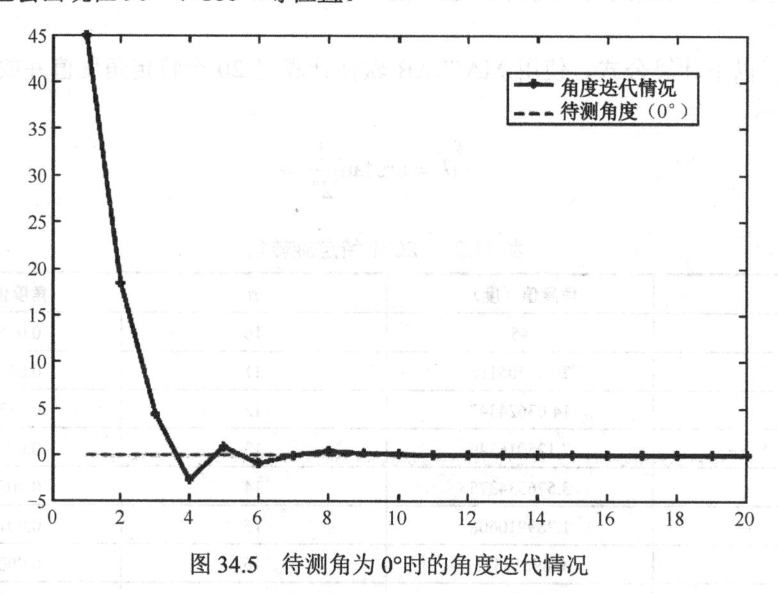

图 34.5 待测角为 0°时的角度迭代情况

由于计算 0° 的三角函数值与其从正值趋近还是负值趋近无关，故采用如下的代码直接将负数变为正数解决上面的问题：

```
else if (i=='d20) begin
if(y[DW-1]==1) y=~y+1;      //计算完成时值依然为负数的，调整为正数
if(x[DW-1]==1) x=~x+1;
```

4）CORDIC 运算模块

至此完成了 CORDIC 算法编程实现，其 Verilog HDL 源代码如例 34.1 所示。

【例 34.1】 实现 CORDIC 算法的 Verilog HDL 源代码。

```
`timescale 1ns / 1ps
module my_CORDIC(
        input clk,
        input reset,
        input [7:0] phase,              //输入角度数
        input sinorcos,
        output [DW-1+10:0]out_data,  //防止溢出，+10 位
        output reg[1:0] symbol        //正负标记，0 表示正，1 表示负
                );
//------------------------------------------
parameter DW=24;
parameter K=20'h009B74F;
integer i=0;
reg [1:0]quadrant;
reg signed [DW-1:0]x;
reg signed [DW-1:0]y;
reg  [DW-1:0]sin;
reg  [DW-1:0]cos;
reg  [DW-1:0] phase_reg;          //0-90 度
reg signed [DW-1:0] phase_tmp;     //存储当前的角度
reg  [23:0] rot[19:0];

always@(posedge clk, negedge reset)
```

```
begin
  if(~reset) begin
   x<=K;  y<=24'b0;  phase_tmp=0;
   rot[0]=24'h2D0000;
   rot[1]=24'h1A90A7;
   rot[2]=24'h0E0947;
   rot[3]=24'h072001;
   rot[4]=24'h03938A;
   rot[5]=24'h01CA37;
   rot[6]=24'h00E52A;
   rot[7]=24'h007296;
   rot[8]=24'h00394B;
   rot[9]=24'h001CA5;
   rot[10]=24'h000E52;
   rot[11]=24'h000729;
   rot[12]=24'h000394;
   rot[13]=24'h0001CA;
   rot[14]=24'h0000E5;
   rot[15]=24'h000072;
   rot[16]=24'h000039;
   rot[17]=24'h00001C;
   rot[18]=24'h00000E;
   rot[19]=24'h000007;
  if(phase<90) begin                      //<90度
    phase_reg<=phase<<16;  quadrant<=2'b00;  end
  else if(phase<180) begin                //<180度
    phase_reg<=(phase-90)<<16;
    quadrant<=2'b01;  end
  else if(phase<270)begin                 //<270度
    phase_reg<=(phase-180)<<16;
    quadrant<=2'b10;  end
  else begin                              //<360度
    phase_reg<=(phase-270)<<16;
    quadrant<=2'b11;  end
  end
  else begin
   if(i<'d20) begin
  if((phase_tmp[DW-1]==0&&phase_tmp<=phase_reg)||phase_tmp[DW-1]==1)
       //小角度<5度,容易旋转至第四象限, 即y为负数
   begin
   if(phase_tmp[DW-1]==1) x<=x+((~y+1)>>i);
   else x<=x-(y>>i);  y<=y+(x>>i);
      phase_tmp<=phase_tmp+rot[i];  i<=i+1;  end
    else begin  x<=x+(y>>i);
    if(phase_tmp>44'h05A00000000) y<=y+((~x+1)>>i);
      //大角度时>85度, 容易旋转到第二象限, 即x为负数
    else y<=y-(x>>i);  phase_tmp<=phase_tmp-rot[i];
      i<=i+1;  end
  end
  else if(i=='d20)begin
   if(y[DW-1]==1) y=~y+1;   //计算完成时值依然为负数的, 调整为整数
   if(x[DW-1]==1) x=~x+1;
  case(quadrant)
   2'b00:
   //角度值在第1象限,Sin(X)=Sin(A),Cos(X)=Cos(A)
```

```
          begin
           cos<=x;  sin<=y;
           symbol<=2'b00;
          end
        2'b01:
   //角度值在第 2 象限,Sin(X)=Sin(A+90)=CosA,Cos(X)=Cos(A+90)=-SinA
          begin
            cos <=y;       //-Sin
            sin <=x;       //Cos
            symbol<=2'b10;
           end
        2'b10:
   //角度值在第 3 象限,Sin(X)=Sin(A+180)=-SinA,Cos(X)=Cos(A+180)=-CosA
           begin
            cos <= x;     //-Cos
            sin <= y;     //-Sin
            symbol<=2'b11;
           end
        2'b11:
   //角度值在第 4 象限,Sin(X)=Sin(A+270)=-CosA,Cos(X)=Cos(A+270)=SinA
           begin
            cos <= y;      //Sin
            sin <= x;      //-Cos
            symbol<=2'b01;
          end
     endcase
         i<=i+1;
   end
  else begin  phase_tmp<=0; x<=K; y<=0; i<=0; end
    end
end
assign out_data=((sinorcos?sin:cos)*625)>>12;
        //为防止溢出，提前做了部分运算*10000>>16
endmodule
```

5）顶层模块

在实现 CORDIC 算法的基础上，增加数码管显示等模块构成顶层设计，如例 34.2 所示。

【例 34.2】 CORDIC 设计顶层源代码。

```
`timescale 1ns / 1ps
module CORDIC_top(
        input sys_clk,
        input sys_rst,
        input sinorcos,
        input wire [1:0] phase,     //输入角度数
        output wire[6:0] seg1,      //数码管 7 段显示
        output reg  dp ,            //小数点显示
        output reg [5:0] seg_sel    //数码管位选信号
         );
wire clkcsc;
wire [1:0] symbol;
wire [33:0] data_tmp;
reg [3:0] dec_tmp1;
wire [19:0] dec_data_tmp1;

always@(posedge clkcsc)           //数码管显示驱动
```

```
    begin
      if(~sys_rst)  begin seg_sel<=6'b111110; end
      else begin
      seg_sel[5:0] <= {seg_sel[4:0],seg_sel[5]}; end
    end
  always @(*)
  begin
  case(seg_sel)
     6'b111110:begin dec_tmp1<=dec_data_tmp1[3:0];dp<=1;end
     6'b111101:begin dec_tmp1<=dec_data_tmp1[7:4]; dp<=1;end
     6'b111011:begin dec_tmp1<=dec_data_tmp1[11:8];dp<=1;end
     6'b110111:begin dec_tmp1<=dec_data_tmp1[15:12];dp<=1;end
     6'b101111:begin dec_tmp1<=dec_data_tmp1[19:16]; dp<=0;end
     6'b011111:begin dp<=1;
       if(sinorcos) begin
          if(symbol[0]) dec_tmp1<='hf; else dec_tmp1<='ha; end
       else begin
          if(symbol[1]) dec_tmp1<='hf; else dec_tmp1<='ha; end
       end
     default: begin dec_tmp1<=4'hf; dp<=1;end
   endcase
  end
  clk_div  #(1000)  u1(              //产生数码管位选时钟(1000Hz)
         .clk(sys_clk),
         .clr(1),
         .clk_out(clkcsc));

  bin2bcd  #(20) u2(                 //二进制结果转换为 8421BCD 码
         .bin(data_tmp[23:4]),
         .bcd(dec_data_tmp1));
  seg4_7 u3(                         //数码管 7 段译码子模块
         .hex(dec_tmp1),
         .g_to_a(seg1));
  my_CORDIC u4(
         .clk(sys_clk),
         .reset(sys_rst),
         .phase(phase),
         .out_data(data_tmp),
         .sinorcos(sinorcos),
         .symbol(symbol)
         );
  endmodule
```

clk_div 子模块源代码见例 1.2，数码管译码子模块 seg4_7 源代码见例 2.3。

6）二进制数转 8421BCD 码模块

例 34.2 中的 bin2bcd 是二进制数转 8421BCD 码子模块，其源代码见例 34.3，采用 Double-Dabble 算法（Double-Dabble Binary-to-BCD Conversion Algorithm）实现，该模块与例 31.3 相比，其耗用的 LE 单元数量大大减少。比如，当输入的二进制数的位宽为本例所需的 20 位时，例 31.3 需耗用 3563 个 LE 单元，而例 34.3 只需耗用 223 个 LE 单元。

例 34.3 采用了双重循环的组合逻辑实现数制转换，其 RTL 综合视图如图 34.6 所示，可发现主要是由比较器、加法器等模块来实现的；例 31.3 的 RTL 综合视图如图 34.7 所示，可发现主要是由除法器、乘法器和加法器等模块来实现的，这些模块耗用的 LE 数量相对较多。

对比图 34.6 和图 34.7 可发现，两种方法的共同点是均采用纯组合逻辑的方式实现功能，并且组合逻辑的延迟链均比较长（相比较而言，图 34.6 的实现方式延迟链更长一些），而且随着输入的二进制数据的位宽增大，延迟也将随之增大。因此，如果该模块应用于运行速度较高的系统，需进行时序仿真，以验证是否满足系统时序要求。当然，在本例中，该子模块用于数码管显示用，对速度要求不高，满足时序要求不会存在问题。

【例 34.3】 用 Double_dabble 算法实现二进制数转 8421BCD 码。

```
`timescale 1ns / 1ps
module bin2bcd
   #(parameter  W = 20)                                 //输入二进制数位宽
     (input[W-1:0]               bin,                   //输入的二进制数
      output reg[W+(W-4)/3:0]   bcd);                   //输出的 8421BCD 码，{...,千,百,十,个}
integer i,j;

always @(bin)
begin
  for(i = 0; i <= W+(W-4)/3; i = i+1)
        bcd[i] = 0;
        bcd[W-1:0] = bin;                               //初始化
   for(i = 0; i <= W-4; i = i+1)
     for(j = 0; j <= i/3; j = j+1)
       if(bcd[W-i+4*j -: 4] > 4)                       //if > 4
      bcd[W-i+4*j -: 4] = bcd[W-i+4*j -: 4] + 4'd3;    //加 3
end
endmodule
```

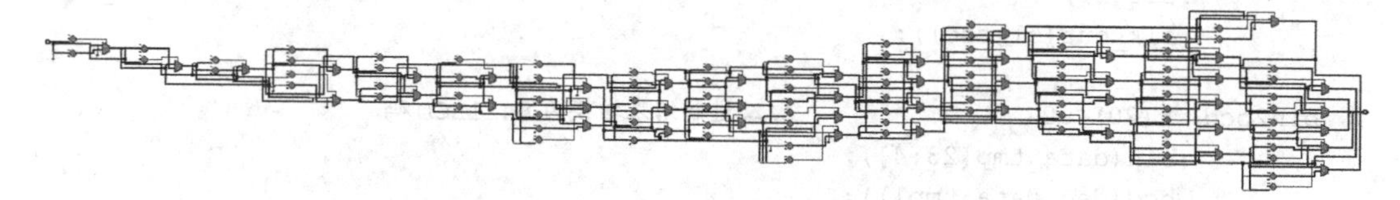

图 34.6 Double_dabble 算法实现二进制数转 8421BCD 码 RTL 综合视图

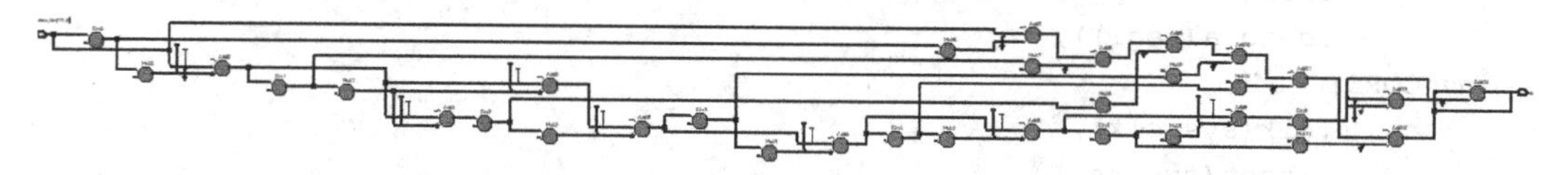

图 34.7 例 29.3 的 RTL 综合视图

34.3 下载与验证

本例的引脚锁定如下：

```
set_location_assignment PIN_E1 -to sys_clk
set_location_assignment PIN_E15 -to sys_rst
set_location_assignment PIN_E16 -to sinorcos
set_location_assignment PIN_M15 -to phase[1]
set_location_assignment PIN_M16 -to phase[0]
set_location_assignment PIN_B8 -to seg1[6]
set_location_assignment PIN_A7 -to seg1[5]
set_location_assignment PIN_B6 -to seg1[4]
set_location_assignment PIN_B5 -to seg1[3]
set_location_assignment PIN_A6 -to seg1[2]
set_location_assignment PIN_A8 -to seg1[1]
```

```
set_location_assignment PIN_B7 -to seg1[0]
set_location_assignment PIN_A4 -to seg_sel[5]
set_location_assignment PIN_B4 -to seg_sel[4]
set_location_assignment PIN_A3 -to seg_sel[3]
set_location_assignment PIN_B3 -to seg_sel[2]
set_location_assignment PIN_A2 -to seg_sel[1]
set_location_assignment PIN_B1 -to seg_sel[0]
```

将本例下载，用 KEY4、KEY3 按键输入角度值，按下复位按键（KEY1 键），则会计算并显示当前角度的 sin 值；按下 sinorcos 键（KEY2 键）可切换显示其 cos 值。用 6 个数码管显示结果，其中第 1 个数码管显示正负（A 表示正，F 表示负），第 2 个数码管显示整数部分（为 0 或者为 1），其余 4 个数码管显示小数部分数值。如图 34.8 所示，显示当前计算的 sin 3° 的结果为+0.0523，与理论值相符。本例的精度达到 10^{-4}，如需进一步提高精度，可改变迭代次数实现。

如果要全方位输入 0～360° 角度值，需要 9 个拨码开关作为输入，可自制输入拨码开关连接至目标板的扩展口以输入更多的角度值。

图 34.8 CORDIC 运算下载与验证

第 35 章 FFT 运算

35.1 任务与要求

本例实现 FFT 运算，并下载至 FPGA 芯片进行验证，产生 50Hz 和 120Hz 的复合信号作为标准测试信号对 FFT 运算进行测试。

35.2 原理与实现

快速傅里叶变换（Fast Fourier Transformation，FFT）是离散傅氏变换（DiscreteFourier Transform，DFT）的快速算法。采用这种算法能使计算机计算离散傅里叶变换所需要的乘法次数大为减少，特别是被变换的抽样点数 N 越多，FFT 算法计算量的节省就越显著。本例实现 FFT 运算，并下载至 FPGA 芯片进行实际验证。

1. FFT 运算

1）FFT 算法

一个有限长序列 $x(n)$ 的 DFT 为

$$X(k)=\sum_{n=0}^{N-1}x(n)W_N^{nk},\quad k=0,1,2\cdots N-1 \tag{35-1}$$

式中，$W_N^{nk}=\mathrm{e}^{-\mathrm{j}2\pi kn/N}$，该项被称为旋转因子。

若直接计算 DFT，随着计算序列长度的增加，计算量将急剧增加。考虑到旋转因子具有以下性质。

- 周期性：

$$W_N^{n(N-k)}=W_N^{k(N-n)}=W_N^{-nk} \tag{35-2}$$

- 对称性：

$$W_N^{n+N/2}=-W_N^{n} \tag{35-3}$$

$$(W_N^{N-n})^*=W_N^{n} \tag{35-4}$$

式（35-4）中的符号*表示共轭。

- 可约性：

$$W_N^{nk}=W_{mN}^{mnk}=W_{N/m}^{nk/m} \tag{35-5}$$

利用上述 3 个性质，可以将一个长的 DFT 运算分解为若干短序列的 DFT 运算的组合，从而减少运算量，此即 FFT 算法的基本原理。FFT 算法通常可划分为两类，分别为按时间抽取的快速傅里叶变换（DIT-FFT）方法和按照频域抽取的快速傅里叶变换（DIF-FFT）的方法。由于两种方法原理互通，这里仅详细介绍 DIT-FFT。

令序列长度 N 为 2 的整次幂，即 N=2^M（M 为整数）。将序列 $x(n)$ 按照奇偶分为两个子序列

$$x_1(r)=x(2r), r=0,1,2\cdots\frac{N}{2}-1 \tag{35-6}$$

$$x_2(r)=x(2r+1), r=0,1,2\cdots\frac{N}{2}-1 \tag{35-7}$$

DFT 的算法公式可以改写为

$$\begin{aligned}X(k)&=\sum_{n=0}^{N-1}x(n)W_N^{nk}, k=0,1,2\cdots N-1\\&=\sum_{r=0}^{\frac{N}{2}-1}x_1(r)W_N^{2rk}+W_N^k\sum_{r=0}^{\frac{N}{2}-1}x_2(r)W_N^{2rk}\\&=\sum_{r=0}^{\frac{N}{2}-1}x_1(r)W_{\frac{N}{2}-1}^{rk}+W_N^k\sum_{r=0}^{\frac{N}{2}-1}x_2(r)W_{\frac{N}{2}-1}^{rk}\text{(可约性原理)}\\&=X_1(k)+W_N^kX_2(k), k=0,1\cdots\frac{N}{2}-1\end{aligned} \tag{35-8}$$

由式（35-8）可以看出，$X_1(k)$ 和 $X_2(k)$ 都是长度为 $\frac{N}{2}-1$ 的序列 $x_1(r)$ 和 $x_2(r)$ 的 $\frac{N}{2}-1$ 点的离散傅里叶变换，因此原来长度为 N 的序列 $x(n)$ 的 DFT 变换被转化为两个长度为 $\frac{N}{2}-1$ 的序列 DFT 之和。同时，以上推导只是求解出前 $\frac{N}{2}-1$ 个点的 DFT 变换结果，后一半的结果可以根据对称性求解，即

$$X(k+N/2)=X_1(k)-W_N^kX_2(k), k=0,1\cdots\frac{N}{2}-1 \tag{35-9}$$

以上计算过程可以用图 35.1 所示，称之为蝶形运算。

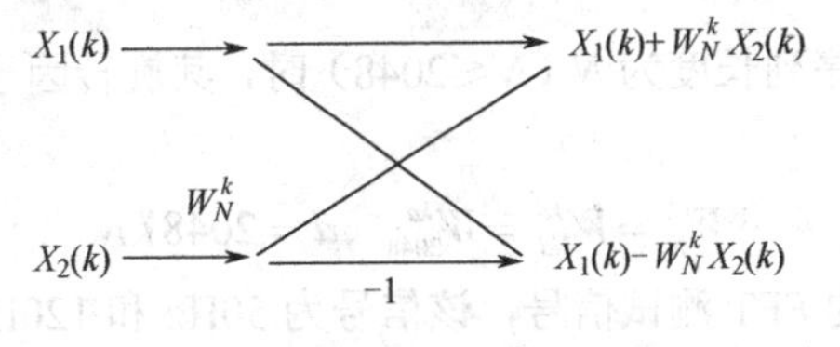

图 35.1 蝶形运算流程

一次奇偶分解 DFT 计算也称为一级蝶形运算。以此类推，可以将一级分解后的序列继续分解得到二级蝶形运算，并最终分解为 M 级蝶形。一个长度为 8 的序列的 FFT 运算蝶形图如图 35.2 所示。

需要注意的是，蝶形图输入序列为原序列的序号转换为二进制数再倒序得到。如 $x(6)$ 的输入位置转换过程为

$$6 \xrightarrow{\text{转为二进制}} 110 \xrightarrow{\text{倒序}} 011 \xrightarrow{\text{转为十进制}} 3 \rightarrow \text{第4个输入位置}$$

2）FFT 算法的 MATLAB 仿真

由于 FPGA 只能进行整数计算，故旋转因子需提前计算好，并转换为定点整数。如要实现 2048 点（含）以下的 FFT 计算，结合蝶形图，可知只需得到 1024 点的旋转因子即可。例 35.1 是计算求得 2048 点旋转因子的MATLAB 源程序，对每个旋转因子均放大 262144 倍（2^18）并存储，文件名为 2048.mat。

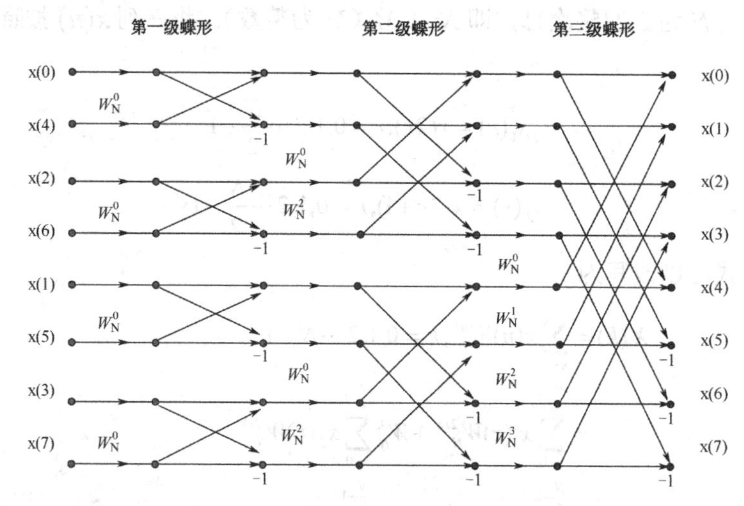

图 35.2　长度为 8 的序列 FFT 运算蝶形图

【例 35.1】　计算旋转因子 MATLAB 源程序。

```
% 计算旋转因子，并放大 262144 倍保存
N=2048;
k=0:N/2-1;
H=262144; %%2^18,左移 18 位
Wnkr=real(exp(-2*pi*k*1i./N));
Wnki=imag(exp(-2*pi*k*1i./N));
Wnkr2048=round(Wnkr*H);%取整
Wnki2048=round(Wnki*H);
save('2048.mat','Wnkr2048','Wnki2048')
figure
plot(Wnkr2048)
figure
plot(Wnki2048)
```

当需要计算 FFT 原始序列长度为 N（$N \leqslant 2048$）时，其旋转因子可以根据 2048 点旋转因子转换。转换公式为

$$W_N^k = W_{Nd}^{kd} = W_{2048}^{kd}\ ,d = 2048/N \tag{35-10}$$

本例设计了一个标准的 FFT 测试信号，该信号为 50Hz 和 120Hz 正弦波信号的叠加，采样频率为 1000Hz，信号值使用 8 位有符号二进制存储。对该信号进行 256 点 FFT 运算，查看其结果，例 35.2 即为对该信号进行 FFT 运算的 MATLAB 源代码。

【例 35.2】　50Hz 和 120Hz 正弦波信号的叠加 FFT 算法测试文件 MATLAB 源代码。

```
%this is test file for Verilog_FFT simulation
Fs = 1000;
f1=50;f2=120;
T = 1/Fs;
N= 256;
```

```
t = (1:N)*T;
S = 0.7*sin(2*pi*f1*t) + sin(2*pi*f2*t);
x = S ;
% plot(t,x)
f=(0:N-1)*Fs/N;
x=round(S./max(abs(S))*127);
Y1=abs(fft(x));
[yr,yi]=MyFFTverilog(x,zeros(1,N));
Y2=abs(yr+yi*1i);
%%
figure;
subplot(2,1,1)
plot(Y1)%MATLAB自带FFT
subplot(2,1,2)
plot(Y2)%Verilog仿真用
```

例 35.2 中调用了 MyFFTverilog 函数，在 MyFFTverilog 函数中又调用了 reverse、ComplexMultiplier、ComplexSummator 等函数，以下给出各函数源代码。

【例 35.3】 FFT 算法 MATLAB 源程序。

```
function [yreal,yimag]=MyFFTverilog(realx,imagx)%%此为N位FFT算法仿真verilog
load 2048.mat ;%实际只有一半的数据
N=length(realx);M=log2(N);
d=2048/N;
H=2^10;%存储的旋转因子为左移15位后存储，加上符号位共16位
index=reverse(0:N-1,M);
Areal=realx(index+1);
Aimag=imagx(index+1);
Breal=zeros(1,N);
Bimag=zeros(1,N);
k=0:N/2-1;
Wnkr=Wnkr2048(k*d+1);
Wnki=Wnki2048(k*d+1);
for  L=1:M %%蝶形的层级
    interval=2^(L-1);
        for j=1:interval
            for group=0:2^(M-L)-1
                index1=j+2^(L)*group;
                index2=j+interval+2^(L)*group;
                index3=(j-1)*2^(M-L)+1;
            [Tmpr,Tmpi]=ComplexMultiplier(Areal(index2),Aimag(index2),
                                          Wnkr(index3),Wnki(index3));
            Tmpr=floor(Tmpr);Tmpi=floor(Tmpi);
            [Breal(index1),Bimag(index1)]=ComplexSummator(Areal(index1),
                                          Aimag(index1),Tmpr/H,Tmpi/H);
            [Breal(index2),Bimag(index2)]=ComplexSummator(Areal(index1),
                                          Aimag(indcx1),-Tmpr/H,-Tmpi/H);
            end
        end
        Areal=floor(Breal);Aimag=floor(Bimag);
end
 yreal=Areal;
```

```
    yimag=Aimag;
```

【例 35.4】 蝶形输入倒序函数（reverse）。

```
function y=reverse(x,M)    %将数组 x 中的每个数按照 M 位倒序
N=length(x);
y=zeros(1,N);
% x=dec2bin(x);
for i=1:N
    tmp=dec2bin(x(i));
    s=size(tmp);
    while s(2)<M
        tmp=['0',tmp];
        s=size(tmp);
    end
    tmp=tmp(M:-1:1);
    y(i)=bin2dec(tmp);
end
```

【例 35.5】 ComplexMultiplier 函数。

```
function [yr,yi]=ComplexMultiplier(Ar,Ai,Br,Bi)
yr=Ar.*Br-Ai.*Bi;
yi=Ar.*Bi+Ai.*Br;
```

【例 35.6】 ComplexSummator 函数。

```
function [yr,yi]=ComplexSummator(Ar,Ai,Br,Bi)
yr=Ar+Br;
yi=Ai+Bi;
```

比对 MATLAB 自带 FFT 程序和自编算法的计算结果。图 35.3 所示为 MATLAB 自带 FFT 算法和自编算法的计算结果对比。从图形整体来看，两个图形高度相似，从第 32 点结果来看，两个算法的计算结果接近，误差主要由取整计算带来。综合来看，自编 FFT 算法能够较好实现信号的 FFT 计算。

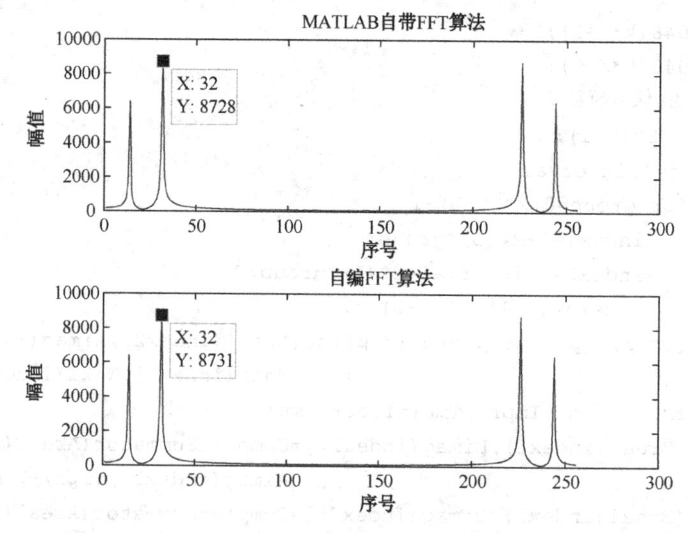

图 35.3 MATLAB 自带 FFT 算法和自编算法的计算结果

2. FFT 运算的 Verilog HDL 实现

1）旋转因子的存储

仿真计算验证了算法的可靠性，进一步将算法转化为 Verilog HDL 语言并移植到 FPGA 平台上。

用ROM模块存储旋转因子，定制ROM模块的步骤如下：

（1）在Quartus Prime主界面，打开IP Catalog，在Basic Functions的On Chip Memory目录下找到ROM:1-PORT模块，双击该模块，出现Save IP Variation对话框（见图35.4），将ROM模块命名为RotationFactorRom，选择其语言类型为Verilog。

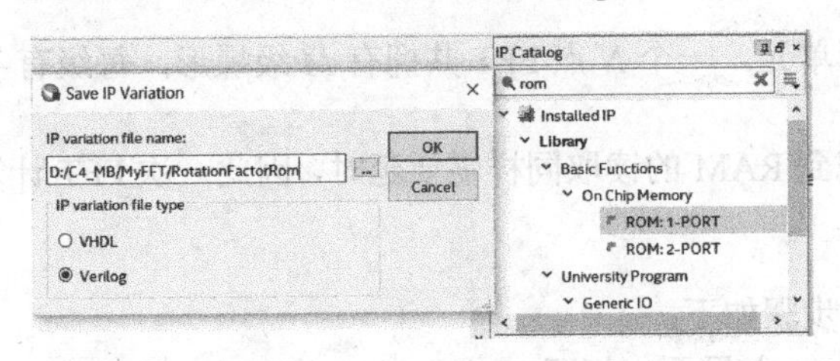

图35.4 ROM模块命名

（2）如图35.5所示为设置ROM数据宽度和深度的页面，选择数据宽度为12，深度为2048（前1024存储实部，后1024存储虚部）；选择实现ROM模块的结构为Auto，同时选择读和写用同一个时钟信号。

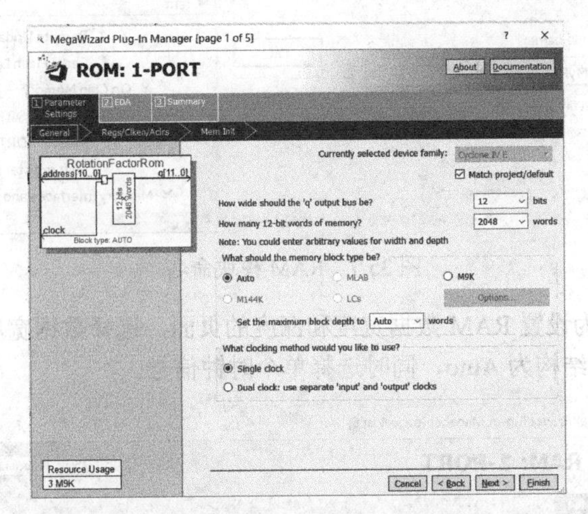

图35.5 设置ROM模块的数据宽度和深度

（3）在图35.6所示的窗口中指定ROM模块的初始化数据文件，将存储旋转因子数据的RotationFactor2048.mif文件的路径指示给ROM模块，最后单击Finish按钮，完成定制过程。

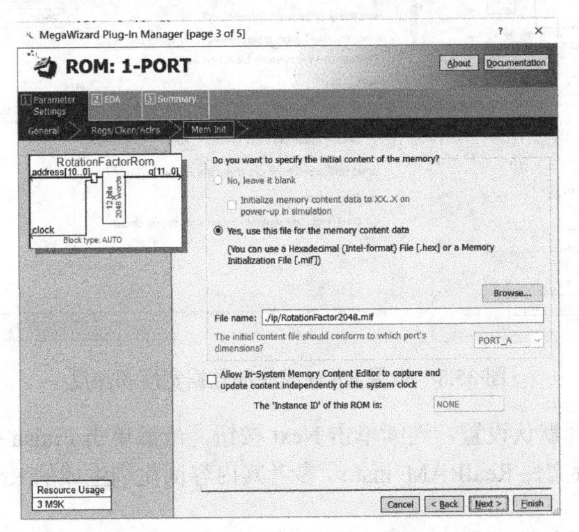

图35.6 指定ROM的初始化数据文件

（4）找到例化模板文件 RotationFactorRom_inst.v，参考其内容例化刚生成的 RotationFactorRom 模块，在 myfft 模块中调用该模块。

2）计算结果的存储

由于 FPGA 平台通常只有有限的存储和乘法器资源，考虑使用 RAM 存储计算结果，且每个时钟仅运算一个蝶形单元。一个 N 点 FFT 共拥有 M 级蝶形，每级有 $\frac{N}{2}$ 个蝶形单元，共需要 $\frac{MN}{2}$ 个时钟延时。考虑到 RAM 的读取同样需要延时，因此一次 FFT 计算的延时将超过 $\frac{MN}{2}$ 个时钟。

定制 RAM 模块的步骤如下：

（1）在 Quartus Prime 主界面，打开 IP Catalog，在 Basic Functions 的 On Chip Memory 目录下找到 RAM:1-PORT 模块，双击该模块，出现 Save IP Variation 对话框（见图 35.7），将 RAM 模块命名为 RealRAM，选择其语言类型为 Verilog。

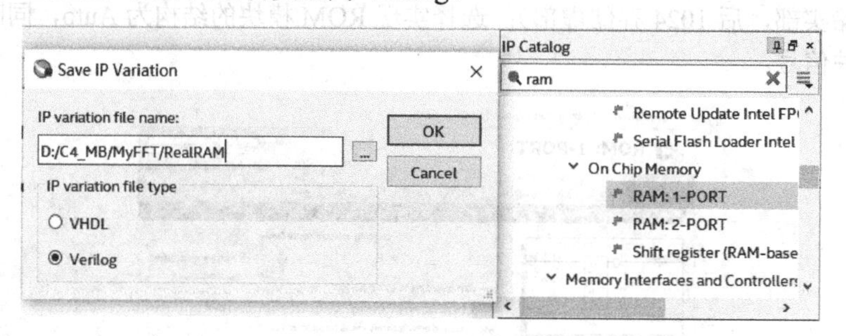

图 35.7　RAM 模块命名

（2）图 35.8 所示为设置 RAM 数据宽度和深度的页面，选择数据宽度为 20、深度为 2048，选择实现 RAM 模块的结构为 Auto，同时选择单个时钟信号。

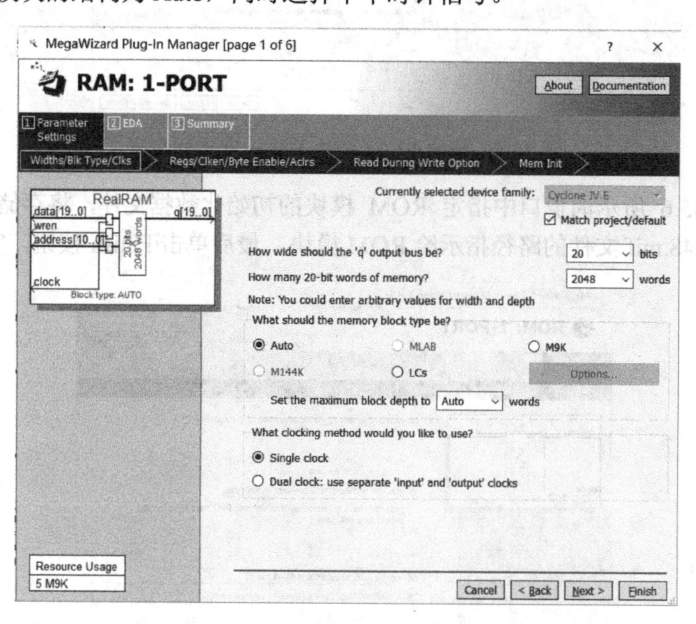

图 35.8　设置 RAM 模块的数据宽度和深度

（3）其余页面选择默认设置，连续单击 Next 按钮，最后单击 Finish 按钮，完成定制过程。

（4）找到例化模板文件 RealRAM_inst.v，参考其内容例化刚生成的 RealRAM 模块，在 myfft 模块中调用该模块。

使用上述方法定制 2 个 RAM 存储器，分别用于存储 FFT 结果的实部和虚部，并命名为

RealRAM 和 ImagRAM。

3）FFT 算法的 Verilog HDL 实现

将 MATLAB 仿真算法用 Verilog HDL 语言改写生成 FFT 模块。该模块可以实现不超过 2048 点的 FFT 计算，包含输入时钟 clk，复位信号 rst，信号实部输入 InReal，信号虚部输入 InImag（时域信号该项输入为 0），开始计算信号 Bgn（高电平有效），FFT 结果实部输出 OutReal 和虚部输出 OutImag，输出使能信号 En（高电平有效），计算忙信号 Busy（高电平表示正在计算），源代码如例 35.7 所示。

【例 35.7】 FFT 算法 Verilog HDL 源代码。

```
`timescale 1ns / 1ps
//----------------------------------------------------
//  FFT 算法模块，完成 2048 点内的 FFT 运算
//----------------------------------------------------
module myfft(
        input clk,
        input rst,
        input Bgn,
        input wire signed[DW-1:0] InReal,
        input wire signed[DW-1:0] InImag,
        output reg signed[DWfftOut-1:0] OutReal,
        output reg signed[DWfftOut-1:0] OutImag,
        output reg En,          //只取前一半的 FFT 结果
        output reg Busy
        );
parameter DW=8;                 //每个采集的数据宽度
parameter N=32;
parameter M=5;
parameter d=2048/N;
parameter Dd=11-M;
parameter DWfftOut= 20;     //当 N<1024 时，DWfftOut<16
reg [M:0] addra;
reg [M:0] cnt;
wire signed [11:0] douta1,douta2;
reg signed [11:0] Wnkr,Wnki;
wire [10:0] index1,index2,index3;
reg [M-1:0] index [N-1:0];
reg [M:0] en,SampleCnt;      //=1 表示可以读出计算结果
reg signed [DWfftOut-1:0] TmpOut [N-1:0][1:0];
wire signed [33:0] TmpOfFFT [1:0];
reg [3:0] sequence=0;
wire [M-1:0] IndexReverse;
reg signed [DWfftOut-1:0] OutRealTmp,OutImagTmp;
reg signed [DWfftOut-1:0] outtmp [N-1:0];

 reg [3:0] L;                 //最大不超过 M，M 的最大值为 11
 reg [M:0] j;                 //最大值不超过 2^M,j 的最大值为 2048
 reg [M-1:0] Group;           //最大不超过 2^(M-1-L),==2^10=1024
 reg wea,ena;
 reg [M:0] RealAddr,ImagAddr;
 reg signed [DWfftOut-1:0] ImagDataIn,RealDataIn;
```

```
wire signed [DWfftOut-1:0] ImagDataOut,RealDataOut;
reg signed [DWfftOut-1:0] RealDataOutTmp1,RealDataOutTmp2;
reg signed [DWfftOut-1:0] ImagDataOutTmp1,ImagDataOutTmp2;
assign  IndexReverse=REVERSE(addra);
assign  TmpOfFFT[1]=(RealDataOutTmp2*Wnkr-ImagDataOutTmp2*Wnki)>>>10;
assign  TmpOfFFT[0]=(RealDataOutTmp2*Wnki+ImagDataOutTmp2*Wnkr)>>>10;
assign  index1=j+(Group<<(L+1));
assign  index2=j+(((Group<<1)+1)<<L);
assign  index3=j<<(M-1-L+Dd);
always@(posedge clk)
begin
   if(~rst)
         begin addra<=0; Busy<=0;sequence<=0;end
   else if(~Bgn)
        begin addra<=0;En<=0;L<=0;j<=0;Group<=0;sequence<=0;
          ena<=0;wea<=0;RealAddr<=0;Busy<=0;end
   else if(Bgn)
    case(sequence)
    0:  begin          //采样,并重新排序
       Busy<=1;
        if(addra<N) begin
     wea<=1;          //写使能,无延时
         addra<=addra+1;
         RealAddr<=IndexReverse;
         RealDataIn<=InReal;
         ImagDataIn<=InImag;
        end
        else begin wea<=0;addra<=0;RealAddr<=0;sequence<=1;end
        end
    1:  begin          //每个时钟,计算一个交叉
        if(L==M)
            begin sequence<=2;RealAddr<=0;ena<=1;wea<=0;end
          else if  (L<M&&j==(1<<L))    begin L<=L+1;j<=0;end
          else if  (L<M&&j<(1<<L)&&Group==(1<<(M-1-L)))
                   begin j<=j+1;Group<=0;end
          else begin
          case(addra)
           0: begin wea<=0;addra<=1;RealAddr<=index1;end  //延后1个时钟
           1: begin wea<=0;addra<=2;RealAddr<=index2;end  //延后1个时钟
           2: begin wea<=0;    //读取第1个数据
                   Wnkr<=douta1; Wnki<=douta2;
           RealDataOutTmp1<=RealDataOut;
           ImagDataOutTmp1<=ImagDataOut;
           addra<=3;end
           3: begin wea<=0;   //读第2个数据
           RealDataOutTmp2<=RealDataOut;
           ImagDataOutTmp2<=ImagDataOut;
           addra<=4;end
           4: begin  wea<=1;   //计算结果并原位写入第1个数据
           RealDataIn<=RealDataOutTmp1+TmpOfFFT[1];
```

```
            ImagDataIn<=ImagDataOutTmp1+TmpOfFFT[0];
            RealAddr<=index1;addra<=5;end
            5: begin wea<=1;
            RealDataIn<=RealDataOutTmp1-TmpOfFFT[1];
            ImagDataIn<=ImagDataOutTmp1-TmpOfFFT[0];
            RealAddr<=index2;addra<=6;
            end
            6:begin RealAddr<=0;Group<=Group+1;wea<=0;addra<=0;end
            endcase
           end
        end
     2:  begin           //FFT 结果输出
        if(RealAddr<N+1)
           begin
           wea<=0;         //读使能，有 1 个时钟的延时
           RealAddr<=RealAddr+1;
           if(RealAddr>0)
              begin En<=1;OutReal<=RealDataOut;OutImag<=ImagDataOut;end
           else En<=0;
           end
        else begin En<=0;sequence<=3;end
        end
     3:  begin Busy<=0;wea<=0;end
     endcase
 end

 RotationFactorRom i1(          //ROM 模块存储旋转因子
      .address(index3),
      .clock(clk),
      .q(douta1));
 RotationFactorRom i2(
      .address(index3+1024),
      .clock(clk),
      .q(douta2));
 RealRAM i3(                     //ROM 模块存储运算结果
      .address(RealAddr),
      .clock(clk),
      .data(RealDataIn),        //20 位宽度
      .wren(wea),
      .q(RealDataOut));
 ImagRAM i4(
      .address(RealAddr),
      .clock(clk),
      .data(ImagDataIn),
      .wren(wea),
      .q(ImagDataOut));

 //REVERSE 按比特倒序输出。1100 输出 0011
 parameter n1=M-1;               //指定该数的最大位数（从 0 起算）
 function [n1:0] REVERSE(input [n1:0] A);
```

```
//需手动改成LOG2(N)的位数
integer i;
for (i=0;i<=n1;i=i+1)  REVERSE[i]=A[n1-i];
endfunction
endmodule
```

35.3 下载与验证

为验证FFT模块的运算结果的正确性及其精度，制作特定的测试信号，将其输出与理论值进行比较。

用MATLAB产生的50Hz和120Hz复合信号，并用ROM模块存储，作为标准的测试信号。为便于同MATLAB比较计算结果，使用数码管显示计算结果以及其对应的序号。调用clk_div模块产生数码管片选时钟、按键检测时钟以及FFT计算时钟。测试FFT模块的源代码如例35.8所示。

【例35.8】 采用特定的测试信号测试FFT模块。

```
`timescale 1ns / 1ps
module fft_tp(
       input sys_clk,
       input sys_rst,
       input start,
       input left,right,
       output wire[6:0] seg,
       output reg [5:0] seg_sel,
       output wire[3:0] led,
       output reg dp
       );
parameter N=1024;
parameter M=10;
wire clkcsc,clk1Hz,clk_button;
wire signed [19:0] Real,Imag;
wire signed [7:0] InReal,InImag;
wire Busy,En;
reg Bgn;
reg signed [19:0] outtmp [N-1:0];
reg [M-1:0] addra,sound;
reg [M-1:0] ii;
assign led[3:0]={En,Bgn,Busy,start};

always @(posedge clk_button or negedge sys_rst)
begin
if (~sys_rst)  sound<=0;
else begin
   if(~right) begin sound<=sound+1;end
   else if(~left) begin sound<=sound-1;end
end
end

always@(posedge clk1Hz)
begin
```

```
    if(~sys_rst) begin addra<=0;Bgn<=0;end
    else if(~Busy&&~start)
           begin  Bgn<=1;addra<=addra+1;  end
    else if(Busy) begin addra<=addra+1;end    //保持
    else if(~Busy) Bgn<=0;
end

always@(posedge clk1Hz)
begin
if(En) begin outtmp[ii]<=Real;ii<=ii+1;end
else  ii<=0;             //保持
end

inputx u9(                //50Hz和120Hz复合测试信号，用ROM存储该信号
         .address(addra),
         .clock(clk1Hz),
         .q(InReal));
assign InImag=0;

//生成各种时钟
clk_div  #(5000)  u1(    //产生数码管位选时钟（5000Hz）
         .clk(sys_clk),
         .clr(1),
         .clk_out(clkcsc));
clk_div  #(5000)  u2(     //产生64kHz
         .clk(sys_clk),
         .clr(1),
         .clk_out(clk1Hz));
clk_div  #(5)  u3(            //按键检测时钟,每秒钟检测25次
         .clk(sys_clk),
         .clr(1),
         .clk_out(clk_button));

wire [23:0] decD;
assign decD={sound[3:0],outtmp[sound]};
//数码管驱动
reg [3:0] dec_tmp1;
seg4_7 u5(                          //数码管7段译码子模块
         .hex(dec_tmp1),
         .g_to_a(seg));
always@(posedge clkcsc)       //数码管显示驱动
begin
    if(~sys_rst)  begin seg_sel<=6'b111110; end
    else begin
    seg_sel[5:0] <= {seg_sel[4:0],seg_sel[5]}; end
end
always @(*)
begin
case(seg_sel)
    6'b111110:begin dec_tmp1<=decD[3:0];dp<=1;end
```

```
    6'b111101:begin dec_tmp1<=decD[7:4]; dp<=1;end
    6'b111011:begin dec_tmp1<=decD[11:8];dp<=1;end
    6'b110111:begin dec_tmp1<=decD[15:12];dp<=1;end
    6'b101111:begin dec_tmp1<=decD[19:16]; dp<=1;end
    6'b011111:begin dec_tmp1<=decD[23:20]; dp<=0; end   //显示小数点
    default: begin dec_tmp1<=decD[3:0]; dp<=1;end
endcase
end

myfft #(8,N,M) u10(        //例化 FFT 模块
        .clk(clk1Hz),
        .InReal(InReal),
        .InImag(InImag),
        .OutReal(Real),
        .OutImag(Imag),
        .Bgn(Bgn),
        .rst(sys_rst),
        .En(En),
        .Busy(Busy));

endmodule
```

clk_div 子模块源代码见例 1.2，数码管译码子模块 seg4_7 源代码见例 2.3。

本例的引脚锁定如下：

```
set_location_assignment PIN_E1 -to sys_clk
set_location_assignment PIN_E15 -to sys_rst
set_location_assignment PIN_M15 -to left
set_location_assignment PIN_E16 -to right
set_location_assignment PIN_M16 -to start
set_location_assignment PIN_A4 -to seg_sel[5]
set_location_assignment PIN_B4 -to seg_sel[4]
set_location_assignment PIN_A3 -to seg_sel[3]
set_location_assignment PIN_B3 -to seg_sel[2]
set_location_assignment PIN_A2 -to seg_sel[1]
set_location_assignment PIN_B1 -to seg_sel[0]
set_location_assignment PIN_A5 -to dp
set_location_assignment PIN_B8 -to seg[6]
set_location_assignment PIN_A7 -to seg[5]
set_location_assignment PIN_B6 -to seg[4]
set_location_assignment PIN_B5 -to seg[3]
set_location_assignment PIN_A6 -to seg[2]
set_location_assignment PIN_A8 -to seg[1]
set_location_assignment PIN_B7 -to seg[0]
set_location_assignment PIN_D16 -to led[3]
set_location_assignment PIN_F15 -to led[2]
set_location_assignment PIN_F16 -to led[1]
set_location_assignment PIN_G15 -to led[0]
```

本例的下载效果如图 35.9 所示，目标板上 KEY1 按键用作复位，KEY3 按键作为 start 信号，按下后启动 FFT 运算，运算结果用 6 个数码管显示，其中，最高位表示谐波分量序号，后面的

5位为分量值。比如，图35.9中表示2次谐波分量为46（十六进制），与理论值相符合；KEY2、KEY4按键分别是增加和减少谐波分量序号，以便于查看各分量值。

通过比对实际运算结果与理论值之间的差异，验证了本例的FFT模块的运算结果符合预期。

图35.9 验证FFT模块的运算结果

第 36 章 整数开方运算

36.1 任务与要求

开方运算是基本的数学运算，本例基于 Non-Restoring 算法实现整数的开方运算并进行验证。

36.2 原理与实现

（1）Non-Restoring 开方算法

Non-Restoring 完成一个 N 位二进制数的开方运算需要经过 $\frac{N}{2}$ 个时钟周期。开方算法计算过程简单，结果可以达到任意精度且很容易在硬件上实现。设被开方数 D 为 36 位无符号数，其二进制表示方式如下

$$D = D_{35} \times 2^{35} + D_{34} \times 2^{34} + \cdots + D_1 \times 2^1 + D_0 \times 2^0$$

开方的结果 Q 为 18 位：$Q = Q_{17}Q_{16} \cdots Q_1Q_0$。令余数为 R（19 位，高位用于符号位），则易得如下不等式

$$Q^2 + R = D < (Q+1)^2 \tag{36-1}$$

解得

$$0 \leqslant R < 2Q + 1 = (1 << Q) + 1 \tag{36-2}$$

该算法系统框图如图 36.1 所示。

（2）开方算法实现

本例开方运算的源代码如例 36.1 所示，为了能将开方结果精确到 3 位小数，故将输入数扩大 100 000 倍，故需要 36 位寄存器存储该数据。为了直观显示算法中的左移过程，采用 16 位 LED 灯循环左移模拟此过程。调用 clk_self 模块分别产生 50Hz 的运算时钟和 5kHz 的数码管位选时钟。调用 bin2bcd 和 seg4_7 两个模块用于将开方结果以十进制形式显示在数码管上。

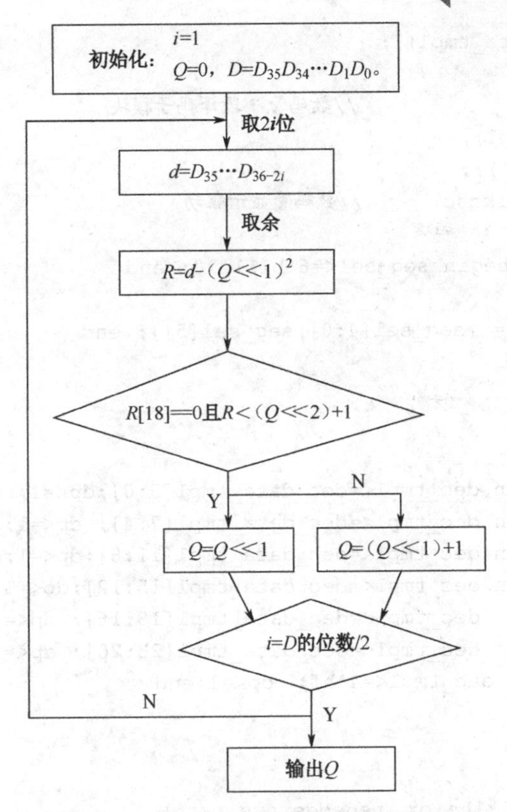

图 36.1 Non-Restoring 开方算法框图

【例 36.1】 开方运算源代码。

```
`timescale 1ns / 1ps
module root(
   input  sys_clk,sys_rst,
   input  [2:0] sw,            //输入运算数，0~7
   output wire[6:0] seg1,
   output reg [5:0] seg_sel,
   output reg  dp
      );
wire [35:0] D;
reg [17:0] Qtmp, Q=0;
reg [18:0] R=0;                //余数
reg [4:0] i=17;
assign D=sw*10000_0000;
wire clkcsc,clk1hz;
reg [3:0] dec_tmp1;
wire [23:0] dec_data_tmp1;     //用于存储 4 位十进制数，每 4 个二进制位表示 1 个十进制位
clk_div  #(1000)  u1(          //产生数码管位选时钟（1000Hz）
          .clk(sys_clk),
          .clr(1),
          .clk_out(clkcsc));
clk_div  #(50)  u2(             //产生 50Hz 的运算时钟
          .clk(sys_clk),
          .clr(1),
          .clk_out(clk1hz));

bin2bcd  #(18)  u3(            //二进制结果转换为 8421BCD 码
     .bin(Qtmp),
```

```
      .bcd(dec_data_tmp1));

seg4_7 u4(                    //数码管 7 段译码子模块
      .hex(dec_tmp1),
      .g_to_a(seg1));
always@(posedge clkcsc)       //数码管显示驱动
  begin
    if(~sys_rst)  begin seg_sel<=6'b111110; end
    else begin
    seg_sel[5:0] <= {seg_sel[4:0],seg_sel[5]}; end
  end
always @(*)
begin
case(seg_sel)
    6'b111110:begin dec_tmp1<=dec_data_tmp1[3:0];dp<=1;end
    6'b111101:begin dec_tmp1<=dec_data_tmp1[7:4]; dp<=1;end
    6'b111011:begin dec_tmp1<=dec_data_tmp1[11:8];dp<=1;end
    6'b110111:begin dec_tmp1<=dec_data_tmp1[15:12];dp<=1;end
    6'b101111:begin dec_tmp1<=dec_data_tmp1[19:16]; dp<=0;end  //显示小数点
    6'b011111:begin dec_tmp1<=dec_data_tmp1[23:20]; dp<=1; end
    default: begin dec_tmp1<=4'hf;  dp<=1;end
endcase
end

always@(posedge clk1hz or  negedge sys_rst )
  if(~sys_rst) begin i=17;Q=0;end
  else  begin
  case(i)
    18:begin Qtmp<=Q; Q<=0;i<=17;end    //添加 i=17,即可自动计算
    17:begin
        if(D[35:34]-(Q<<1)*(Q<<1)  <(Q<<2)+1)  Q<=Q<<1;
        else Q<=(Q<<1)+1;i<=16;end
    16:begin
        if(D[35:32]-(Q<<1)*(Q<<1)<(Q<<2)+1)  Q<=Q<<1;
        else Q<=(Q<<1)+1;i<=15;end
    15:begin
        if(D[35:30]-(Q<<1)*(Q<<1)<(Q<<2)+1)  Q<=Q<<1;
        else Q<=(Q<<1)+1;i<=14;end
    14:begin
        if(D[35:28]-(Q<<1)*(Q<<1)<(Q<<2)+1)  Q<=Q<<1;
        else Q<=(Q<<1)+1;i<=13;end
    13:begin
        if(D[35:26]-(Q<<1)*(Q<<1)<(Q<<2)+1)  Q<=Q<<1;
        else Q<=(Q<<1)+1;i<=12;end
    12:begin
        if(D[35:24]-(Q<<1)*(Q<<1)<(Q<<2)+1)  Q<=Q<<1;
        else Q<=(Q<<1)+1;i<=11;end
    11:begin
        if(D[35:22]-(Q<<1)*(Q<<1)<(Q<<2)+1)  Q<=Q<<1;
        else Q<=(Q<<1)+1;i<=10;end
    10:begin
        if(D[35:20]-(Q<<1)*(Q<<1)<(Q<<2)+1)  Q<=Q<<1;
        else Q<=(Q<<1)+1;i<=9;end
    9:begin
        if(D[35:18]-(Q<<1)*(Q<<1)<(Q<<2)+1)  Q<=Q<<1;
```

```
        else Q<=(Q<<1)+1;i<=8;end
    8:begin
        if(D[35:16]-(Q<<1)*(Q<<1)<(Q<<2)+1)  Q<=Q<<1;
        else Q<=(Q<<1)+1;i<=7;end
    7:begin
        if(D[35:14]-(Q<<1)*(Q<<1)<(Q<<2)+1)  Q<=Q<<1;
        else Q<=(Q<<1)+1;i<=6;end
    6:begin
        if(D[35:12]-(Q<<1)*(Q<<1)<(Q<<2)+1)  Q<=Q<<1;
        else Q<=(Q<<1)+1;i<=5;end
    5:begin
        if(D[35:10]-(Q<<1)*(Q<<1)<(Q<<2)+1)  Q<=Q<<1;
        else Q<=(Q<<1)+1;i<=4;end
    4:begin
        if(D[35:8]-(Q<<1)*(Q<<1)<(Q<<2)+1)  Q<=Q<<1;
        else Q<=(Q<<1)+1;i<=3;end
    3:begin
        if(D[35:6]-(Q<<1)*(Q<<1)<(Q<<2)+1)  Q<=Q<<1;
        else Q<=(Q<<1)+1;i<=2;end
    2:begin
        if(D[35:4]-(Q<<1)*(Q<<1)<(Q<<2)+1)  Q<=Q<<1;
        else Q<=(Q<<1)+1;i<=1;end
    1:begin
        if(D[35:2]-(Q<<1)*(Q<<1)<(Q<<2)+1)  Q<=Q<<1;
        else Q<=(Q<<1)+1;i<=0;end
    0:begin
        if(D[35:0]-(Q<<1)*(Q<<1)<(Q<<2)+1)  Q<=Q<<1;
        else Q<=(Q<<1)+1;i<=18;end
endcase
end
endmodule
```

clk_div 子模块源代码见例 1.2，数码管译码子模块 seg4_7 源代码见例 2.3，二进制数转 8421BCD 码模块 bin2bcd 源代码见例 34.3。

36.3　下载与验证

本例的引脚锁定如下：

```
set_location_assignment PIN_E1 -to sys_clk
set_location_assignment PIN_E15 -to sys_rst
set_location_assignment PIN_M15 -to sw[2]
set_location_assignment PIN_M16 -to sw[1]
set_location_assignment PIN_E16 -to sw[0]
set_location_assignment PIN_B8 -to seg1[6]
set_location_assignment PIN_A7 -to seg1[5]
set_location_assignment PIN_B6 -to seg1[4]
set_location_assignment PIN_B5 -to seg1[3]
set_location_assignment PIN_A6 -to seg1[2]
set_location_assignment PIN_A8 -to seg1[1]
set_location_assignment PIN_B7 -to seg1[0]
set_location_assignment PIN_A4 -to seg_sel[5]
set_location_assignment PIN_B4 -to seg_sel[4]
set_location_assignment PIN_A3 -to seg_sel[3]
```

```
set_location_assignment PIN_B3 -to seg_sel[2]
set_location_assignment PIN_A2 -to seg_sel[1]
set_location_assignment PIN_B1 -to seg_sel[0]
```

本例的下载效果如图36.2所示，用目标板上3个按键输入待开方的整数，开方的结果用6个数码管显示，其中，整数2位，小数部分4位，图中显示的是整数7的开方结果2.6457，精度符合预想。目标板的KEY1按键用作复位，在系统上电后应按下该键对系统进行一次复位，以给系统赋初值。可将输入整数的范围扩展至0～255，进一步验证。

图36.2　开方运算的实际验证下载效果

第 37 章 总谐波失真度测量

37.1 任务与要求

本例用 FPGA 实现总谐波失真度测量仪，能测量并显示线性放大电路的总谐波失真度。

本例来源于 2020 年 TI 杯江苏省大学生电子设计竞赛本科组的 E 题（放大器非线性失真研究装置），本例也可用于测量输入信号为正弦信号时，输出信号比输入信号多出的额外谐波成分。

37.2 原理与实现

37.2.1 总谐波失真的定义和仿真

1. 总谐波失真定义

线性放大器输入为正弦信号时，其非线性失真表现为输出信号中出现谐波分量，常用总谐波失真（Total Harmonic Distortion，THD）衡量线性放大器的非线性失真程度。

THD 定义：若线性放大器输入电压 $u_{\mathrm{i}}=U_{\mathrm{i}}\cos\omega t$，其含有非线性失真的输出交流电压为

$$u_{\mathrm{o}}=U_{\mathrm{o1}}\cos\left(\omega t+\varphi_1\right)+U_{\mathrm{o2}}\cos\left(2\omega t+\varphi_2\right)+U_{\mathrm{o3}}\cos\left(3\omega t+\varphi_3\right)+L+U_{\mathrm{on}}\cos\left(n\omega t+\varphi_n\right)$$

则有

$$\mathrm{THD}=\frac{\sqrt{U_{\mathrm{o2}}^2+U_{\mathrm{o3}}^2+U_{\mathrm{o4}}^2+L+U_{\mathrm{on}}^2}}{U_{\mathrm{o1}}}\times 100\% \tag{37-1}$$

如果以计算方波信号的 THD 值为例，取五次谐波，计算公式为

$$\mathrm{THD}=\sqrt{\frac{U_{\mathrm{o2}}^2+U_{\mathrm{o3}}^2+U_{\mathrm{o4}}^2+U_{\mathrm{o5}}^2}{U_{\mathrm{o1}}^2}} \tag{37-2}$$

2. 方波信号的总谐波失真度理论值计算与 MATLAB 仿真

根据总谐波失真度的定义，针对方波信号，需要计算其五次谐波的信号幅值。首先对方波信号进行傅里叶变换。假设方波信号 $f(x)$ 为对称方波，且设幅值为 1，周期为 2，即

$$f(x)=\begin{cases}-1, & -1\leqslant x<0\\ 1, & 0\leqslant x<1\end{cases} \tag{37-3}$$

根据傅里叶变换理论，$f(x)$ 可以写成

$$f(x)=\frac{a_0}{2}+\sum_{n=1}^{\infty}\left(a_n\cos n\pi x+b_n\sin n\pi x\right) \tag{37-4}$$

式中

$$a_n=\int_{-1}^{1}f(x)\cos n\pi x\mathrm{d}x, b_n=\int_{-1}^{1}f(x)\sin n\pi x\mathrm{d}x \tag{37-5}$$

由于 $f(x)$ 为奇函数，故 a_n 恒为 0，只要计算 b_n 即可

$$\begin{aligned} b_n&=\int_{-1}^{1}f(x)\sin n\pi x\mathrm{d}x \\ &=-\int_{-1}^{0}\sin n\pi x\mathrm{d}x+\int_{0}^{1}\sin n\pi x\mathrm{d}x \\ &=\frac{1}{n\pi}\cos n\pi x\Big|_{-1}^{0}-\frac{1}{n\pi}\cos n\pi x\Big|_{0}^{1} \\ &=\frac{2}{n\pi}(1-\cos n\pi) \end{aligned} \tag{37-6}$$

n 取 1,2,3,4,5 可得

$$b_1=\frac{4}{\pi},\ b_2=0,\ b_3=\frac{4}{3}\pi,\ b_4=0,\ b_5=\frac{4}{5}\pi$$

代入 THD 计算公式可得，方波信号的 THD 的理论值为 0.3887。

令方波信号频率 f_0 为 1kHz，采样频率为 F_s，采样点数 N 为 1024，由于经 FFT 计算后的最大谐波频率为 $F_s/2$，若要保证能取到五次谐波，即要求

$$F_s/2>5f_0 \Rightarrow F_s>10f_0=10\text{kHz} \tag{37-7}$$

同时，由于离散傅里叶变换存在栅栏效应，即 DFT 频谱为有限不连续的离散频率点，如果实际信号的频率不是正好落在频率点上，那么此频率信号将会被漏掉，直接导致计算 THD 值时只能取邻近的频率点作为替代。因此为了确保多次谐波信号频率都能体现在频率点上，应满足：

$$pf_0=qF_s/N \tag{37-8}$$

式中，p 表示谐波次数，取值为 1,2,3,4,5。q 表示 FFT 变换后的频率点，应取整数，即：

$$q=pf_0N/F_s \text{ 为整数} \tag{37-9}$$

由于 p 为整数，若要 q 亦为整数，只需要 f_0N/Fs 为整数。

综上可知，F_s 只能取 16kHz、32kHz、64kHz、128kHz 等频率点。

使用 MyFFTVerilog 函数（见例 35.3）计算 FFT，并画出不同采样频率（范围为 8～258kHz）对应的 THD 值如图 37.1 所示。

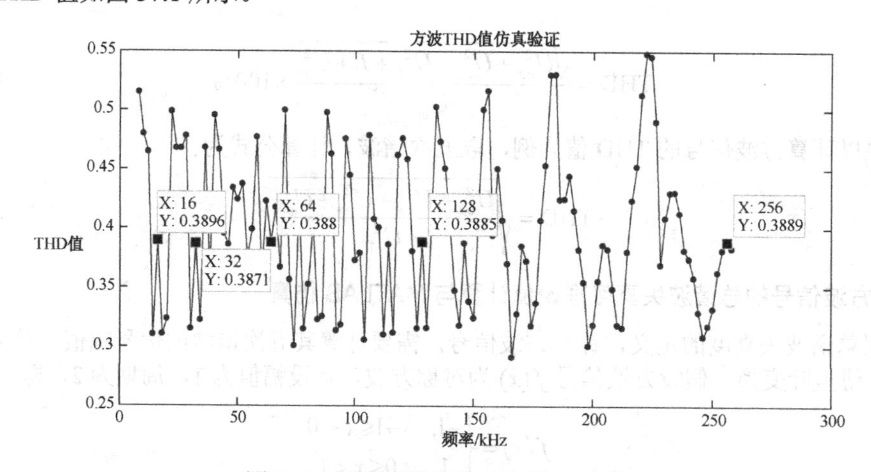

图 37.1 不同采样频率对应的 THD 值

从图 37.1 可以看出，随着采样频率的变化，THD 的值也呈现波动状态，且波动幅度较大，这是 FFT 计算受到栅栏效应的影响。同时，注意到图中标定的特定点的 THD 值与理论值较为接近，说明前文分析的正确。THD 值测量的 MATLAB 仿真源代码如例 37.1 所示。

【例 37.1】 THD 值测量的 MATLAB 仿真源代码。

```
%this is test file
THDi=zeros(1,126);
for i=1:126
   ni=i*2+6;
Fs = ni*1e3;
f1=1e3;
T = 1/Fs;
N= 1024;
t = (1:N)*T;
S=(square(2*pi*f1*t,50)+1)/2;
x = S ;
f=(0:N-1)*Fs/N;
x=round(S./max(abs(S))*127);
[yr,yi]=MyFFTverilog(x,zeros(1,N));
Y2=yr+yi.*1i;
%%总谐波失真(THD: total harmonic distortion)衡量线性放大器的非线性失真程度
%方波为 0.3887(五次谐波)
sk=round((1:1:5)*f1*N./Fs+1);
THD=sqrt(sum(abs(Y2(sk(2:5))).^2))/abs(Y2(sk(1)));
THDi(i)=THD;
end
plot((1:126)*2+6,THDi)
```

37.2.2 总谐波失真度测量的实现

1. 总谐波失真度测量的顶层源代码

总谐波失真度测量（THD）的顶层源代码如例 37.2 所示。该例从外部采集 1kHz 方波信号，采样频率为 64kHz。程序中例化了 myfft 模块计算输入信号 FFT，例化 mysqrt 模块实现开方运算，并将失真度计算结果用数码管显示。

【例 37.2】 THD 计算顶层 Verilog HDL 源代码。

```
`timescale 1ns / 1ps
//-----------------------------------------------------
//    总谐波失真度(thd)测量实现
//-----------------------------------------------------
module thd_measure(
       input sys_clk,
       input sys_rst,
       input wire  [7:0] ad_data,     //AD模块输入
       output wire [6:0] seg,
       output reg [5:0] seg_sel,
       output wire  [3:0] led,
       output ad_clk,                //AD模块时钟
       input left,right,
       input start,
       output reg dp
```

```
            );
    parameter N=1024;
    parameter M=10;
    wire [19:0] dec_data_tmp1;
    wire clkcsc,clk64k,clk1k,clk_button;
    wire signed [19:0] Real,Imag;
    wire signed [7:0] InReal,InImag;
    wire Busy,En;
    reg Bgn;
    wire signed [7:0] DataTmpOut;
    assign ad_clk=clk64k;

    assign InReal=ad_data-128;
    assign InImag=0;
    assign DataTmpOut=InReal;

    reg signed [19:0] outtmp[N-1:0][1:0];
    reg [M-1:0] addra,sound;
    reg [M-1:0] ii;
    reg SqrtBgn;
    wire SqrtBusy,SqrtEn;
    wire [35:0] SqrtInData;
    wire [17:0] SqrtOutData;
    assign led[3:0]={En,Bgn,Busy,start};
    wire [63:0] THD2,THD1;
    assign THD2= 10000_0000*(
              (outtmp[32][1])**2+(outtmp[32][0])**2+
              (outtmp[48][1])**2+(outtmp[48][0])**2+
              (outtmp[64][1])**2+(outtmp[64][0])**2+
              (outtmp[80][1])**2+(outtmp[80][0])**2);
    assign THD1=((outtmp[16][1])**2+(outtmp[16][0])**2);

    divider  #(64,54) u10(       //除法器模块
          .clk(clk64k),
          .Bgn(1),
          .En(),
          .Busy(),
          .InDividend(THD2),
          .InDivisor(THD1),
          .OutRem(),
          .OutQuotient(SqrtInData));

    always @(posedge clk_button, negedge sys_rst)
    begin
       if (~sys_rst)  sound<=0;
       else begin
       if (~right ) begin sound<=sound+1; end
       else if(~left) begin sound<=sound-1; end
       end
    end
```

```
reg [17:0] THDresult1,THDresult2;
always@(posedge clk64k)
begin
  if(~sys_rst)  begin THDresult1<=0;THDresult2<=0;end
  else begin
    if(SqrtEn&&THDresult1!=SqrtOutData)
        begin THDresult1<=SqrtOutData;THDresult2<=THDresult1;end
       end
end
always@(posedge clk64k)
begin
    if (~sys_rst) begin Bgn<=0;end
    else if(~Busy&&~start) begin  Bgn<=1;  end
    else if(Busy) begin Bgn<=Bgn; end     //保持
    else if(~Busy) Bgn<=0;
end
always@(posedge clk64k)
begin
  if(En)
   begin outtmp[ii][1]<=Real;outtmp[ii][0]<=Imag;ii<=ii+1;SqrtBgn<=0;end
  else begin ii<=0;SqrtBgn<=1;end          //保持
end

mysqrt #(36) u7(                                //输入数据的位宽数必须为偶数
        .clk(clk64k),
        .rst(sys_rst),
        .Bgn(SqrtBgn),
        .En(SqrtEn),
        .Busy(SqrtBusy),
        .InData(SqrtInData),
        .OutData(SqrtOutData));

myfft #(8,N,M) u8(
      .clk(clk64k),
      .InReal(InReal),
      .InImag(InImag),
      .OutReal(Real),
      .OutImag(Imag),
      .Bgn(Bgn),
      .rst(sys_rst),
      .En(En),
      .Busy(Busy));

//生成各种时钟
pll64k u1(     //产生 64kHz
      .inclk0(sys_clk),
      .c0(clk64k));
clk_div  #(5000)  u2(                         //产生数码管位选时钟（5000Hz）
          .clk(sys_clk),
          .clr(1),
```

```
        .clk_out(clkcsc));
clk_div  #(25)  u4(              //按键检测时钟,每秒钟检测 25 次
            .clk(sys_clk),
            .clr(1),
            .clk_out(clk_button));

bin_to_dec u5(
      .clk(clkcsc),
      .bin((THDresult2+THDresult1)>>1),
      .dec(dec_data_tmp1));
wire [23:0] decD;
assign decD={dec_data_tmp1[19:0]};
//数码管驱动
reg [3:0] dec_tmp1;
seg4_7 u6(                        //数码管 7 段译码子模块
      .hex(dec_tmp1),
      .g_to_a(seg));
always@(posedge clkcsc)       //数码管显示驱动
  begin
    if(~sys_rst)  begin seg_sel<=6'b111110; end
    else begin
    seg_sel[5:0] <= {seg_sel[4:0],seg_sel[5]}; end
  end
always @(*)
begin
case(seg_sel)
    6'b111110:begin dec_tmp1<=decD[3:0];dp<=1;end
    6'b111101:begin dec_tmp1<=decD[7:4]; dp<=1;end
    6'b111011:begin dec_tmp1<=decD[11:8];dp<=1;end
    6'b110111:begin dec_tmp1<=decD[15:12];dp<=1;end
    6'b101111:begin dec_tmp1<=decD[19:16]; dp<=0;end     //显示小数点
    6'b011111:begin dec_tmp1<=decD[23:20]; dp<=1; end
    default: begin dec_tmp1<=4'hf;  dp<=1;end
endcase
end
endmodule
```

clk_div 子模块源代码见例 1.2，数码管译码子模块 seg4_7 源代码见例 2.3。

2. 开平方根运算模块

开平方根运算模块 mysqrt 源代码如例 37.3 所示。

【例 37.3】 开平方根运算模块 Verilog HDL 源代码。

```
`timescale 1ns / 1ps
//核心算法 0<R=D-Q^2<2Q+1,R 表示余数，Q 表示结果，Q2 表示 Q^2
module mysqrt(       //输入数据的位宽数必须为偶数
    input clk,
    input rst,
    input Bgn,
    output reg En,
    output reg Busy,
    input wire[DW-1:0] InData,
```

```
    output reg[(DW>>1)-1:0] OutData
    );
parameter DW=8;       //DW 必须为偶数
reg [DW-1:0] DataTmp;
reg [6:0] i;
reg [(DW>>1)-1:0] Q;
reg [DW+1:0]  Q2;   //略大一点，避免溢出
always@(posedge clk,negedge rst)
  if(~rst)
      begin i<=0;Q<=0;Q2<=0;Busy<=0;En<=0;DataTmp<=0;end
  else if(~Bgn)
      begin  i<=0;Q<=0;Q2<=0;Busy<=0;En<=0;DataTmp<=0;end
  else if(Bgn)
  begin  if(i==0)
      begin Q<=0;Q2<=0; DataTmp<=InData;i<=i+1;Busy<=1;En<=0;end
      else if(DW<i<<1)
          begin Busy<=0;En<=1;i<=0;OutData<=Q;Q<=0;Q2<=0;end
      else  begin
        if((DataTmp>>(DW-(i<<1))) < 1+(Q<<2)+(Q2<<2))
                begin Q<=Q<<1;Q2<=Q2<<2;i<=i+1;end
        else begin Q<=(Q<<1)+1;Q2<=(Q2<<2)+(Q<<2)+1;i<=i+1; end
     end
end
endmodule
```

3. 二进制数转 8421BCD 码模块

例 37.4（bin_to_dec）是二进制数转 8421BCD 码子模块源代码，该模块与例 31.3 功能一致，其不同在于耗用的 FPGA 资源有所减少，该模块加入了时钟端口，采用复用的方式减少了 FPGA 资源的耗用，模块中的除法操作也采用专门编写的除法器实现，如图 37.2 所示是该例的 RTL 综合视图。在输入数据位宽同为 20 位的情况下，例 37.4 耗用 394 个 LE 单元，而例 31.3 模块则需要耗用 3563 个 LE 单元。

也可以仍采用例 34.3 的 Double-Dabble 算法实现二进制数转 8421BCD 码模块，则其例化如下：

```
bin2bcd  #(18)  u5(              //二进制结果转换为 8421BCD 码
      .bin((THDresult2+THDresult1)>>1),
      .bcd(dec_data_tmp1));
```

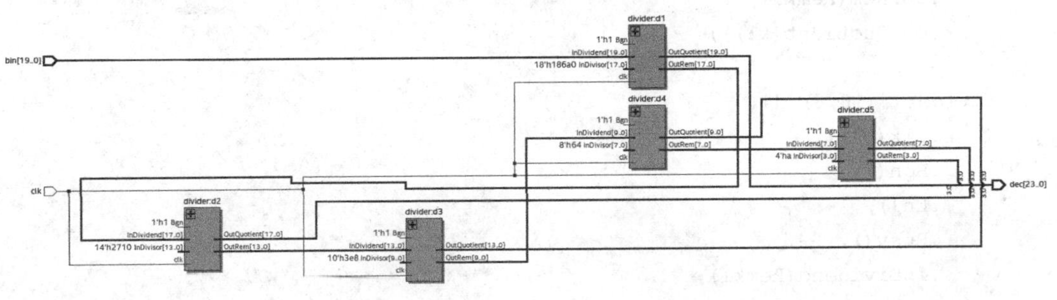

图 37.2　例 37.4 的 RTL 综合视图

【例 37.4】　二进制数转 8421BCD 码子模块源代码。

```
`timescale 1ns / 1ps
module bin_to_dec(
```

```
    input               clk,
    input[19:0]         bin,
    output wire[23:0]   dec);
wire [3:0] k100,k10,k1,hdred,ten,single;
wire [17:0] Remk100;
wire [13:0] Remk10;
wire [9:0] Remk1;
wire [7:0] Remhdred;

divider #(20,18) d1(   //除法器模块
    .clk(clk),
    .Bgn(1),
    .En(),
    .Busy(),
    .InDividend(bin),
    .InDivisor(100_000),
    .OutRem(Remk100),
    .OutQuotient(k100));

divider #(18,14) d2(
    .clk(clk),
    .Bgn(1),
    .En(),
    .Busy(),
    .InDividend(Remk100),
    .InDivisor(10_000),
    .OutRem(Remk10),
    .OutQuotient(k10));

divider #(14,10) d3(
    .clk(clk),
    .Bgn(1),
    .En(),
    .Busy(),
    .InDividend(Remk10),
    .InDivisor(1000),
    .OutRem(Remk1),
    .OutQuotient(k1));

divider #(10,8) d4(
    .clk(clk),
    .Bgn(1),
    .En(),
    .Busy(),
    .InDividend(Remk1),
    .InDivisor(100),
    .OutRem(Remhdred),
    .OutQuotient(hdred));

divider #(8,4) d5(
```

```
    .clk(clk),
    .Bgn(1),
    .En(),
    .Busy(),
    .InDividend(Remhdred),
    .InDivisor(10),
    .OutRem(single),
    .OutQuotient(ten));
assign  dec={k100,k10,k1,hdred,ten,single};
endmodule
```

上面代码中的除法操作采用专门编写的除法器实现，其源代码见例 37.5。

【例 37.5】 除法模块 Verilog HDL 源代码。

```
`timescale 1ns / 1ps
module divider(
    input clk,
    input Bgn,
    output reg En,
    output reg Busy,
    input wire[DWDd-1:0] InDividend,
    input wire[DWDs-1:0] InDivisor,
    output reg[DWDs-1:0] OutRem,        //余数
    output reg[DWDd-1:0] OutQuotient
    );
parameter DWDd=64;
parameter DWDs=18;
parameter DWQ=DWDd;
reg [DWDd-1:0] InDividendTmp;
reg [DWDs-1:0] InDivisorTmp;
reg [DWDs:0] OutRemTmp;
reg [DWDd-1:0] OutQuotientTmp;
reg [6:0] i;
always@(posedge clk)
begin
   if(~Bgn)
    begin i<=0;OutQuotientTmp<=0;OutRemTmp<=0;Busy<=0;En<=0;
      InDividendTmp<=0;InDivisorTmp<=0;end
   else begin
     if(i==0) begin    //读取数据
       OutQuotientTmp<=0;
       OutRemTmp<=InDividend[DWDd-1];
       InDividendTmp<=InDividend;
       InDivisorTmp<=InDivisor;
       i<=i+1;Busy<=1;En<=0;
       end
   else if(i<DWDd) begin
       i<=i+1;
       if (OutRemTmp<InDivisorTmp) begin
           OutQuotientTmp<=OutQuotientTmp<<1;
           OutRemTmp<=(OutRemTmp<<1)+InDividendTmp[DWDd-1-i];
           end
```

```
        else begin
            OutQuotientTmp<=(OutQuotientTmp<<1)+1;

OutRemTmp<=((OutRemTmp-InDivisorTmp)<<1)+InDividendTmp[DWDd-1-i];
            end
        end
    else if (i==DWDd) begin
        i<=i+1;
        if (OutRemTmp<InDivisorTmp) begin
            OutQuotientTmp<=OutQuotientTmp<<1;
            OutRemTmp<=OutRemTmp;
            end
        else begin
            OutQuotientTmp<=(OutQuotientTmp<<1)+1;
            OutRemTmp<=OutRemTmp-InDivisorTmp;
            end
        end
    else if(i==DWDd+1)
        begin i<=i+1;En<=1;OutQuotient<=OutQuotientTmp;
            OutRem<=OutRemTmp; end
    else if(i==DWDd+2) begin Busy<=0 ;i<=0;end
end  end
endmodule
```

37.3 下载与验证

本例的引脚锁定如下：

```
set_location_assignment PIN_E1 -to sys_clk
set_location_assignment PIN_E15 -to sys_rst
set_location_assignment PIN_M15 -to left
set_location_assignment PIN_E16 -to right
set_location_assignment PIN_M16 -to start
set_location_assignment PIN_A4 -to seg_sel[5]
set_location_assignment PIN_B4 -to seg_sel[4]
set_location_assignment PIN_A3 -to seg_sel[3]
set_location_assignment PIN_B3 -to seg_sel[2]
set_location_assignment PIN_A2 -to seg_sel[1]
set_location_assignment PIN_B1 -to seg_sel[0]
set_location_assignment PIN_A5 -to dp
set_location_assignment PIN_B8 -to seg[6]
set_location_assignment PIN_A7 -to seg[5]
set_location_assignment PIN_B6 -to seg[4]
set_location_assignment PIN_B5 -to seg[3]
set_location_assignment PIN_A6 -to seg[2]
set_location_assignment PIN_A8 -to seg[1]
set_location_assignment PIN_B7 -to seg[0]
set_location_assignment PIN_D16 -to led[3]
set_location_assignment PIN_F15 -to led[2]
set_location_assignment PIN_F16 -to led[1]
```

```
set_location_assignment PIN_G15 -to led[0]
set_location_assignment PIN_J13 -to ad_data[7]
set_location_assignment PIN_J12 -to ad_data[6]
set_location_assignment PIN_J11 -to ad_data[5]
set_location_assignment PIN_G16 -to ad_data[4]
set_location_assignment PIN_K10 -to ad_data[3]
set_location_assignment PIN_K9 -to ad_data[2]
set_location_assignment PIN_G11 -to ad_data[1]
set_location_assignment PIN_F14 -to ad_data[0]
set_location_assignment PIN_J14 -to ad_clk
```

将本例下载至目标板，使用 AN108 采集外部输入的 1kHz 方波信号，采样频率为 64kHz，测量该方波信号的总谐波失真度，结果用 6 个数码管显示，其中整数部分 2 位，小数部分 4 位，如图 37.3 所示，结果为 0.3928，与理论值误差较小，精度符合预期。目标板的 KEY1 按键用作复位，在系统上电后应按下该键对系统进行一次复位。

本例涉及 FFT 运算，平方根运算和除法运算，运算复杂，耗用的 FPGA 资源多，为了能将设计适配进 EP4CE6 芯片，在测量精度方面有所舍弃，可移植本例至容量更大的 FPGA 芯片，提高设计精度。

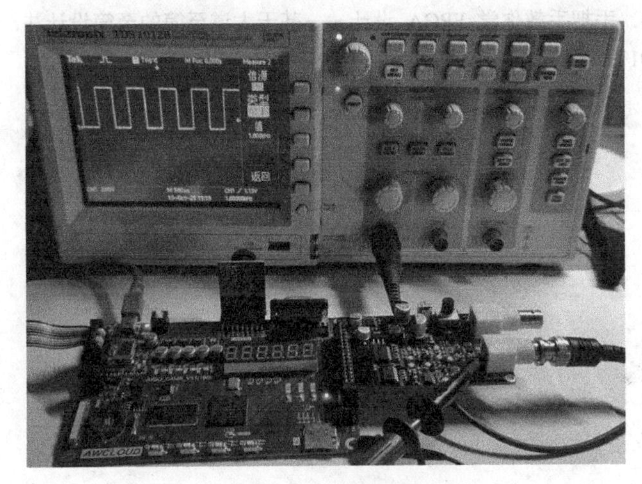

图 37.3 测量方波信号的总谐波失真度

参 考 文 献

[1] IEEE Computer Society. IEEE Standard Verilog® Hardware Description Language. IEEE Std 1364-2001, The Institute of Electrical and Electronics Engineers, Inc.2001.

[2] IEEE Computer Society. 1364.1 IEEE Standard for Verilog® Register Transfer Level Synthesis. IEEE Std 1364[1]. Institute of Electrical and Electronics Engineers, Inc.2002.

[3] Video Electronics Standards Association. VESA and Industry Standards and Guidelines for Computer Display Monitor Timing (DMT). 2008.

[4] 潘松，黄继业．EDA 技术实用教程．3 版．北京：科学出版社，2006.

[5] 汤勇明，张圣清等．搭建你的数字积木——数字电路与逻辑设计（Verilog HDL&Vivado 版）．北京：清华大学出版社，2017.

[6] 潘文明，易文兵．手把手教你学 FPGA 设计——基于大道至简的至简设计法．北京：北京航空航天大学出版社，2017.